"十四五"普通高等教育本科部委级规划教材

染整产品检验教程

白　刚　刘艳春　主　编

中国纺织出版社有限公司

内 容 提 要

本书采用模块化设计，内容包括纺织标准及检验机构、纺织品检验准备及数据分析等标准与检验的基础知识、服装面料的色牢度、力学性能、服用性能、功能性和生态安全性能的检验原理、方法及影响因素等。此外，还介绍了服装的使用、护理标签、纤维含量标签及成分分析、号型规格等内容。

本书适合作为高等院校轻化工程专业学生的教材，也可作为纺织、服装、纺织品检验与贸易及相关专业学生的参考用书，也可供相关专业技术人员学习参考。

图书在版编目（CIP）数据

染整产品检验教程/白刚，刘艳春主编. --北京：中国纺织出版社有限公司，2021.4
"十四五"普通高等教育本科部委级规划教材
ISBN 978-7-5180-8471-5

Ⅰ. ①染… Ⅱ. ①白… ②刘… Ⅲ. ①纺织纤维—染整—检验—高等学校—教材 Ⅳ. ①TS197

中国版本图书馆 CIP 数据核字（2021）第 061623 号

责任编辑：范雨昕 责任校对：王花妮 责任印制：何 建

中国纺织出版社有限公司出版发行
地址：北京市朝阳区百子湾东里 A407 号楼 邮政编码：100124
销售电话：010—67004422 传真：010—87155801
http://www.c-textilep.com
中国纺织出版社天猫旗舰店
官方微博 http://weibo.com/2119887771
北京市密东印刷有限公司印刷 各地新华书店经销
2021 年 4 月第 1 版第 1 次印刷
开本：787×1092 1/16 印张：21.25
字数：458 千字 定价：68.00 元

前言

随着我国经济发展和人民生活水平的提高，我国社会主要矛盾已经转化为人民日益增长的美好生活需要和不平衡不充分的发展之间的矛盾。人们对纺织品的要求越来越高，更加注重安全健康和功能性。此外，国际贸易的快速发展以及技术性贸易壁垒也不断升级。面临机遇与挑战，对于纺织服装生产企业，则应更加重视品质管理和质量控制；对于品牌商、销售商则要关注绿色安全健康和功能化；对于检验机构，要时刻跟踪新技术、新工艺、新材料的应用以及计算机技术、自动化技术、图像处理技术、信息技术、通信技术、网络技术的发展及在纺织检验领域的应用和发展，高素质的检验人才显得愈加重要。

轻化工程专业染整方向是培养能在染整及相关领域从事纺织品染整工艺设计、生产管理、检验与营销、新技术研发等工作的高级应用型工程技术人才。但目前，已经出版的有关纺织品检验方面的书籍主要面向纺织专业的学生，染整方面的内容涉及较少，而且大多不适合用作本科生教材，因此，编者根据人才培养要求和轻化工程专业染整方向检验课程要求，结合多年教学经验和企业生产实践，融入最新标准、检验方法和科技成果，编写了本书。

本书在内容安排上采用模块化设计，分为基础模块和功能模块，共八章，基础模块包括纺织标准基础知识和纺织品检验基础知识，功能模块包括纺织品标签和纤维分析、织物力学性能检验、色牢度检验、服用性能检验、功能性检验和生态纺织品及安全性检验，条理清晰，目标明确，内容丰富，分析阐述透彻，具有较强的专业性、适用性、系统性和实用性。

本书第三章由绍兴文理学院刘艳春编写，其余章节由绍兴文理学院白刚编写。本书的编写得到绍兴文理学院钱红飞、宁波纤维检验所金美菊、浙江出入境检验检疫局谢维斌的大力支持和帮助！

在编写过程中，作者参阅了国内外法律法规、标准、专业书籍和科技文献，在此，向相关作者表示衷心的感谢！本书的编写得到浙江省清洁染整技术重点实验室、绍兴市生态染整与纺织品功能化重点创新团队、浙江省“十二五”新兴特色专业轻化工程的大力支持！在此，向对编写和出版本书提供帮助的所有人员一并表示衷心的感谢！

因作者水平所限，本书难免存在疏漏和不足之处，敬请读者批评指正。

作者

2021 年 1 月

目录

第一章　纺织标准基础知识

随着科技水平的发展，新技术、新材料、新工艺、新产品不断涌现，人们环保意识和安全健康意识不断增强，纺织检验的要求也越来越高，在我国，纺织检验的主要依据是标准。标准是政府宏观调控经济的重要技术手段，是市场经济中质量纠纷仲裁的依据，对国民经济与社会发展具有重要意义。

第一节　纺织标准

标准是对重复性事物和概念所做的统一规定，它以科学技术和实践经验的综合成果为基础，经有关方面协商一致，由主管机构批准，以特定的形式发布，作为共同遵守的准则和依据。标准是标准化活动的产物，在实践中不断修改和完善。标准化是指在经济、技术、科学和管理等社会实践中，对重复性的事物和概念，通过制定、发布和实施标准，达到统一，以获得最佳秩序和社会效益。

纺织标准是以纺织科学技术和纺织生产实践为基础制定的，由公认机构批准发布的关于纺织生产技术的各项统一规定。纺织标准是纺织工业组织现代化生产的重要手段，是现代化纺织管理的一个重要组成部分。以制定、贯彻和修订统一的纺织标准为主要内容的全部活动，称为纺织标准化。

一、标准的分类

1. 根据标准级别分类

按照标准制定、发布机构的级别及标准适用范围，纺织标准可分为国际标准、区域标准、国家标准、行业标准、地方标准、企业标准等级别。我国标准根据《中华人民共和国标准化法》分为国家标准、行业标准、地方标准和企业标准四种。

(1)国际标准。国际标准是由众多具有共同利益的独立主权国参加组成的世界性标准化组织，通过有组织的合作和协商而制定、发布的标准，在世界范围内统一使用。

国际标准包括国际标准化组织(ISO)和国际电工委员会(IEC)制定的标准以及国际标准化组织确认并公布的《国际标准题内关键词索引》(KWIC Index)中收录的27个国际组织制定的标准和公认具有国际先进水平的其他国际组织制定的某些标准。与纺织相关的国际组织主要有国际棉花咨询委员会(ICAC)和国际羊毛局(TWS)等。

中国国家标准化管理委员会(Standardization Administration of the People's Republic of China,SAC,http://www.sac.gov.cn)代表国家参加国际标准化组织(ISO)、国际电工委员会(IEC)和其他国际或区域性标准化组织,负责组织ISO、IEC中国国家委员会的工作。

(2)区域标准。区域标准,又称地区标准,泛指世界某一区域标准化团体所通过的标准。由于历史、地理、民族、政治、经济等原因,一些国家组成区域性标准化组织,协调区域内的标准化工作,例如,欧洲标准化委员会(CEN)、非洲标准化组织(ARSO)等。

(3)国家标准。国家标准是指对全国经济技术发展有重大意义,需要在全国范围内统一的技术要求所制定的标准。国家标准是由国家标准化组织经过法定程序制定、发布,在全国范围内适用,其他各级标准不得与之相抵触。

中国国家标准化管理委员会是国务院授权的履行行政管理职能,统一管理全国标准化工作的主管机构,负责组织我国国家标准的制定、修订工作及国家标准的统一审查、批准、编号、发布。我国国家标准以GB或GB/T表示,此外,还有国家标准化指导性技术文件GB/Z和国家军用标准等。

我国标准化活动历史相对较短,改革开放以来取得了巨大成就,但与国际标准和国外先进标准差距较大,积极采用国际标准和国外先进标准是我国标准化工作的一项基本政策,具有重要的意义。

第一,随着经济全球化和贸易自由化的发展,技术性贸易壁垒不断发展、种类不断增多,采用国际标准可减少甚至消除各国标准差异,有利于发展国际贸易和技术交流,也是世界各国标准化发展的趋势。

第二,国际标准和国外先进标准是国际科技进步的技术成果,反映世界某一领域的科技先进水平,代表世界工业发达国家的一般水平,积极采用国际标准和国外先进标准,有利于促进我国科学技术进步,提高产品质量和效益;国际标准的科学性、先进性和权威性是公认的,国际标准具有普遍的推广应用价值,积极采用国际标准,有利于提高我国标准的技术水平,健全我国的标准体系。

根据《采用国际标准管理办法》,我国采用国际标准的程度分为等同采用和修改采用,应尽可能等同采用国际标准,此外,还有非等效采用,见表1-1。

表1-1 我国采用国际标准或国外先进标准的程度和表示方法

采用程度	英文	缩写	描述
等同采用	indentical	IDT	技术内容相同,没有或仅有编辑性修改,文本结构相同
修改采用	modified	MOD	存在技术性差异,允许编辑性修改,文本结构上对应
非等效采用(参照采用)	not equivalent	NEQ	技术内容有重大差异

(4)行业标准。行业标准是指对没有国家标准而又需要在全国某个行业范围内统一的技术要求所制定的标准,由行业标准化组织制定和发布。行业标准代号用字母表示,例如,FZ(纺织)、QB(轻工)、HG(化工)、SN(商检)、WS(卫生)等。对某些需要制定国家标准,但条件尚不

具备时，可以先制定行业标准，等条件成熟后再制定国家标准，当同一内容的国家标准公布后，则该内容的行业标准即行废止。

（5）地方标准。地方标准是指对没有国家标准和行业标准而在省、自治区、直辖市范围内需要统一工业产品的安全、卫生要求所制定的标准。地方标准在本行政区域内适用，不得与国家标准和行业标准相抵触，用 DB 表示。国家标准、行业标准公布实施后，相应的地方标准即行废止。

（6）企业标准。企业标准是指企业所制定的产品标准和在企业内需要协调、统一的技术要求和管理、工作要求所制定的标准。企业标准是企业组织生产，经营活动的依据，在企业内部适用。

企业标准由企业自行制定、审批和发布，产品标准必须报当地政府标准化主管部门和有关行政主管部门备案。企业生产的产品没有国家标准和行业标准，应当制定企业标准，作为组织生产的依据。已有国家标准或行业标准，鼓励企业制定严于国家标准或行业标准的企业标准，在企业内部适用。企业标准具有一定的专有性和保密性，不宜公开。企业标准只有在定入买卖合同时才能作为交货依据。

2. 根据标准的执行方式分类

根据标准的执行方式或法律约束性，国家标准和行业标准分为强制性标准和推荐性标准。强制性标准是指为保障人体健康和人身财产安全、保护环境等方面所制定，在一定范围内通过法律、行政法规等手段强制执行的标准，我国强制性国家标准以 GB 表示。强制性标准具有法律属性，必须执行，不允许擅自更改或降低强制性标准所规定的各项要求，违反强制性标准规定的将依法予以处理。强制性标准过于单一，不适应市场经济多样化要求，不利于企业开发新产品。

推荐性标准，又称非强制性标准或自愿性标准，是指除强制性标准外的其他标准，国家标准中以 GB/T 表示。推荐性标准不具有强制性，是自愿采用的，但推荐性标准一经接受并采用，或各方商定同意纳入经济合同中，就成为各方必须共同遵守的技术依据，具有法律上的约束性。推荐性国家或行业标准一般都等同采用或等效采用国际标准，具有一定的先进性和科学性。

3. 根据标准的性质分类

根据标准的性质，可分为技术标准、管理标准和工作标准。技术标准是指重复性的技术事项在一定范围内的统一规定。管理标准是指对标准化领域中需要协调统一的管理事项所制定的标准。工作标准是指对工作的责任、权利、范围、质量、程序、效果及检查方法和考核办法所制定的标准。

技术标准的发展与科学技术的进步密不可分。技术标准以科学、技术和实践经验的综合成果为基础，通常以原创性专利技术为主，通过对核心技术的控制，形成排他性的技术垄断，尤其在市场准入方面，可采取许可方式排斥竞争对手的进入，达到市场垄断的目的。技术标准发展水平的提高是一个国家研发活动和科技进步的有机组成部分，前者既是后者的成果，又是后者发展的有效推动力。

技术标准根据内容不同，可分为基础性技术标准、产品标准、方法标准和安全、卫生、环保标准等。基础性技术标准是对一定范围内标准化对象的共性因素所做的统一规定，包括名词术语、图形、符号、代号及通用性法则等内容，是制定其他技术标准的依据和基础，具有普遍的指导意义。产品标准是对产品结构、规格、质量、等级、性能、运输和包装、检验方法及安全性、卫生性等技术要求所做的统一规定，是产品生产、质量检验、选购验收、使用维护和洽谈贸易的技术依据，是一定时期和一定范围内具有约束力的产品技术准则。方法标准是对产品性能、质量、结构的检验方法、验收规则所做的统一规定，包括检测和试验的类别、原理、抽样、取样、操作、精度要求及使用的仪器设备、条件等所做的规定。安全、卫生与环境保护标准是以保护人和物的安全、保护人类的健康、保护环境为目的而制定的标准，一般都要强制贯彻执行。

二、标准的表现形式

纺织标准的表现形式有两种，即标准文件和标准样品。标准文件是指仅以文字形式表达的标准。标准样品，简称标样或称实物标准，是以实物标准为主，并附有文字说明的标准。我国现有国家标准样品43项。标样是由指定机构按一定技术要求制作的实物样品、样照或样卡，供检验纺织品外观、规格等对照、判别之用，是重要的纺织品检验依据，例如，棉花分级标样、蓝色羊毛标样等实物样品，织物起毛起球样照，评定变色和沾色用灰色样卡等。随着测试技术的进步，某些感官检验、对照标样评定的方法逐渐向仪器检验发展。

三、标准的作用

当今世界，标准化水平已成为各国核心竞争力基本要素。企业或国家要在国际竞争中立于不败之地，必须深刻认识标准对国民经济与社会发展的重要意义。

1. 从性质上看，标准是规范市场经济客体的“法律”

市场经济中主体的行为靠法律来规范和约束，客体则依靠标准来规范。标准也是实施产品质量仲裁、质量监督检查的依据。从这个意义上说，标准具有鲜明的法律属性，共同保障市场经济有效、正常运行。强制性标准是由国家强制实施，本身就是一种技术法规，而推荐性标准一经接受并采用，即成为各方必须共同遵守的技术依据，也具有法律上的约束性。

2. 从地位上看，标准的战略地位日益突出

经济全球化浪潮使标准竞争上升到战略地位，发达国家纷纷制定各自的标准化发展战略，以应对因经济全球化对自身带来的影响。只有充分认识标准在国际竞争中举足轻重的地位，深入贯彻实施标准化战略，才能在激烈的国际竞争中处于主动地位，实现产业和经济的跨越式发展。当前，世界正处于百年未有之大变局，在这重要历史发展机遇期，面对国际形势和国内发展对标准化工作提出的挑战和要求，《国家中长期科学和技术发展规划纲要（2006—2020年）》明确把实施技术标准战略作为我国科技发展两大战略之一，标准化战略已上升为国家意志。

3. 从作用上看，标准是国民经济和社会发展的重要技术支撑

在宏观层面，标准事关我国市场经济发展全局，要实现可持续发展，核心问题是实现经济社会和人口、资源、环境的协调发展。而只有执行严格的资源利用和环境保护标准，才能从源头促使企业节约资源、能源，减少和预防环境污染，实现经济持续健康发展。

在微观层面，标准事关企业的生存与发展。标准是企业组织生产、质量管理和经营的重要依据，高标准才有高质量。质量是企业的生命，而标准是质量的前提，只有抓住标准这个根本，企业方能立于不败之地。

4. 从全球经济形势看，标准是走向国际市场的"通行证"

随着贸易自由化在全球的推进，标准已成为发达国家技术性贸易壁垒的主要表现形式。发达国家往往利用标准的合法性和隐蔽性，达到限制他国产品出口、保护本国产业的目的。具体体现在标准涉及的技术指标种类和数量越来越多、要求越来越苛刻、修订越来越频繁，发展中国家一般很难达到。

5. 从发展趋势看，标准是市场竞争的制高点

标准决定着市场的控制权，是企业自主创新、国家科学发展、社会和谐的保障，标准也是一种游戏规则，谁的技术成为标准，谁制定的标准被世界认同，谁就会获得巨大的市场和经济利益，所以，有一流企业做标准、二流企业做专利、三流企业做产品的说法。通过标准与专利的融合，实现专利标准化、标准垄断化，可以最大限度地获取市场份额和垄断利润。由此可知，标准竞争已成为继产品竞争、品牌竞争之后，又一种层次更深、水平更高、影响更大的竞争形式。21 世纪，标准的竞争更加白热化，一方面，发达国家凭借强大的技术创新优势，不遗余力地主导国际标准的制定，ISO、IEC 等国际标准组织秘书处有一半以上被德、美、英、法、日五国瓜分，另一方面，技术标准的缺失使我国企业在国际竞争中受制于人。因此，要重视标准，完善以专利和技术标准为依托的自主创新体系。

四、纺织标准的制定或修订程序

纺织标准大多属于技术标准，制定或修订技术标准的一般程序为标准化计划项目下达→组织起草工作组→调查研究→起草征求意见稿→提出送审稿→审查→提出报批稿→审批发布→形成正式标准。

标准的制定必须适时，包含两方面内容，一是标准所涉及的技术要成熟可靠，制定标准必须在对客观规律已经得到广泛认识，已为科学实验和生产实践所证实的时候；二是标准的制定要符合生产发展的阶段需要，应在普遍发展的阶段，使标准从生产开始一直到结束都起到指导作用，过早或过迟制定都不利于标准的贯彻执行，不利于生产最大效益化。目前，我国纺织标准中，基础性技术标准的数量还比较少，多数为产品标准和检测、实验方法标准。

我国制定技术标准的组织形式包括全国专业标准化技术委员会和全国专业标准化技术归口单位。全国纺织品标准化技术委员会（TC209）负责全国纺织品等专业领域标准化工作，主要任务是组织纺织国家标准和行业标准的起草、技术审查、宣讲、咨询等技术服务工作，下设基础、毛纺织品、麻纺织品、丝绸、针织品、产业用纺织品、毛精纺、羊绒制品、棉纺织品、印染制品等分专业技术委员会（SC），秘书处为中国纺织科学研究院标准化研究所。与纺织服装相关的全国专业标准化技术委员会见表 1－2。

表 1－2　与纺织服装相关的全国专业标准化技术委员会

名称	TC 号	负责专业范围	秘书处所在单位
全国纺织品标准化技术委员会	TC209	负责全国纺织品等专业领域标准化工作	纺织工业标准化研究所
全国纺织机械与附件标准化技术委员会	TC215	负责全国纺织机械与附件等专业领域标准化工作	中国纺织机械协会

续表

名称	TC 号	负责专业范围	秘书处所在单位
全国家用纺织品标准化技术委员会	TC302	负责全国家用纺织品标准化工作	江苏省纺织产品质量监督检验研究院
全国体育用品标准化技术委员会运动服装分技术委员会	TC291/SC1	负责各类运动服装,防护用品及运动器材用纺织面料等领域的国家标准制修订工作	天纺标检测认证股份有限公司
全国服装标准化技术委员会	TC219	负责全国机织类服装等专业领域标准化工作	上海纺织集团检测标准有限公司
全国服装洗涤机械标准化技术委员会	TC126	负责全国服装洗涤机械等专业领域标准化工作	中国轻工业机械总公司上海公司
全国纤维标准化技术委员会	TC513	负责全国棉花、毛、绒、茧丝、麻类纤维标准化工作	中国纤维质量监测中心
全国染料标准化技术委员会	TC134	负责全国染料、中间体、印染助剂及其相关产品等专业领域标准化工作	沈阳化工研究院有限公司
全国丝绸标准化技术委员会	TC401	负责丝、绸缎、蚕丝制品等标准化工作	浙江丝绸科技有限公司

五、纺织标准的内容

纺织标准的内容是根据标准化对象和制定标准的目的来确定的,纺织标准的主要组成包括概述部分、一般部分、技术部分和补充部分,详见表 1 – 3,要符合 GB/T 1. 1—2020、GB/T 20000、GB/T 20001 和 GB/T 20002 系列标准的编写要求。

表 1 – 3　纺织标准的组成

概述部分		封面和首页	一般包括编号、名称、批准和发布部门、批准和发布及实施日期等
		目次	内容较长、结构复杂、条文较多时,应编写目次
		前言	提供有关该项技术标准的一般信息,说明采用国际标准的程度,废除和代替的文件,重要技术内容的有关情况,与其他文件的关系,实施过渡期的要求以及附录的性质等
		引言	提供有关技术标准内容和制定原因的特殊信息或说明,不包含任何具体要求
主体部分	一般部分	技术标准的名称	简短而明确地反映出标准化对象的主题,一般由标准化对象的名称和所规定的技术特征两部分组成
		技术标准的范围	说明技术标准的对象与主题、内容范围和适用的领域
		引用标准	列出技术标准正文中所引用的其他标准文件的编号和名称,被引用的标准成为该项技术标准的组成部分,在实施中具有同等约束力,必须同时执行,有年号的要以注明年号的版本为准,没有年号的以最新版为准

续表

主体部分	技术部分	定义	无统一规定的名词、术语应在标准中做出定义和说明
		符号和缩略语	列出标准中使用的符号和缩略语，并给出说明
		要求	技术性能、指标等质量要求必须是可以检验，主要包括质量等级、力学性能、化学性能、使用特性、外观质量和内在质量以及防护、卫生、安全等要求
		抽样	规定抽样条件、抽样方法、样品的保存方法等内容
		试验方法	给出检验实施细则，包括试验原理、取样、制样、试剂和仪器、试验条件、试验步骤、结果分析和评定、试验记录和试验报告
		分类与命名	为产品、加工或服务制定的分类、命名或编号规则
		标志、包装、运输、储存	保证产品从出厂到交付过程中的质量
		标准的附录	与标准正文具有同等效力，为使用方便而放在技术部分的最后
补充部分		提示的附录	不是标准正文的组成部分，不具有标准正文的效力，只提供理解标准内容的信息，帮助读者正确掌握和使用标准
		脚注	提供使用技术标准时参考的附加信息，不是正式规定
		正文中的注释	提供理解条文所必要的附加信息和资料，不包含任何要求
		表注和图注	属于标准正文的内容，可以包含要求

六、我国纺织标准发展历史

我国周代《考工记》便是一部标准汇编，规定了统一的布幅和匹长，出现了原始形态的纺织标准。19世纪末期，工业革命使生产规模逐步扩大，产品交易日益频繁，标准悄然进入生产交易过程，成为组织规模化生产，公平交易的基础，各国标准化组织孕育而生，标准化在世界范围逐步兴起。1898年美国成立材料试验协会（ASTM），制定纺织材料方面标准。1901年英国成立标准学会（BST），是世界上第一个国家标准化团体，工作内容包括纺织技术标准化，此后，许多纺织工业比较发达的国家，陆续开展纺织技术标准化工作，制定各自的纺织标准。

我国在1931年成立工业标准化委员会，下设染织等专业化标准委员会。1950年着手进行统一全国主要产品纱、布、毛纺、麻袋、印染、针织内衣等标准草案，在全国范围内统一棉花水分和含杂标准。1956年正式颁发了一整套有关棉纱、棉布、印染布的部标准，由纺织工业部、商业部和外贸部联合通知正式实行，此外，还制定实施绸缎、毛纺、针织内衣等标准。到1962年，包括纺织机械、纺织器材等纺织工业主要产品基本都有了统一标准。

2013年底，纺织行业归口管理的标准达1848项，其中，国家标准642项，行业标准1206项，涉及纺织纤维、纱线、织物、制品、服装和纺织装备各个产业，涵盖服用、家用、产业用三大领域的标准体系，为推动我国纺织工业发展发挥着重要的技术支撑作用。纺织有关标准化技术委员会和技术归口单位达到27家，牵头制修订17项国际标准项目，承担5个ISO技术机构秘书处，2位专家当选国际标准化技术机构主席，提升了我国在国际纺织标准领域的话语权。

七、我国纺织标准与发达国家的差异

纺织标准化在促进我国产业结构升级、推动科技进步、跨越国际技术性贸易壁垒、规范市场、维护广大消费者利益等方面发挥着重要作用。虽然我国纺织标准有了长足发展,但与国外先进标准相比,还有很大差距,主要表现在以下方面:

1. 形成标准体系不同

国际标准或外国国家纺织标准主要是基础类标准,重在统一术语、统一试验方法、统一评定手段,使各方提供的数据具有可比性和通用性,形成以基础标准为主体,以最终用途分类产品标准为辅的标准体系。在产品标准中仅规定产品的性能指标和引用的试验方法标准,大量产品没有国家标准,主要由企业根据产品用途或与购货方在合同中规定产品的规格、性能指标、检验规则、包装等内容。我国纺织标准体系是以原料或工艺划分的产品标准为主,近年也根据最终用途制定标准,但比例极小。

2. 标准发挥职能不同

国外国家标准是作为交货、验收的技术依据,内容简明、笼统和灵活,企业标准是组织生产的技术依据。我国则与之相反,大多数产品标准是用以组织生产的依据,技术内容规定得比较具体、详细、不灵活,不适应市场多样性和多变性的要求。随着市场经济的发展,纺织新产品不断涌现,要求产品标准简明灵活。

3. 标准水平有差距

由于标准的职能不同,标准技术内容,例如,考核项目和性能指标与国外标准都有一定差距。国外根据最终用途制定的面料标准,考核项目更接近实际服用,例如,耐磨、纱线滑移阻力、起毛起球、耐光色牢度等。我国标准缺少这些指标的考核,不能适应人们对产品舒适美观性的要求。对服装的考核主要侧重服装的规格偏差、色差、缝制、疵点等外观质量,判定产品等级时忽略了构成服装的主要元素面料和里料。此外,我国标准领域划分过细,部分标准存在交叉和不衔接的问题,导致同一产品对标准的选择存在不确定性。

另外,我国纺织品标准在安全性和生态性方面落后较大,虽然我国已经实施 GB 18401—2010《国家纺织产品基本安全技术规范》,对纺织品安全性有了一定的要求,但与 Oeko - Tex Standard 100 标准相比,许多项目还没有列入考核指标,例如,重金属、杀虫剂等,染色牢度也偏低。目前,我国还没有社会责任标准,而发达国家已经制定了专门的社会责任标准,例如,社会责任标准 SA 8000(Social Accountability 8000 International Standard)是全球首个道德规范国际标准。

4. 标准控制与构建技术性贸易壁垒的差距

纺织技术标准的控制权一直掌握在欧、美、日等发达国家和地区,我国标准被转化为国际标准的微乎其微,根本原因是我国纺织业还处于低端生产阶段,核心技术掌握在发达国家手中。随着经济全球化和贸易自由化的发展,国际贸易壁垒的形式由传统的非关税壁垒向技术性贸易壁垒转变,而制造技术性贸易壁垒的有效途径就是技术法规和技术标准。目前,我国缺乏有效监督进口纺织品的技术法规和强制性标准,对国外不良产品难以起到抵挡作用。

5. 标准更新速度的差距

国外技术标准的更新速度越来越快，而国内纺织标准的更新较慢。我国国家标准一般每五年进行一次更新，而 Oeko－Tex Standard 100 标准几乎每年都进行更新。

八、我国纺织标准与国际接轨的途径

1. 提高对纺织技术标准战略性认识，加强对国外纺织技术标准的动态研究

面对经济全球化快速发展，技术性贸易壁垒的作用进一步增强，国际竞争的最高表现形式技术标准的地位和作用也越来越重要，发达国家加强标准化发展战略研究，制定标准化发展战略和相关政策。我国应提高对纺织技术标准重要性的认识，加强对国外新标准研究，只有掌握这些新标准，才能将技术性贸易壁垒对我国纺织服装产品出口的阻碍作用转变为对纺织服装业国际竞争力的提升作用。

2. 积极推进纺织技术标准由生产型标准向贸易型标准转变，由国家行为主导标准制定向民间行为主导转变

加速我国纺织技术标准与国际接轨的步伐，根本问题是要实现两大转变，即由生产型标准向贸易型标准转变，由国家行为主导标准制定向民间行为主导转变。对我国生产型标准进行彻底改造，把以原料或工艺划分的产品标准为主改变为根据最终用途来制定标准，形成以基础标准为主体，产品标准为辅的标准体系。产品标准中仅规定产品的性能指标和引用的试验方法标准，大量的产品主要由企业根据产品的用途或贸易要求在合同中规定产品的规格、性能指标、检验规则、包装等内容。加强原料、面料标准的制定，使之与制成品标准相互衔接和配套。要改变纺织技术标准主要由国家制定的做法，通过加强纺织行业协会的职能，充分吸引国内大型纺织企业参与标准的制定，促进纺织技术标准制定的民间化。

3. 把纺织技术标准制定的重点转向生态性和安全性

我国是纺织生产和出口大国，如果不加快研究纺织品生态安全性，紧跟国际潮流，不仅影响我国纺织品出口，而且也挡不住国外不良产品进入，不能保证我国消费者的健康。纺织品标准生态安全性的建立要围绕资源生态环保健康安全纺织品标准的总体目标来进行，主要包括制定纺织生产过程中使用的原材料中物质限量标准，有害物质的检测方法标准，功能性纺织品和可降解性纺织品的评价标准，形成与国际接轨的生态环保安全纺织品国家标准。

4. 高度重视社会责任标准的制定

涉及劳工和人权保障等的社会责任标准是欧美等发达国家继生态环境标准之后又一个对发展中国家实施壁垒的新举措。目前，发达国家中比较流行的社会责任标准是 SA 8000，制定于 1997 年，内容涉及童工、强迫性劳动、健康与安全、组织工会的自由与集体谈判的权利、歧视、惩戒性措施、工作时间、工资、管理体系。我国目前实施的《中华人民共和国劳动法》不能代替社会责任标准，需要充分吸收国外标准的成果，制定专门的社会责任标准。

5. 加强强制性技术标准向技术法规的转化

以技术法规、技术标准和合格评定程序为基础内容的 WTO/TBT 协议规定，凡是有相应国际标准的，TBT 成员必须使用这些国际标准作为制定本国技术法规的基础。我国现行的强制性

标准属于标准范畴，强制性源自法律法规的约束，不完全具有技术法规的效用，不能代替技术法规。我国纺织产业要持久深入发展，必须按照 TBT 原则，采用国际通用做法，正确理解技术法规、经济法规、技术标准的关系，通过立法程序建立我国技术法规体系，使之更具有约束力和强制力。

6. 积极推广、认证国际标准和国外先进标准

纺织国际标准和国外先进标准体现了纺织发展的方向，我国纺织服装企业要尽可能采用国际标准，不断追踪国外先进标准和先进的技术成果，研究、收集各国技术限制法规和技术标准，调整我国产品的质量和环保指标，达到改善产品质量的目的。完善出口产品质量保证体系，进行国际通用的系列认证，例如，ISO 9000 系列认证、生态纺织品认证等。

7. 加强纺织技术标准服务的信息化

国外企业十分重视技术标准和法规等信息收集，通常将购买这些标准的成本当作质量成本处理，我国纺织企业尚无此意识。随着信息技术的发展，扩大了标准化服务领域，数据集成的现代化及标准化是必然趋势，适时抓住资源共享，将提供单一标准文本服务向文本化、光盘化、网络化发展，由单一的馆藏资源向网络资源转化，以适应技术发展的速度和需求，提高我国纺织标准信息服务水平。

第二节　国际常用纺织标准与标准机构

目前，国际纺织品市场主要由欧洲、北美和亚洲三大市场构成。欧洲市场以欧盟为主体，大多属于高消费国家，对产品质量、款式要求很高，引导纺织品世界潮流。北美市场的主体是美国，是当今世界最大的纺织品和服装进口市场之一。亚洲是目前世界纺织品的主要产地和输出地，也是纺织品和服装的消费市场。

国际上常用的纺织品服装标准有中国纺织标准（GB、FZ 等）、国际标准化组织标准（ISO）、美国材料与试验协会标准（ASTM）、美国染化家协会标准（AATCC）、美国国家标准（ANSI）、欧盟标准（EN）、英国国家标准（BS）、日本国家标准（JIS）、德国国家标准（DIN）、法国国家标准（NF）、俄罗斯国家标准（TOCT）、国际羊毛局标准（TWS）、国际毛纺织组织标准（IWTO）、国际生态纺织品标准（Oeko - Tex Standard）、国际化学纤维标准化局标准（BISFA）和欧洲用即弃材料及非织造产品协会标准（EDANA）等，其中，欧盟和美国的纺织品标准在世界纺织品标准中占有份额较大。

一、国际标准化组织（ISO）及其标准

国际标准化组织（International Organization for Standardization，ISO，http://www. iso. org）是世界最大、最权威的非政府性国际标准化专门机构，1946 年成立，总部设在瑞士日内瓦，中、英、美、法、苏等 25 个国家是 ISO 创始成员国，目前成员国 164 个，正式会员 121 个，通讯成员 39 个，注册成员 4 个，249 个技术委员会（Technical Committee，TC），533 个分技术委员会（SubCommittee,SC),2714 个工作组(Working Group,WG),制定国际标准 22942 个。

ISO 有关纺织方面的技术委员会主要有纺织品技术委员会(ISO/TC 38)、纺织机械及附件技术委员会(ISO/TC 72)、服装尺寸系列和代号技术委员会(ISO/TC 133)、颜料、染料和体质颜料技术委员会(ISO/TC 256)。

二、美国标准及标准机构

与纺织相关的美国标准主要有 AATCC(美国染化家协会)标准,ASTM(美国材料试验协会)标准,美国消费品安全委员会(CPSC)和美国联邦贸易委员会(FTC)强制性标准,ANSI(美国国家标准学会)标准。美国没有生态纺织品标签和环境标签,中国纺织品必须接受这几个组织的监测,并且符合它们的标准,才能进入美国。

美国国家标准编号有两种表示方法,一种是标准代号 + 字母类号 + 序号 + 颁布年份,例如,ANSI Z535. 1—2006;另一种是标准代号 + 斜线号/ + 原专业标准号 + 序号 + 颁布年份,例如,ANSI/ASTM F1494—2001。此外,如果对标准内容有补充,表示方法是在标准序号后面加一个英文小写字母,a 表示第一次补充,b 表示第二次补充,例如,ANSI/ASTM D6352a—2004。

1. 美国染化家协会(AATCC)

美国染化家协会(American Association of Textile Chemists and Colorists,AATCC,http://aatcc. org)是世界纺织领域主要的非营利性专业协会之一,创办于 1921 年,总部设在美国南卡罗来纳州,在制定国际性纺织测试方法方面扮演着重要角色,ISO 标准中关于色牢度和物理性能的测试大部分与 AATCC 有关。AATCC 自 20 世纪 20 年代起代表美国国家标准学会(ANSI)与英国标准学会(BSI)一起作为管理有关染色纺织品和染料的 ISO TC38/SC1 测试方法的联合秘书处,并作为 ISO TC 38/SC2 清洗、整理和防水测试方法的秘书处。

2. 美国材料与试验协会(ASTM)

美国材料与试验协会(American Society for Testing and Materials,ASTM,http://www. astm. org)是美国最早、最大的独立、非营利性的材料测试及标准制定学术机构,成立于 1898 年,总部设在美国费城,业务涉及冶金、机械、化工、纺织、建筑、交通、动力等领域生产或使用的原材料及半成品,主要任务是制定材料、产品、系统和服务等 100 多个领域的特性和性能标准、试验方法和程序标准。ASTM 制定的标准范围广、影响大、数量多,其中,大部分被美国国家标准学会(ANSI)直接纳入国家标准。

3. 美国消费品安全委员会(CPSC)

美国消费品安全委员会(Consumer Product Safety Commission,CPSC,http://www. cpsc. gov)成立于 1972 年,是依据《消费品安全法案》(*Consumer Product Safety Act*)设立的美国联邦政府的一个机构,直属美国总统管辖,主要职责是对消费品使用安全性制定标准和法规,并监督执行,减少消费品存在的伤害和死亡的危险以维护人身和家庭安全。CPSC 管理的产品涉及 1500 种以上,主要是家用电器、儿童玩具、烟花爆竹及其他用于家庭、体育、娱乐及学校的消费品。

消费品安全委员会依据《消费品安全法案》(*Consumer Product Safety Act*)、《织物阻燃性法案》(*Flammable Fabric Act*)、《联邦危害物质法案》(*Federal Hazardous Substances Act*)、《毒害预防

包装法案》(*Poison Prevention Packaging Act*)行使保护美国公众人身安全的权力。

4. 美国国家标准学会(ANSI)

美国国家标准学会(American National Standards Institute,ANSI,http://www.ansi.org)是由公司、政府和其他成员组成的非营利性质的民间标准化组织,ISO 和 IEC 成员之一,成立于 1918 年,总部设在美国纽约,主要职能是协商与标准有关的活动,审议美国国家标准,并努力提高美国在国际标准化组织中的地位。ANSI 现有团体会员约 200 个,公司(企业)会员约 1400 个。

5. 美国联邦贸易委员会(FTC)

美国联邦贸易委员会(Federal Trade Commission,FTC,http://www.ftc.gov)是执行多种反托拉斯和保护消费者法律的联邦机构,目的是确保国家市场行为具有竞争性,且繁荣、高效地发展,通过消除不合理和欺骗性的条例或规章确保和促进市场运营的顺畅。

三、欧盟标准及标准机构

1. 欧洲标准化委员会(CEN)

欧洲标准化委员会(Comité Européen de Normalisation,CEN,http://www.cen.eu)是欧盟按照 83/189/EEC 指令正式认可、由国家标准化机构组成的非营利性欧洲标准化组织,是欧洲三大标准化机构之一,1961 年在法国巴黎成立,1975 年总部迁至比利时布鲁塞尔,目前,成员国 34 个。其宗旨是促进成员国间标准化协作,制定本地区除电工行业以外的欧洲标准(EN),CEN 标准是 ISO 制定国际标准的重要基础,也是衡量欧盟市场上产品质量的主要依据。

欧洲标准(EN)由 CEN 技术委员会(TC)或 CEN 技术局任务小组(BTTF)起草,由 CEN 技术局(BT)批准的技术规范性文件。欧洲标准起草者必须是国家成员委派的代表。CEN 制定的欧洲标准必须以英语、法语和德语三种官方语言同时出版,各国在实施欧洲标准时可视本国需要将其翻译成本国语言,但必须完全等同,不能有任何偏差。

欧洲标准的代号是 EN,欧洲各国家在将欧洲标准转化为本国标准时,将本国标准的代号放在欧洲标准编号的前面,例如,英国国家标准 BS EN 420:2003,法国国家标准 NF EN 1773:1997,德国国家标准 DIN EN 20105 - A02:1994。

欧洲国家是生态纺织品的摇篮,生态纺织品标准更是欧盟构筑技术性贸易壁垒的有效工具。欧盟对纺织品实施了严格的保护措施,纺织品生态问题已从最早禁用可分解出致癌芳香胺偶氮染料到生态纺织品,代表性标志有欧洲生态标签(Eco - label)、北欧白天鹅生态标签(White Swan)、Oeko - Tex Standard 100 标签、荷兰生态标签(NLD Milieukeur Ecolabel)。

2. 英国标准学会(BSI)

英国标准学会(British Standards Institution,BSI,http://www.bsi.com)成立于 1901 年,是世界第一个国家标准化机构,总部设在英国伦敦,拥有 22000 多名专家会员,负责制定标准和实施检验、认证等工作,倡导制定了 ISO 9000 系列管理标准。

1982 年,英国政府授权 BSI 为国家标准化机构,代表英国参加国际标准化组织和欧洲地区标准化组织工作,1992 年成为皇家特许协会。目前,BSI 有 1291 个技术委员会和分技术委员会,417 个工作组。在国际标准化工作中,BSI 承担大量国际标准制修订工作,英国是 432 个 ISO

技术委员会、分技术委员会和工作组的秘书国,约占17%。

3. 德国标准化学会(DIN)

德国标准化学会(Deutsches Institut für Normung e. V. ,DIN,http://www.din.de/en)是德国最大的、具有广泛代表性的公益性标准化民间机构,成立于1917年,总部设在德国柏林,承担欧洲标准化委员会(CEN)28%的技术委员会和分技术委员会秘书处工作,其中,技术委员会秘书处77个,分技术委员会秘书处29个,工作组秘书处408个,此外,DIN承担ISO技术委员会和分技术委员会秘书处总数的16%。

DIN标准表示方法有以下几种:DIN+编号,指德国国家标准,例如,DIN 53160-2:2010;DIN EN+编号,欧洲标准,同时又是DIN标准,指德文版的欧洲标准,例如,DIN EN 1773:1997;DIN EN ISO+编号,既是德国国家标准和欧洲标准,又是国际标准。ISO标准被用作欧洲标准和DIN标准,例如,DIN EN ISO 12947-2:1999;DIN ISO+编号,DIN直接把ISO标准不加修改地转换为DIN标准,例如,DIN ISO 2076:2001。

4. 法国标准化协会(AFNOR)

法国标准化协会(Association Francaise de Normalisation,AFNOR,http://www.afnor.org)是由政府批准和资助、非营利性的全国性标准化机构,成立于1926年,总部设在法国巴黎,接受工业部的监督管理,负责组织和协调全国标准化工作,代表法国参加国际和区域性标准化活动,是欧洲标准化协会(CEN)和国际标准化组织(ISO)的成员。

法国标准表示为NF+字母类号+数字顺序号+发布年代,例如,NF G07-010-1:2010。

四、加拿大标准及标准机构

加拿大国家标准是由加拿大标准理事会(SCC)批准发布,具体制定和修订工作由加拿大标准协会(CSA)、加拿大保险商实验室(ULC)、加拿大魁北克省标准理事会(BNQ)和加拿大通用标准局(CGSB)四个获国家认可指定标准机构制定标准,现有国家标准3475个。加拿大国家标准均为推荐性标准,但被联邦或省的条例引用,该标准就具有强制性。加拿大国家标准以基础性和通用性标准为主,一般不制定具体产品标准。现行国家标准中,约50%采用ISO、IEC和ITU等国际标准。

加拿大标准的格式为CAN+编制机构代号+编制机构标准序号+制定年份,例如,CAN/CGSB 4.2 NO.27.5—2008。

1. 加拿大标准理事会

加拿大标准理事会(Standards Council of Canada,SCC,http://www.scc.ca)是根据加拿大议会法令于1970年成立,是加拿大国家标准管理机构,直属加拿大国会,由工业部主管,位于加拿大首都渥太华。加拿大国家标准由该机构批准发布,但其自身并不制定标准,加拿大国家标准的制定工作委托给五个获国家认可指定标准制定机构完成。

2. 加拿大标准协会

加拿大标准协会(Canada Standards Association,CSA,http://www.csagroup.org)成立于1919年,是非政府性的非营利组织,负责制定加拿大电气领域标准和产品认证机构。

3. 加拿大通用标准局

加拿大通用标准局(Canadian General Standards Board, CGSB, http://www.tpsgc - pwgsc.gc.ca/ongc - cgsb/index - eng.html)于 1934 年成立,是加拿大公共服务和采购部下属的一个独特的标准制定和合格评定组织,负责纺织品、服装、建筑材料、食品等 70 多个领域国家标准的制定,同时,提供产品和服务认证。

4. 加拿大保险商实验室

加拿大保险商实验室(Underwriters Laboratories of Canada, ULC, http://canada.ul.com)成立于 1920 年,是独立、非营利产品安全测试和认证组织。

5. 加拿大魁北克省标准理事会

加拿大魁北克省标准理事会(the Bureau de Normalisation du Québec, BNQ, http://www.bnq.qc.ca)成立于 1961 年,负责加拿大魁北克省标准事务,从事标准化、认证、实验室评估和其他服务。

五、澳大利亚标准及标准机构

澳大利亚标准国际有限公司(Standards Australia International Limited, SAI, 商业名称 Standards Australia, SA, http://www.standards.org.au)是一家独立的、非政府组织,成立于 1922 年,总部设在澳大利亚悉尼,是澳大利亚最高的标准管理机构,主要负责协调澳大利亚国家标准和国际标准,认可其他标准化机构、制定(修订)澳大利亚标准、代表澳大利亚参加标准化活动等。

澳大利亚标准分为国家标准和行业标准两类,国家标准又分为澳大利亚标准(AS 标准)和澳新联合标准(AS/NZS 标准)。澳大利亚标准(AS 标准)主要由澳大利亚标准国际有限公司(SAI)制定,澳新联合标准(AS/NZS 标准)由澳新两国 330 个联合技术委员会(JTC)制定,标准制定过程结束后,分别提交澳大利亚国际标准有限公司与新西兰标准协会审定后生效。

六、日本标准及标准机构

日本工业标准调查会(Japanese Industrial Standards Committee, JISC, http://www.jisc.go.jp)是根据日本工业标准化法建立的全国性标准化管理机构,成立于 1949 年,总部设在日本东京,主要任务是审批、发布日本工业标准。

日本工业标准(JIS)是日本国家级标准中最重要、最权威的标准,由日本工业标准调查会(JISC)制定。JIS 标准涉及日本工业体系中各个门类,以大类划分,并按英文字母由 A 到 Z 的顺序排列。标准编号由标准代号 + 字母类号 + 数字类号 + 制定或修订年份组成。

七、国际羊毛局(TWC)及羊毛产品标志

国际羊毛局(The Woolmark Company, TWC, http://www.woolmark.com)是羊毛产业的全球权威机构,澳大利亚羊毛发展公司(Australian Wool Innovation, AWI)的全资子公司,一家非营利企业。

1937 年 7 月,澳大利亚、新西兰、乌拉圭和南非主要羊毛生产国成立国际羊毛秘书处(International Wool Secretariat, IWS)，总部位于伦敦，1997 年国际羊毛局更名为 The Woolmark Company(TWC)。

纯羊毛标志 Woolmark 诞生于 1964 年，由意大利平面设计师 Francesco Saroglia 设计，是世界著名的纺织纤维商标，目前，国际羊毛局羊毛产品标志分为纯羊毛标志和金羊毛标志两大类。纯羊毛标志有纯新羊毛标志(PURE NEW WOOL)、高比例羊毛混纺标志(WOOL RICH BLEND)、羊毛混纺标志(WOOL BLEND PERFORMANCE)三种，如图 1－1 所示。这三种标志的产品分别采用 100% 新羊毛制成、新羊毛含量 50%～99.9%、新羊毛含量 30%～49.9%。

图 1－1　WOOLMARK 认证标志

金羊毛标志(WOOLMARK GOLD)诞生于 2002 年，是国际羊毛局旗下纯羊毛标志的高端版本，代表由澳大利亚美丽奴羊毛所制造的顶级服饰和面料。所有金羊毛标志服装都来自最优质的澳大利亚美丽奴羊毛，用来制作金羊毛标志面料的羊毛是美丽奴羊毛的精华部分，纤维直径小于 19.5μm，并且由具有悠久传统工艺的欧洲织厂工人精挑细选纺织而成。

八、国际羽绒羽毛局(IDFB)

国际羽绒羽毛局(International Down and Feather Bureau, IDFB, http://www.idfb.net)是羽绒行业的国际组织，1953 年在法国巴黎成立，秘书处设在德国，拥有来自 23 个国家的 20 多家个体会员、10 多家协会和 20 多家非正式会员。主席团由最主要消费国德国、法国、日本、美国的代表和两个最大生产国中国、匈牙利的代表组成，下设工作组和委员会，设一名执行秘书履行工作职能，管理委员会由成员国代表组成。IDFB 修改研究检测方法、统一羽绒国际标准、管理国际羽毛仲裁委员会。

码 1－1　国际常用纺织标准机构与标准

想了解更详细的国际常用纺织标准与标准机构，请扫描二维码 1－1。

第三节　技术性贸易壁垒

技术性贸易壁垒(Technical Barriers to Trade, TBT)是指一国政府或非政府机构以维护国家安全、保障人类健康和安全、保护动植物生命与健康、保护生态环境、防止欺诈行为、保证产品质量等为由，为限制外国产品进口所采取的一些技术性措施。

一、技术性贸易壁垒的表现形式

技术性贸易壁垒主要以通过颁布法律、法规和条例，建立技术标准、认证制度、卫生检验检疫制度等方式，提高对外国进口产品的技术要求，增加进口难度，限制其他国家产品自由进入本国市场。在 WTO 成员多边贸易中，常用的技术性贸易壁垒为技术法规、标准、合格评定程序、标签和包装等。

技术法规是指规定强制执行的产品特性或相关工艺和生产方法（包括适用的管理规定）的文件以及规定适用于产品、工艺或生产方法的专门术语、符号、包装、标志或标签要求的文件，一般涉及国家安全、产品安全、环境保护、劳动保护、节能等方面，也有一些是审查程序上的要求。这些文件可以是国家法律、法规、规章，也可以是其他规范性文件以及经政府授权由非政府组织制定的技术规范、指南、准则等。技术法规具有强制性特征，只有满足技术法规要求的产品方能销售或进出口。凡不符合这一标准的产品，不予进口。WTO/TBT 协定要求各成员按照产品性质而不是按照其设计或描述特征来制定技术法规。

WTO/TBT 协议框架范围内，标准属于推荐性标准，是自愿性质的，不具有强制性，只有技术法规才是强制性的，强制性标准是不存在的。

合格评定程序是指任何直接或间接用于确定是否满足技术法规或标准有关要求的程序，包括抽样、测试和检验程序，评估、验证和合格评定程序，注册、认可和批准程序以及他们的综合程序，一般由认证、认可和相互承认组成，影响较大的是第三方认证。认证分为产品认证和体系认证。产品认证主要指产品符合技术规定或标准的规定，其中，因产品安全性直接关系到消费者的生命健康，所以，产品安全认证为强制认证。体系认证是指确认生产或管理体系符合相应规定，目前，最流行的国际体系认证有 ISO 9000 质量管理体系认证和 ISO 14000 环境管理体系认证。

在国际贸易中，一些国家凭借技术标准、技术法规很容易使所实施的 TBT 具有名义上的合理性、提法上的巧妙性、形式上的合法性、手段上的隐蔽性，使出口国望之兴叹。具体体现在技术标准、法规繁多，让出口国防不胜防；技术标准要求严格，让发展中国家很难达到；有些标准经过精心设计和研究，专门用来对某些国家的产品形成技术性贸易壁垒。

二、技术性贸易壁垒的特点

技术性贸易壁垒具有双重性、广泛性、复杂性、针对性和隐蔽性的特点。技术法规、标准及合格评定程序通过对商品的质量、规格、原产地证书、包装和标签等作出规定，提高生产效率、促进贸易发展，达到驱除假冒伪劣商品，维护消费者合法权益，保护生态环境，还能迫使出口货物的发展中成员加快技术进步、技术改造步伐，提高生产、加工水平。如果使用不当，利用对商品各种形式的技术规定和措施提出过高的要求，且常常变动，使出口产品难以符合这些技术要求，妨碍贸易正常进行，构成贸易壁垒。

技术性贸易壁垒实质上是一些发达成员利用技术上的优势，以貌似合法的理由，施行事实上阻碍其他成员，特别是发展中国家成员的商品进入该成员市场。有些国家为阻挡货物进口，在科学技术、卫生、检疫、安全、环保、包装、标签等方面，制定名目繁多、内容十分广泛、技术含量高、灵活多变的技术法规、标准和合格评定程序，达到保护本国（地区）市场的目的，甚至有的是针对特定出口成员的特定货物采用技术性措施加以限制，以达到阻碍其出口的目的。

三、技术性贸易壁垒产生的原因

技术性贸易壁垒产生的原因是复杂的，也是显而易见的。

1. 维护本国的利益是技术性贸易壁垒产生的根源

维护本国利益是一切国际关系的根本目的。随着经济全球化发展，国际竞争日益激烈，各国为了维护本国的贸易利益，在逐步取消传统非关税壁垒的同时，不断推出更为隐蔽的技术性贸易壁垒，而且名目繁多，要求越来越苛刻。各种类型国家之间都存在技术性贸易壁垒，只是发展中国家在技术水平上远低于发达国家，所以，技术性贸易壁垒对发展中国家影响更大。

2. WTO 规则中的许多例外条文和漏洞，为技术性壁垒提供了法律依据

《贸易技术壁垒协议》中规定："任何国家在其认为适当的范围内可采取必要的措施保护环境，只要这些措施不致认为在具有同等条件的国家之间造成任何不合理的歧视，或成为对国际贸易产生隐蔽限制的一种手段。"这意味着技术性贸易壁垒的建立具有很大合法性。

3. 环保意识的提高成为各国政府决策依据之一

社会进步及发达国家人民生活水平日益提高，人们对安全健康意识空前加强，国际性和各国环保组织的地位不断提高，对政府决策的影响力越来越大，各国政府在实行有关政策时，不得不考虑他们的声音。

4. 可持续发展观念深入人心，为各国进行技术性贸易壁垒提供了理论支持

世界环境问题已引起各国人民及政府的重视，可持续发展深入民心，各国为了在国际贸易中取得更加有利的地位，在逐步消除一些明显违反 WTO 精神的非关税壁垒的同时，举起可持续发展大旗，越来越多转向卫生检疫标准和环境保护标准等与人民健康和可持续发展相关的非关税壁垒。由于这些措施在很大程度上符合广大民众的意愿，各国实施起来有恃无恐，而且标准越来越苛刻。

5. 科学技术日新月异为技术性贸易壁垒的发展提供了条件和手段

技术密集型产品在国际贸易中的比例不断提高，容易形成新技术性贸易壁垒。同时，高灵敏和高技术检测仪器的发展使检测精度大大提高，给一些国家设置新技术性贸易壁垒提供了技术和物质条件。

四、我国纺织工业应对技术性贸易壁垒的措施

一是，正确理解、客观认识技术性贸易壁垒的双重性，冷静分析和甄别各种技术性贸易措施的内容及其可能产生的影响。

技术性贸易壁垒一方面会引发贸易争端、阻碍经济增长；另一方面可以维护国家安全、保障人类健康、促进科技进步。现实中，人们更多地注意到技术性贸易壁垒对贸易的限制作用，却忽视其对维护国际贸易秩序的积极作用。客观认识技术性贸易壁垒的存在及发展，是有效制定、

正确实施、积极应对技术性贸易壁垒的前提。应采取积极有效的措施加以防范，而不是消极对抗的态度去对待技术性贸易壁垒，这对促进我国对外贸易科学健康持续发展具有重要的意义。

二是，认真研究世贸组织规则，提高运用和驾驭国际规则保护自己、发展自己的能力。

对于受到的一些局部不公平待遇，要在对外经济活动中据理力争，可以向世贸组织和有关发达国家成员申请技术援助、延长有关技术性措施实施的适应期或过渡期等，增强我国适应国外技术性措施要求的能力，降低对产品出口的影响。

三是，积极采用国际标准和国外先进标准，建立和完善技术标准体系，大力推行认证和认可制度。

认真研究技术性贸易壁垒的内容、结构、特征及法规出台的时机等，制定与国际接轨的标准和技术法规，积极开展认证工作，建立我国自己的产品评价和保证体系，尽快使我国的检验数据与国际的检测数据相互承认。

四是，建立有效的应对预警机制，变被动为主动，将防范和应对工作前置化。

技术性贸易壁垒发展较快，其关注的焦点、实施的手段、采取的方式、保护的动机、产生的影响等，都会伴随国际经济形势的变化而呈现出新的特征和趋向。目前，我国对技术性贸易壁垒的关注很不够，基础性数据不完整，研究缺乏全面性、前瞻性，不能适应我国对外贸易迅速发展的现实，必须加强对技术性贸易壁垒的研究，不断深化认识，建立预警机制，加强国际交流，做到从容应对。

五是，企业要提高标准化意识，积极开展国际认证，提高产品自检自控能力，避免低价竞争，通过产品升级换代，提高产品附加值。

第四节　纺织服装技术法规

我国现行纺织服装标准、技术法规体系与欧美国家存在较大差异。国外纺织服装技术法规根据内容不同主要分为控制纺织服装中有害物质法规、纺织服装燃烧安全性能法规、纺织服装成分标签和使用护理标签法规三类，我国技术法规形成于 20 世纪 80 年代，分两个层次，一个是以法律、行政法规、规章及强制性执行的规范性文件等形式规定；另一个是国家强制性标准，相当于国外的技术法规。

一、我国纺织服装技术法规

强制性标准是我国技术法规的重要表现形式，涉及纺织服装强制性国家标准可分为两类，第一类是纺织通用技术方面强制性标准，例如，GB 18401—2010《国家纺织产品基本安全技术规范》，GB 31701—2015《婴幼儿及儿童纺织产品安全技术规范》，GB 5296. 4—2012《消费品使用说明　第 4 部分：纺织品和服装》等；第二类是纺织服装产品强制性标准，例如，GB 8965. 1—2020《防护服装　阻燃服》，GB 12014—2019《防静电服》，GB 19082—2009《医用一次性防护服技术要求》，GB 19083—2010《医用防护口罩技术要求》，GB 1523—2013《绵羊毛》，GB 18383—

2007《絮用纤维制品通用技术要求》等。

二、美国纺织服装技术法规

美国技术法规体系比较健全和完善，分为法案（Act）和法规（Regulation）两个层次。法案是指由国会通过、总统签字的法律或待批准成为法律的议案，编入《美国法典》（*United States Code*，USC）。法规是由认可的行政机构颁布的对法律进行解释和补充的文件，编入《美国联邦法规》（*Code of Federal Regulations*，CFR），是美国联邦注册办公室根据法律要求定期整理收录的具有普遍适用性和法律效力的全部永久性规则，每年修订一次。

与纺织服装监管相关的执行机构有美国联邦贸易委员会（FTC）、美国消费品安全委员会（CPSC）和美国环保署（EPA）。联邦贸易委员会（FTC）制定强制执行的各种联邦反垄断和消费者保护法。美国消费品安全委员会（CPSC）制定、规定管理市场上涉及玩具、家电、纺织品和服装等约15000种消费品安全法规。美国环保署（EPA）负责研究和制定各类环境计划的国家标准，并授权州政府和美国原住民部落负责颁发许可证、监督和执行守法。进口消费品的安全检查由海关执行，纺织服装产品要进行阻燃性能测试，获得安全标志才允许进入市场。

美国纺织服装技术法规主要由护理标签系列法、易燃织物法、消费品安全改进法和化学危险品安全系列法构成，高度重视纺织品阻燃性能和儿童产品安全性能，而对禁用偶氮、甲醛等项目还没有要求。

护理标签系列法包括《羊毛产品标签法案》（15 U. S. C. § 68）、《毛皮产品标签法案》（15 U. S. C. § 69）、《纺织品成分标签法案》（15 U. S. C. § 70）、《羊毛产品标签法案实施条例》（16 CFR part 300）、《毛皮产品标签法案实施条例》（16 CFR part 301）、《纺织品成分标签法案实施条例》（16 CFR part 303）、《纺织服装和某些布匹的护理标签》（16 CFR part 423）等，规定纺织服装标签要求，由美国联邦贸易委员会强制执行。

纺织服装易燃性法规主要由《易燃性织物法案》（*Flammable Fabrics Act*，FFA）及依据该法案制定的实施条例组成的《服用纺织品燃烧性标准》（16 CFR part 1610）、《儿童睡衣燃烧性标准：尺码0～6X》（16 CFR part 1615）、《儿童睡衣燃烧性标准：尺码7～14》（16 CFR part 1616）、《地毯产品表面燃烧性标准》（16 CFR part 1630）、《小地毯产品表面燃烧性标准》（16 CFR part 1631）、《床垫衬垫物燃烧性标准》（16 CFR part 1632）、《床垫明火测试标准》（16 CFR 1633），由美国消费品安全委员会（CPSC）强制执行。

美国化学危险品控制法规订立较早，但更新较慢，包括《联邦危险物质法案》（FHSA，15 U. S. C. §1261－1278）、《危险物质和商品：管理和实施条例》（16 CFR Part 1500）、《消费品安全加强法案》（CPSIA，H. R. 4040）、《有毒物质控制法案》（*Toxic Substances Control Act*，TSCA）、《减少不安全毒物法案》（H. R. 2934）、《华盛顿儿童产品安全法案》（*Children's Safe Products Act*，CSPA）。

三、欧盟纺织服装技术法规

纺织服装国际贸易中欧盟是设置技术壁垒较多的地区，既有欧盟统一法规和标准，还有各成员国自己的，而且，有些在技术要求和条件上存在很大差别。欧盟纺织服装法规主要涉及人体健康和安全、消费者权益保护等方面的内容。欧盟的立法分为一级立法和二级立法。一级立法主要指关于欧盟的基础条约及后续条约，相当于主权国家的宪法；二级立法主要以条例（Regulations）、指令（Directives）和决议（Decisions）等形式颁布实施，其中，指令占有主导地位，欧盟绝大多数产品的技术立法是以指令形式发布，只有很少部分是以条例或决定等形式出现。

欧盟指令是欧盟为协调各成员国现行法律不一致而制定的法律要求。各成员国政府有责任将本国的法律与指令取得协调一致，与指令有冲突的现行国家法律应在规定时间内撤销。欧盟颁布指令的根本目的是消除欧盟成员国之间的贸易技术壁垒，以实现产品在成员国间自由流通。目前，欧盟在化学品管理领域将以前发布的大部分指令逐步合并至 REACH 法规附录内，只保存少数单独指令。

REACH 法规是指欧盟法规《化学品的注册、评估、授权和限制》[*Regulation Concerning the Registration, Evaluation, Authorization and Restriction of Chemicals*, Regulation(EU) No 1907/2006]，于 2007 年 6 月 1 日实施，所有输往欧盟境内的化学品及使用化学品原料的产品都必须满足该法规要求。

REACH 法规旨在保护人类健康和环境安全，保持和提高欧盟化学工业的竞争力以及研发无毒无害化合物的创新能力，防止市场分裂，增加化学品使用透明度，促进非动物实验，追求社会可持续发展等。REACH 法规遵循预防原则、谨慎责任原则和举证倒置原则，其重要理论依据是“一种化学物质，在尚未证明其安全之前，它就是不安全的。”

REACH 法规主要对 3 万多种化学品及下游的纺织、轻工、制药等产品的注册、评估、许可和限制等进行管理，任何在欧盟境内生产或进口达到一定量的化学品或制剂，都需要进行注册和使用风险的评估，并确认是否需要纳入“授权使用”或“限制使用”这两种不同的风险控制范围。REACH 法规实施后的 11 年内，所有在欧盟生产或进口超过 1t/年的化学品要完成注册、评估及许可程序，否则，不允许在欧盟市场销售。

此外，还有《纺织纤维标签条例》[Regulation(EU) No 1007/2011]、《通用产品安全指令》(2001/95/EC)、《儿童睡眠产品安全要求》(2010/376/EU)、《全氟辛烷磺酸限制指令》(2006/122/EC)。

四、日本纺织服装技术法规

日本没有针对纺织服装的法规，日本法规中，纺织和服装属于消费产品，主要从质量标签和有害物质两个方面进行控制和管理，包括《家用产品质量标签法》(*Household Goods Quality Labeling Law*, 1962 年法律第 104 号)、《家庭用品中有害物质控制法》(1973 年法律第 112 号)、《产品责任法》(*The Product Liability Law*, 1994 年法律第 85 号)、《阻燃性能—消防法》(1986 年法律第 20 号)、《反不正当补贴和误导性表述法》(1962 年法律第 134 号)。

五、澳大利亚纺织服装技术法规

在澳大利亚，技术法规是指技术性的法令、法规。技术法规可以引用标准，形成法令、法规、标准体系。法令和法规的制定都要经过立法程序,是必须遵守的法律。法令规定比较原则,法规是法令的实施细则,一部法令可以有若干部配套法规,视适用范围而定。由于产品要符合相应的标准才能符合法规的要求,所以,被引用的标准在引用法规适用的范围内是强制性标准。

澳大利亚有关纺织服装的技术法规包括澳大利亚《商务(贸易解释)法令》[*The Commerce*(*Trade Descriptions*)*Act* 1905]、《商务(进口)法规》[*The Commerce*(*Imports*)*Regulations* 1940]以及各州制定的相关技术法规。

六、加拿大纺织服装技术法规

加拿大涉及纺织服装的技术法规主要涉及纺织品标签和危险产品两个方面。有关纺织品标签方面有《纺织品标签法案》(*Textile Labelling Act*, R. S. C. ,1985, c. T-10)和《纺织品标签与广告条例》(*Textile Labelling and Advertising Regulations*, C. R. C. , c. 1551),由加拿大工业部负责执行。关于危险产品(纺织品和服装)方面的法案及其实施条例有《危险产品法案》(*Hazardous Products Act*, R. S. C. ,1985, c. H-3)、《危险产品(地毯)条例》[*Hazardous Products*(*Carpet*)*Regulations*, C. R. C. , c. 923]、《危险产品(床垫)条例》、《危险产品(帐篷)条例》[*Hazardous Products*(*Tents*)*Regulations*, SOR/90-245]、玩具条例(*Toys Regulations*, SOR/2011-17)、《儿童睡衣条例》(*Children's Sleepwear Regulations*, SOR/2011-15)、《婴儿用围栏条例》(*Playpens Regulations*, C. R. C. , c. 932)、《表面涂层材料条例》(*Surface Coating Materials Regulations*, SOR/2005-109)、《邻苯二甲酸盐条例》(*Phthalates Regulations*, SOR/2010-298)、《纺织品易燃性条例》(*Textile Flammability Regulations*, SOR/2011-22)等,由加拿大卫生部执行,主要管理内容为纺织服装易燃性和有害物质。加拿大海关负责检查进出口货物原产地证明。

码1-2 纺织服装技术法规

想了解更详细有关纺织服装技术法规内容,请扫描二维码1-2。

参考文献

[1]曾林泉. 纺织品贸易检测精讲[M]. 北京:化学工业出版社,2012.

[2]张红霞. 纺织品检测实务[M]. 北京:中国纺织出版社,2007.

[3]蒋耀兴. 纺织品检验学[M]. 2版. 北京:中国纺织出版社,2008.

[4]瞿才新. 纺织检测技术[M]. 北京:中国纺织出版社,2011.

[5]霍红,陈化飞. 纺织品检验学[M]. 2版. 北京:中国财富出版社,2014.

[6]张克俊. 我国纺织技术标准与国外的差距分析及接轨思路[J]. 科技与管理,2006(4):36-40.

[7]孙锡敏."十一五"纺织标准化发展回顾与展望[J]. 纺织标准与质量,2011(1):6-9.

[8]陈海宏,林俊铭,赖明河,等. 国内外纺织品安全技术法规及标准差异研究[J]. 针织工业,2015(2):68-72.

[9]程鉴冰. 国内外纺织品标准化体系及发展战略研究[J]. 东华大学学报(社会科学版),2007,7(3):226-231,234.

[10]郑宇英. 我国纺织品标准与国外差距何在[J]. 技术创新,2003(7):31-33.

[11]肖寒．欧洲标准化委员会的标准类型及启示[J]．中国标准化,2008(4):69－71.
[12]范春梅．法国标准化协会(AFNOR)[J]．世界标准化与质量管理,2003(7):41.
[13]晓理．世界发达国家质量认证简介[J]．管理科学,1997(3):22－23.
[14]Eric. 浅谈法国标准化协会的 NF 认证[J]．中国安全防范认证,2012(4):70－73.
[15]孙丹峰,季幼章．国际标准化组织(ISO)简介[J]．电源世界,2013(11):56－61.
[16]程鉴冰．国内外纺织品服装技术法规和标准比较分析及对策(2)[J]．丝绸,2005(1):52－54.
[17]王香香,魏炜,徐鑫华,等．国内外纺织服装技术法规的差异[J]．针织工业,2013(6):68－71.
[18]翁和生,杨秀月,张雅莉,等．国内外家用纺织品技术法规和标准的比较[J]．上海纺织科技,2010,38(6):43－44.
[19]张卓,刘莹峰,李志勇．欧盟纺织服装技术法规体系现状及其展望[J]．纺织科技进展,2014(2):1－4.
[20]张卓,刘蓉,刘莹峰,等．美国纺织品服装技术法规评述[J]．棉纺织技术,2014,42(8):75－78.
[21]高惠君．欧盟 REACH 法规相关背景及内容介绍[J]．医药化工,2007(5):1－4.
[22]王旖．澳大利亚纺织品服装贸易壁垒及市场准入概述[J]．纺织导报,2006(7):20－24.
[23]范春梅．加拿大标准理事会[J]．世界标准化与质量管理,2002(7):42－43.
[24]李学彦．浅析我国采用国际标准的几点现实意义[J]．企业标准化,2000(6):21－22.
[25]徐路,郑宇英．国内外纺织产品技术法规和标准综述[J]．纺织标准与质量,2003(1):18－21.
[26]钱富珍,陆林华．日本生态纺织品技术法规、标准和合格评定体系研究[J]．中国纤检,2010(24):36－40.
[27]张雅莉．中欧纺织品服装技术法规和标准的差异性研究[D]．上海:东华大学,2010.

第二章　纺织品检验基础知识

纺织品检验在纺织品染整加工和纺织品贸易中具有重要作用,产品质量需要通过检测才能确定,也是进行贸易和市场监管的重要技术手段,并且在质量公证中也发挥着重要作用。纺织品检验是综合运用各种检验手段对纺织品的品质、规格、等级等内容进行检验,确定其是否符合标准、法规或贸易合同的规定。

第一节　纺织品质量

纺织品的质量是在纺织品生产过程中形成的,是纺织生产企业各项工作的综合反映,是由纺织原料和生产各个环节所决定的,是评价纺织品优劣程度的多种有用属性的综合。纺织品的质量是决定纺织品使用价值的关键因素。

狭义来讲,纺织品质量也称品质,是指纺织产品本身所具有的特性,通常包括美观性、适合性、使用性、安全性、可靠性等。广义来讲,纺织品质量是指纺织产品能够完成其使用价值的性能,即产品能够满足用户和社会的要求。广义的纺织品质量包括原材料、生产、设计、检验、管理、销售和服务等诸多方面,属于全面质量管理范畴。

一、纺织品质量影响因素

纺织品质量的影响因素是多方面的,包括设计、生产制造、管理、销售、服务和使用等诸多方面。仅从纺织品生产制造过程来看,影响纺织品质量的因素主要有以下几个方面。

1. 纺织原料

原材料是生产纺织品的物质基础,对纺织品质量起决定性作用,主要体现在两个方面,一是原材料本身的质量,包括原材料的成分、结构、性质;二是如何合理利用原材料,如废旧纤维制品的再生利用,根据产品用途合理使用原材料,既达到产品质量要求,又合理利用资源,节约原材料,降低生产成本。

2. 生产工艺

生产工艺对纺织品质量同样起决定性作用。先进生产工艺是生产优质产品、提高经济效益的基础保证,是提高传统产业国际竞争力的有效途径。

3. 生产设备

纺织染整生产设备是为满足生产技术、产品质量和经济要求而设计、选用的,是纺织染整生产方法和制订生产工艺条件的主要依据。由于纺织品品种和数量的增长,染整产品质量的提高，纺织染整生产技术的发展以及自动化程度和制造水平的提高，促使纺织染整设备向高效、高速、连续化、自动化、低能耗、环保等方面发展，并有利于降低加工成本，提高企业经济效益。

4. 员工素质

员工的素质，既包括员工的业务水平，也包括文明礼貌、爱岗敬业、诚实守信、遵纪守法、团结互助、开拓创新、人文素质、职业道德等方面的职业素养。员工的业务水平包括管理人员的管理水平和业务能力，技术人员的技术水平和实践创新能力，一般操作工人的操作水平、熟练程度和工作态度。

5. 生产环境

生产环境包括车间布置、车间温湿度及控制、工作环境清洁卫生状况、光线和噪声等。车间和设备布置合理，有利于提高产品质量和生产效率，节约投资，降低成本。

二、我国纺织品质量监督管理方式

对纺织品实施质量检验是一项经常性的工作，是纺织品生产企业、检测机构和政府监管机构的重要工作。我国纺织品生产企业一般都设有专门的质量检验部门，对原材料、半成品和成品进行质量检验。对流通领域的纺织品实施质量检验，是我国市场监督管理部门的重要责任，对纺织商品质量实施动态监测，并通过媒体公布质量信息，曝光劣质产品。海关总署管理的出入境检验检疫机构负责对进出口纺织品进行质量检验、质量公正和监督管理。

第二节　纺织品检验分类

一、根据检验内容分类

根据纺织品检验内容可分为品质检验、数量检验、重量检验和包装检验等。

1. 品质检验

品质检验，也称质量检验，运用各种检验手段对产品的品质、规格、等级等进行检验，确定其是否符合标准或要求等规定。

品质检验的范围很广，包括外观质量检验和内在质量检验两个方面。外观质量检验主要是对产品的外形、结构、花样、色泽、气味、触感、疵点、表面加工质量、表面缺陷等的检验。内在质量检验俗称理化检验，一般是指借助物理、化学的方法，使用测量工具或仪器设备，对产品物理量的测定和化学性质的分析。

2. 数量检验和重量检验

不同类型纺织品的计量方法和计量单位是不同的，机织物通常按长度计量，纺织纤维原料、纱线和针织物按重量计量，服装按数量计量。此外，由于各国采用的度量衡制度差异，导致同一计量单位所表示的数量有差异。

长度计量时，必须考虑到大气温湿度对纺织品长度的影响，检验时应加以修正。重量计量时，则必须要考虑到包装材料重量和水分等其他非纤维物质对重量的影响，常用的计算重量方法有毛重、净重和公定重量。

3. 包装检验

包装检验是根据贸易合同、标准和其他有关规定，对纺织品的外包装、内包装和包装标志进行检验，包括核对纺织品的商品标志、运输包装和销售包装是否符合贸易合同、标准和其他有关规定，对产品质量的保全性、安全性、加工适应性、方便性和商品性等进行检验。

纺织品包装不仅是保证纺织品质量、数量完好无损的必要条件，也应便于用户和消费者识别，以提高生产企业及其产品的市场竞争能力，促进销售。在现代经济社会，产品包装已成为商品的重要组成部分，它关系到生产、流通、消费各个环节。包装也是增加商品价值的重要手段之一，好的包装设计，不仅可以起到保护、宣传、美化商品的作用，而且，可以促进商品的销售和增强商品的竞争力。

二、根据检验方法分类

根据纺织品检验方法可分为官能检验和理化检验。

1. 官能检验

官能检验，又称感官检验，是指依靠人的感觉器官对产品质量进行评价和判断，又分为分析型官能检验和嗜好型官能检验。分析型官能检验，又称Ⅰ型官能检验或A型官能检验，是指对不受人感觉影响，而由其物理、化学等属性所确定的、固有的外观质量特性所进行的官能检验。嗜好型官能检验，又称Ⅱ型官能检验或B型官能检验，是指对受到人的感觉、嗜好影响的外观质量特性进行的官能检验，通常带有较强的主观意愿，主要取决于检验者的经验、环境、年龄、性别、心理状况、生理状况、地域、民族等因素。

官能检验在纺织原料、半成品和成品的外观质量检验方面具有十分重要的作用，例如，纺织品的颜色、光泽、手感、杂质、疵点、表面光洁程度、异味等质量检验。官能检验不需要专门的仪器和复杂的设备，简便易行，一般不破坏产品，不受抽样数量的限制。官能检验的结果难以用准确的数字来表示，一般用专业术语或记分法表述。实际工作中，为提高官能检验结果的准确性，通常组织评审小组进行检验，以修正检验结果的误差。随着现代科学技术的发展，有些外观质量检验项目，如纱线条干均匀度、疵点分析、毛羽等已经实现仪器检验。

2. 理化检验

理化检验是借助物理、化学的方法，使用某种测量工具或仪器设备进行的检验，主要用于检验产品的成分、物理性质、化学性质、安全性等，又分为物理检验法和化学检验法。物理检验法是指运用各种仪器、仪表、设备、量具等检测手段，测量或比较各种纺织品的物理性质或物理量，并进行系统分析，以确定纺织品物理性能和品质优劣的检验方法。化学检验法是指运用化学检验技术和仪器设备，通过对样品进行分析、测试，确定纺织品的化学特性、化学组成及含量的检验方法，又分为定性分析和定量分析。

理化检验结果精确，可定量表示，检验结果客观、科学，不受检验人员的主观影响，能反映产品的内在质量，但需要一定仪器设备和场所，成本较高，要求条件严格，检验时间较长，对检验人员要求高，而且往往需要破坏一定数量的产品，消耗一定量的试剂。

三、根据检验方所处的位置和地位分类

按检验方所处的位置和地位可分为第一方检验、第二方检验和第三方检验。

1. 第一方检验

也称自检，是指生产部门或经销部门在企业内部自行设立检验机构进行自检，及时发现不合格产品。第一方检验是企业质量管理的职能之一，也是企业质量体系的基本要素之一，对于生产企业，确保不合格品不流入下道工序，保证出厂产品达到要求；对于商业部门，及时处理有质量问题的商品，使不合格商品不能进入消费领域，以保证消费者的利益和企业信誉。

2. 第二方检验

也称验收检验或买方检验，是指买方为维护自身及其顾客利益，保证所购商品满足合同或质量标准要求进行的检验活动，可以及时发现问题，分清质量责任。实践中，还常派跟单员对商品质量形成的全过程进行监控，及时发现问题，并要求厂方解决。

3. 第三方检验

是指处于买卖利益之外的第三方，以公正、权威的非当事人身份根据有关法律、合同或标准进行的检验，目的在于维护各方合法权益和国家权益，协调矛盾，保证商品交换活动的正常进行。第三方检验具有公正性、权威性，检验结果得到公认，具有法律效力。

四、根据生产工艺流程分类

按照纺织品生产工艺流程可分为预先检验、工序检验、成品检验、出厂检验和库存检验。

1. 预先检验

指加工投产前对投入原料、坯料、半成品等进行的检验。

2. 工序检验

是指为防止不合格品流入下道工序，而对各道工序加工的产品及影响产品质量的主要工序要素进行的检验。

3. 成品检验

是指对完工后的产品质量进行全面检查与试验，判定合格与否或质量等级，防止不合格品流到用户手中，避免对用户造成损失，也是为了保护企业的信誉。

4. 出厂检验

是指库存产品，在出库发货前的检验。对于制成成品后立即出厂的产品，成品检验也是出厂检验。

5. 库存检验

纺织品储存期间，由于热、湿、光照、鼠咬等外界因素作用，会使纺织品的质量生变化，库存检验是指对库存纺织品进行检验。

五、根据检验产品数量分类

根据检验产品数量可分为全数检验和抽样检验，一般除外观质量检验采用全数检验外，多

数检验项目采用抽样检验。

1. 全数检验

又称全面检验、普遍检验，是指根据质量标准对送交检验的全部产品逐件进行试验测定，从而判断每件产品是否合格的检验方法，适用于批量小、指标少、重要、对后序加工有决定性影响、非破坏性的检验，但费时、费工、适用性差，一般不采用。

2. 抽样检验（抽检）

是指从一批产品中随机抽取少量产品进行检验，判断该批产品是否合格，可节约检验时间和费用，适用于批量较大、质量较稳定的检验，不适用于质量差异程度大的产品。抽样检验必须设计合理的抽样方案，避免系统误差和减小随机误差，并控制误判概率，通常生产者承担5%的风险，消费者承担10%的风险。

六、根据检验特性的属性分类

按照检验特性的属性，抽样检验分为计数抽样检验和计量抽样检验。

1. 计数抽样检验

这种方法使用方便、时间短、设备简单、计算简单、直观性好、易理解，但要保证抽样的随机性，适合质量相对稳定的大批量工业产品。计数抽样检验包括计件抽样检验和计点抽样检验。计件抽样检验是根据被检验样本中的不合格产品数，推断整批产品的接受与否，计点抽样检验是根据被检验样本中的产品包含的不合格数，推断整批产品的接受与否。

2. 计量抽样检验

是通过被检样本中产品的质量特性具体数值与标准进行比较，推断整批产品接受与否，检验要求高、时间长、设备复杂、计算复杂、直观性差、不易理解，要求特性值服从正态分布或其他连续分布，适合少数涉及安全、卫生和环保检验项目。

抽样检验方法标准化是发展趋势，广泛使用ISO 2859《计数检验抽样程序》（*Sampling Procedures for Inspection by Attributes*）和ISO 3951《计量检验抽样程序》（*Sampling Procedures for Inspection by Variables*）系列标准，两者都属于调整型抽检方法，适用于各批质量有联系的连续批次产品质量检验，根据连续提交各批次的检验结果，确定后续各批次的检验是采用放宽、正常还是更加严格的检验方案。

七、根据检验目的分类

根据检验目的可分为验收检验、监督检验、仲裁检验和公证检验。

1. 验收检验

是用户为验收产品进行的买方检验。

2. 监督检验

是根据政府法令或规定，由政府技术监督部门代表国家实施产品质量管理职能，对产品质量进行的检验，是一种宏观质量监测手段。

3. 仲裁检验

是指经省级以上质量技术监督部门或其授权的部门考核合格的产品质量检验机构，在考核部门授权其检验的产品范围内，根据申请人的委托要求，对有质量争议的产品进行检验，出具仲裁检验报告的检验。

4. 公证检验

是由政府有关部门认可的具有公正性和权威性、具备符合规定的检验设备、技术条件和技术人员的检验机构为他人进行的第三方检验，检验结果具有法律性。

第三节　纺织品检验技术的发展现状

纺织品检验技术是一门通过各种仪器设备、手段，在一定的环境条件下实施，并最终依赖于检验人员专业判断力鉴定纺织品质量水平的技术，对促进纺织品质量水平的提高发挥着积极作用。随着科技水平的快速进步，新技术、新工艺、新材料不断涌现，人们生活水平不断提高，环境保护、安全健康意识不断增强，纺织检验的要求也越来越高。

纺织品检验技术的载体是纺织品检测仪器，随着计算机技术、自动化技术、图像处理技术、信息技术、通信技术、网络技术的发展及在纺织检验领域的应用，出现一批现代化检验仪器，极大地提升了现代纺织检验的手段和能力，纺织品检验向智能化、自动化、多功能化、系列化和通用化方向发展。

一、现代纺织品检验特点

1. 自动化水平较高

现代纺织检测技术自动化水平不断提高，主要体现在高新技术的广泛应用，大幅降低劳动强度，提高工作效率。

近几年，国外相继研制出多种以振动法为基础，测量纤维细度的设备，无须人工操作，可自动完成纤维线密度测试。由于纤维线密度测量过程不再主要依靠人工进行判断，因此，大幅提升测量结果的精准度。

纺织面料密度检测方式常用有两种，一种是放大镜观察、人工计数，工作人员容易疲劳，甚至产生不适，并且检测速度慢，人为误差时有发生；另一种是全自动密度仪，无须人工干预，自动计数，简单织物使用十分方便，但对复杂织物，则缺乏识别计数能力。新型数码密度仪融入人工智能，点验快速，计数准确，无论多么复杂的织物，均可在10s内完成计数。

世界几乎所有国家法令或标准规定纺织商品必须有纤维成分标签，传统检验方法存在检测周期长、环境要求高、使用有毒有害化学试剂、破坏样品等问题。采用近红外光谱法快速检测纤维成分，可检测棉/涤、棉/氨、锦/氨、涤/氨、涤/黏胶等多种纺织原料的成分含量，具有检测速度快、便于操作、不使用化学试剂、不破坏样品等优点。

2. 广泛应用高新技术

早期纺织品检验主要依靠人工进行检验，不但耗费大量人力，而且检测结果误差大、效率低，而计算机技术、信息技术、图像处理技术等高新技术在纺织品检验领域的广泛应用，极大地推动了纺织检验技术的进步，降低劳动强度，大幅提高检验速度、准确性和可靠性。

（1）计算机技术的广泛应用。计算机技术是世界发展最快的技术之一，在纺织品检验领域的应用极大提升纺织品检验手段和能力。现代检验仪器越来越精密、科学，检验更加准确、快捷，更多地依靠计算机技术，离开计算机技术支持，很多检验内容根本无法实现。

（2）数字图像处理技术的应用。数字图像处理技术是将图像信号转换成数字信号，并利用计算机进行处理的技术，主要包括数字图像采集与数字化、图像压缩编码、图像增强与恢复、图像分割、图像分析等。20 世纪 90 年代中期，图像处理技术在纺织中的应用主要集中在纤维材料性能测试、纱线性能分析、半制品质量检测等，近年来，主要集中在织物表面特性分析、组织结构自动分析、成品及半成品性能检测等。

（3）红外光谱技术在纺织鉴别上的应用。红外光谱（infrared reflectance spectroscopy，IRS）技术综合运用计算机技术、光谱技术和化学计量学等多个学科的最新研究成果，是一种高效、快速的现代分析技术，在多个领域得到广泛应用，在纺织检验方面主要用于纺织品成分分析、织物表面涂层分析，利用不同纤维红外光谱吸收峰，不同含量纤维吸收峰大小不同，通过化学计量法和纤维数据库获得准确的化学成分及含量，具有高效、快速、简便、环保、样品无损的优点。

（4）激光技术的应用。激光检测技术在纺织中的应用十分广泛，用于验布，检测织物起球、毛羽及粗糙度、织物纬斜，测定纱线直径、条干不匀、纱疵与纤维性能，控制印染及检验服装等方面，提高劳动效率和检测准确性。

3. 数字化传感技术的应用

现代纺织检验技术中传感技术不断改进，由电容式传感向声频传感、光电传感发展，测试结果不受测试材料的混用和环境大气的影响，提高了检验准确度。

最具代表性的是瑞士乌斯特（USTER）公司推出的全自动大容量棉花检测仪（high volume instrument，HVI），集光学、电学、机械技术于一体，具有高效、准确、实用等优点，可在很短时间内一次性取样检测出棉纤维的长度、长度均匀度、强度、伸长度、马克隆值、成熟度、回潮率、色泽、杂质等检测项目，检测结果被全球纺织业普遍认可，处于世界领先水平。

4. 顺应纺织品安全性和生态性检验要求

随着社会发展和人们生活水平的提高，环保意识逐渐增强，越来越重视纺织品的安全健康性和生态环保性，许多国家制定了生态纺织品法规和标准，但相应的检验技术相对滞后。德国早在 1994 年就提出禁止使用可分解致癌芳香胺偶氮染料，但相应的检验方法直到 1998 年才正式出台。可分解致癌芳香胺由最初的 20 种增加到现在的 24 种，但直到 2007 年开发出 4 - 氨基偶氮苯检测方法后，24 种可分解致癌芳香胺检验才真正完善。

二、现代纺织品检验技术的发展方向

1. 向成品模拟和质量预测与评估方向发展

现代检验仪器已经趋向智能化和自动化，人工操作对产品检验结果的影响越来越小，因此，可利用测试结果对纺织产品加工过程和产品质量进行快速可靠的模拟预测，不仅有效避免试样产品在生产过程中可能出现的质量问题，更节省生产时间和生产成本。兹韦格公司研制出一种模拟系统，根据纱线结构试验仪的测试结果，用计算机模拟机织或针织物，并在织造前对该织物质量进行预先评估，避免织造小样因品质不良而造成浪费时间和成本。

2. 向高速、高效方向发展

目前，策尔韦格·乌斯特公司（Zellweger USter AG）的高性能拉伸试验仪测试速度高达400m/min，每小时能完成30000次拉伸试验，不仅提高了产品检测的有效性和准确性，更提高了检测效率。

3. 向多功能化发展

传统纺织品检验，大多数只对产品的单一属性进行评定，不仅耗时、耗力，而且检验结果存在一定的人为因素影响。大容量棉花检测仪（HVI）用于棉纤维质量性能的综合测定，只需10min即可完成一个样品的线密度、长度、强力、断裂伸长率及色泽分级测试。

4. 由测试试验室向网络化发展

兹韦格公司（Zweigle）和策尔韦格·乌斯特公司（Zellweger USter AG）正在开发基于计算机网络技术的试验仪器数据分析系统，可实现试验仪器与中心计算机联网，由中心计算机从所有联网的仪器中获取数据，并进行处理。

5. 注重生态纺织品检验技术

生态纺织品因健康环保而受到人们的广泛关注，但相应的检验方法相对滞后，并且生态纺织品标准经常更新，检验项目不断升级，检验方法一般较复杂，具有一定的难度，因此，要时刻跟踪生态纺织品要求，完善相应检验技术，以适应生态纺织品检验的要求。

三、我国纺织品检验技术与国外的差距

虽然我国检验技术水平不断提高，能满足基本的纺织品检验要求，但与国外先进水平相比，还存在很大差距。

1. 检验机构薄弱，检验权威性不高

我国现有的检验机构基本是20世纪60～70年代确立的，是计划经济时代的产物，在一定的历史时期促进了纺织行业的健康发展，但目前，与国际现行检验机构相比，有明显的不足和差距，主要体现在纺织品检验机构的权威性不高、检验技术处于较低水平、结果不精确、与国际接轨程度不够，造成检验结果只得到国内认可，在国际上却要重新进行检验。

2. 高科技纺织产品检验能力弱

高科技纺织产品是近年来发展很快的一类纺织品，种类很多，包括超细纤维织物、透气织物、智能涂布、绝热材料、功能材料等，每种纺织品都有其独特的特点，而且，生产方法和技术指标不同，因此，需要对各种不同的纺织品充分了解，才能更好地对纺织品进行质量检验。

3. 缺少自主创新先进检验仪器

我国纺织品检验设备相对简单、精度不高、检验项目单一，不适应国际贸易对纺织品检验的要求。为提高我国纺织品检验技术水平，满足各项检验标准，必须研发具有自主知识产权的检验仪器，同时，加强技术引进与合作，开发具有权威性的检验仪器。

第四节 纺织品检验机构

目前，纺织服装检验机构众多，有海关、国家市场监督管理总局管理的检验机构，有各协会、民营的第三方检测机构，还有国外第三方检测机构。

按照检验机构是否由政府设立，可分为官方检验机构和独立检验机构。官方检验机构是国家为维护本国公共利益，制定检疫、安全、卫生、环保等法律，由政府设立监督检验机构，依照法律和行政法规的规定，对有关进出口商品进行严格的检验管理。官方检验机构依法进行的检验称为法定检验、监督检验或执法检验。独立检验机构是由商会、协会、同业公会或私人设立的半官方或民间商品检验机构，担负着国际贸易货物的检验和鉴定工作。由于独立检验机构承担的民事责任有别于官方检验机构承担的行政责任，所以，在国际贸易中更易被买卖双方接受。独立检验机构根据委托人的要求，以自己的技术、信誉及对国际贸易的熟悉，为贸易当事人提供灵活、及时、公正的检验鉴定服务，受到对外贸易关系人的共同信任，已经成为检验市场的主流力量。

一、官方检验机构

1. 中国官方检验机构

2018 年 3 月，根据国务院机构改革方案，将国家工商行政管理总局、国家质量监督检验检疫总局、国家食品药品监督管理总局的职责进行整合，组建国家市场监督管理总局，作为国务院直属机构，负责市场综合监督管理。将国家质量监督检验检疫总局的出入境检验检疫管理职责和队伍划入海关总署。

海关总署负责全国海关工作、海关监管工作、出入境卫生检疫和出入境动植物及其产品检验检疫、进出口商品法定检验、海关风险管理、国家进出口货物贸易等海关统计等任务。海关总署商品检验司拟订进出口商品法定检验和监督管理的工作制度，承担进口商品安全风险评估、风险预警和快速反应工作。承担国家实行许可制度的进口商品验证工作，监督管理法定检验商品的数量、重量鉴定。依据多双边协议承担出口商品检验相关工作。

国家市场监督管理总局负责市场综合监督管理，起草市场监督管理有关法律法规草案，制定有关规章、政策、标准，规范和维护市场秩序，营造诚实守信、公平竞争的市场环境。下设产品质量安全监督管理司，承担产品质量国家监督抽查、风险监控和分类监督管理工作，承担棉花等纤维质量监督工作等。

中国纤维质量监测中心是国家市场监督管理总局直属单位，2018 年，由原中国纤维检验局更名而来，负责拟定纤维质量监测制度措施、建立纤维质量监测体系、组织实施纤维质量公证检验、监督抽查、品质调查、评价评估、风险监测和监测科研工作，承担纤维标准化、纤维计量和纤维质量公证检验的监督抽验工作，组织、承担纤维质量监测的复检、监督检验、仲裁检验，受总局委托，组织实施纤维及其制品的监督检查、质量提升工作，组织地方机构依法开展纤维及其制品执法工作。

2. 美国官方检验机构

在美国,官方检验机构检验进出口商品的权限实行专业化分工,分别由 14 个部、委、局的有关主管部门负责。

3. 欧盟官方检验机构

欧盟官方检验机构组织形式与美国类似,也是按商品类别由政府各部门分管,按有关法律授权或政府认可实施检验和监督管理。

技术监督协会(Technischer Überwachungs - Verein,TÜV)在 1962 年成为德国官方授权的政府监督组织,经政府授权和委托,负责安全认证、质量保证体系和环保体系的评估审核。德国每个州都有 TÜV,而且独立营运,现在德国最大的 TÜV 集团有 TÜV SÜD(南德意志集团)、TÜV Rheinland(莱茵)和 TUV NORD(北德)三个。

4. 日本官方检验机构

根据日本国家行政体制,政府各部门在自己分工权限范围内,对有关进出口商品检验工作实行分工管理。经济产业省(Ministry of Economy,Trade and Industry,http://www.meti.go.jp)是隶属于日本中央政府的直属省厅,直接或通过政府及国会制定产业合理化的法令、法规政令、省令和计划,实施时具有很大的权力。

二、独立检验机构

中国国内检验市场发展空间巨大,检验是竞争性服务行业,受到权威性和国际互认的挑战,还面临价格和服务质量的竞争,纺织品检验市场在一段时间内,还将存在不平等竞争和垄断现象。

官方检验机构对产品质量的控制主要是通过市场抽检、行政处罚等强制性手段进行,在国际市场开发和商业活动方面与国际权威检测机构有一定差距,检验专业化程度不高,专业检验人员的素质有待进一步提高。

消费者对产品质量好坏的判断,主要还是通过第三方检验报告来掌握。在企业水平高低不等、产品质量良莠不齐,通过第三方检验报告来确定产品质量,是非常有效的手段,也是国际通用做法。在国际贸易中,越是没有官方背景的第三方检验机构,认可度越高。

发达国家的检验机构成立较早、规模较大、业务稳定、知名度较大、在客户中的信誉较高,而且,发达国家对纺织品服装各方面,如外观、技术指标、环保等要求比较高,并呈现出越来越多的趋势,其检验机构的跨国业务越来越多,并逐渐兼并收购其他国家的检测机构。

随着国际贸易的发展和技术性贸易壁垒不断升级,检验认证行业兼并更加激烈。兼并当地国家认可的安全标志检验机构能更有效地提供全方位服务和提升竞争,国际著名检验机构都通过兼并把业务延伸到本土以外的市场,天祥集团(ITS)兼并十多家企业,其中,很多都是本土知名认证公司,法国必维(BV)近十年全资收购全球十家左右最好的检测公司,包括美国材料测试实验室(Materials Testing Laboratory,MTL)。MTL 曾是美国著名检测公司,与 SGS、ITS 齐名,销往美国 60% 的纺织品检验都是由 MTL 完成的。

1. 瑞士通用公证行

瑞士通用公证行(Société Générale de Surveillance,SGS,http://www. sgs. com)是目前世界最大的检验、鉴定、测试和认证机构之一,创于1878年,总部设在瑞士日内瓦。1991年,SGS和中国标准技术开发公司成立合资公司SGS通标标准技术服务有限公司(简称通标、SGS中国、SGS通标,http://www. sgsgroup. com. cn),是SGS集团在中国唯一官方机构,总部设在北京,主要从事检验、测试、认证等工作。

2. 英国天祥集团

天祥集团(Intertek Testing Services,ITS,http://www. intertek. com. cn)是全球领先的测试、检验和认证公司,隶属于英国英之杰检验集团(Inchcape Inspection And Testing Services,IITS),历史可追溯到1896年爱迪生实验室,1989年,Intertek成为第一家进入中国的国际第三方测试和认证公司,总部设在上海。

3. 法国必维国际检验集团

必维国际检验集团(Bureau Veritas,BV,http://www. bureauveritas. com)成立于1828年,总部设在法国巴黎,是全球知名的国际检验、认证集团,服务集中在质量、健康、安全和环境管理及社会责任评估。

4. 美国保险商试验所

美国保险商试验所(Underwriter Laboratories Inc. ,UL,http://ul. com/,http://china. ul. com)是美国最具权威的独立性和营利性从事安全试验、鉴定、认证、检验、测试等服务的专业机构,始建于1894年,总部设在美国芝加哥,主要是产品安全性能方面的检验和认证。

5. 日本海事检定协会

日本海事检定协会(Nippon Kaiji Kentei Kyokai,英文名Japan Marine Surveyors & Sworn Measurers Association,NKKK,http://www. nkkk. or. jp/)创于1913年,是社团法人检验协会,主要为社会公共利益服务,总部设在日本东京。

6. 新日本检定协会

新日本检定协会(Shin Nihon Kentei Kyokai,英文名New Japan Surveyors and Sworn Measurers Association,SK,http://www. shinken. or. jp)创立于1948年,是日本的一个财团法人检验协会,主要业务是海事检定、一般检验、集装箱检查、理化分析和一般货物检量等。

7. TESTEX瑞士纺织检定中心

TESTEX瑞士纺织检定中心(http://www. testex. com)是独立性的瑞士测试和认证公司,创始于1846年,总部设在瑞士苏黎世,是全球历史最悠久、知名的纺织品专业测试和认证机构,担任Oeko-Tex国际环保纺织协会秘书处职责,是Oeko-Tex国际环保纺织协会在中国的官方代表机构,主要业务有生态纺织品系列认证Oeko-Tex Standard 100、Oeko-Tex Standard 1000、Oeko-Tex Standard 100 plus/UV Standard 801紫外线防护认证、生态染料和助剂化学品Eco-Passport认证及个人防护服产品CE认证。

8. 中国检验认证集团

中国检验认证集团[简称中检集团,China Certification & Inspection(Group)Co. ,Ltd. ,CCIC, http://www.ccic.com]是经国务院批准、国家认证认可监督管理委员会(CNCA)资质认定、中国合格评定国家认可委员会(CNAS)认可,以检验、鉴定、认证、测试为主业,中国规模最大的独立第三方检验认证机构,历史可以追溯至1980年,总部设在北京,服务范围涵盖石油、化矿、农产品、工业品、消费品、食品、汽车、建筑,以及物流、零售等重要行业。

9. 中纺标(北京)检验认证中心有限公司

中纺标(北京)检验认证中心有限公司(简称中纺标,Chinatesta Textile Testing & Certification Service,CTTC,http://www.cttc.net.cn)是由中国纺织科学研究院全资组建的国有公益性服务机构,是纺织行业唯一集标准、检验、计量和认证四位一体的综合性技术服务机构,总部设在北京,在北京、绍兴、深圳建有三个实验室,业务涉及纤维、纱线、织物、服装、家用、产业用纺织品及皮革等产品的理化性能、生态及功能性检验,是国际标准化组织纺织品技术委员会(ISO/TC 38)主席单位和国内对口单位,承担着ISO/TC 38/SC 2(洗涤、整理和拒水试验)、ISO/TC 38/SC 23(纤维和纱线)、全国纺织品标准化技术委员会、全国纺织品标委会基础标准分会、全国纺织品标委会产业用纺织品分会、纺织计量技术委员会、中国计量协会纺织分会等秘书处工作。

10. 华测检测认证集团股份有限公司

华测检测认证集团股份有限公司(Centre Testing International,CTI,http://www.cti-cert.com)是一家集检测、校准、检验、认证及技术服务为一体的综合性第三方机构,成立于2003年,总部位于深圳。

除以上检验机构外,我国还有5个国家服装质量监督检验中心,是由原国家质检总局和国家认证认可监督管理委员会依法设置、审查认可并授权,经中国合格评定国家认可委员会认可的独立第三方公正专业检验机构,分别设在上海、天津、广州、浙江和福建。

码2-1 纺织品检验机构

想了解更详细相关检验机构,请扫描二维码2-1。

第五节 纺织品检验准备和数据分析

一、纺织品检验抽样

纺织品抽样是按照标准或协议规定,从生产厂或仓库一批同质产品中抽取一定数量有代表性的产品作为测试、分析和评定该批产品质量的样本的过程。

纺织品的各种检验,被测对象的总体都比较大,不可能全部进行检验,只能取其中极小的一部分。被抽取出的这些个体称为试样,所有试样构成总体的样本,样本中所含个体的数量称为样本容量。

纺织品中,个体间性质一般差异很大,样本容量越大,测试结果越接近总体的实验结果。一般采用统计方法确定样本容量,以保证达到实验结果所需的可信程度。然而,不管样本容量有多大,所用仪器如何准确,如果取样方法本身缺乏代表性,实验结果也是不可信的,因此,测量与实验结果是否准确,取决于仪器误差和试样误差的综合结果。

1. 抽样的代表性和随机性

抽样的目的是用尽可能小的样本所反映的质量状况来统计推断整批产品的质量水平,也就是要从总体中抽取一部分代表总体的子样,又要使取样误差最小,必须采用正确的抽样方法。抽样方法的正确性是指抽样的代表性和随机性,抽样的代表性是指样本质量与批质量的接近程度。通常单位产品间总是存在质量差异,由于抽样的偶然性,可能抽取到质量好的单位产品,也有可能抽取到质量差的单位产品,因而,样本的质量总是呈波动性,所以,样本质量与批质量的离差,即抽样的误差总是不可避免的。保证抽样的代表性,一是尽量避免抽样的系统误差,即带有倾向性的抽样,二是尽量减少抽样的随机误差。

如果样本质量的期望值与批质量不存在离差,则不存在抽样的系统误差,否则,即存在系统误差。抽样的随机误差用样本质量数据的标准差表示,标准差越小则随机误差越小。在抽样的系统性误差可以避免的前提下,随机误差越小,抽样的代表性越好,采用较大的样本可以提高抽样的代表性。检验人员在抽样中出于某种原因,有意识地抽取质量好或质量差的产品均会造成系统性的偏差。生产人员在堆放产品时往往会把质量好的产品摆放在显眼的地方,如果检验人员习惯从表面抽取产品也会产生系统偏差。在监督检查抽查中,如果预先告知抽样时间,企业有可能特意准备一部分质量好的产品以供抽查,这样抽取出来的产品不可能具有代表性,所以,在监督检查中要强调采用突击抽查的方案。

为了避免带有倾向性的抽样,要保证抽样的随机性,抽样的随机性是抽样代表性的基础,是判定检查批客观性的保证。所谓抽样的随机性是指检查批中的单位产品是否被抽取到样本中,应该是由偶然因素即随机因素所决定的。

2. 抽样方法

抽样方法是从检查批中取得样本的方法。取样是从检查批中获得检验方案规定样本的过程。要保证试样对总体的代表性就要采用合理的抽样方法,避免抽样的系统误差,同时减小随机误差,为此,纺织检验中常采用随机抽样方法。在总体质量情况未知的情况下,一般以简单随机抽样最合理;在总体质量有所了解的情况下,可采用分层抽样或系统随机抽样来提高抽样的代表性;当采用随机抽样有困难时,可采用代表性和随机性较差的分段随机抽样和整群随机抽样。这些抽样方法中除简单随机抽样外,其他抽样方法都带有主观限制条件,只要不是人为有意识地抽取产品,尽量从批的各部分抽样,可以近似地认为是随机抽样。

(1)简单随机抽样。简单随机抽样是指从总体 N 个个体中不放回地任意抽取 n 个个体作为样本,使每个可能的样本被抽中的概率相等的一种抽样方式。操作时可把 N 个个体逐一编号,通过抽签、随机数表或计算机产生的随机数进行抽样,可参考 GB/T 10111—2008《随机数的产生及其在产品质量抽样检验中的应用程序》。

(2)分层随机抽样。如果一个批是由质量有较明显差异的几部分组成,则可分为若干层,使层内的质量较匀,层间的差异较明显。从各层中按一定比例随机抽样,这种抽样方法称为分层按比例随机抽样,例如,一个批由不同两个班的产品构成,而且,这两个班的产品质量有明显差异,它们的数量分别是200 个和300 个要抽取50 个样本,则可分别从两班中按0.1(50/500 =

0.1)的比例随机抽取样品,分别为20个和30个样品进行检验。在正确分层的前提下,用分层随机抽样比法直接采用简单随机抽样更具有代表性,但如果对批质量的分布不了解,或者了解不正确,则分层抽样的效果可能会适得其反。

(3)系统随机抽样。如果一个批次的产品可以按一定顺序排列,并可分为数量相当的几个部分,从每个部分按简单随机抽样方法确定相同位置,各抽取一个单位产品构成一个样本,这种抽样方法称为系统随机抽样。系统随机抽样的代表性通常比简单随机抽样好些,但在产品质量波动周期与抽样间隔正好相当时,抽到的样品可能都是质量好或都是质量差的产品,代表性较差。

例如,某工厂平均每天生产某种产品约1000件,要求产品检验员每天抽取50件进行检验。把1000件产品分成20(1000/50 = 20)个组,并对每一组产品进行编号,在第一组的编号按简单随机抽样确定后,每一组相同号码的产品进入样本。如果分组数是21,有可能抽到的样品数是21个,可以从其中任意去掉一个。

(4)分段随机抽样。当将一定数量的产品包装在一起,再将若干个包装单位组成批时,如果采用简单随机抽样,就要将每个包装的产品拆散进行抽样,此时,采用分段随机抽样比较方便。第一段抽样以包装单位为基本单元,先随机抽出 K 个,第二段再从抽到的每个单元中分别随机抽出 m 个产品,集中在一起构成一个样本。分段抽样的随机性和代表性都比简单随机抽样差。

(5)整体随机抽样。当分段随机抽样第一段抽到的 K 组产品中的所有产品都作为样品时,称为整体随机样。整体随机抽样可看作分段随机抽样的特殊情况,这种抽样的随机性和代表性是最差的。

纺织品多数以一定数量成包,对纺织品抽样,多数情况采用分段随机抽样或整体随机抽样,从一批纺织品中取得试样可分为三个阶段,即批样、试验室样品、试样。批样是指从要求试验的整批纺织品中取得一定数量的包(箱)数。试验室样品是指从批样中用适当的方法缩小成试验室样品。试样是指从试验室样品中按一定方法取得进行各项性能试验的样品。

3. 样本容量的确定

为了控制和消除试样误差,试样量的大小多数情况根据数理统计方法确定。纺织行业中确定样本容量常用方法有有限总体和无限总体两种。

(1)有限总体的样本容量。有限总体的数量是有限的,不放回抽样,样本数量可按式(2-1)计算。

$$n = \frac{1}{\left[\frac{\Delta}{Z_{\alpha/2} \cdot \sigma}\right]^2 + \frac{1}{N}} = \frac{1}{\left[\frac{\Delta}{Z_{\alpha/2} \cdot s(x)}\right]^2 + \frac{1}{N}} = \frac{1}{\left[\frac{E}{Z_{\alpha/2} \cdot CV}\right]^2 + \frac{1}{N}} \tag{2-1}$$

式中:n,N——分别为取样数量和有限总体的个数;

$Z_{\alpha/2}$——显著水平为 α 的 Z 值(表2-1);

σ,$s(x)$——分别为总体标准差和样本标准差;

Δ——允许的抽样误差;

CV——变异系数;

E——相对不确定度,或允许偏差率。

表 2－1　Z 值表

α	Z(双侧)	Z(单侧)
0.20	1.282	0.842
0.10	1.645	1.282
0.05	1.960	1.645
0.01	2.576	2.326

当样本容量足够大，如 >50 时，$s(x)\rightarrow\sigma$，因此，事先可以先进行一次 >50 的抽样，计算样本标准差，以此估计总体标准差。

例如，棉花 10000 包，由历史资料得知，包与包间质量变异系数为 1%，允许偏差率为 0.5%，要求置信水平$(1-\alpha)$为 95%，求取样包数。

由题 $\alpha=5\%$，查得 $Z_{\alpha/2}=1.960\approx2$，又已知，$CV=1\%$，$E=0.5\%$，$N=10000$，则

$$n=\frac{1}{\left(\frac{0.5\%}{2\times1\%}\right)^2+\frac{1}{10000}}=16(\text{包})$$

（2）无限总体的样本容量。纺织品某些性能检验时，如纤维、纱线强力，检验数量远小于总体数量，可认为总体是无限，即 $N\rightarrow\infty$，则由式（2－1）可得式（2－2），计算重复抽样或无限总体不放回抽样样本容量。

$$n=\left(\frac{Z_{\alpha/2}\cdot\sigma}{\Delta}\right)^2=\left(\frac{Z_{\alpha/2}\cdot s(x)}{\Delta}\right)^2=\left(\frac{Z_{\alpha/2}\cdot CV}{E}\right)^2 \tag{2-2}$$

当总体标准差 σ 或变异系数 CV 未知时，可先指定一个试验次数 m，根据 m 次试验结果求出 CV，再代入式（2－2）求出 n。若 $n<m$，则认可原设定的 m，否则，需补做 $n-m$ 次试验。

例如，已知 $\alpha=10\%$，$E=4\%$，确定纱线强伸度试验的检测次数。

由 t 值表查得 $t=1.645$，则：

$$m=(1.645\times CV\div0.04)^2\approx1700CV^2$$

因此，只要知道 CV 值就能求出 m。在没有历史资料可查时，可先测 $n=30$ 次，由这 30 次试验得到变异系数，假设 $CV=17\%$，将此值代入式（2－2），求出 m。

$$m=1700\times0.17^2=49.13$$

故尚需补测 20 次。

一般试验取 $E=\pm3\%$，试样性质离散性大的项目，如强力试验取 $E=\pm4\%$ 或 $\pm5\%$。置信水平一般取 95%（即 $\alpha=5\%$），要求高时取 99%（$\alpha=1\%$），要求低时取 90%（$\alpha=10\%$）。

4. 取样

取样是否具有代表性，关系到检验结果的准确性。针织物和机织物在加工过程中承受一定的张力，必须消除张力的影响，一般把织物折叠后放置一段时间，使残余应力缓慢释放，再取样。取样要避开布端和布边，一般距布端 2m 以上，距布边 1/10 幅宽以上，当幅宽超过 100cm 时，距布边 10cm 以上取样，样品应平整、无皱、无明显疵点。通常试样排列呈梯形，保证经向和纬向试样均不含相同经纬纱，要求不高时，也可平行排列法取样，至少试验方向（试样横向）上不含有相同的纱线，如图 2－1 所示。

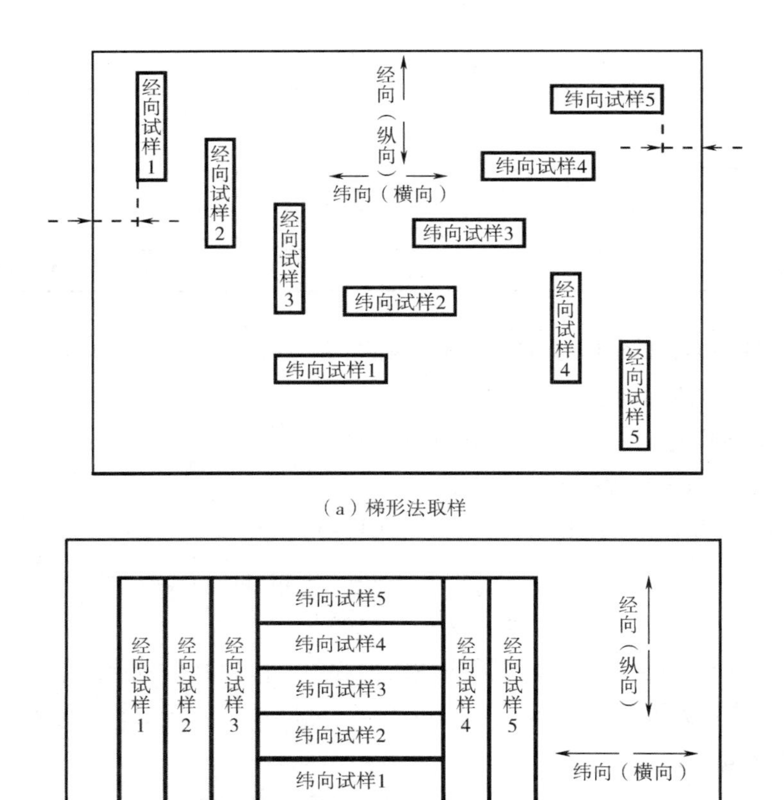

（a）梯形法取样

（b）平形法取样

图2－1　实验室取样方法

由于纺织品吸湿会导致纱线变粗、织物变形，为了保证试样尺寸的精度，要对织物进行调湿平衡后才能剪取试样。

二、纺织品检验试验条件和试样准备

纺织材料一般具有吸湿性，不同大气条件下平衡回潮率不同，不同回潮率下纺织品的某些性能也会有所变化，尤其是对机械性能影响更大，此外，纺织纤维具有吸湿滞后现象，影响检验的准确性，因此，需要对试样进行预调湿。

1. 吸湿滞后现象

大气条件变化，纤维含湿量也会变化，一定时间后趋于稳定，这时进入纤维中的水分子数量等于从纤维内逸出的水分子数，即达到吸湿平衡，这是一种动态平衡。纺织材料在一定大气温湿度条件下，吸湿平衡回潮率总是滞后于（小于）放湿平衡回潮率的现象，称为吸湿滞后现象，如图2－2所示。

吸湿滞后的产生是因为纺织纤维吸湿时，大分子间的连接点被迫拆开，与水分子形成氢键结合，而放湿时，由于大分子上较多的极性基团对水分子的吸引，阻止水分子的离去，造成放湿时的平衡回潮率大。通常，纤维的吸湿性越好，吸湿滞后现象越显著，原有的回潮状态与平衡状

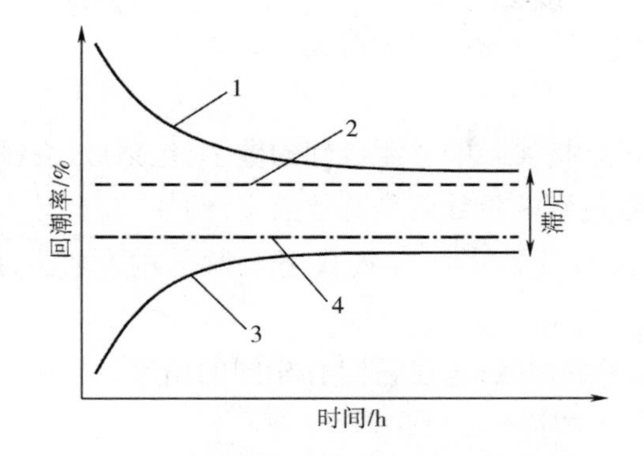

图 2－2　纤维吸湿放湿与时间的关系曲线

1—放湿曲线　2—放湿平衡　3—吸湿曲线　4—吸湿平衡

态差异越大，吸湿滞后越显著。

2. 试验条件和试样准备

（1）标准大气。为了使纺织材料在不同时间、不同地点的结果具有可比性，必须统一规定测试时的大气条件，即标准大气，也称大气的标准状态，有温度、相对湿度和大气压力三个参数。除特殊情况，如湿态试验外，纺织品力学性能都应在标准大气条件下测定。

我国和国际标准中的标准大气为温度 20.0℃、相对湿度 65.0%。我国规定大气压为 1 标准大气压，即 101.3kPa（760mmHg），国际标准为 86～106kPa。此外，还规定热带标准大气为温度 27.0℃、相对湿度 65.0%。保持温湿度无波动是不现实的，因此，GB/T 6529—2008《纺织品调湿和试验用标准大气》规定允许的波动范围，温度为 ±2℃，相对湿度为 ±4%。

（2）预调湿。纺织品有吸湿滞后现象，为了避免其对纺织品检验结果的影响，当样品实际回潮率接近或高于标准回潮率时，必须对纺织品进行预调湿处理。

预调湿时，把较湿试样置于相对湿度为 10%～25%、温度不大于 50℃的大气条件中接近平衡，使纺织品回潮率远低于测试时的回潮率。样品在预调湿环境下每隔 2h 称重，连续称重质量递变率不超过 0.5%，即可完成预调湿。一般纺织品预调湿 4h 便可达到要求。

（3）调湿。在测定纺织品的力学性能之前，必须将试样在标准大气中放置一定时间，使纺织品由吸湿方式达到平衡状态。纺织品调湿统一规定为吸湿方式，是因为吸湿速率高于放湿速度，而且纺织品使用条件下的湿度通常低于标准大气条件下的湿度，选择吸湿方式更为合理。

验证纺织品调湿达到平衡的方法，是对纺织品每隔 2h 进行连续称量，当纺织品质量递变率不超过 0.25% 时，认为达到平衡状态。当采用快速调湿时，连续称量间隔为 2～10min。一般纺织材料调湿 24h 以上基本能够达到平衡，对于合成纤维调湿 4h 以上即可。但必须注意，调湿时应使空气能畅通地通过调湿的纺织品，调湿过程不能间断，否则必须重新按规定调湿。

三、数据处理

数据处理是纺织品检验中的重要环节，只有数据处理合理，才能取得正确的结果。数据处理的基本原则是全面合理地反映测量的实际情况。

1. 有效数字及运算

有效数字,也称有效位数,指实际能够测量到的数字,包括最后一位估计的、不确定的数字。从非零数字最左一位向右数得到的位数就是有效数字,例如,8.1 有两位有效数字,0.081 有两位有效数字,0.0810 有三位有效数字。有效数字一般采用 $k \times 10^m$ 的形式。其中:k 为任意数,$1 \leq k < 10$;m 为整数。

有效数字计算中,一般两数加减,应使它们有相同的精度,即相同的小数位数;两数相乘或相除,应使它们有相同的有效数字。

(1)加、减运算。参与运算各数中以末位的数量级最大的为准,其余的数均比它多保留一位,多余的数应舍去。计算结果的末位数量级,应与参与运算的数中末位的数量级最大的那个数相同。若计算结果需参与下一步运算,则可多保留一位有效数字。

例如,$18.3 + 1.4546 + 0.876$,应写成 $18.3 + 1.45 + 0.88 = 20.63 \approx 20.6$,计算结果为 20.6。若要参与下一步运算,则取 20.63。

(2)乘、除、乘方、开方运算。乘除运算时,以有效数字位数最少的那个为准,其余数的有效数字均比它多保留一位。运算结果的有效数字位数,应与参与运算的数中有效数字位数最少的那个相同。若计算结果需参与下一步运算,则有效数字可多取一位。

例如,$1.1 \times 0.3268 \times 0.10300$,应写成 $1.1 \times 0.327 \times 0.103 = 0.0370 \approx 0.037$,计算结果为 0.037。若要参与下一步计算,则取 0.0370。

2. 数值修约

数值修约是指通过省略原数值的最后若干位数字,调整保留的末位数字,使最后所得到的值最接近原数值的过程。广泛使用的数值修约规则主要有四舍五入规则和四舍六入五留双规则。经数值修约后的数值成为(原数值的)修约值。

修约间隔是指修约值的最小数值单位,属于确定修约保留位数的一种方式。修约间隔确定后,修约值则为该数值的整数倍,例如,如修约间隔为 0.1,修约值应为 0.1 的整数倍,相当于将数值修约到一位小数;修约间隔为 100,修约值应为 100 的整数倍,相当于将数值修约到百数位。

指导数字修约的具体规则称为数值修约规则,通常应按 GB/T 8170—2008《数值修约规则与极限数值的表示和判定》进行。数值修约时,应首先确定“修约间隔”和“进舍规则”。

(1)拟舍弃数字的最左一位数字小于 5,则舍去,保留其余各位数字不变。例如,将 12.1498 修约到个数位,得 12。将 12.1498 修约到一位小数,得 12.1。

(2)拟舍弃数字的最左一位数字大于 5,则进一,即保留的末位数字加 1。例如,将 1268 修约到“百”数位,得 13×10^2(修约间隔或有效位数明确时可写为 1300)。

(3)拟舍弃数字的最左一位数字是 5,且其后有非 0 数字时进一,即保留的末位数字加 1。例如,将 10.5002 修约到个数位,得 11。

(4)拟舍弃数字的最左一位数字是 5,且其后无数字或皆为 0 时,若所保留的末位数字为奇数,则进一,即保留的末位数字加 1;若所保留的末位数字为偶数,则舍去。例如,若修约间隔为

10^{-1},拟修约数值分别为1.050和0.35,则修约值分别为10×10^{-1}和4×10^{-1}。若修约间隔为10^{3},拟修约数值分别为2500和3500,则修约值分别为2×10^{3}和4×10^{3}。

需要注意,数值修约时不要多次连续修约,因为多次连续修约会产生累积不确定度。此外,在一些出于安全考虑的特殊情况下,最好只按一个方向修约。

3. 异常值处理

处理实验数据时,经常会遇到个别数据值偏离预期或大量统计数据值结果的情况。把样本中数值明显偏离所属样本其余观测值的个别值称为异常值,也称离群值。统计学中把一组测定值中与平均值的偏差超过两倍标准差的测定值称为异常值,与平均值的偏差超过三倍标准差的测定值,称为高度异常的异常值。

异常值的出现,可能是试验总体固有随机变异性的极端表现,它属于总体的一部分;也可能是由于试验条件和试验方法的偏离所产生的结果,或者是由于观测、计算、记录中的失误所造成的,它们不属于试验总体。

如果把异常值和正常值放在一起进行统计,可能会影响实验结果的正确性,如果把异常值简单地剔除,又可能忽略了重要的实验信息。异常值的处理方法一般有以下几种:保留异常值,并用于后续数据处理;在找到实际原因时修正异常值,否则,予以保留;剔除异常值,不追加观测值;剔除异常值,并追加新的观测值或用适宜的插补值代替。

判断和剔除异常值是数据处理中的一项重要任务,可参考GB/T 4883—2008和GB/T 6379.2—2004。在处理数据时,应剔除高度异常的异常值。异常值是否剔除,因根据具体情况而定。目前,对异常值的判别与剔除主要采用物理判别法和统计判别法两种方法。物理判别法是根据人们对客观事物已有的认识,判别由于外界干扰、人为误差等原因造成实测数据值偏离正常结果,在实验过程中随时判断,随时剔除。统计判别法是给定一个置信概率,并确定一个置信限,凡超过此限的误差,则认为不属于随机误差范围,视为异常值剔除。当物理识别不易判断时,一般采用统计判别法。目前,异常值常用的统计判别方法有乃尔(Nair)法、格拉布斯(Grubbs)法、狄克逊(Dixon)法、肖维勒(Chauvenet)法、罗马诺夫斯基(t检验)法,但还不十分完善,国际上推荐格拉布斯(Grubbs)法。

四、测量误差

在测量时,测量结果与实际值之间的差值叫测量误差。真实值或称真值是客观存在的,是在一定时间及空间条件下体现事物的真实数值,但很难确切表达,真实值和测量值之间总是存在一定的差异。

根据测量误差产生的原因可分为系统误差、随机误差和过失误差。系统误差是指在重复测量中保持不变或按可预见方式变化的测量误差。系统误差具有一定规律性,可根据系统误差产生原因采取一定的技术措施,设法消除或减弱。造成系统误差的原因很多,常见有测量设备的缺陷、测量仪器不准、测量仪表的安装、放置和使用不当等引起的误差;测量环境变化,如温度、湿度的影响等带来的误差;测量方法不完善,所依据的理论不严密或采用某些近似公式等造成的误差。

随机误差是指在重复测量中按不可预见方式变化的测量误差，可以用标准差、平均误差或极限误差来表示。随机误差产生的原因可能是分析过程中各种不稳定偶然因素的影响，如室温、相对湿度和气压等环境条件的不稳定，分析人员操作的微小差异以及仪器的不稳定等。一次测量的随机误差没有规律，不可预知，不能控制，也不能用实验的方法加以消除。在多次测量中，随机误差的绝对值实际上不会超过一定的界限，即随机误差具有有界性。众多随机误差之和有正负相消的机会，随着测量次数的增加，随机误差的算术平均值越来越小，并以零为极限，因此，多次测量的平均值的随机误差比单个测量值的随机误差小，即随机误差具有抵偿性。由于随机误差的变化不能预知，因此，这类误差也不能修正，但是，可以通过多次测量取平均值的办法来削弱随机误差对测量结果的影响。

过失误差是由过程中的非随机事件，如工艺泄漏、测量仪表失灵、设备故障等引发的测量数据严重失真现象，致使测量数据的真实值与测量值之间出现显著差异的误差。发现过失误差时，必须从检验结果中剔除。

误差可用绝对误差和相对误差来表示。绝对误差是测量值与真值的差值，真值通常是不知道的，在实际测量中，当没有显著的系统误差时，可以用多次测量值的算术平均值代表真值。相对误差是绝对误差与真值的比值，可以比较确切地反映测量的准确程度。

误差的来源包括理论误差、方法误差、仪器误差、环境误差、人员误差和试样误差，具体见表 2-2。

表 2-2 误差的来源

误差的来源	说明
理论误差	对被测量的理论认识不足或所依据的测量原理不完善引起的误差
方法误差	测量方法不完善引起的误差
仪器误差	仪器设计依据的理论不完善，或假设条件与实际检测情况不一致，以及由于仪器结构不完善、仪器校正与安装不良造成的误差
环境误差	测量环境条件变化引起的误差
人员误差	由于检验人员操作方法不规范造成的误差，包括读数视差等
试样误差	由于总体中个体性质的离散性、取样方法不当、取样代表性不够和检测样本数量不足等引起的误差。为了控制和消除试样误差，样本数量多数情况根据数理统计方法确定，详见本节“一、纺织品检验抽样”

五、标准差和变异系数

1. 标准差

标准差，也称标准偏差或均方差，表示观测值偏离算术平均值的程度。标准差越小，观测值偏离平均值越少；反之，标准差越大，观测值偏离平均值越多。

标准差既可根据样本数据计算，也可根据观测变量的理论分布计算，分别称为样本标准差和总体标准差，用 $s(x)$ 和 σ 表示，计算公式见式（2-3）和式（2-4）。

$$\sigma = \sqrt{\frac{1}{n}\sum_{i=1}^{n}(x_i - \bar{x})^2} \tag{2-3}$$

$$s(x) = \sqrt{\frac{1}{(n-1)}\sum_{i=1}^{n}(x_i - \bar{x})^2} \tag{2-4}$$

式中：σ，$s(x)$——分别为总体标准差和样本标准差；

n——样本数；

$\bar{x}$——样本 $x_1, x_2, \cdots, x_n$ 的算术平均值。

2. 变异系数

变异系数，也称相对标准差，是衡量样本中各观测值变异程度的统计量。当比较多个样本的变异程度时，若度量单位和平均值相同，可直接用标准差比较，但若单位或平均值不同时，则不能用标准差进行比较，应采用变异系数进行比较。

变异系数是标准差与平均数的比值，一般用 CV 表示，计算方法见式（2-5）。数据分析时，如果变异系数大于15%，则要考虑该数据可能不正常，应该剔除。

$$CV = \frac{s(x)}{\bar{x}} \times 100\% \tag{2-5}$$

式中：CV——变异系数；

$s(x)$——样本标准差；

$\bar{x}$——样本 $x_1, x_2, \cdots, x_n$ 的算术平均值。

变异系数的大小，同时受平均值和标准差两个统计量的影响，因而在利用变异系数表示样本的变异程度时，最好将平均值和标准差也列出。

六、置信区间

对于未知参数计算时，还需要估计一个范围，并知道这个范围包含参数真值的可信程度，通常以区间的形式给出，即置信区间。

设 θ 是总体 X 的一个未知参数，若存在随机区间 $[\theta_1, \theta_2]$，对于给定的 $0 < \alpha < 1$，若 $P\{\theta_1 \leqslant \theta \leqslant \theta_2\} = 1 - \alpha$，则称区间 $[\theta_1, \theta_2]$ 是 θ 的置信水平为 $1-\alpha$ 的置信区间，α 为显著水平，θ_1、θ_2 分别称为置信下限和置信上限。

置信水平是总体参数值落在样本统计值某一区内的概率，一般用百分比表示。置信区间是在某一置信水平下，样本统计值与总体参数值间误差范围。置信区间越大，置信水平越高。

正态随机变量广泛存在，很多产品指标都服从正态分布，但通常总体标准差未知，此时，用 t 分布来估计呈正态分布的小样本总体均值。t 分布受自由度 $n-1$ 制约，自由度 $n-1>30$ 时，t 分布曲线接近正态分布曲线，自由度 $n-1 \to \infty$ 时，则和正态分布重合。因此，若样本数量足够多时，则应用正态分布来估计总体均值。

于是，对于置信水平为 $1-\alpha$ 的置信区间如下。

$$\left[\bar{x} \pm \frac{s(x)}{\sqrt{n}} \cdot t_{\alpha/2}(n-1)\right]$$

式中：$\bar{x}$——样本 $x_1, x_2, \cdots, x_n$ 的算术平均值；

$s(x)$——样本标准差；

n——样本数；

$t_{\alpha/2}(n-1)$——自由度为 $n-1$、显著水平为 α 的双侧检验 t 值，见表 2－3。

表 2－3　t 分布表

自由度 $n-1$	置信水平 $1-\alpha$		自由度 $n-1$	置信水平 $1-\alpha$	
	95%	99%		95%	99%
1	12.7062	63.6574	11	2.2010	3.1058
2	4.3027	9.9248	12	2.1788	3.0545
3	3.1824	5.8409	13	2.1604	3.0123
4	2.7764	4.6041	14	2.1448	2.9768
5	2.5706	4.0322	15	2.1315	2.9467
6	2.4669	3.7074	16	2.1199	2.9208
7	2.3646	3.4995	17	2.1098	2.8982
8	2.3060	3.3554	18	2.1009	2.8784
9	2.2622	3.2498	19	2.0930	2.8609
10	2.2281	3.1693	20	2.0860	2.8453

例如，表 2－4 为裤形法撕破强力测试结果，根据 GB/T 3917.2—2009《纺织品　织物撕破性能　第 2 部分：裤形试样（单缝）撕破强力的测定》计算撕破强力的置信水平为 95% 的置信区间，结果按标准进行修约。

表 2－4　织物透气性测试结果

实验次数	1	2	3	4	5
撕破强力/N	18.6	20.1	19.5	18.8	19.1

这里，$1-\alpha=95\%$，$n=6$，根据表 2－3，$t_{0.025}(4)=2.7764$，由给出的数据，计算撕破强力平均值 $\bar{x}$：

$$\bar{x}=(18.6+20.1+19.5+18.8+19.1)/5=19.22\text{N}$$

根据式（2－4）计算样本标准差 $s(x)$：

$$s(x)=\sqrt{\frac{(18.6-19.22)^2+(20.1-19.22)^2+(19.5-19.22)^2+(18.8-19.22)^2+(19.1-19.22)^2}{5-1}}$$

$$=\sqrt{\frac{1.428}{5-1}}=0.5974947699\approx 0.5975$$

根据 $\left[\bar{x}\pm\frac{s(x)}{\sqrt{n}}\cdot t_{\alpha/2}(n-1)\right]$ 计算 95% 的置信区间：

$$\left(19.22 \pm \frac{0.5975}{\sqrt{5}} \times 2.7764\right) = (19.22 \pm 0.74188)$$，即(18.478,19.962)。

根据标准要求,保留两位有效数字,因此,置信区间修约为(1.8×10,2.0×10)。

七、测量不确定

测量不确定度是指根据所用到的信息,表征赋予被测量量值分散性的非负参数,用符号 u 表示。由于测量不完善和人们的认识不足,所得的被测量量值具有分散性,测量不确定度是对测量结果可信性、有效性的怀疑程度或不肯定程度,是说明被测量量值分散性的参数。

为了表征这种分散性,测量不确定度可以是标准差(或其特定倍数),或是说明了包含概率的区间半宽度。测量不确定度以标准差表示时称为标准测量不确定度(简称标准不确定度),用符号 $u(\bar{x})$ 表示;以标准差的倍数表示时称为扩展测量不确定度(简称扩展不确定度),用符号 U 表示;标准不确定度除以测得值的绝对值为相对标准测量不确定度(简称相对标准不确定度),用符号 u_{crel} 表示。

不确定度的数值要取得适当,最后有效数字最多只能取两位。化学领域,按国际惯例,不确定度的有效数字只取一位。中间运算环节,为减小误差,不确定度的有效数字的位数一般可多取一位。不确定度的单位与被测量值的单位相同,若用相对不确定度来表示,则是比值,没有单位。

被测量 X 的测量结果应按式(2-6)表达。

$$X = \bar{x} \pm u \tag{2-6}$$

式中：$\bar{x}$——测量值的平均值;

u——不确定度。

1. 测量不确定度分类

测量不确定度的分类可简单表示如下。

$$\text{测量不确定度 } u\begin{cases}\text{标准不确定度 } u(\bar{x})\begin{cases}\text{A 类标准不确定度 } u_A \\ \text{B 类标准不确定度 } u_B \\ \text{合成标准不确定度 } u_C\end{cases} \\ \text{扩展不确定度 } U\begin{cases}U(\text{当无须给出 } U_p \text{ 时}, k = 2,3) \\ U_p(p \text{ 为置信概率})\end{cases}\end{cases}$$

当测量不确定度有若干个分量时,则总不确定度应由所有分量(A 类和 B 类)来合成,称为合成标准测量不确定度(简称合成标准不确定度),用符号 u_C 表示,各分量标准不确定度用符号 $u_1, u_2, \cdots, u_i$ 表示。

合成标准不确定度的自由度称为有效自由度,是指在方差计算中,和的项数减去对和的限制数,用符号 v 表示。有效自由度用于评定合成标准不确定度的可靠程度,有效自由度越大,则合成标准不确定度的可靠程度越高。

2. 测量不确定度的评定方法

JJF 1059.1—2012《测量不确定度评定与表示》中关于测量不确定度评定的方法是采用ISO/IEC Guide 98－3:2008《测量不确定度表示指南》规定的方法，英文为"Guide to the Uncertainty in Measurement"，缩写为GUM，称作GUM法。

测量不确定度的评定方法分为A类和B类两种评定方法，采用哪类方法评定，应由测量人员根据具体情况选择。通常，B类评定方法应用较广泛。

(1)标准不确定度的A类评定。对观测列进行统计分析来评定标准不确定度的方法称为标准不确定度的A类评定，简单来说，就是对同一被测量进行独立重复性实验。所得到的相应标准不确定度称为A类不确定度分量，通常用该观测列算术平均值的标准差来计算，即贝塞尔公式法，用u_A表示，计算方法见式(2－7)。

$$u_A(\bar{x}) = s(\bar{x}) = \frac{s(x)}{\sqrt{n}} = \sqrt{\frac{1}{n(n-1)}\sum_{i=1}^{n}(x_i-\bar{x})^2} \tag{2-7}$$

式中：$u_A(\bar{x})$——样本算术平均值$\bar{x}$的A类标准不确定度；

$s(x)$，$s(\bar{x})$——分别为样本标准差和算术平均值的标准差；

n——样本数；

$\bar{x}$——样本$x_1, x_2, \cdots, x_n$的算术平均值。

如果次数较少时，也可采用极差法。测得值中的最大值与最小值之差即为极差，用符号R表示。在x_i可以估计接近正态分布的前提下，单个测得值x_k的实验标准差$s(x_k)$可按式(2－8)近似地评定。

$$s(x_k) = \frac{R}{C} \tag{2-8}$$

式中：R，C——分别为极差和极差系数，C及自由度v可查表2－5得到。

表2－5　极差系数C及自由度v

n	2	3	4	5	6	7	8	9
C	1.13	1.69	2.06	2.33	2.53	2.70	2.85	2.97
v	0.9	1.8	2.7	3.6	4.5	5.3	6.0	6.8

被测量估计值的标准不确定度按式(2－9)计算。

$$u_A(\bar{x}) = s(\bar{x}) = \frac{s(x_k)}{\sqrt{n}} = \frac{R}{C\sqrt{n}} \tag{2-9}$$

例如，对某织物进行4次撕破强力测试，测得经向撕破强力分别为25.2N、26.8N、27.4N、28.2N，则极差$R=28.2-25.2=3.0$N，查表2－5得到极差系数$C=2.06$，则经向撕破强力的A类标准不确定度为：

$$u_A(\bar{x}) = \frac{R}{C\sqrt{n}} = \frac{3.0}{2.06\times\sqrt{4}} = 0.728\text{N} \approx 0.7，自由度\ v = 2.7$$

(2)标准不确定度的B类评定。对观测列进行非统计分析来评定标准不确定度的方法，称为标准不确定度的 B 类评定。所得到的相应标准不确定度称为 B 类不确定度分量,用 u_B 表示,可根据经验或其他有关信息评定,涉及实验仪器、量具的准确性,实验条件产生的不确定度等,具有主观性。

先假设被测量值的概率分布,判断被测量的可能值区间 $[\bar{x}-a, \bar{x}+a]$,再根据概率分布和要求的概率 p 确定 k,则 B 类标准不确定度 u_B 可由式(2-10)得到。

$$u_B = \frac{a}{k} \tag{2-10}$$

式中:a——被测量可能值的区间半宽度;

k——置信因子。

①区间半宽度 a 的确定。区间半宽度 a 一般根据以下信息确定。

a. 以前测量的数据。

b. 对有关技术资料和测量仪器特性的了解和经验。

c. 生产厂提供的技术说明书,如测量仪器的最大允许误差 $\pm\Delta$,则 $a=\Delta$。

d. 校准证书、检定证书或其他文件提供的数据,如校准值给出的扩展不确定度 U,则 $a=U$。

e. 手册或某些资料给出的参考数据。

f. 检定规程、校准规范或测试标准中给出的数据。

g. 其他有用的信息。

②置信因子 k 的确定。

a. 正态分布时,根据要求的概率 p 查表 2-6 得到 k。

表 2-6　正态分布情况下概率 p 与置信因子 k 间的关系

p	0.5000	0.6827	0.9000	0.9500	0.9545	0.9900	0.9973
k	0.675	1	1.645	1.960	2	2.576	3

b. 非正态分布时,根据概率 p 分布查表 2-7 得到 k。

表 2-7　非正态分布的置信因子 k 及 B 类标准不确定度 $u_B(x)$

分布类别	p/%	k	$u_B(x)$
三角分布	100	$\sqrt{6}$	$a/\sqrt{6}$
梯形分布($\beta=0.71$)	100	2	$a/2$
均匀分布(矩形分布)	100	$\sqrt{3}$	$a/\sqrt{3}$
反正弦分布	100	$\sqrt{2}$	$a/\sqrt{2}$
两点分布	100	1	a

注　表中 β 为梯形的上底和下底之比,对于梯形分布,$k=\sqrt{6/(1+\beta^2)}$。当 $\beta=1$ 时,梯形分布变为矩形分布;当 $\beta=0$ 时,变为三角分布。

3. 概率分布情况的假设

概率分布情况的假设按表 2-8 进行确定。

表 2-8　概率分布情况的假设

假设条件		假设的概率分布
被测量的随机变化		近似正态分布
证书给出的不确定度包含概率为0.95、0.99的扩展不确定度 U_p		按正态分布评定
利用经验估计出被测量可能值区间的下限和上限，区间外几乎为零	若被测量值在该区间任意值处可能性相同	假设为均匀分布
	若被测量值落在该区间中心的可能性最大	假设为三角分布
	若落在该区间中心的可能性最小，落在上限和下限的可能性最大	假设为反正弦分布
由数据修约、测量仪器最大允许误差或分辨力、参考数据的误差限、测量仪器的滞后导致的不确定度		通常假设为均匀分布
两相同均匀分布的合成、两个独立量之和值或差值		服从三角分布

4. 扩展不确定度的确定

扩展不确定度分为 U 和 U_p 两种，U 是由合成标准不确定度 u_c 乘包含因子 k 得到，按式(2-11)计算。

$$U = ku_c \tag{2-11}$$

其中：k 值一般取2或3。当 $u_c(y)$ 概率分布近似正态分布，$k=2$ 时所确定的区间包含概率约为95%，$k=3$ 时所确定的区间包含概率约为99%。通常取 $k=2$。

当扩展不确定度所确定的区间具有接近规定的包含概率 p 时，扩展不确定度用符号 U_p 表示，当 p 为0.95或0.99时，分别表示为 U_{95} 和 U_{99}。

扫描二维码，可获得测量不确定度计算实例。

码2-2　测量不确定度应用举例

5. 测量不确定度与测量误差的主要区别

测量不确定度与测量误差的主要区别见表2-9。

表 2-9　测量不确定度与测量误差的主要区别

区别	测量误差	测量不确定度
定义	表明测量值偏离真值的偏差大小，是测量值减去真值	表明测量值的分散性，用标准差（或标准差的倍数）或置信区间的半宽表示
评价方法	分随机误差和系统误差，两者都是无限多次测量时的理想概念	分为A类和B类，两者无本质区别，都是标准不确定
可操作性	因真值未知，只能通过约定真值求得其估计值	可以根据实验、资料、经验等信息进行评价来定量确定
表示符号	有正号或负号的量值，不用（±）号表示	非负参数，用（±）号表示，当由方差求得时取正平方根
合成方法	为各误差分量的代数和	当各分量彼此独立时为方和根，必要时加入协方差

续表

区别	测量误差	测量不确定度
结果修正	已知系统误差的估计值时，可以对测量结果进行修正，得到已修正的测量结果	不能用不确定度对测量结果进行修正，在已修正结果的不确定度中应考虑修正不完善引入的不确定度分量
结果说明	属于某给定的测量结果，不同结果误差不同	合理赋予被测量任一值，均具有相同的分散性。不同测量结果，不确定度可以相同
测量标准差	来源于给定的测量结果，不表示被测量估计值的随机误差	来源于合理赋予的被测量值，表示同一观测列中任意一个估计值的标准不确定度
自由度	不存在	作为不确定度评定是否可靠的指标
置信概率	不存在	了解分布时，可按置信概率给出置信区间
主客观性	客观存在，不以人的认识程度而改变	与人们对被测量和影响量及测量过程的认识有关

参考文献

[1]曾林泉．纺织品贸易检测精讲[M]．北京：化学工业出版社，2012.
[2]付成彦．纺织品检验实用手册[M]．北京：中国标准出版社，2008.
[3]张红霞．纺织品检测实务[M]．北京：中国纺织出版社，2007.
[4]田恬．纺织品检验[M]．北京：中国纺织出版社，2007.
[5]张毅．纺织商品检验学[M]．上海：东华大学出版社，2009.
[6]瞿才新．纺织检测技术[M]．北京：中国纺织出版社，2011.
[7]褚结．纺织品检验[M]．北京：高等教育出版社，2008.
[8]王明葵．纺织品检验实用教程[M]．厦门：厦门大学出版社，2011.
[9]翟亚丽．纺织品检验学[M]．北京：化学工业出版社，2009.
[10]杨慧彤，林丽霞．纺织品检测实务[M]．上海：东华大学出版社，2016.
[11]顾虎，钟浩，罗斯杰．红外光谱法在新型纺织纤维鉴别中的应用[J]．现代丝绸科学与技术，2011(6)：240－241.
[12]耿响，桂家祥，要磊，等．近红外光谱快速检测技术在纺织领域的应用[J]．上海纺织科技，2013，41(4)：25－27，33.
[13]温演庆，朱谱新，吴大诚．红外光谱技术在纺织品检测中的应用[J]．纺织科技进展，2007(2)：1－4.
[14]中国纺织工业协会统计中心课题组．国际纺织品服装检测市场简介[J]．纺织信息周刊，2003(48)：35－38.
[15]黄怡，张静宜，薛咏梅，等．纺织品水萃取液pH值测定的不确定度分析[J]．上海毛麻科技，2013(3)：24－28.
[16]沈幸，王田田，唐祖根．纺织品pH值检测方法的不确定度[J]．针织工业，2013(3)：67－71.
[17]龚珊，周文亮，陆永良．纺织品pH值测量结果的不确定度评定[J]．纺织标准与质量，2012(4)：47－51.

[18]谢雪琴,李青. 现代分析测试技术在印染行业的应用(七)——红外光谱分析技术及其在纺织工业上的应用(I)[J]. 印染,2007(9):39-42.

[19]谢雪琴,李青. 现代分析测试技术在印染行业的应用(九)——红外光谱分析技术及其在纺织工业上的应用(3)[J]. 印染,2007(11):42-45.

[20]张孔峰. BSI 简介[J]. 中国检验检疫,1998(3):44.

[21]范春梅. 德国标准化学会(DIN)[J]. 标准科学,2002(6):41.

[22]范春梅. 法国标准化协会(AFNOR)[J]. 标准科学,2003(7):41.

[23]孙丹峰,季幼章. 国际标准化组织(ISO)简介[J]. 电源世界,2013(11):56-61.

[24]钟慧仙. 美国材料与试验学会(ASTM)简介[J]. 大型铸锻件,2002(4):53-54.

[25]傅红. 欧洲标准化委员会(CEN)近况[J]. 标准生活,1999(11):13-14.

[26]肖寒. 欧洲标准化委员会组成与结构最新状况[J]. 中国标准化,2008(3):64-67.

[27]Mr Eric. 浅谈法国标准化协会的 NF 认证[J]. 中国安全防范认证,2012(4):70-73.

[28]晓理. 世界发达国家质量认证简介[J]. 管理科学,1997(3):22-23.

[29]李良. 抽样调查中样本容量的计算[J]. 科技经济市场,2009(9):27-28.

第三章　纺织品标签和纤维分析

纺织品标签是用于识别纺织品及其质量、特征和维护方法等的标识，通常以文字、数字、符号和图形等表示，是纺织品质量的一部分，例如，护理标签和纤维含量标签。规范纺织品标签可防止欺骗和误导消费者，保证公平竞争，维护社会秩序，适应国际贸易，为市场监督管理提供执法依据。

第一节　纺织品使用说明

纺织品使用说明是向消费者传递纺织品基本信息和正确维护纺织品，通常以标签或吊牌形式表达。1998 年 8 月，我国发布 GB 5296.4—1998《消费品使用说明　纺织品和服装使用说明》，2012 年 12 月，修订为 GB 5296.4—2012《消费品使用说明　第 4 部分：纺织品和服装》，该标准规定纺织品和服装使用说明的基本原则、标注内容和标注要求。

一、使用说明的作用

消费品使用说明标准的实施对规范我国纺织服装市场，打击假冒伪劣产品，维护消费者、生产者、经营者的合法权益起到重要作用。消费者可通过产品使用说明了解产品的原材料等信息，合理选购产品。耐久性标签上的维护方法，可以指导消费者和洗涤从业者正确使用和维护纺织品，保持产品外观和正常使用。

二、使用说明的内容

使用说明主要包括制造者的名称和地址、产品名称、产品号型或规格、纤维成分及含量、维护方法、执行的产品标准、安全类别、使用和储藏注意事项八项内容，下面仅就这些内容的注意事项做些说明。

(1)根据《服装标志及号型规格实用手册》，制造者是指服装产品的法定拥有者，能独立承担产品质量责任、在我国登记注册的企业，而不是指一般意义上的服装生产加工或销售单位。进口产品和我国港澳台地区的产品要标明原产地(国家或地区)及代理商或进口商、销售商在中国大陆登记注册的名称和地址，国外生产的进口产品标明国家名称，在我国港、澳、台地区生产的产品标明香港、澳门和台湾，中国其他地区生产的产品标注为中国。

(2)产品名称和纤维成分应按国家标准、行业标准规定的名称标注，没有术语及定义的，使用不会引起消费者误解或混淆的名称，名称前可附加商标名，但不能仅用商标名来代替产品名称。通常，纺织产品按 GB/T 29862—2013《纺织品纤维含量的标识》的规定标明纤维成分及含量，皮革服装按 QB/T 2262—1996《皮革工业术语》标明皮革的种类名称。

(3)对于产品号型或规格的要求，纱线、织物至少标明产品的一种主要规格(如线密度、长度、重量、克重、密度、幅宽等)；床上用品、围巾、毛巾、窗帘等制品应标明产品的主要规格(如长度、宽度、重量等)；服装类产品宜按 GB/T 1335《服装号型》系列标准或 GB/T 6411《针织内衣规格尺寸系列》表示服装号型的方式标明产品的适穿范围，针织类服装也可标明产品长度或产品围度等；袜子应标明袜号或适穿范围，连裤袜应标明所适穿的人体身高和臀围的范围；帽类产品应标明帽口的围度尺寸或尺寸范围；手套应标明适用的手掌长度和宽度。相关内容可参见本章第四节号型规格部分。

(4)GB 5296. 4—2012 取消了产品质量等级、产品质量检验合格证明和产品使用期限的标注要求。产品质量检验合格证明是指生产者或其产品质量检验机构、检验人员等，为表明出厂的产品经质量检验合格而附于产品或者产品包装上的合格证书、合格标签等标识，是生产者对产品质量做出的明示保证。产品出厂质量检验合格证明是生产企业自主标识的，并不能完全真实反映产品质量情况，产品的质量情况最终依据的是第三方检验机构的正式检验报告，因此，标注的参考意义不大。但根据《中华人民共和国产品质量法》，产品应在使用说明中标注产品质量等级和产品质量检验合格证明，因此，生产企业应在产品使用说明上标注产品质量检验合格证明，从而保障企业利益和规避风险。

三、使用说明的形式

使用说明有多种形式，可以直接印刷或织造在产品上，固定在产品上的耐久性标签，悬挂在产品上的标签，悬挂、粘贴或固定在产品包装上的标签，直接印刷在产品包装上随同产品提供的资料等，可采用一种或多种形式，常用悬挂标签(即吊牌)和耐久性标签两种形式。当采用多种形式时，应保证内容一致。

号型或规格、纤维成分及含量和维护方法三项内容应采用耐久性标签，其余的内容宜采用耐久性标签以外的形式。如果采用耐久性标签对产品的使用有影响，例如布匹、绒线、袜子、手套等产品，可不采用耐久性标签。如果是团体定制，且为非个人维护的产品，可不采用耐久性标签，如医生工作服、酒店用品等。如果产品被包装、陈列或卷折，如包装好的衬衫，消费者不易发现产品耐久性标签上的信息，则还应采取其他形式标注该信息。

四、使用说明的位置

使用说明应附着在产品上或包装上的明显部位或适当部位，按单件产品或销售单元为单位提供。

耐久性标签应在产品的使用寿命内永久性地附在产品上，且位置要适宜。服装的纤维成分及含量和维护方法耐久性标签，上装一般可缝在左摆缝中下部，下装可缝在腰头里子下沿或左边裙侧缝、裤侧缝上。床上用品、毛巾、围巾等制品的耐久性标签可缝在产品的边角处。特殊工艺产品的上耐久性标签的安放位置，可根据需要设置。值得注意的是，婴幼儿用的内衣类产品应缝在外侧。

五、其他要求

使用说明采用国家规定的规范汉字，可同时使用相应的汉语拼音、少数民族文字或外文，但汉语拼音和外文的字体大小应不大于相应的汉字。耐久性标签在产品使用寿命期内保持清晰易读。

如果纺织产品仅作为产品的部分或附件，没有必要标明纤维含量或维护方法的产品，有相关国家标准要求的纺织相关产品，或不属于消费品范围的纺织品，如一次性使用的制品、伞、尿布等，生产企业可根据产品的特点及范围判别是否适用本标准。

使用说明缺陷分为缺陷与严重缺陷，使用说明内容中缺少任一项、没有耐久性标签或耐久性标签标注不齐全、同件产品上不同形式使用说明的同一项目标注内容不一致为严重缺陷，其他不符合标准要求的为缺陷。此项判断是推荐性的参考，检验机构不能单凭此标准评判产品合格与否，只能凭此判定产品标识符合与否，还应与产品标准相结合，从而判定产品是否合格。当然，出现严重缺陷时，可以根据国家相关法律法规来禁止销售此类产品。目前，机织类产品标准有产品使用说明标识缺陷的规定内容，如 GB/T 23328—2009《机织学生服》规定使用说明内容不规范为轻缺陷，使用说明内容不正确为重缺陷，使用说明内容缺项为严重缺陷，针织类产品标准尚无使用说明缺陷规定。

第二节　纺织品护理标签

纺织品护理标签是指附于或固定于纺织产品上，包含纺织品护理信息和说明的耐久性标签，在产品的使用寿命期内保持清晰易读。护理标签能够指导消费者和洗涤维护者选择合适的洗涤、维护方法，使经过反复洗涤的纺织品能够保持良好的外观完整性，防止造成不可恢复的物理或化学损伤。护理标签对消费者具有重要的指导作用，生产商、经销商和进口商需要确保纺织品护理标签符合不同国家和国际贸易的要求。

一、护理标签

全球主要市场对护理标签使用要求不同，美国、日本和澳大利亚以技术法规形式规定纺织品服装必须附有护理标签，中国以强制性国家标准规范护理标签的使用，欧盟和加拿大护理标签的使用采取自愿原则。目前，纺织品护理标签主要有 GB/T 8685—2008、ISO 3758：2012、ASTM D5489—2018、JIS L0001—2014 等，这些标准都在向国际标准 ISO 靠拢。

护理标签表达方式主要有文字标签、符号标签、文字和符号标签三种，中国和日本优先采用图形符号，澳大利亚基本使用文字，只有干洗用符号表示，美国则由文字或图形符号组成。虽然各国家护理标签存在差异，但基本分为水洗、漂白、干燥、熨烫、专业维护（干洗、湿洗）。

1. 我国护理标签

我国国家标准 GB 5296.4—2012《消费品使用说明　第 4 部分:纺织品和服装》规定产品应按 GB/T 8685 规定的图形符号表述维护方法,可增加对图形符号相对应的说明性文字,当图形符号满足不了需要时,可用文字予以说明。

1988 年,我国发布 GB/T 8685—1988《纺织品和服装使用说明的图形符号》,建立了纺织品护理符号体系,并介绍各种符号在维护标签中的使用方法。为了与国际护理标签符号保持一致,2008 年颁布新标准 GB/T 8685—2008《纺织品　维护标签规范　符号法》,该标准修改采用 ISO 3758:2005,规定图形符号应按照水洗、漂白、干燥、熨烫和专业维护的顺序排列,更切合实际清洗维护方法,为消费者、生产商和进口商提供正确指导。

(1)基本符号。护理标签基本符号有水洗、漂白、干燥、熨烫和专业护理,此外,×代表不允许的处理,一条横线代表缓和处理,两条横线代表非常缓和处理,圆点代表处理温度,详见表 3 -1。

表 3 -1　护理标签基本符号

符号	含意	说明
[水洗符号]	水洗	水洗包括机洗和手洗。机洗洗涤温度有 30℃、40℃、50℃、60℃、70℃、95℃。例如,[符号]代表手洗、最高温度 40℃,[符号]代表不可水洗,[符号]代表最高温度 30℃的常规机洗,[符号]代表最高温度 30℃的缓和机洗,[符号]代表最高温度 30℃的非常缓和机洗
[漂白符号]	漂白	[符号]代表可以使用任何漂白剂,[符号]代表仅允许氧漂,不可以氯漂,[符号]代表不可漂白
[干燥符号]	干燥	干燥方式分为自然干燥和机器干燥。自然干燥分滴干和晾干、悬挂干燥和平摊干燥、阴凉处干燥。例如,[符号]代表悬挂晾干,[符号]代表平摊滴干,[符号]代表阴凉处悬挂滴干 机器翻转干燥排气口最高温度有 60℃和 80℃。例如,[符号]代表排气口最高温度 80℃的常规翻转干燥,[符号]代表不可翻转干燥。
[熨烫符号]	熨烫	熨烫温度有高温 200℃、中温 150℃和低温 110℃,[符号]代表熨斗底板最高温度 200℃的熨烫,[符号]代表不可熨烫
[专业维护符号]	专业维护	专业护理包括专业干洗和专业湿洗,F 代表碳氢化合物干洗剂,P 代表碳氢化合物和四氯乙烯干洗剂,W 代表专业湿洗。例如,Ⓕ代表碳氢化合物溶剂的缓和专业干洗,Ⓦ代表非常缓和的专业湿洗,[符号]代表不可干洗

(2)图形符号的应用。应使用足够和适当的护理标签图形符号,并按水洗、漂白、干燥、熨烫和专业维护的顺序排列。当图形符号不能满足需要时,可用文字予以补充说明,但应尽可能少地使用补充说明用语。该标准资料性附录给出常用的补充说明用语。

采用适当和足够数量的符号,并不代表一定要使用 5 个,多于 5 个能够更加详细说明维护条件,少于 5 个虽不算错误,但会给企业带来很大风险。因为符号标签缺失的内容,意味着该产品能够经受缺失符号包含的各种条件的处理,这对产品是相当高的挑战。

2. ISO 维护标签

为了指导消费者和专业洗涤者选择合适的洗涤和护理方法，国际标准化组织制定 ISO 3758:1991，标准中包含纺织品维护方法相关的符号体系，并限制护理符号的类型和数量，以便全球消费者容易理解和辨识。2005 年，该标准修改护理符号和顺序，按照水洗、漂白、干燥、熨烫和专业维护顺序排列，增加正确选择护理符号的测试方法及特性评价的说明，并介绍每种洗涤符号实验室洗涤测试方法。2012 年，该标准修改自然干燥及氯漂符号，添加自然干燥符号及不可专业湿洗符号。该标准体系所用的护理符号已注册为国际商标，由国际纺织品洗涤及护理标签协会（The International Association for Textile Care Labelling，GINETEX，http://www.ginetex.net/）统一管理，目前，该协会拥有 22 个成员。

3. 欧盟

欧盟对纺织品护理标签没有强制规定，有非强制性标准 EN 23758:1994，该标准等同采用 ISO 3758:1991，由欧洲标准化委员会批准通过。随着 ISO 3758 不断修订，该标准更名为 EN ISO 3758:2005 和 EN ISO 3758:2012，分别等同 ISO 3758:2005 与 ISO 3758:2012。根据 CEN/CENELEC（欧洲标准化委员会/欧洲电工标准化委员会）内部条例规定，欧洲标准化委员会成员可以将未经任何修改的欧盟标准作为国家标准使用。

4. 美国

1971 年，美国国会颁布 16 CFR Part 423，1972 年由美国联邦贸易委员会（FTC）实施，该法适用于纺织服装及面料制造商和进口商，要求使用护理标签并提供护理说明，护理标签术语可参考 ASTM D3136，符号可参考 ASTM D5489，2014 年修订版为纺织品服装制定统一的符号及护理标识系统，以减少文字说明。

ASTM D5489—2018 更加贴近 ISO，包含 16 CFR 423 中未涵盖的符号和文字说明。如果护理标签仅使用符号时，要求必须使用 ASTM D5489 - 96c 版本指南中的符号，若以文字给出完整护理说明还需要使用符号时，可以使用 ASTM D5489—2018 修订版本中的符号。护理标签无论是由文字还是符号组成，都应至少包含四个符号，按洗涤、漂白、干燥和熨烫顺序排列。干洗/专业纺织品护理说明使用一个符号，额外的符号或文字可以用来阐明护理说明。

5. 加拿大

加拿大对纺织品护理标签实行自愿原则，允许企业自行决定是否采用护理标签标准。《纺织品标签法》（*Textile Labeling Act*）规定，护理标签信息必须正确无误，并提供恰当的护理方法，标签上的文字同时使用英文和法文说明。

1979 年，加拿大通用标准委员会发布 CAN/CGSB 86.1 - M79，1987 年和 1991 年，相继更新为 CAN/CGSB 86.1 - M87 及 CAN/CGSB 86.1 - M91。护理符号采用红、黄、绿三种颜色，规定洗涤、漂白、干燥、熨烫和干洗 5 种护理符号。2003 年 12 月，加拿大通用标准委员会发布新的纺织品护理标签 CAN/CGSB 86.1—2003，护理符号与北美自由贸易协定（NAFTA）和国际标准化组织使用的护理符号接轨，使用五种基本图标，并按洗涤、漂白、干燥、熨烫和专业护理顺序排列，护理符号采用黑色和白色，取代之前的红、黄、绿。

6. 澳大利亚

澳大利亚护理标签立法分联邦和州两级，有冲突时联邦法律优先。标签中必须标注联邦和州法律法规、原产地、制造商和进口商（自愿性）等内容。

澳大利亚《贸易惯例法案1974》（*Common - wealth Trade Practices Act* 1974）规定，制造商和进口商必须在纺织品服装上使用永久性护理标签，标注保养方法及其他资料、信息。

澳大利亚纺织品护理标签相关法规主要有《公平贸易法案1987》（*Fair Trading Act* 1987）及根据此法案制定的公平贸易条例。虽然各州公平贸易条例不尽相同，但均规定纺织品护理标签须符合澳大利亚/新西兰标准 AS/NZS 1957:1998。

澳大利亚护理标签仅干洗采用符号表示，其他均为文字说明。洗涤说明包含洗涤温度和滚搅方式，洗涤温度分为冷、温、热、烫及沸腾，滚搅方式分为手洗、短时间机洗、温和机洗及机洗。洗涤温度和滚搅方式说明可以结合在一起使用，如温水手洗、热水机洗。干洗符号与可干洗/只能干洗/建议干洗等文字联合使用。

7. 日本

根据1962年日本《家用产品质量标签法》（*Household Goods Quality Labeling Law*）的规定，所有纺织品必须附有标签，必须标明纤维成分和制造商名称、缩水性、燃烧性、洗涤及护理方法、尺寸大小、耐潮性等资料。

1968年，日本制定 JIS L0217—1968，1995年更新为 JIS L0217—1995，规定护理符号、应用方法及要求等，要求护理符号必须按水洗、漂白、熨烫、干洗、拧干和干燥的顺序排列。为与 ISO 标签系统保持一致，日本标准协会2014年发布新护理标签标准 JIS L0001—2014，2016年12月1日正式代替 JIS L0217—1995。该标准修改采用 ISO 3758:2012，主要对原护理标签符号进行修改，护理符号增至41种，有水洗、漂白、翻转干燥、自然干燥、熨烫、干洗及湿洗7类。

二、洗唛建议和洗唛验证

纺织品出口生产商确定护理标签的方式有洗唛建议和洗唛验证两种方式。洗唛是护理标签的通俗说法，两种方式均通过测试护理符号中涉及的测试项目，根据结果对标签进行建议或验证。很多国际大买家通常在产品要求中按产品成分给出护理标签的建议，要求供应商验证自己的产品是否适用该标签，即洗唛验证试验，如果不能，则需要与客户进行协商变更洗唛或改进产品质量。洗唛建议即没有任何护理标签提供，要求确定一个适用的护理标签。这种情况下，供应商需要到检验机构或要求自己的内部实验室，按照标准方法或客户方法，根据客户要求的质量，进行大量的探索性试验，以确定产品适用的最高护理条件，并最终为产品建议一套合适的护理标签。内销产品由于没有这方面需求压力，很少采用测试方法来确定洗唛，甚至了解洗唛确定方法的企业和机构也很少。

洗唛建议标准主要有澳大利亚/新西兰标准 AS/NZS 2621:1998《纺织品护理标签正确选择指南》（*Textiles - Guide to the Selection of Correct Care Labelling Instructions from* AS/NZS 1957）和中国标准 GB/T 24280—2009《纺织品维护标签上的维护符号选择指南》。洗唛建议的确定，先根据产品最终用途确定护理符号（洗涤、漂白、干燥、熨烫和专业护理）试验的必要性，再根据产品类别及纤维成分，确定试验项目初始条件，然后，根据初始条件，对相关测试项目进行测试。若结果符合客户要求或标准要求，根据初始条件结合标准要求选择正确的护理说明；若测试不通过，说明该护理方式不适合该产品，应采用强度低一档的实验条件再进行实验，直到找到合适的护理方式为止。此外，还可以根据标准要求附加相应的补充说明文字和警示语。

第三节 纤维含量标签

纤维成分含量是指组成纺织品的纤维种类及每种纤维所占的百分比，是决定纺织品使用性能的重要指标，也是消费者在购买服装时重要的选择依据，同时，还是消费者合理选择洗涤维护方式的重要参考。

2013 年，我国发布 GB/T 29862—2013《纺织品 纤维含量的标识》，2014 年 5 月 1 日实施。根据《标准化法》第六条规定“在公布国家标准之后，该项行业标准即行废止”，因此，GB/T 29862—2013 实施后，GB 5296. 4—2012《消费品使用说明 第 4 部分：纺织品和服装》和相关产品标准中引用的 FZ/T 01053—2007《纺织品 纤维含量的标识》均由 GB/T 29862—2013 替代。

一、纤维含量标签要求

每件产品应有纤维含量耐久性标签，如果不宜使用耐久性标签，例如，面料、绒线、手套和袜子等，可以采用吊牌等其他形式。

整盒出售，且不适宜采用耐久性标签的产品，当每件产品的纤维成分相同时，可以以销售单元为单位提供纤维含量标签。包装产品如不能看到纤维含量信息，需在包装或说明上标明产品纤维含量。可单独销售的成套产品，每个制品应有独立的纤维含量标签。纤维含量相同，并成套交付给消费者的成套产品，可将纤维含量信息仅标注在产品中的一个制品上。

耐久性纤维含量标签的材料应对人体无刺激，应附着在产品合适的位置，并保证标签上的信息不被遮盖或隐藏。纤维含量标签上的字迹应清晰、醒目，文字使用国家规定的规范汉字，也可同时使用其他语种的文字，但应以中文标识为准。

纤维含量可与使用说明的其他内容标注在同一标签上。当一件纺织品上有不同形式的纤维含量标签时，应保持标注内容一致。

二、纤维含量和纤维名称标注原则

纤维含量和纤维名称标注原则如下：

(1)纤维含量以该纤维的量占产品或产品某部分的纤维总量的百分数表示，宜标注至整数位，为推荐性条款。对于含量≤10% 的纤维，建议标注第三方检验机构出具的实测数据，以降低因标注整数位而超出标准规定允差的风险。

(2)纤维含量应采用净干质量结合公定回潮率计算的公定质量百分数表示,为强制性条款,但目前很多针织产品标准纤维含量以“净干含量”表示,造成不同标准内容不协调、不相容的情况。采用显微镜测定纤维含量时,例如,羊绒与羊毛、棉与麻等同性能的混纺产品,纤维含量以方法标准的结果表示。

(3)纤维名称应使用规范名称,为强制性条款。天然纤维名称采用 GB/T 11951—2018《天然纤维 术语》中规定的名称,化学纤维名称采用 GB/T 4146.1—2009《纺织品 化学纤维 第1部分:属名》中规定的名称,羽绒羽毛名称采用 GB/T 17685—2016《羽绒羽毛》中规定的名称,皮革服装按 QB/T 2662—1996《皮革工业术语》规定的命名规则。不要采用通俗名称、口语名称或商标等,如人造棉、弹力纱、亚克力、天丝、莱卡等。化学纤维有简称的宜采用简称,避免标签上使用聚丙烯腈纤维、聚酰胺纤维等。纤维名称后面可添加描述纤维形态特点的术语,例如,涤纶(七孔)、棉(丝光)。

对于金银线、闪光线、亮丝、装饰丝等的标注应避免使用金属纤维、金属镀膜纤维、导电纤维等名称,只有能够确定是该类纤维时才可标注,否则,一律按材质标注为聚酯薄膜纤维或聚酰胺薄膜纤维等。

对国家标准或行业标准中没有统一名称的纤维,可称为新型(天然、再生、合成)纤维,部分新型纤维,如竹原纤维、甲壳素纤维、聚乳酸纤维(PLA)、聚对苯二甲酸丙二醇酯纤维(PTT)和复合纤维,也可以进行标注。

三、纤维含量表示方法

1. 单一种类纤维产品

单一种类纤维产品在纤维名称前面或后面加“100%”,或在纤维名称前面加“纯”或“全”表示。两种及两种以上纤维组分的产品,一般按纤维含量递减顺序列出每种纤维的名称。

2. 含量≤5%的纤维产品

含量≤5%的纤维产品可列出该纤维的具体名称,也可用“其他纤维”来表示。当产品中有两种及两种以上含量各≤5%的纤维,且其总量≤15%时,可集中标为“其他纤维”,如某纺织品含有90%棉、5%聚酯纤维、3%黏纤和2%氨纶,可标注为90%棉、10%其他纤维。

3. 含有填充物的产品

含有填充物的产品应分别标明面料、里料和填充物的纤维名称及其含量。羽绒填充物应标明羽绒的品名和含绒量(或绒子含量)。

羽绒产品应注意“充绒量”的标注。虽然 GB/T 29862—2013《纺织品纤维含量的标识》没有“充绒量”的标注,但 GB/T 14272—2011《羽绒服装》使用说明中规定“成品使用说明按 GB 5296.4—2012 和 GB 18401—2010 规定执行,并应标注填充物的名称、含绒量和充绒量。”

4. 由两种及两种以上不同织物拼接构成的产品

由两种及两种以上不同织物拼接构成的产品应分别标明每种织物的纤维名称及其含量。

单个织物面积或多个织物总面积不超过产品表面积15%的织物可不标。面料(或里料)的拼接织物纤维成分及含量相同时,面料(或里料)可合并标注。需要注意,即使面料的拼接织物和里料的拼接织物相同,也不能合并标注。

5. 非外露部件以及某些小部件

非外露部件以及某些小部件其纤维成分可以不标。含有涂层、黏合剂和薄膜等难以去除的非纤维物质的产品,可仅标明产品中每种纤维的名称。

四、纤维含量允差

当纤维含量>10%时,纤维含量允差为5%;当纤维含量≤10%时,纤维含量允差为3%;当纤维含量≤3%时,实际含量不得为0。当填充物的纤维含量>20%时,纤维含量允差为10%;当填充物的纤维含量≤20%时,纤维含量允差为5%;当填充物纤维含量≤5%时,实际含量不得为0,具体见表3-2。

表3-2　纤维成分含量及允差

组分	纤维含量	纤维允差	标注举例
单一纤维	100%	0	100%棉、纯棉、全棉
	山羊绒>95%、疑似羊毛≤5%	—	100%山羊绒、纯山羊绒、全山羊绒
	含装饰纤维或特性纤维,且总量≤5%(毛粗纺产品≤7%)	0	100%羊毛弹性纤维除外
两种及两种以上纤维	某种纤维>10%	±5%	棉55%聚酯纤维45%
	某种纤维≤10%	±3%	棉90%锦纶10%
	某种纤维≤3%	3% 且实际含量>0	羊毛97%聚酯纤维3%
	填充物>20%	±10%	面/里料100%棉 填充物65%羊毛35%聚酯纤维
	填充物≤20%	±5%	面/里料100%棉 填充物85%羊毛15%聚酯纤维
	填充物≤5%	5% 且实际含量>0	面/里料100%棉 填充物97%聚酯纤维3%羊毛
	某种纤维或两种及以上纤维≤0.5%	—	100%棉(含微量其他纤维)

五、其他国家纤维含量标签

1. 欧洲

欧洲议会和欧盟委员会2011年9月27号(欧盟)第1007/2011号法规《关于纺织纤维名称和纺织品纤维成分标签标识,并废除欧盟委员会73/44/EEC/指令、96/73/EC指令及欧洲议会和委员会2008/121/EC指令》[*Regulation*(EU) No 1007/2011 *of the European Parliament and of the Council of 27 September* 2011 *on Textile Fibre Names and Related Labelling and Marking of the Fibre Composition of Textile Products and Repealing Council Directive* 73/44/EEC *and Directives* 96/73/EC *and* 2008/121/EC *of the European Parliament and of the Council*]规定纤维名称标注要求，适用于所有纺织品，包括只含纤维原材料、半加工品或制成品。

2. 美国

美国联邦贸易委员会(FTC)根据《纺织品成分标签法》(*The Textile Products Identification Act*,15 U. S. C. §70)、《羊毛产品标签法 1939》(*The Wool Products Labeling Act*,15 U. S. C. §68)、《毛皮产品标签法》(*Fur products Labeling Act*,15 U. S. C. §69)的要求分别制定相关技术法规和实施条例，主要有《纺织品成分标签法及其实施条例》(*Rules and Regulations under the Textile Fiber Products Identification Act*, 16 CFR part 303)、《羊毛产品标签法及其实施条例》(*Rules and Regulations under the Wool Products Labeling Act* of 1939,16 CFR part 300)、《毛皮产品标签法及其实施条例》(*Rules and regulations under Fur Products Labeling Act*,16 CFR part 301)。这些法规要求绝大多数纺织纤维制品、羊毛制品及毛皮制品的标签标注纤维名称、纤维成分含量及原产地和制造商等。美国联邦贸易委员会(FTC)对纤维名称有专门规定，但也承认 ISO 规定的纤维通称及纤维制品定义。

3. 日本

日本《家用产品质量标签法》(*Household Goods Quality Labeling Law*)要求纤维成分标签上标明纤维组成和含量，适用于大多数服装和某些纺织品，包括绒面地毯、窗帘、毯子和床单等。

4. 加拿大

加拿大纤维成分标签法规和条例有《纺织品标签法》(*Textile Labeling Act*,RSC 1985,c T-10)和《纺织品标签及广告条例》(*Textile Labelling and Advertising Regulations*,CRC,c 1551)，对纤维成分标签的内容、表达方式、标签材料以及法规的实施、罚则都有具体的规定。

5. 澳大利亚

澳大利亚联邦《国际贸易(贸易解释)法案》[*Commerce*(*Trade Descriptions*)*Act* 1905]和《国际贸易(进口)条例》[*Commerce*(*Imports*)*Regulations* 1940]对纺织品服装纤维成分标签作了规定。此外，各州也制定相关技术法规，如新南威尔士州制定《公平贸易(一般性要求)条例 2002》[*Fair Trading*(*General*)*Regulation* 2002]，要求纺织品纤维成分信息说明必须符合澳大利亚/新西兰标准 AS/NZS 2622:1996、AS/NZS 2392:1999 和 AS/NZS 2450:1994。

第四节　号型规格

号型规格是表示服装产品大小和适穿人体范围的重要指标，是消费者准确购买适穿服装产品的重要依据。规格是指成衣各部位的尺寸参数，比如，成衣的胸围、腰围、臀围、衣长、裤长、袖长等重要部位的尺寸参数，是直接测量服装得到的尺寸数据。号型是指服装所适穿的人体身高和围度。准确号型标注有助于帮助消费者成功选购合体的服装产品。

一、号型表示方式

服装号型表示方式通常为号＋型＋体型，儿童服装和针织内衣没有体型标注要求。号是指以厘米表示的人体身高，型是指以厘米表示的胸围或腰围（GB/T 6411—2008 中型指胸围或臀围），体型是指人体胸围和腰围的差值，分为 Y、A、B、C，其中，Y 表示偏瘦，A 表示正常体型，B 表示偏胖，C 表示肥胖，具体见表 3－3。

表 3－3　体型分类

体型	胸围和腰围的差值/cm		适合人群
	男子	女子	
Y	17～22	19～24	偏瘦体型
A	12～16	14～18	正常体型
B	7～11	9～13	偏胖体型
C	2～6	4～8	肥胖体型

GB/T 1335. 1—2008《服装号型　男子》、GB/T 1335. 2—2008《服装号型　女子》规定上、下装应分别标明号型，号与型之间用斜线分开表示，后接体型分类代号，例如，上装 170/88A，其中，170 代表号（身高），88 代表型（胸围），A 代表体型分类；下装 170/74A，其中，170 代表号（身高），74 代表型（腰围），A 代表体型分类。身高以 5cm 分档，胸围以 4cm 分档，身高与胸围搭配组成 5×4 号型系列；腰围以 4cm、2cm 分档，身高与腰围搭配组成 5×4 或 5×2 号型系列。婴幼儿及儿童服装身高分档值随着年龄增长有所变化，身高 52～80cm 的婴幼儿服装，身高以 7cm 分档；身高 80～130cm 的儿童服装，身高以 10cm 分档；身高 135～160cm 的男童服装和 135～155cm 的女童服装，身高以 5cm 分档。婴幼儿及儿童服装，胸围均以 4cm 分档，腰围均以 3cm 分档。

GB/T 6411—2008 不分体型，上装标注身高/胸围，下装标注身高/臀围，身高、胸围和臀围都是以 5cm 分档，组成 5×5 号型系列。

服装号型标注可根据产品标准按照 GB/T 1335—2008 或 GB/T 6411—2014 规定执行。套装产品的胸、腰围差应和体型代号相对应，否则，该套装不适合相应体型的人群穿着，购买时消费者需自行配套。

二、其他纺织品号型

1. 帽类

帽类根据结构可分为针织帽和缝制帽，针织帽按 FZ/T 73002—2016《针织帽》标注帽宽，以厘米为单位，缝制帽按 FZ/T 82002—2016《缝制帽》进行标注。

帽类号型根据 FZ/T 80010—2016《服装用人体头围测量方法与帽子规格代号标示》规定，以人体头围的净尺寸作为帽子的规格代号，以厘米为单位，从 34cm 至 64cm，以 1cm 分档，例如，帽号 54，表示适合头围 54cm 的人穿戴。可调节帽子可标注适戴头围范围，例如，帽号 52 ~ 54，表示适合头围 52 ~ 54cm 的人穿戴。帽号是适戴人的净头围尺寸，不要和帽口围度规格混淆。针织帽等有弹性的帽子，帽口围度规格可能会小于帽号，而一些无弹力的缝制帽，为留出一定的舒适度放量，帽口围度规格可能会稍大于帽号。

2. 手套

手套主要有针织民用手套、滑雪手套、日用皮手套和运动手套四类产品，号型以手的长度/围度（或宽度）以毫米为单位表示。

根据 QB/T 1583—2005《皮质手套号型》规定，号是指手的长度，即手掌平伸，从腕部掌侧面远端屈曲级中点到中指指尖的直线距离。型是指手的掌围，即手掌平伸，由尺侧掌骨点，经掌面绕过食指外侧和手背面，回到尺侧掌骨点的围长。

QB/T 1584—2018《日用皮手套》和 QB/T 1616—2005《运动手套》是以手的长度/围度来表示号型，如 180/195（mm），号和型均以 10mm 分档。

FZ/T 73047—2013《针织民用手套》和 FZ/T 74004—2016《滑雪手套》是以手的长度/宽度来表示号型，如 160/75（mm），号以 10mm 分档，型以 5mm 分档。

号型是手套设计的依据，但不完全等同于手套的长度、宽度和围度的规格。例如，号型为 180/195（mm）的运动手套，表示该手套适合手长 180mm、手围 195mm 左右的人穿戴，而对应的手套宽度规格要求为（110 ± 4.0）mm，即手套产品的围度（宽度 ×2）要求为（220 ± 8.0）mm，手套产品围度比适戴人体手围多出 17 ~ 33mm 余量，这是舒适度放量。

3. 袜子

袜子可按 FZ/T 73001—2016《袜子》标注，分为无弹有跟袜、弹力有跟袜、弹力无跟袜（包括短筒袜、中筒袜、长筒袜和连裤袜），有跟袜用袜号表示，是指人体脚底长度，无跟袜用总长度表示，均以厘米为单位。

无弹有跟袜，根据适穿脚底长标注袜号，如袜号 23（cm）；弹力有跟袜，标注适穿脚底的范围，如袜号 22 ~ 24（cm）；弹力无跟袜（短筒、中筒、长筒袜），标注人体适穿的身高范围或袜号，如 155 ~ 175（cm）或 22 ~ 24（cm）；连裤袜标注人体适穿的身高范围/臀围范围，如 155 ~ 175/75 ~ 105（cm）。

三、国外服装号型

1. ISO 服装号型

ISO 男子身高分为五档，ISO 女子身高分为三档，详见表 3 – 4。ISO 男子体型根据胸围与腰围之差确定，分五种类型，ISO 女子体型则根据臀围与胸围之差确定，分三种类型，详见表 3 – 5。

表3－4 ISO服装号型身高分类

男子身高/cm	164	170	176	182	188
女子身高/cm	160	168	176	—	—

表3－5 ISO服装号型体型分类

男子体型	A	R	P	S	C
胸腰差/cm	16	12	6	0	－6
女子体型	A	M	H	—	—
臀胸差/cm	>9	4～8	<3	—	—

2. 美国服装号型

美国服装号型以数字方式标注，将体型按年龄划分，系列性、规范性、标准化较强。表3－6是美国女装号型。

表3－6 美国女装尺码规格系列

体型分类	号型	适宜人群
少女	5、7、9、11、13、15、17	与女青年尺码相比属于小比例，适于年轻、肩较窄，但胸高腰细、发育良好的女性
瘦型少女	3ip、5ip、7ip、9ip、11ip、13ip	少女尺码中腰围数据相同的情况下，胸围与臀围较小的体型
女青年	6、8、10、12、14、16、18、20	适用于瘦型女青年尺码中较丰满，而身高较矮的体型
瘦型女青年	6mp、8mp、10mp、12mp、14mp、16mp	适用于相对苗条的体型，介于少女和女青年体型之间
成熟女青年	10.5、12.5、14.5、16.5、18.5、20.5、22.5	适用于已婚育女青年，介于女青年与妇女之间
妇女	34、36、38、40、42、44	适用于中年女性，胸、腰、臀围度数据较大，三围比例明显

3. 日本服装号型

日本服装号型分类方法主要有3种，日本服装规格9Y2、日本文化式服装规格、日本衣用JIS号型规格，各种号型规格的分类方式有所不同，其中，以日本人体衣用JIS号型规格最为详细。

（1）日本服装9Y2号型。日本服装规格9Y2分类方法是由胸围代号、体型代号、身长代号3部分组成，代号分别见表3－7～表3－10，例如，9Y2女装代表胸围82cm、身高155cm、较瘦高体型（少女型）女性服装。

表3－7 日本9Y2号型女装胸围代号

代号	3	5	7	9	11	13	15	17	19	21
胸围/cm	73	76	79	82	85	88	91	94	97	100

表 3-8　日本 9Y2 号型女装体型代号

体型代号	Y	A	AB	B
类别	少女型	小姐型	少妇型	妇女型
体型特征	较瘦高体型	一般体型	稍胖体型	胖体型
臀腰围特征	比 A 型臀围小 2cm，腰围相同	腰臀比例匀称	比 A 型臀围大 2cm，腰围大 3cm	比 A 型臀围大 4cm，腰围大 6cm

表 3-9　日本 9Y2 号型男装体型代号

体型代号	Y	YA	A	AB	B	BE	E
体型特征	瘦体型	较瘦体型	普通体型	稍胖体型	胖体型	肥胖体型	特胖体型
胸腰围差	16	14	12	10	8	4	0

表 3-10　日本 9Y2 号型男装身高代号

身高代号	0	1	2	3	4	5	6	7	8
身高/cm	145	150	155	160	165	170	175	180	185

(2)日本文化式女装规格。日本文化式女装规格系列是日本文化服装学院收集和整理人体尺寸信息得到的，将女装号型分为 S、M、ML、L、LL 五个规格，见表 3-11。

表 3-11　日本文化式女装号型规格尺寸　单位：cm

号型规格	身高	胸围	腰围	臀围
S	150	76	58	86
M	155	82	62	90
ML	158	88	66	94
L	160	94	72	98
LL	162	100	80	102

(3)日本衣用 JIS 号型。日本衣用 JIS 号型规格在日本使用较广泛。该号型规格体型是在 1992~1994 年，对 35000 名日本人测量数据基础上修订的。在号型标准的设置上，该规格结合美国号型规格中对年龄的划分，同时，较其他号型，在测量部位的选择上更加详细，表 3-12~表 3-14 是日本成人女子身高、胸围、体型划分标准。

表 3-12　日本衣用 JIS 号型成人女子身高

身高区分	T(Tall)高	R(Regular)普通	P(Petite)小	PP
身高/cm	166	158	150	142

表 3－13　日本衣用 JIS 号型成人女子胸围

代号	5	7	9	11	13	15	17	19	21
胸围/cm	74	77	80	83	86	89	92	96	100

表 3－14　日本衣用 JIS 号型成人女子体型

体型	A	Y	AB	B
臀胸差/cm	－3～13	－3～8	1～16	7～17

第五节　纺织纤维定性鉴别与定量分析

纺织纤维含量是纺织品检验的重要项目，GB 5296.4—2012《消费品使用说明　第 4 部分：纺织品和服装》明确规定，国内销售的纺织品和服装标明纤维成分和含量。纺织品纤维含量影响纺织品的物理、化学性能和使用性能，影响产品价格，对生产商、销售商及消费者的利益产生影响。

一、纺织纤维定性鉴别

纺织纤维鉴别是根据纤维外观形态特征和内在性质、成分，应用物理或化学方法识别各种纤维，了解各种纺织品的成分和组成，通常以标准检验方法为主，非标检验方法为辅进行鉴别。鉴别纤维的方法很多，有感官鉴别法（或称手感目测法）、燃烧法、显微镜法、化学溶解法、药品着色法、熔点法、密度法、双折射法、X 衍射法和红外吸收光谱法等，常用的检验标准有 FZ/T 01057 系列标准、SN/T 3896 系列标准等。

实际鉴别纤维时一般不能使用单一方法，通常采用几种方法综合运用和分析，才能得出正确结论。通常，先采用燃烧法初步区分纤维素纤维、蛋白质纤维和合成纤维三大类，再运用显微镜法鉴别各类植物纤维和动物纤维，合成纤维一般用溶解法鉴别。

1. 感官鉴别法

感官鉴别法，也称手感目测法，通过人的感觉器官来鉴别纤维或织物的外观形态、弹性、柔软性、色泽、含杂类型和折皱情况。例如，棉纤维细短、有天然转曲、光泽暗淡、有棉结杂质，棉织物则具有天然棉的光泽、手感柔软、容易折皱。感官鉴别法快速灵活、简便易行、成本低，仅能对产品外观质量进行检验，对检验人员要求高，易受个人实践经验影响，无法定量分析。

2. 燃烧法

燃烧法是根据纤维不同燃烧特征鉴别纤维的一种方法，如燃烧方式、火焰颜色、气味、灰烬颜色和形态等，是判断纤维素纤维、蛋白质纤维和合成纤维的常用方法。燃烧法需要有一定经验，只能鉴别单一纤维纺织品，不能鉴别混纺、包芯纱、树脂整理、阻燃整理和双组分复合纤维产品。表3－15是常见纤维燃烧特征。

表3－15　常见纤维燃烧特征

纤维种类	燃烧状态			燃烧时的气味	残留物特征
	靠近火焰时	接触火焰时	离开火焰时		
棉	不熔不缩	立即燃烧，燃烧速度较快，火焰呈黄色、蓝色烟	迅速燃烧	烧纸味	细而软灰色絮状
麻	不熔不缩	立即燃烧，燃烧速度较快，火焰呈黄色、蓝色烟	迅速燃烧	烧纸味	细而软灰色絮状
蚕丝	熔融卷曲	卷曲、熔融、燃烧，燃烧速度缓慢，火焰呈黄色	略带闪光燃烧，有时自灭	烧毛发味	松脆黑色颗粒
羊毛	熔融卷曲	卷曲、熔融、燃烧，燃烧速度缓慢	燃烧缓慢，有时自灭	烧毛发味	松脆黑色颗粒
黏胶	不熔不缩	立即燃烧，燃烧速度较快	迅速燃烧	烧纸味	少许灰白色灰烬
莫代尔	不熔不缩	立即燃烧	迅速燃烧	烧纸味	细而软灰黑絮状
涤纶	熔缩	熔融、燃烧，冒黑烟，火焰呈黄色，燃烧缓慢	继续燃烧，有时自灭	特殊芳香味	黑色硬球
锦纶	熔缩	熔融、燃烧，白烟，火焰呈黄色	有时自灭	氨臭味	淡棕色透明硬球
腈纶	熔缩	熔融、燃烧	继续燃烧，冒黑烟	辛辣味	松脆黑色不规则小珠
氨纶	熔缩	熔融、燃烧	开始燃烧，后自灭	特异气味	白色胶状
维纶	收缩	收缩、燃烧，后期有黑烟	继续燃烧，有时会自灭	大蒜味	不规则焦茶色硬块
丙纶	熔缩	熔融燃烧，火焰不大	继续燃烧，有时会自灭	石蜡味	硬灰白色透明圆球
氯纶	熔缩	熔融、燃烧、黑色浓烟	立即熄灭	烧塑料味	褐色硬块

3. *显微镜法*

显微镜法是将纤维切片后，在显微镜下观察纤维横截面和纵向形态特征，主要区分天然纤维及部分再生纤维。几种纤维纵向和横截面形态特征见表3－16。

表 3－16　常见纤维横向和纵向形态特征

纤维	横截面形态	纵向形态
棉	腰圆形，有中腔	扁平带状，有天然转曲
羊毛	圆形或近圆形，有些有毛髓	表面有鳞片，有天然卷曲
兔毛	哑铃形，有毛髓	表面有鳞片
蚕丝	不规则三角形	光滑平直，有条纹
亚麻、黄麻	多角形，中腔小	有竹状横节，有竖纹
苎麻	腰圆形，有中腔及裂缝	有竹状横节，有竖纹
维纶	腰圆形，有皮芯结构	有 1～2 根沟槽
氯纶	接近圆形	表面光滑
醋酯纤维	三叶形或不规则锯齿形	表面有纵向条纹
黏胶纤维	锯齿形，有皮芯结构	纵向有沟槽
富强纤维	较少齿形或圆形、椭圆形	平滑
铜氨纤维	圆形	平滑棒状
涤纶、锦纶、丙纶	圆形	平滑
腈纶	圆形或哑铃形	平滑或有条纹
氨纶	圆形或蚕豆形	光滑，表面暗深，呈不规则骨形条纹

显微镜下观察纤维纵横形态，必须先制备样品。纵向样品制作比较简单，把整齐平直基本平行的纤维排列在载玻片上，盖上盖玻片便可在显微镜下观察。横截面样品制作比较复杂，可采用切片机、哈氏切片器或简易钢片。

随着新型纺织材料的出现，传统光学显微镜已不能满足纺织品检验要求，扫描电子显微镜景深大、分辨率高、成像直观、放大倍数范围宽，待测样品可在三维空间内进行旋转和倾斜，有利于观察物体表面结构，逐渐用于纺织纤维检验。

4. 溶解法

溶解法是根据各种纤维在不同试剂中溶解性的差异来鉴别纤维，适用于各类纺织品纤维，尤其是合成纤维，包含染色纤维或混合成分的纤维、纱线和织物，还广泛用于混纺产品的纤维含量分析。

溶解法试验时，将少量试样置于试管或小烧杯中，按 50∶1 注入溶剂或溶液，在常温 20～30℃下摇动 5min，观察纤维的溶解情况。常温下难溶的纤维，需加热至沸腾，并保持 3min，观察纤维的溶解情况。常用纤维的溶解性能见表 3－17。

表 3-17 常用纤维的溶解性能

纤维种类	硫酸								盐酸				氢氧化钠				硝酸		甲酸		DMF		氯化锌		次氯酸钠		环己酮		冰乙酸		丙酮		硫氰酸钾		乙酸乙酯	
	95%~98%		70%		60%		40%		36%~38%		15%		30%		5%		65%~68%		85%		99%		75%		1mol/L		99%		99%		99.5%		65%		99.5%	
	常温	沸	常温	沸	常温	沸	常温	沸	常温	沸	常温	沸	常温	沸	常温	沸	常温	沸	常温	沸	常温	沸	常温	沸	常温	沸	常温	沸	常温	沸	常温	沸	常温	沸	常温	沸
棉	S	S_0	S	S_0	I	S	I	P	I	P	I	P	I	I	I	I	I	S_0	I	I	I	I	I	S	P	S	I	I	I	I	I	I	I	I	I	I
麻	S	S_0	S	S_0	P	S_0	I	S_0	I	P	I	P	I	I	I	I	I	S_0	I	I	I	I	I	S	I	S	I	I	I	I	I	I	I	I	I	I
丝	P	S_0	S_0		S	S_0	I	S_0	P	S	I	S	I	S_0	I	S	△	S_0	I	I	I	I	I	I	S	S_0	I	I	I	I	I	I	I	I	I	I
毛	I	I	I	I	I	I	I	I	I	I	I	I	I	S_0	I	I	I	I	I	I	I	I	I	S_0	I	S_0	I	I	I	I	I	I	I	I	I	I
黏胶	S_0		S	S_0	P	S_0	I	S	S	S_0	I	P	I	I	I	I	I	S_0	I	I	I	I	I	S	I	P	I	I	I	I	I	I	I	I	I	I
莫代尔	S_0		S	S_0	S	S	I	S	S	S_0	I	P	I	I	I	I	I	S_0	I	I	I	I	I	S	I	I	I	I	I	I	I	I	I	I	I	I
莱赛尔	S_0		S	S_0	S	S	I	S_0	S	S_0	I	P	I	I	I	I	I	S_0	I	I	I	I	I	S	I	I	I	I	I	I	I	I	I	I	I	I
铜氨纤维	S_0		S_0		S_0								S_0		S_0		S_0																I	I	I	I
二醋酯	S_0		S_0		S_0		I	I	S_0		I	S	I	I	I	I	S_0		S_0		P	S_0	I	S	I	S	S	S_0	S_0		S_0		I	I	S	S
三醋酯	S_0	S_0	P		S_0		I	I	S_0		I	P	I	I	I	I	S_0	S_0	I		P	S_0	I	S	I	I	S	S_0	S_0		P	P	I	I	I	P
大豆蛋白纤维	P	S_0	P	S_0	P	S_0	S_0	P	S_0	P	I	S_0			I	I	S	S_0	I	S	I	I	I	S	I	S	I	I	I	I	I	I	I	I	I	I
牛奶蛋白纤维	S	S_0	I	S_0	I	S_0	I	I	I	I	I	I			I	I	S		S_0	S	I	I	I	S	I	I	I	I	I	I	I	I	I	I	I	I
聚酯	S_0		I		I	I	I	I	I	I	I	I	I	P	I	I	I	I	I	I	I	S/P	I	S_0	I	I	I	I	I	I	I	I	I	I	I	I
聚丙烯腈	S	S_0	I	S	I	I	I	I	I	I	I	I	I	I	I	I	S	S_0	I	I	S/P	S_0	I	P	I	I	I	P	I	I	I	I	I	S_0	I	I
锦纶 6	S_0		S_0		S_0		S_0	I	S_0		S_0		I	I	I	I	S_0		S_0		I	S	I	P	I	I	I	I	I	S_0	I	I	I	I	I	I
锦纶 66	S_0		S	S_0	S	S_0	S	S_0	S_0		I	S	I	I	I	I	S_0		S_0		I	I	I	S	I	I	I	I	I	S_0	I	I	I	I	I	I
聚乙烯醇缩甲醛	S	S_0	S	S_0	S	S_0	P	S_0	S_0		I	S	I	I	I	I	S_0		S	S_0	I	I	I	P	I	P	I	I	I	I	I	I	I	I	I	I

续表

纤维种类	硫酸								盐酸				氢氧化钠				硝酸		甲酸		DMF		氯化锌		次氯酸钠		环己酮		冰乙酸		丙酮		硫氰酸钾		乙酸乙酯	
	95%~98%		70%		60%		40%		36%~38%		15%		30%		5%		65%~68%		85%		99%		75%		1mol/L		99%		99%		99.5%		65%		99.5%	
	常温	沸	常温	沸	常温	沸	常温	沸	常温	沸	常温	沸	常温	沸	常温	沸	常温	沸	常温	沸	常温	沸	常温	沸	常温	沸	常温	沸	常温	沸	常温	沸	常温	沸	常温	沸
聚氯乙烯纤维	I	I	I	I	I	I	I	I	I	I	I	I	I	I	I	I	I	I	I	I	S_0		I	□	I	I	S	S_0	I	I	I	P	I	I	P	S_0
聚偏氯乙烯纤维	I	I	I	I	I	I	I	I	I	I	I	I	I	I	I	I	I	I	I	I	I	S_0	I	S_0	I	I	I	S_0	I	I	I	I	I	I	I	I
聚氨基甲酸乙酯	S	S_0	S	S	I	S_0	I	P	I	I	I	I	I	I	I	I	I	S	I	S_0	I	S_0	I	I	I	I	I	S_0	I	I	I	I	I	I	I	I
聚乙烯纤维	I	□	I	□	I	□	I	I	I	I	I	I	I	I	I	I	I	□	I	I	I	I	I	P	I	I	I	S	I	I	I	I	I	I	I	I
聚丙烯纤维	I	□	I	□	I	□	I	I	I	I	I	I	I	I	I	I	I	I	I	I	I	I	I	□	I	I	I	S	I	I	I	I	I	I	I	I
聚苯乙烯纤维	I	S	I	□	I	□	I	□	I	I	I	I	I	I	I	I	I	I	I	□	I	I	I	I	I	□	S	S_0	I	□	I	I	I	□	S	S_0
碳素纤维	I	I	I	I	I	I	I	I	I	I	I	I	I	I	I	I	I	I	I	I	I	I	I	I	I	I	I	I	I	I	I	I	I	I	I	I
酚醛纤维	I	I	I	I	I	I	I	I	I	I	I	I	I	I	I	I	I	I	I	I	I	I	I	I	I	I	I	I	I	I	I	I	I	I	I	I
聚砜酰胺纤维	S	S_0	I	S	I	I	I	I	I	I	I	I	I	I	I	I	I	I	I	I	S_0		I	I	I	I	I	I	I	I	I	I	I	I	I	I
二唑纤维	P	S_0	I	I	I	I	I	I	I	I	I	I	I	I	I	I	I	I	I	I	I	I	I	I	I	I	I	I	I	I	I	I	I	I	I	I
聚四氟乙烯	I	I	I	I	I	I	I	I	I	I	I	I	I	I	I	I	I	I	I	I	I	I	I	I	I	I	I	I	I	I	I	I	I	I	I	I
石棉纤维	I	I	I	I	I	I	I	I	I	I	I	I	I	I	I	I	I		I	I	I	I	I	I	I	I	I	I	I	I	I	I	I	I	I	I
玻璃纤维	I	I	I	I	I	I	I	I	I	I	I	I	I	I	I	I	I	I	I	I	I	I	I	I	I	I	I	I	I	I	I	I	I	I	I	I

注 S_0—立即溶解，S—溶解，P—部分溶解，I—不溶解；□—块状，△—膨润；溶解时间，常温 20～30℃为 5min，煮沸为 3min。

想了解更多纺织纤维鉴别方法，请扫描二维码。

码3－1　纺织纤维鉴别方法

5. 熔点法

熔点法是根据化学纤维的熔融特性，在化纤熔点仪上或在附有热台和测温装置的偏光显微镜下，观察纤维消光时的温度来测定纤维的熔点，从而鉴别纤维。合成纤维不同于纯晶体物质，没有确切的熔点，因此，熔点法适用于未经抗熔处理、成分单一的纤维材料。熔点法一般不单独应用，作为辅助验证方法。合成纤维的熔点见表3－18。

表3－18　合成纤维的熔点

纤维名称	熔点范围/℃	纤维名称	熔点范围/℃
涤纶	255～260	二醋酯纤维	255～260
锦纶6	215～224	三醋酯纤维	280～300
锦纶66	250～258	维纶	224～239
腈纶	不明显，软化点190～240	氯纶	202～210
氨纶	228～234	乙纶	130～132
聚乳酸纤维(PLA)	175～178	丙纶	160～175
聚对苯二甲酸丁二酯纤维(PBT)	226	腈氯纶	188
		维氯纶	200～231
聚对苯二甲酸丙二醇酯纤维(PTT)	228	聚四氟乙烯纤维	329～333

6. 密度梯度法

纤维密度随分子或超分子结构的变化而变化，密度梯度法通过测定纤维的密度判别纤维的类别，可以定量分析二组分混纺产品中某一纤维的均匀度以及计算中空纤维的中空度和复合纤维的复合度，设备简单、结果准确，但操作步骤烦琐，对检验人员要求较高，操作不当会对数据产生很大影响。常用纺织纤维的密度见表3－19。

表3－19　常用纺织纤维的密度(25℃±0.5℃)

纤维名称	密度/($g \cdot cm^{-3}$)	纤维名称	密度/($g \cdot cm^{-3}$)
棉	1.54	涤纶	1.38
苎麻	1.51	锦纶	1.14
亚麻	1.50	腈纶	1.18
蚕丝	1.36	变性腈纶	1.28
羊毛	1.32	氨纶	1.23
黏胶	1.51	维纶	1.24
铜氨纤维	1.52	氯纶	1.38
醋酯纤维	1.32	偏氯纶	1.70

续表

纤维名称	密度/(g·cm^{-3})	纤维名称	密度/(g·cm^{-3})
莫代尔纤维	1.52	乙纶	0.96
莱赛尔纤维	1.52	丙纶	0.91
大豆蛋白纤维	1.29	石棉	2.10
牛奶蛋白改性聚丙烯腈纤维	1.26	酚醛纤维	1.31
聚乳酸纤维	1.27	聚砜酰胺纤维	1.37
玻璃纤维	2.46	芳纶1414	1.46

7. 光谱法

光谱法是通过对纤维进行光谱特征分析来鉴别纤维，常用的方法有红外光谱法、拉曼光谱法、X射线衍射法、荧光和磷光法等。

(1)红外光谱法。红外光谱法是根据各种纤维具有不同的化学基团，在红外光谱中出现的特征吸收谱带来鉴别纤维。将未知纤维与已知纤维的红外吸收光谱进行对照，找出特征基团的吸收谱带，从而确定纤维品种。中红外光谱是由分子振动能级的跃迁，同时伴随转动能级跃迁而产生的，由于基频振动是红外活性振动中吸收最强的振动，所以，中红外区最适宜进行红外光谱的定性和定量分析。红外光谱法能准确快速对单一成分进行分析，样品无须预处理，且无污染，但对混纺产品、较低含量纤维的样品和结构相似的物质，难以进行有效分析。

(2)拉曼光谱法。拉曼光谱是一种散射光谱，光照射到物质上发生弹性散射和非弹性散射，弹性散射光与激发光波长相同，非弹性散射光有比激发光波长长和短的成分。拉曼效应起源于分子振动(和点阵振动)与转动，因此，从拉曼光谱中可以得到分子振动能级(点阵振动能级)与转动能级结构的信息。通过对纺织纤维拉曼谱图的定性分析，得到标准拉曼谱图，建立特征数据库，实现纺织纤维的定性鉴别。拉曼光谱法样品制备简便快速，测试时间短，分析简单，需要样品量少，无须前处理，对样品无损伤，适用于各类纺织品纤维的检验。

(3)X射线衍射法。X射线照射到纤维上时，受到纤维中链节和原子团等影响发生反射和散射，产生干涉，这些相互干涉的射线，在光程差等于波长的整数倍或半整数倍的方向上加强或相互抵消，从而形成X射线衍射图。不同种类的纤维X射线衍射图谱具有各自的特性。根据X射线衍射的方向和强度确定纤维晶细胞的晶系、晶粒尺寸、结晶度和取向度，达到鉴别纤维的目的。

(4)荧光和磷光法。通过紫外光照射激发纺织纤维产生荧光和磷光，利用纤维发光性质的不同鉴别纤维种类，操作简单快捷，适用于色光差别较大的纤维。常见纤维荧光和磷光颜色见表3-20。

表3-20 常见纤维的荧光和磷光颜色

光照	棉	棉(未熟)	棉(丝光)	丝(脱胶)	羊毛	黄麻	亚麻	锦纶
荧光	淡黄	淡蓝	淡红	淡蓝	淡黄	淡蓝	紫褐	淡蓝
磷光	淡黄	淡黄	淡黄	淡黄	无色	黄	无色	淡黄

（5）太赫兹时域光谱法。太赫兹是位于微波和红外之间的电磁区域，波长在3mm～30μm（频率100GHz～10THz）的电磁辐射，大多数分子的转动和部分振动能级都在太赫兹波段。太赫兹谱对分子间作用力、分子骨架和晶格振动非常敏感，化学成分接近的物质太赫兹谱也有很大的差异，在相同类别的纤维鉴别中具有很大的潜力，制样简便，对物质无损伤，能快速测试。

（6）核磁共振光谱法。核磁共振是指核磁矩不为零的原子核，在外磁场的作用下，核自旋能级发生塞曼分裂，共振吸收某一特定频率的射频辐射的物理过程。核磁共振时，原子核吸收电磁波的能量，记录的吸收曲线是核磁共振谱。由于不同分子中原子核的化学环境不同，会有不同的共振频率，产生不同的共振谱，可以确定物质原子在分子中的位置及相对数量，并进行结构分析。

8. 双折射率法

当光线投射到纺织纤维上时，除在界面产生反射光外，进入纤维的光线分解成两条折射光，一条光线遵循折射定律，另一条光线不按折射定律的角度折射，这种现象称为双折射。利用偏振光显微镜分别测得平面偏光振动方向平行于纤维长轴的折射率和垂直于纤维长轴方向的折射率，两者相减，即为双折射率。

纤维的双折射率与纤维分子的化学组成及排列有关，纤维中全部大分子与纤维轴平行排列时，双折射率最大；大分子紊乱排列时，双折射率等于零。不同纤维具有不同的折射率，表3－21为纺织纤维的双折射率。

表3－21　纺织纤维的双折射率

纤维名称	平行折射率 $n_{/\!/}$	垂直折射率 $n_{\perp}$	双折射率 $n_{/\!/}-n_{\perp}$
棉	1.576	1.526	0.050
麻	1.568～1.588	1.526	0.042～0.062
桑蚕丝	1.591	1.538	0.053
柞蚕丝	1.572	1.528	0.044
羊毛	1.549	1.541	0.008
黏胶	1.540	1.510	0.030
富强纤维	1.551	1.510	0.041
铜氨纤维	1.552	1.521	0.031
醋酯纤维	1.478	1.473	0.005
涤纶	1.725	1.537	0.188
腈纶	1.510～1.516	1.510～1.516	0.000
改性腈纶	1.535	1.532	0.003
锦纶	1.573	1.521	0.052
维纶	1.547	1.522	0.025
氯纶	1.548	1.527	0.021
乙纶	1.570	1.522	0.048

续表

纤维名称	平行折射率 $n_{//}$	垂直折射率 $n_{\perp}$	双折射率 $n_{//}-n_{\perp}$
丙纶	1.523	1.491	0.032
酚醛纤维	1.643	1.630	0.013
玻璃纤维	1.547	1.547	0.000
木棉	1.528	1.528	0.000

9. 热分析方法

热分析方法是通过控制温度的变化研究观察纺织材料的各种转变和反应，种类很多，纺织纤维鉴别中常用热重分析法（TG）、差热分析法（DTA）和差示扫描量热法（DSC）。

（1）热重分析法。热重分析法（Thermogravimetric Analysis，TG/TGA）利用纤维在加热过程中发生蒸发、升华、脱水、热分解或与气体反应等，质量会发生一定的变化，在程序控制温度下测量试样质量与温度变化，获得热重曲线。通过分析热重曲线，提取核心数据，并与标准数据对比，能够快速、准确鉴别纤维类型。

（2）差热分析法。差热分析法（Differential Thermal Analysis，DTA）是指在程序控温下测定试样和参比样之间的温度差与温度关系的一种测试技术。纤维在受热或冷却过程中发生的物理变化和化学变化伴随着吸热和放热现象，如晶型转变、熔融等物理变化及分解、脱水等化学变化。

（3）差示扫描量热法。差示扫描量热法（Differential Scanning Calorimetry，DSC）是在程序控制温度下，测量输入试样与参比样的能量差随温度变化的一种分析方法。差示扫描量热法通过对试样因发生热效应而产生的能量变化进行及时的补偿，始终保持试样和参比样之间的温度相同，克服了差热分析中试样本身的热效应对升温速率的影响，能精确地定量分析。

10. 药品着色法

药品着色法是根据纤维对某种化学药品不同着色性能来鉴别，只适用未染色单一种类纤维纺织品，通常采用碘—碘化钾溶液和 HI 纤维鉴别着色剂两种通用着色剂，几种纺织纤维的着色反应见表 3－22。

表 3－22　常见纤维着色反应

纤维种类	HI 着色剂	碘—碘化钾着色剂	纤维种类	HI 着色剂	碘—碘化钾着色剂
棉	灰	不染色	涤纶	红玉	不染色
麻（苎麻）	青莲	不染色	锦纶	酱红	黑褐
蚕丝	深紫	淡黄	腈纶	桃红	褐
羊毛	红莲	淡黄	氨纶	姜黄	—
黏胶	绿	黑蓝青	维纶	玫红	蓝灰
铜氨	—	黑蓝青	氯纶	—	不染色
醋酯	橘红	黄褐	丙纶	鹅黄	不染色

碘—碘化钾溶液是把 20g 碘溶解于 100mL 碘化钾饱和溶液中，把纤维浸入溶液中 0.5 ~ 1min，取出后用水冲洗干净，根据着色结果鉴别纤维。HI 纤维鉴别着色剂是东华大学和上海印染公司共同研制的一种着色剂，鉴别时把试样放入微沸的着色溶液中，沸染 1min，然后，用冷水清洗、晾干。为扩大色相差异，羊毛、蚕丝和锦纶则需沸染 3min，染完后与标准样对照，以确定纤维类别。

11. 基因检测

动物皮在加工过程中的遗传特征不会改变，不同物种 DNA 分子大小、结构有一定差异，因此，通过 DNA 信息可客观准确地鉴别物种。基因检测方法主要是利用定性 PCR（Polymerase Chain Reaction，聚合酶链反应）检验方式，提取检测样本动物 DNA，针对物种的特异基因序列设计引物，通过线粒体内源基因的 PCR 扩增，得到检测物的基因序列，利用荧光标注技术进行标识，以此对动物源进行检测和鉴定。

二、纺织纤维定量分析

混纺产品定性鉴别之后，再根据纤维的化学性能不同，选用适当的化学试剂，按一定的溶解方法，把混纺产品中的某一个或几个组分纤维溶解，从溶解失重或不溶纤维的质量计算出各组分纤维的百分含量，常用的纤维定量分析方法标准有 GB/T 2910 系列标准等。

纤维定量分析取样要有代表性，每个试样至少 1g，预处理时，将样品放在索氏萃取器内，用石油醚萃取 1h，再按 100∶1 的浴比分别在冷水和（65 ± 5）℃热水中浸泡 1h，以去除试样中的油脂、蜡质、尘土或其他非纤维物质，染料可视为纤维的一部分，不必去除。

预处理后试样约 1g，剪成 10mm 左右。一般在密闭通风烘箱内烘干，温度（105 ± 3）℃，时间一般为 4 ~ 16h，试样要烘至恒重，即连续两次称得试样质量的差异不超过 0.1%。烘干后的试样和称量瓶要放在干燥器内冷却至少 2h 后再称重。

参考文献

[1]李汝勤，宋钧才，黄新林．纤维和纺织品测试技术[M]．4 版．上海：东华大学出版社，2015.

[2]付成彦．纺织品检验实用手册[M]．北京：中国标准出版社，2008.

[3]李青山．纺织纤维鉴别手册[M]．3 版．北京：中国纺织出版社，2009.

[4]戴晓群．纺织品服装消费学[M]．北京：中国纺织出版社，2010.

[5]戴鸿．服装号型标准及其应用[M]．2 版．北京：中国纺织出版社，2001.

[6]郑宇英，徐路．《消费品使用说明　第 4 部分：纺织品和服装》修订说明[J]．纺织标准与质量，2014(1)：23 – 27.

[7]李建华．解析 GB 5296.4—2012《消费品使用说明　第 4 部分：纺织品和服装》[J]．山东纺织科技，2014(6)：26 – 30.

[8]赖明河，江华丽，罗永文，等．《消费品使用说明　第 4 部分：纺织品和服装使用说明》新旧标准比较[J]．中国纤检，2014(12)：41 – 43.

[9]秦松颖．GB 5296.4—2012《消费品使用说明　第 4 部分：纺织品和服装》标准应用体会[J]．黑龙江纺

织,2015(3):4 - 10.
[10]杨萍. GB 5296.4—2012《消费品使用说明　第4部分:纺织品和服装》应用中的常见问题解析[J]. 纺织导报,2014(5):113 - 115.
[11]杨珂,滕万红. GB 5296.4—2012《消费品使用说明　第4部分:纺织品和服装》内容解读[J]. 印染助剂,2014,31(2):49 - 52.
[12]杨萍. 服装护理标签的确定及验证[J]. 纺织导报,2017(8):96 - 97.
[13]展义臻,韩文忠,王炜. 国标纺织服装护理标签探讨[J]. 染整技术,2011,33(5):47 - 52.
[14]胡美桂,薛宇锋,付吟. 国内外纺织品、服装护理标签标准的异同[J]. 中国纤检,2017(9):111 - 117.
[15]杨从从. 国内外护理标签相关色牢度标准的对比研究[D]. 上海:东华大学,2017.
[16]王红,周杰,沈妍.《纺织品纤维含量的标识》新旧标准的比较和探讨[J]. 中国纤检,2014(19):38 - 39.
[17]李小红. 国内外纺织品纤维含量判定准则差异比较[J]. 中国纤检,2017(5):103 - 105.
[18]白莉红,张巧玲. 国内外纤维成分标签的对比分析[J]. 轻纺工业与技术,2011,40(1):98 - 100.
[19]唐方,林东翔. 论服装产品的规格号型标注问题[J]. 中国纤检,2017(8):141 - 142.
[20]朱碧空,李月. 女装号型分类方法对比研究与优化[J]. 毛纺科技,2018,46(4):45 - 49.
[21]严美婷. 基于人体测量的不同国家女装原型制版方法及合体度的对比研究[D]. 武汉:武汉纺织大学,2017.
[22]么志高,刘辉. 常见纤维素纤维的鉴别[J]. 人造纤维,2017,47(1):17 - 19.
[23]刘志华. 纺织品常用定性和定量分析测试方法简介[J]. 山东纺织经济,2017(9):32 - 36.
[24]苟圆,庞晓红,甘霖. 纺织品纤维成分定性鉴别的非标方法探讨[J]. 山东纺织经济,2016(8):29 - 30.
[25]张明霞. 纺织纤维成分定性鉴别的非标方法研究[J]. 科技与创新,2018(12):102 - 103.
[26]耿响,桂家祥,周丽萍. 纺织纤维成分非破坏性快速鉴别技术研究现状[J]. 纺织导报,2016(1):96 - 98.
[27]黄国光. 纺织纤维的鉴别[J]. 丝网印刷,2013(9):25 - 30.
[28]李蕾. 纺织纤维的鉴别方法研究进展[J]. 印染助剂,2015,32(4):25 - 30.
[29]陶月珍,丁玉梅. 纺织纤维简易快速鉴别试验方法[J]. 上海纺织科技,1989,17(4):6 - 8.
[30]李志红,任煜. 六种新型纺织纤维的性能及其鉴别[J]. 上海纺织科技,2006,34(4):55 - 58.
[31]廖帼英,罗峻,梁斯韵,等. 浅谈纺织品纤维成分定性鉴别的非标方法[J]. 中国纤检,2015(24):72 - 75.
[32]王建平,丁玉梅,蔡露阳. 现代分析测试技术在印染行业的应用(十八)——分析测试技术在纺织纤维材料鉴别中的应用[J]. 印染,2007(20):41 - 44.

第四章　织物力学性能检验

织物力学性能是指织物在各种机械外力作用下所呈现的性能，是织物基本性能，是评价织物质量的重要技术指标，包括拉伸性能、撕裂性能、顶破性能、抗弯曲性能、耐磨性能等。

第一节　织物拉伸性能

织物拉伸性能主要用断裂强力和断裂伸长率来评价。断裂强力是指拉断织物所用的力，通常用牛顿（N）表示，断裂伸长率是指织物在拉断时的伸长值与原长的比值，以百分比表示（%）。

织物拉伸性能测定主要采用单向拉伸，测定织物试样经纬（或纵横）向强力，适用于机械性能具有各向异性、拉伸变形能力较小的织物，对于易产生变形的针织物、编织物和非织造布一般测其顶破强力或胀破强度。

一、织物拉伸性能测定

织物拉伸性能测试主要有条样法和抓样法，应用最多的是条样法，两种方法均在等速伸长试验仪上进行测定，代表的方法有 GB/T 3923、ISO 13934 系列标准。

1. 条样法

该方法主要用于测定机织物拉伸性能，一般不用于弹性织物、土工布、玻璃纤维织物、碳纤维和聚烯烃扁丝织物。可根据产品标准规定或协议取样，也可先从一批织物中按表 4－1 随机抽取相应数量的匹数。

表 4－1　批样取样数量

一批织物的匹数	抽取匹数最少数量
≤3	1
4～10	2
11～30	3
31～75	4
≥76	5

在每匹织物距布端 3m 以上随机剪取至少 1m 长的全幅织物样品，按图 2－1 梯形法取样，

从样品上距布边至少 150mm 处剪取经向和纬向(纵向或横向)试样各 5 块,要求试样的长度方向平行于织物经向或纬向(纵向或横向)。

条样法制样分拆边纱法条样和剪切法条样,如图 4 – 1 所示。拆边纱法条样用于机织物试样,裁剪的条样宽度应大于有效宽度,通常毛边为 5mm 宽或 15 根纱线的宽度,较稀松机织物毛边为 10mm 宽。拆去条样两侧数量相等的纱线,使试样有效宽度为(50 ± 0.5)mm,并保证长度方向的纱线不从毛边中脱出,试样长度为 200mm,如果试样的断裂伸长率超过 75%,则试样长度为 100mm。剪切法条样适用于涂层织物、非织造布和不易拆边纱的机织物试样,平行于织物纵向或横向剪取宽度为 50mm 的试样。

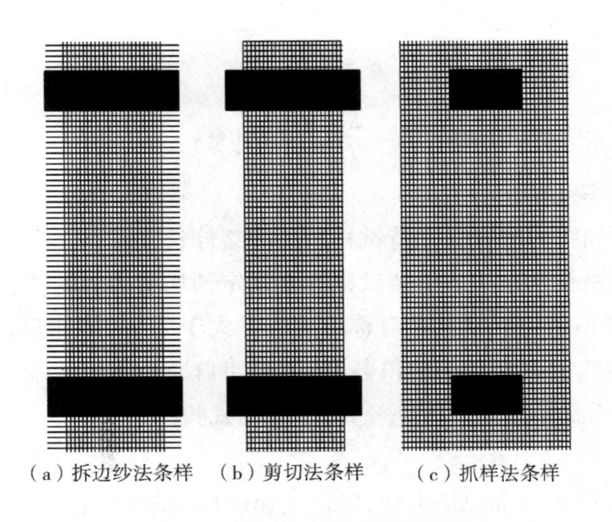

(a)拆边纱法条样　(b)剪切法条样　(c)抓样法条样

图 4 – 1　织物拉伸断裂试样夹持方法

若测湿态断裂强力,试样长度为干态试样长度的 2 倍,沿宽度方向剪成相等的两块,分别用于干态和湿态测定。湿态试样在(20 ± 2)℃三级水中浸 1h 以上。

根据织物断裂伸长率,按表 4 – 2 设定强力仪隔距和拉伸速度。

表 4 – 2　隔距和拉伸速度选择

织物断裂伸长率/%	隔距长度/mm	伸长速率/(% · min^{-1})	拉伸速度/(mm · min^{-1})
<8	200	10	20
≥8,且≤75	200	50	100
>75	100	100	100

夹持试样可采用松式夹持或预加张力夹持。张力夹持时,试样产生的伸长率小于 2%,否则,要采用松式夹持。预加张力大小根据试样克重按表 4 – 3 选择,如果断裂强力较低时,可按断裂强力的 1% ± 0.25% 确定预加张力。

表 4－3　预加张力选择

织物克重/($g \cdot m^{-2}$)	预加张力/N
≤200	2
>200,且≤500	5
>500	10

将试样夹持在强力机夹钳中心位置,以保证拉力中心线通过夹钳中点,启动强力机,将织物拉断,记录断裂强力(N)、断裂伸长(mm),根据试验中试样是否预加张力,按式(4－1)或式(4－2)计算试样的断裂伸长率。

$$E = \frac{\Delta L}{L_0} \times 100\% \quad (4-1)$$

$$E = \frac{\Delta L' - L_0'}{L_0 + L_0'} \times 100\% \quad (4-2)$$

式中:E——断裂伸长率;

ΔL,$\Delta L'$——分别为预加张力和松式夹持试样时的断裂伸长,mm;

L_0,L_0'——分别为隔距长度和松式夹持试样达到规定预加张力时的伸长,mm。

试验中,如果试样沿钳口线滑移不对称或滑移量大于 2mm,即钳口滑移,则舍弃试验结果;试样距钳口线 5mm 以内的断裂称为钳口断裂,如果钳口断裂数值大于 5 块试样中最小的正常值,保留该值,如果小于最小的正常值则舍弃,并另加试验。

2. 抓样法

抓样法测试时,试样中央部位被夹持,以恒定速度拉伸断裂,记录断裂强力。抓样法试样宽度为(100 ±2)mm,长度为 100mm,每块试样在距长边边缘 38mm 处画一条平行于长度方向的标记线,拉伸试验机隔距为 100mm,拉伸速度为 50mm/min,测试和数据处理同条样法。

二、织物拉伸断裂机理

如图 4－2 所示,织物拉伸过程中,受力系统纱线由屈曲状态逐渐伸直,并压迫非受力系统纱线使其更加屈曲。拉伸初始阶段,织物伸长变形主要是由于受力系统纱线伸直引起的,也包含一部分纱线结构改变和纤维伸直引起的变形。拉伸后期,由于机织物受力纱线已基本伸直,伸长变形主要是由于纱线和纤维的伸长与变细,此时,织物克重下降,试样结构变得稀松。继续拉伸,部分纱线或纤维开始断裂,直至大部分纤维和纱线断裂,织物结构解体,试样断裂。织物断裂不是同时发生的,是在织物最薄弱纱线处首先断裂,形成应力集中,使纱线迅速逐根断裂,最终造成织物解体。

三、织物拉伸性能的影响因素

1. 纤维与纱线性质

纤维品种是决定织物拉伸性能的主要因素,一般合成纤维强度较高。对于纱线,较粗的纱线强度较大,股线织物的断裂强力大于相同粗细的单纱织物,纱线捻度在临界捻度以下时,随着

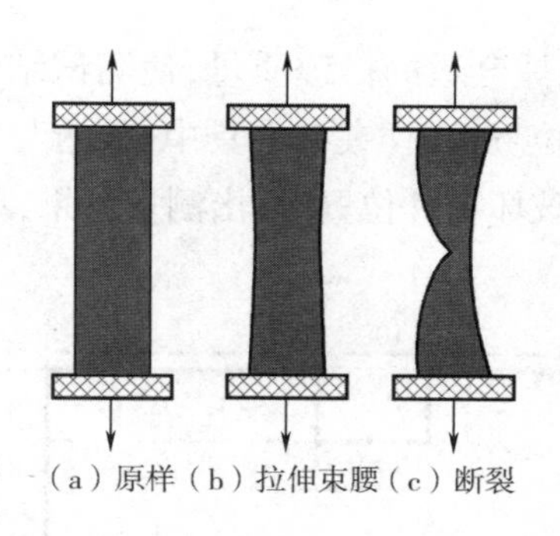

图 4-2　织物拉伸断裂过程

纱线捻度增加，织物断裂强力增加。

2. 织物结构和性质

经密增加，则织物经纬向强力均增加，这是因为经纬纱交错次数增加使交织阻力增大；纬密增加，则织物纬向强力增加，经向强力下降，这是因为纬密增加后织造时经纱开口次数增加，导致经纱张力和摩擦加剧。

织物组织对织物拉伸性能的影响主要体现在纱线间交织点的多少和纱线屈曲程度的大小，织物一定长度内纱线的交错次数越多、浮长越短，则织物的断裂强力和伸长越大，因此，一般平纹织物的断裂强力和断裂伸长率大于斜纹织物，斜纹织物大于缎纹织物。

3. 织物染整加工

前处理、染色和后整理等染整加工通常使用化学试剂，而且是在非中性条件，需要长时间高温处理，如果控制不当，容易导致强力下降。

第二节　织物撕破性能

当织物在使用过程中被锐物钩住或局部被握持时，由于受到集中负荷作用，使织物内局部纱线断裂，造成织物被撕破，这种现象称为撕破或撕裂。织物抵抗撕破的能力称为织物撕破性能，用撕破强力来评价，即在规定条件下使试样上初始切口扩展所需的力，单位为牛(N)，经纱被撕断的称为经向撕破强力，纬纱被撕断的称为纬向撕破强力。针织物和弹性机织物一般不测试撕破强力。

一、织物撕破性能测定

国际上最常用的织物撕破强力测试方法主要有冲击摆锤法、舌形法和梯形法。我国除采用以上三种方法外，还有裤形法和翼形法，其他国家还有矩形法和钉子法。代表方法参照 GB/T 3917 和 ISO 13937 系列标准。

1. 冲击摆锤法

该法适用于机织物及非织造布等织物，不适用于针织物、弹性机织物和较高各向异性织物,按图4-3所示尺寸制样,选择合适的摆锤质量,使测试结果落在量程的15%~85%范围内。校正仪器,将摆锤升到起始位置,试样夹在夹具中,长边与夹具顶边平行,底边放至夹具底部。放开摆锤,并防止摆锤回摆破坏指针位置,读出测量结果,单位为牛顿(N)。

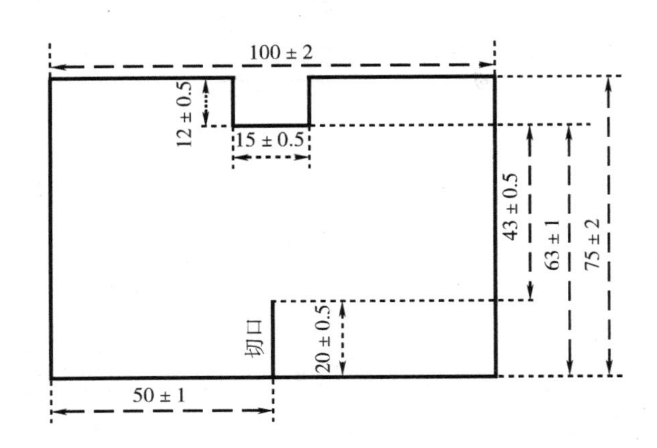

图4-3　撕破强力测试冲击摆锤法试样尺寸(单位:mm)

观察撕裂情况,如果纱线未从织物中滑移,试样也未从夹具中滑移,撕裂完全且撕裂一直在15mm宽的凹槽内,则为有效试验,否则,试验结果应剔除。如果剔除结果超过三块及以上,表明此方法不适用该试样。

2. *裤形法*

该方法使用等速伸长试验仪测定机织物、非织造布等织物的撕破强力,不适用于针织物、弹性机织物及各向异性差异较大的织物。试样尺寸如图4-4所示,强力仪隔距设为100mm,拉伸速度设为100mm/min。将试样裤腿分别夹持在上下夹具中,切割线与夹具中心线对齐,不施加预加张力,如图4-4所示。启动仪器,将试样持续撕破至终点标记处,记录撕破强力。

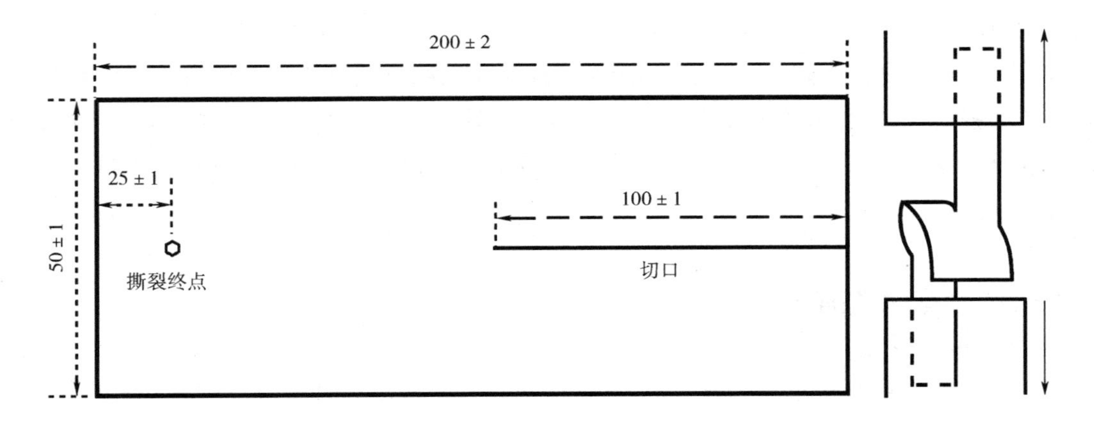

图4-4　织物撕破强力测试裤形试样尺寸及试样夹持(单位:mm)

织物撕破是织物受力纱线逐根断裂并使织物沿裂缝破坏,因此,撕破强力不是一个单值,而是一系列峰值。大部分配有计算机的自动织物强力仪，可直接给出每块试样的平均撕破强力，如不能给出平均结果，则需要分割峰值曲线，进行人工计算或电子计算。计算时，将第一个峰和最后一个峰之间等分成四个区域，舍去第一个区域的峰值，其余三个区域内，如果是人工计算，在每个区域标出两个最高峰和两个最低峰，计算试样 12 个峰值的算术平均值，如图 4－5 所示，如果是电子计算，则计算三个区域内所有峰值的算术平均值。

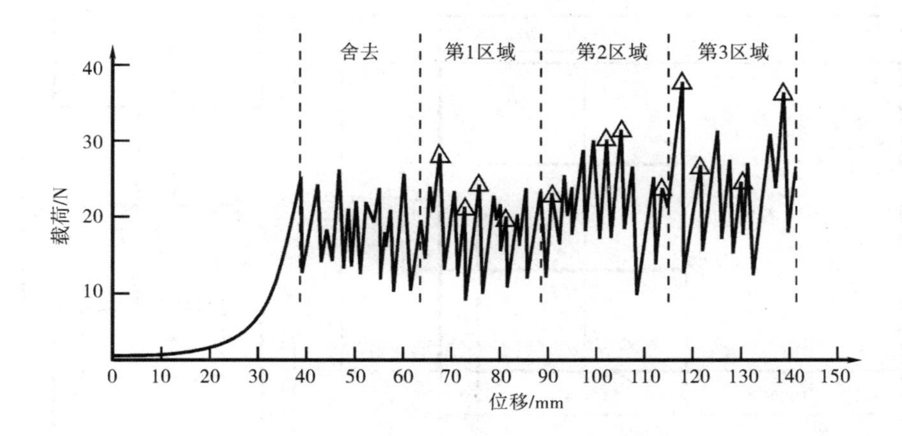

图 4－5　裤形法撕裂曲线及计算方法

3. 梯形法

该法适用于各种机织物和非织造布。试样尺寸（75 ±1）mm ×（150 ±2）mm，在试样上画等腰梯形标记线作为上下夹具夹持位置，并在上底剪一个 15mm 长切口，如图 4－6 所示。强力仪隔距设为（25 ±1）mm，拉伸速度设为 100mm/min，将强力仪上下夹钳分别夹持在试样梯形的二腰处，保证切口位于两夹钳中间，梯形上底拉紧状态，下底处于松弛状态。启动仪器，确保夹钳位移低于 64mm，记录撕破强力。

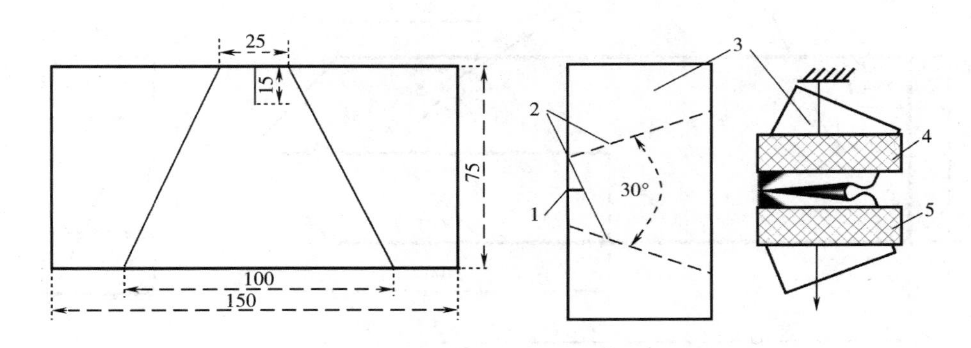

图 4－6　织物撕破强力测试梯形试样尺寸及夹持（单位：mm）

1—切口　2—夹持线　3—试样　4—上夹钳　5—下夹钳

4. 舌形法

该法使用等速伸长试验仪测定机织物、非织造布等织物的撕破强力，不适用于针织物和弹性机织物。按如图 4 - 7 所示尺寸制样,在试样中间距未切割端(25 ± 1)mm 处标出撕裂终点。强力仪隔距设定为 100mm,拉伸速度设定为 100mm/min。将试样舌形部分夹在固定夹钳中心位置,两条腿对称夹在移动夹钳中,直线 *ab*、*bc*、*cd* 刚好可见,如图 4 - 7 所示。启动仪器,使试样撕破至撕裂终点,记录撕破强力。

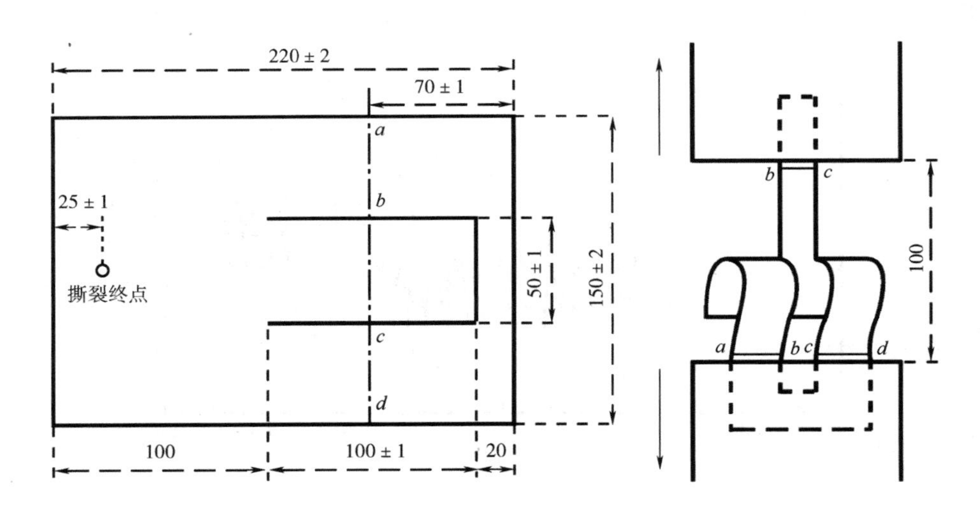

图 4 - 7 舌形法试样尺寸及夹持方法(单位:mm)

5. 翼形法

该法使用等速伸长试验仪测定机织物的撕破强力,不适用于针织物、弹性机织物和非织造布。按图 4 - 8 所示尺寸制样,在试样中间距未切割端(25 ± 1)mm 处标出撕裂终点。强力仪隔距设定为 100mm,拉伸速度设定为 100mm/min。将试样夹在夹钳中心,直线 *ab* 和 *cd* 刚好可见,如图 4 - 8 所示。启动仪器,使试样撕破至撕裂终点,记录撕破强力。

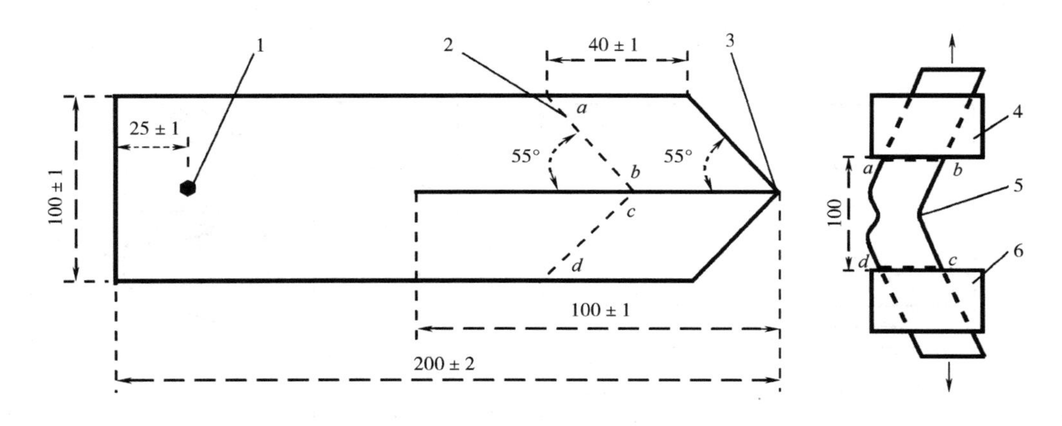

图 4 - 8 织物撕破强力测试翼形试样尺寸和夹持(单位:mm)

1—撕裂终点 2—夹持标记 3—切口 4—上夹钳 5—撕裂点 6—下夹钳

二、织物撕破机理

在五种撕破强力测试方法中，破坏机理可分为两类，一类是梯形法，另一类是冲击摆锤法、裤形法、舌形法和翼形法。翼形法是裤形法和舌形法的改进，可以克服因经纬向强力差异较大导致纱线拉伸断裂，而非撕裂。

以裤形法纬向撕破为例，撕裂时在织物裂口处会形成纱线受力三角区，当试样中受力经纱随夹钳上下分开时，不直接受力的纬纱与经纱产生相对滑动，纬纱逐渐向右移动靠拢，形成一个近似的三角形区域，如图4－9所示。在撕裂口底部，受力三角区中的纬纱共同受到拉力，其中，第一根纬纱受力最大，其他纬纱受力递减。由于纱线间摩擦阻力的作用，滑动有限，超过极限后，纬纱张力和伸长迅速增大。受力三角区域越大，同时受力的纱线根数越多，则撕破强力越大。当第一根纬纱断裂时，受力纱线逐渐向右移动，同时受力的纱线根数不断增多，撕裂强力逐渐增加，只有当最右边的一根纬纱刚开始受力时，织物才达到最大撕破强力。当受力三角区中第一根纬纱拉伸断裂，第二根纬纱的受力状态立即转化为第一根纬纱断裂前的状态，如此反复，纬纱一根接一根地连续断裂。

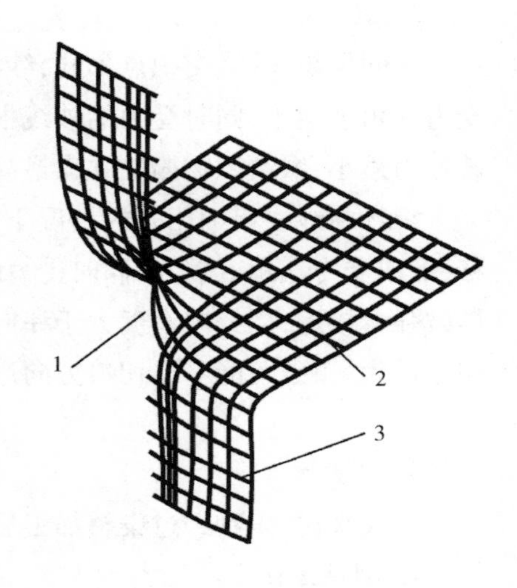

图4－9　裤形法撕破三角区
1—撕破三角区　2—即将断裂横向纱线
3—已断裂横向纱线

冲击摆锤法是单根纱线受力断裂，裤形法是至少两根或者几根纱线受力断裂，因此，撕破强力与纱线强度大约成正比；纱线的断裂伸长率越大，受力三角区越大，同时受力的纱线根数越多，撕破强力也越大；当经纬纱间摩擦阻力大时，经纬纱间不易滑动，受力三角区变小，受力纱线根数少，撕破强力减小。断裂的纱线是非直接受力系统的纱线，拉力方向与断裂纱线原轴向垂直。

翼形法撕破中也存在受力三角区，但是，由于翼形法试样夹持时，被夹持纱线与钳口线呈55°夹角，拉伸过程中断裂的纱线与受力方向呈一定的角度，断裂方式主要是由直接受力纱线伸直和变形产生。

梯形法撕裂不同于上述撕裂，如图4－10所示，整个过程撕裂的纱线被有效夹持，不存在纱线从织物中滑移，开始时，紧边纱线受力伸直，切口处第一根纱线变形最大，从第一根开始到第 n 根纱线依次伸直，一组纱线同时受力，第一根纱线负担外力较大，受力依次变小，当纱线受力达到峰值开始断裂。梯形法撕裂中，断裂的纱线是受拉系统的纱线，拉力方向与断裂纱线原轴向平行。

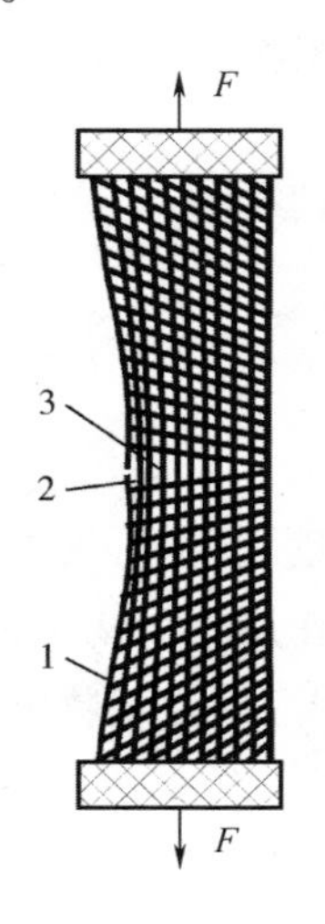

图4－10　梯形法撕破
1—已断裂纱线
2—即将断裂纱线
3—其他将断裂纱线

三、撕破强力影响因素

1. 纱线性质

纱线断裂强力越高，则织物撕破强力越大，而纱线断裂伸长率越高，由于三角区增大，同时受力的纱线根数也就越多，织物撕破强力越大。

2. 织物结构

不同组织，纱线交织点不同，纱线间相对滑移程度也不同。通常，织物中纱线交织点越多，受力三角区越小，同时受力的纱线根数就越少，则织物撕破强力就小。三原组织中，平纹织物撕破强力最小，缎纹织物撕破强力最高，斜纹织物介于两者之间。

织物中纱线粗细相同的情况下，当经纬密度较低时，由于摩擦点较少，经纬纱之间容易滑移，形成受力三角区较大，同时受力的纱线根数多，撕破强力较大；当经纬纱密度接近时，经纬向撕破强力接近；当经向密度大于纬向密度时，经向撕破强力大于纬向撕破强力；但若经纬向密度相差过大，撕破可能不沿切口方向进行；如果经纬密度过高，经纬纱不易滑移，撕破强力反而会减小。

3. 染整加工

一般来说，织物经过染整加工后，纤维受损，撕破强力也会减小。

4. 测试方法

撕破强力测试方法不同，原理也不同，受力三角区有明显差异，测试结果无可比性。通常撕破强力大小顺序为梯形法 > 翼形法 > 舌形法 > 裤形法 > 冲击摆锤法。

对于一般机织物，采用冲击摆锤法、裤形法或梯形法等均能有效反映织物的撕破性能，而对于某些特殊机织物，如经纬纱纤维成分不同、断裂强力、伸长率差异大的交织物，有些测试方法就不一定适用，只有梯形法能很好地反映此类织物的撕破强力。

第三节　织物顶破和胀破性能

衣裤等纺织品在服用过程中肘膝等部位不断受到集中负荷顶压作用而遭到破坏，这种现象称为顶破或胀破，顶破和胀破是织物多方向受力而遭到破坏。通常，把垂直作用于织物平面，并将织物破坏的最大负荷，称为顶破强力，单位为牛顿（N）；作用在一定面积上，并使织物膨胀破裂的最大流体压力，称为胀破强度，单位为千帕（kPa）。

由于针织物易变形，且形变大，不适合用拉伸断裂强力来评价，顶破强力或胀破强度是针织物最重要的考核指标之一，我国一般多用顶破强力考核，美国、欧盟、日本、韩国、加拿大、澳大利亚等国常用胀破强度考核。通常，针织物的顶破强力或胀破强度越高，质量就越好，服装耐用性越好。

一、织物顶破强力测试

顶破强力可参考 GB/T 19976—2005，采用球形顶杆在等速伸长试验仪上测试，适用于各类织物。顶破装置由环形夹持器和球形顶杆组成，环形夹持器内径为(45 ±0.5)mm，顶杆头端钢球直径为(25 ±0.02)mm 或(38 ±0.02)mm，如图 4 -11 所示。将试样反面朝向顶杆固定在夹持器内，试验机速度设为(300 ±10)mm/min，圆球形顶杆垂直顶向试样至破裂，记录试样顶破的最大值(N)。湿态试样从液体中取出，放在吸水纸上吸去多余水后，立即进行试验。如果测试过程中出现纱线从环形夹持器中滑出或试样滑脱，应舍弃该试验结果。

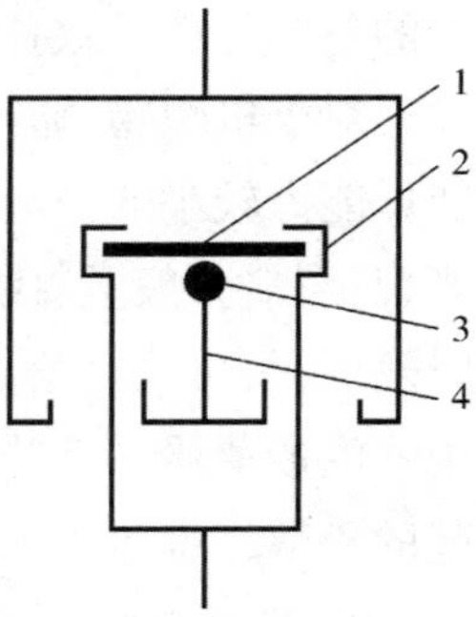

图 4 -11　顶破强力试验机示意图
1—试样　2—夹头
3—钢球　4—顶杆

二、织物胀破强度测试

织物胀破强度测试有液压法和气压法，在压强不超过 80kPa 时，两种测试结果没有明显差异，均适合大多数普通服装面料，对于要求胀破压强较高的特殊纺织品，液压法更为适用。代表性的方法有 GB/T 7742 系列标准。

1. 液压法

该方法使用恒速泵加液压进行测试，适用于针织物、机织物、非织造布、层压织物及其他工艺制造的各种织物，如图 4 -12 所示，以胀破高度或胀破体积表示。

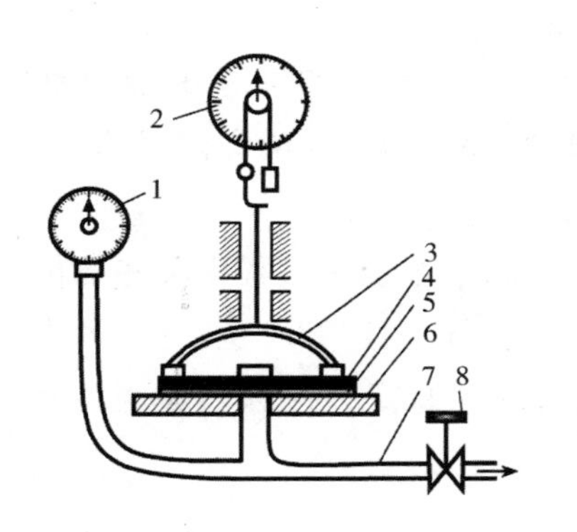

图 4 -12　胀破强力试验机示意图
1—强力压力表　2—伸长压力表
3—半圆罩　4—试样　5—衬膜
6—底盘　7—空气管道　8—阀门开关

通常试样面积为 50cm^2(直径 79.8mm)，产业用织物等低延伸织物试样面积 100cm^2，湿态试验试样在(20 ±2)℃水中浸渍 1h。设定体积增长速率为 100 ~500cm^2/min，使胀破时间为(20 ±5)s。将试样松弛放在膜片上，并用夹持环夹紧，将扩张度记录装置调零，拧紧安全盖，对试样施压，直到破坏，记录胀破压强、胀破高度或胀破体积。湿润试样测试时，将湿试样从液体中取出，放在吸水纸上吸去多余水分后进行测试。

采用与试验相同的试验面积、体积增长速率或胀破时间，在没有试样的条件下，膨胀膜片，达到有试样时的平均胀破高度或平均胀破体积，此胀破压强作为膜片压强。计算胀破强度平均值，单位为千帕(kPa)，从该值中减去膜片压强，即得到胀破强度。

2. 气压法

该法适用于针织物、机织物、非织造布、层压织物等。取样、制样、测定及数据处理与液压法基本相同，若试样在夹持线 2mm 内发生破裂，舍弃试验结果。

三、织物顶破和胀破机理

1. 顶破机理

当织物局部受到垂直集中负荷作用时，织物产生变形，在受力中心部位变形最大，但由于织物的各向异性导致各向伸长不同。

对于机织物，非经纬纱方向的变形是由经纬纱线相互剪切产生，比经纬方向变形大，因此，变形能力较小的经向或纬向中强度最薄弱一点的纱线首先断裂，然后，沿着经向或纬向将织物撕裂，裂口一般呈直线形。若经纬向变形能力相近，则经纬纱共同抵抗变形，经纬纱断裂几乎同时发生，裂口呈直角形。针织物是由线圈勾结而成，在受力时各向共同承受伸长变形，直至纱线中强度最薄弱一点开始断裂。非织造布则是由于纤维断裂和纤维网的松散化，顶破口是一个隆起的松散纤维包。

2. 胀破机理

织物胀破机理与织物顶破机理相似，不同类型织物胀破机理不同。机织物受力膨胀时，非经纬纱方向的织物变形能力较经纬纱方向大，变形能力较小的方向和强度最薄弱处的纱线开始断裂，并沿经向或纬向胀破织物。针织物胀破时，各线圈勾结连成一片，共同承受伸长变形，强度最弱处首先破坏，平纹织物在破坏周围有大量线圈横向脱散，裂口沿纵向不断扩展，珠地织物则有更多纱线断裂，裂口沿四周扩展。非织造布胀破是由于纤维网被扯松开裂。

第四节　织物纰裂性能

纰裂是指织物中纱线受到沿织物平面方向的外力作用后，在交织纱线间产生滑移，使纱线间出现稀缝或裂口。纰裂可以是经纱沿着纬纱方向滑移，也可以是纬纱沿着经纱方向滑移，前者称为纬向纰裂或者称为经纰裂，后者称为经向纰裂或者纬纰裂。

纰裂严重影响纺织品的外观和服用性能，可分为两种，一种是织物在服用过程中某些部位因受力而发生纰裂现象，即摩擦纰裂（图 4－13），主要发生在服装臀部、肘部等部位；另一种是在织物缝制时，缝线处因受力后绷紧而使丝线滑移导致的纰裂，即缝迹纰裂，主要发生在服装缝口等部位。

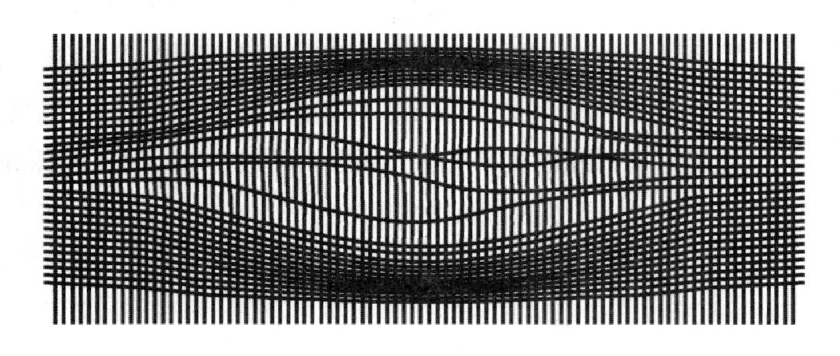

图 4－13　织物纰裂

一、织物纰裂强力测试

目前，测定织物接缝纰裂强力的方法有缝合法、模拟缝合法、摩擦法等，要根据织物类型、特点及应用选择合适的测试方法。代表性的方法参照 GB/T 13772、ISO 13936 系列标准。

模拟缝合法是将一针排插入试样纵向头端，测定使头端规定长度内横向纱线滑脱出试样所施加的最大拉伸负荷，适用于装饰织物、疏松织物及不易缝合的织物，但不适用于稀薄织物及结构紧密的织物，执行复杂，易造成织物中纱线断裂。摩擦法是采用一对摩擦辊，在规定压力下夹持试样，摩擦辊与试样做相对单向摩擦，织物中纱线发生滑移变形，测定经规定次数摩擦后的滑移量来衡量织物抗滑移变形性能。

最常用的是缝合法，包括定滑移量法和定负荷法。定滑移量法是通过对原样与缝合样的拉伸曲线的处理，找出在指定滑移量时的滑移阻力，再通过对缝样与原样拉伸过程现象的分析，得出该试样的纰裂性能。定负荷法是通过测定缝合试样在拉伸过程中经纬纱滑移量来评价织物纰裂性能。

1. 定滑移量法

该法在等速伸长试验仪上测定机织物接缝处纱线抗滑移性，不适用于弹性织物或织带类等产业用织物。试样大小 400mm × 100mm，正面朝内折叠 110mm，折痕平行于宽度方向，距折痕 20mm 处缝一条锁式缝迹，满足表 4 – 4 的要求。沿长度方向距布边 38mm 处做标记线用于夹持对齐，在折痕端距缝迹线 12mm 处将试样剪开，距折痕 110mm 处沿宽度方向将试样剪成两段，如图 4 – 14 所示，一段包含接缝，另一段不包含接缝（长 180mm）。

表 4 – 4　服用织物缝纫要求

缝纫线	缝针规格		针迹密度/(针迹数 · 100mm^{-1})
100% 涤纶包芯纱线密度/tex	公制机针号数	直径/mm	
45 ± 5	90	0.90	50 ± 2

设定拉伸试验仪隔距长度（100 ± 1）mm，拉伸速度（50 ± 5）mm/min。分别夹持不含接缝的试样和含接缝的试样，启动仪器直到终止负荷 200N。夹持含接缝试样时要保证接缝位于两夹持器中间且平行于夹面。根据实验，可得到伸长—负荷曲线，计算出规定滑移量对应的滑移阻力。一般织物滑移量采用 6mm，缝隙很小时可采用 3mm。

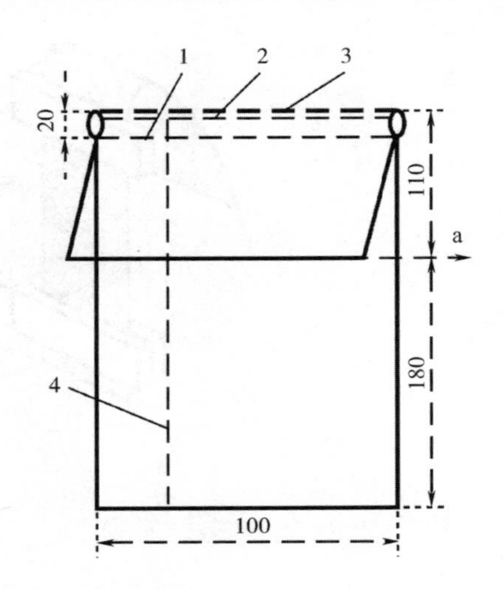

图 4 – 14　织物接缝纰裂强力定滑移量法试样尺寸（单位：mm）

1—缝迹线（距折痕 20mm）　2—剪切线（距缝迹线 12mm）　3—折痕线　4—标记线（距布边 38mm）　a—裁样方向

2. 定负荷法

该法在等速伸长试验仪上测定服用和装饰用机织物、弹性机织物接缝处纱线抗滑移性，不适用于织带类等产业用织物。试样大小 200mm × 100mm，正面朝内折叠，折痕平行于宽度方向，距折痕 20mm 处缝一条平行于折痕的缝迹，在折痕端距缝迹线 12mm 处剪开。设定拉伸试验仪隔距长度(100 ±1)mm，拉伸速度(50 ±5)mm/min。

夹持试样，保证接缝位于两夹持器中间，且平行于夹持线，启动仪器，缓慢增大施加在试样上的负荷至表 4 -5 的规定值。达到规定负荷时，以同样速度将负荷减小到 5N，并固定夹持器不动。立即测量缝迹两边缝隙最大宽度，即滑移量。

表 4 -5　试样负荷

织物分类		定负荷值/N
服用织物	≤220g/m²	60
	>220g/m²	120
装饰用织物		180

3. 针夹法

该法在等速伸长试验仪上测定机织物中纱线抗滑移性，不适用于弹性织物和织带类等产业用织物。试样大小 300mm ×60mm，扯去长度方向上的纱线，使有效宽度为 50mm，在长度一半处划一条基准线，并在两端做标记，以便夹持。设定拉伸试验仪隔距长度(100 ±1)mm，拉伸速度(50 ±5)mm/min。

试验仪上先安装两个普通夹持器，分别夹持试样两端，启动仪器，直到施加负荷达到(250 ±5)N时，停止试验，记录负荷—伸长曲线。将夹持器回复到起始位置，下夹持器换上针排夹具，将排针插入该试样的另一端并夹紧，排针应与试样宽度方向平行(图 4 -15)。启动仪器，施加负荷达到(250 ±5)N 时，终止试验，在前述图纸同一原点记录负荷—伸长曲线。

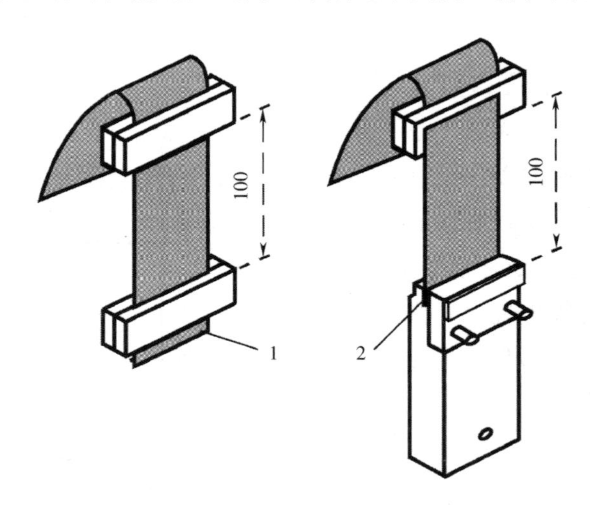

图 4 -15　织物纰裂强力针夹法试样夹持

1—服用织物伸出夹持器的长度为(10 ±1)mm　2—装饰用织物超出针排的长度为(15 ±1)mm

根据普通夹具和针排夹具夹持试样的负荷—伸长曲线，按式(4 -3)计算规定负荷下试样产生的滑移量，一般服用织物负荷为(100 ±5)N，装饰用织物为(200 ±5)N。

$$l_S = l_D - l_A \tag{4-3}$$

式中：l_S——拉力为 100N 或 200N 时的滑移量，mm；

l_D——规定负荷下两曲线的距离，mm；

l_A——负荷为 5N 时两曲线间的距离，mm。

4. 摩擦法

该法用于测定轻薄、柔软、稀松机织物及其他易滑移织物中纱线滑移变形，不适用于厚型及结构紧密的织物。试样长 200mm、有效宽度 100mm ± 1/2 根纱，一长端夹入夹持器内，如图 4 - 16 所示，另一端施加 25N 负荷后夹入另一夹持器，将夹样框放到滑道摩擦起始端，使两摩擦辊夹持试样，按表 4 - 6 施加压力，以 30 次/min 的速度使摩擦辊与试样产生 2 次单向摩擦，摩擦区距一边 15mm。调换夹样框位置，重复实验，在距试样另一边 15mm 处形成另一摩擦区。测定每一摩擦区滑移变形的最大缝隙宽度。

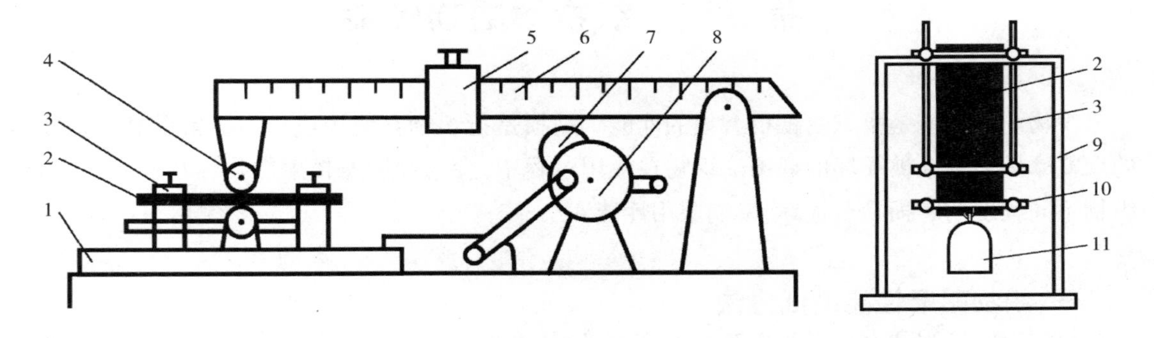

图 4 - 16　摩擦式滑移测定仪及装样装置

1—滑道　2—试样　3—夹样框　4—摩擦辊　5—压力锤　6—压臂　7—凸轮　8—驱动轴
9—装样架　10—张力夹　11—张力锤

表 4 - 6　压力负荷

压力负荷/N	应用范围
5	特别稀薄及柔软织物
10	其他织物

二、织物纰裂影响因素

1. 纤维种类、纱线性质和织物结构

不同种类纤维表面摩擦系数不同，导致织物纰裂程度不同，一般化纤织物比天然纤维织物容易产生纰裂，长丝织物比短纤织物容易产生纰裂，化纤长丝织物和蚕丝织物最为严重。

当线密度较小，织物密度下降到一定程度后纱线滑移阻力减小，纱线抗拉伸性能偏低，在外力作用下蠕变现象较明显，织物容易产生纰裂。在织物紧度相近的情况下，平方米克重越大，滑移阻力越大。

在纱线根数相同时，经纬纱交织次数越多，或纱线平均浮长越小，纱线间的摩擦阻力就越大，纱线就越不易产生滑移，平纹织物由于交织次数最多，缝口脱开的程度最小，斜纹次之，然后是缎纹。

2. 织造工艺

织造时，经纱张力过小，纬纱屈曲程度小，经纬纱不能织紧，当受到外力作用时交织点易发生滑移，产生纰裂。

3. 后整理

织物经过柔软整理后，滑移阻力明显减小，纬向减小比经向明显，即经纱更易发生滑移，而且大部分织物随着柔软剂浓度的增加，滑移阻力减小速度降低。如果织物砂洗过度，对纤维损伤过大，也会加大纰裂的可能性。

第五节　织物耐磨损性能

织物耐磨性能是指织物抵抗磨损的性能。磨损是指织物在使用过程中经常受到其他物体的反复摩擦而逐渐被损坏的现象。织物在使用过程中，会与周围所接触的物体相互摩擦，造成织物不同程度的磨损乃至损坏，影响服用性能。

一、织物耐磨性能测试方法

织物耐磨性测试方法主要有两大类，即实际穿着试验与实验室仪器试验。实际穿着试验比较符合实际穿着效果，但所需时间长、人力和物力花费较大，实际工作中比较难进行。为了克服这些不足，一般进行实验室仪器试验。织物在实际使用中磨损情况是多种多样，不同用途的织物在使用过程中磨损程度也有很大差异，要得到符合实际耐磨试验结果，必须认真选择实验条件，因此，耐磨仪种类和测试方法较多。在模拟实际使用过程中，根据试样在磨损时的状态特征分为平磨、曲磨、翻动磨及摆动磨等。

1. 平磨

平磨是指织物在平放状态下受到往复或回转的平面摩擦而受到磨损，如衣服袖部、臀部、袜底等部位的磨损。织物平磨性能采用织物平磨仪进行测试，织物平磨仪的种类很多，使用最多的是马丁代尔耐磨仪，我国测试方法参照 GB/T 21196 系列标准，修改采用 ISO 12947 系列标准。

马丁代尔耐磨试验仪由装有磨台和传动装置的基座构成，运动轨迹李莎茹（Lissajous）曲线运行。GB/T 21196 测织物耐磨性适用于机织物和针织物、绒毛短于 2mm 的起绒织物、非织造布和以机织物、针织物为基布的涂层织物。将试样在规定负荷下，以李莎茹图形与磨料进行摩擦，根据试样破损的摩擦次数来评价织物耐磨性能。

试样直径为（38.0 +0.5）mm，机织物每块试样应包含不同的经纬纱。磨料采用直径或边长大于 140mm 的平纹毛机织物，对于涂层织物，磨料采用水砂纸，根据试样种类，按表 4 - 7 选择相应的摩擦负荷。

表 4 -7　摩擦负荷的选择

纺织品	加载块质量/g	名义压力/kPa
工作服、家具装饰布、床上亚麻制品、产业用织物	795 ±7	12
服用和家用纺织品、非服用涂层织物	595 ±7	9
服用类涂层织物	198 ±2	3

试样在标准大气中调湿 18h 后，将试样摩擦面朝下放入试样夹具上，与磨料接触，并施加规定负荷。试样克重小于 500g/m^{2}时，需要安放泡沫塑料衬垫。启动仪器，对试样进行连续摩擦，直到达到设定的摩擦次数。检查试样破损情况，如果还未出现破损，可继续进行试验，直到试样破损。根据终点法、质量损失法和外观变化法，判断试样耐磨性的试验检查间隔分别见表 4 -8 ~ 表 4 -10。

表 4 -8　磨损试验检查间隔

试验系列	预计试样出现破损时的摩擦次数	检查间隔/次
0	≤2000	200
a	>2000，且≤5000	1000
b	>5000，且≤20000	2000
c	>20000，且≤40000	5000
d	>40000	10000

表 4 -9　质量损失试验间隔

试验系列	预计试样破损时的摩擦次数	在以下摩擦次数时测定质量损失
a	≤1000	100，250，500，750，1000，(1250)
b	>1000，且≤5000	500，750，1000，2500，5000，(7500)
c	>5000，且≤10000	1000，2500，5000，7500，10000，(15000)
d	>10000，且≤25000	5000，7500，10000，15000，25000，(40000)
e	>25000，且≤50000	10000，15000，25000，40000，50000，(75000)
f	>50000，且≤100000	10000，25000，50000，75000，100000，(125000)
g	>100000	25000，50000，75000，100000，(125000)

注　括号内值要经双方同意。

表 4 -10　磨损试验检查间隔

试验系列	达到规定的表面外观期望的摩擦次数	检查间隔(摩擦次数)
a	≤48	16，以后为 8
b	>48，且≤200	48，以后为 16
c	>200	100，以后为 50

判断试样耐磨性指标有三种方法，即终点法、质量损失法和外观变化法。

(1)终点法。根据织物种类，按表4－11判断磨损终点，记录摩擦次数，作为耐磨性指标。

表4－11　终点法判断试样耐磨性

织物种类	判断标准
机织物	两根不同经纬纱断裂
针织物	一根纱线断裂
非织造布	出现一个不小于0.5mm的破洞
起绒织物	表面绒毛全部被磨掉
涂层织物	涂层破坏露出基布

(2)质量损失法。分别称得试样摩擦前后的质量，计算相同摩擦次数下各个试样的质量损失平均值，根据各摩擦次数对应的平均质量损失，按式(4－4)计算耐磨指数。

$$A_i = n/\Delta m \tag{4-4}$$

式中：A_i——耐磨指数，次/mg；

n——总摩擦次数，次；

Δm——试样在总摩擦次数下质量损失，mg。

(3)外观变化法。试样在载块质量(198±2)g下经过一定摩擦次数后，观察外观变化情况，以变色等级或起毛起球等级作为耐磨性指标，或摩擦试验至规定表面变化所需的摩擦次数作为耐磨性指标。

除马丁代尔耐磨仪外，还有圆盘式平磨仪，如图4－17所示。FZ/T 01128—2014规定一种测试方法，试样固定在直径为150mm的工作圆盘上，圆盘以70r/min的速度回转，圆盘上方两个支架分别装有砂轮磨盘。试验时，工作圆盘上的试样与两个砂轮磨盘接触并做相对运动，使试样受到磨损，直到试样出现纱线断裂或破洞，以摩擦次数评价耐磨性能。试样压力用重锤调节，加压重锤有1000g(粗厚织物)、750g(一般织物)、500g(轻薄织物)三种。

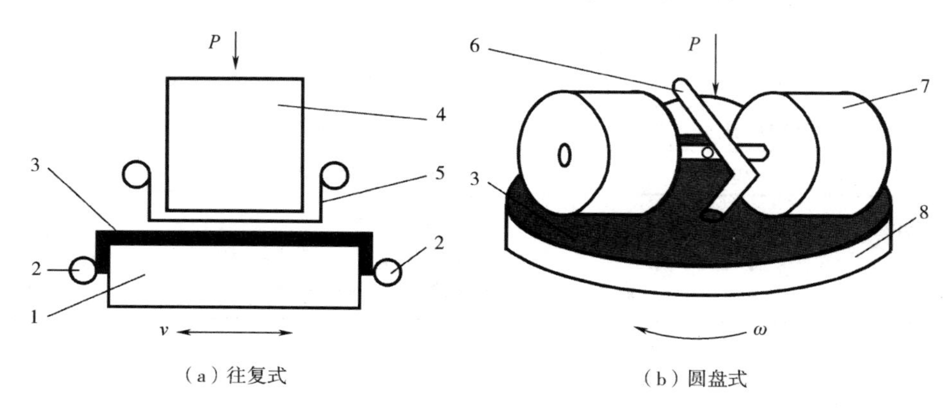

图4－17　平磨仪示意图

1—移动块　2—夹头　3—试样　4—压块　5—磨料　6—吸尘口　7—磨轮　8—转盘

2. 曲磨

曲磨是织物在屈曲状态下受到反复摩擦而导致织物磨损，如肘部、膝盖等部位的磨损。常用标准有 ASTM D3885—2007、ASTM D3886—1999 和 FZ/T 01122—2014。

FZ/T 01122—2014 采用曲磨法测定织物的耐磨性能，如图 4－18 所示。试样在规定压力下与磨刀进行反复摩擦，用试样磨断时的摩擦次数评价织物耐磨性能。

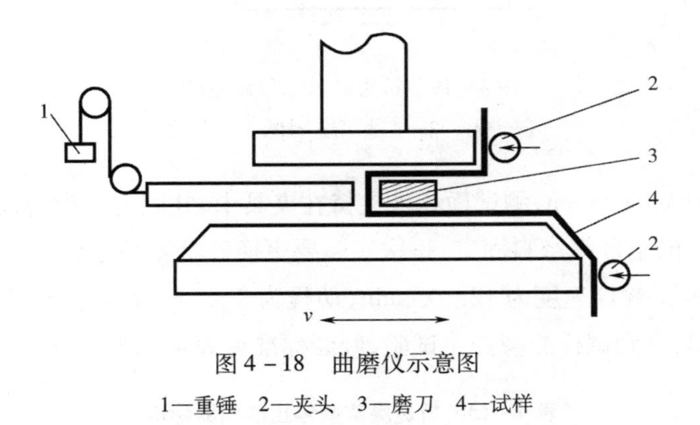

图 4－18 曲磨仪示意图

1—重锤 2—夹头 3—磨刀 4—试样

试样尺寸为 300mm×25mm，一端夹入摩擦台夹头，另一端绕过曲磨刀夹入夹头，拉紧并固定试样。曲磨仪摩擦速度为 125 次/min，动程为 25mm。启动仪器，观察试样磨损情况，检查间隔见表 4－12，直到试样断裂，记录摩擦次数。

表 4－12 曲磨、折边磨试验检查间隔

试验系列	预计试样出现破损时的摩擦次数	检查间隔/次
a	≤100	10
b	>100，且≤200	20
c	>200，且≤500	50
d	>500，且≤1000	100
e	>1000，且≤5000	200
f	>5000	500

3. 折边磨

折边磨是指织物对折边缘受到摩擦而造成的磨损，如衣服的领口、袖口、裤边等折边处的磨损，测试方法有 FZ/T 01123—2014，采用折边磨试验仪和马丁代尔耐磨试验仪测定织物折边磨性能，适用于大多数织物，不适用于长毛绒类、摇粒绒等织物。在规定压力下试样与磨料进行往复摩擦，如图 4－19 所示，以试样折边处破损时的摩擦次数来评价织物耐磨性能。

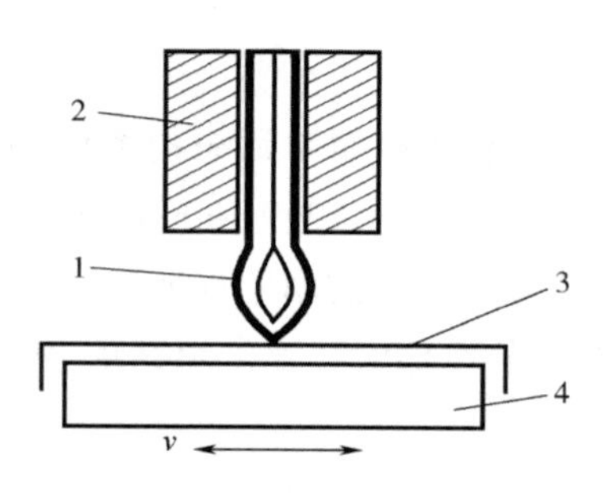

图4－19　折边磨试验仪示意图

1—试样　2—夹头　3—砂纸　4—平台

试样尺寸为300mm×25mm，测试面朝外夹持在夹具中，并固定在耐磨仪旋转平台上。将尺寸为230mm×40mm的水砂纸磨料固定，每次实验要更换砂纸摩擦位置，砂纸摩擦超过6000次要更换新砂纸。摩擦试验仪速度为125次/min，动程为25mm。启动仪器，观察试样磨损情况，检查间隔见表4－12，直到试样断裂停止试验，判断标准见表4－13，记录摩擦次数。

表4－13　折边磨实验停止的判断标准

织物种类	判断标准
机织物	一半以上的纱断裂或一个方向的纱几乎全部断裂
针织物	一半以上的线圈断裂
非织造布	一半以上的纤维断裂
起绒织物	磨损至露底
涂层织物	破坏至露出基布

4. *动态磨*

动态磨是指织物在反复摩擦、拉伸、弯曲作用而受到磨损，如织物在洗衣机中的磨损。实验时，将试样夹于滑车上两夹头内，并穿过四只导辊，在一定压力下与砂纸磨料接触，滑车往复运动，测定试样动态下耐磨性能，如图4－20所示。

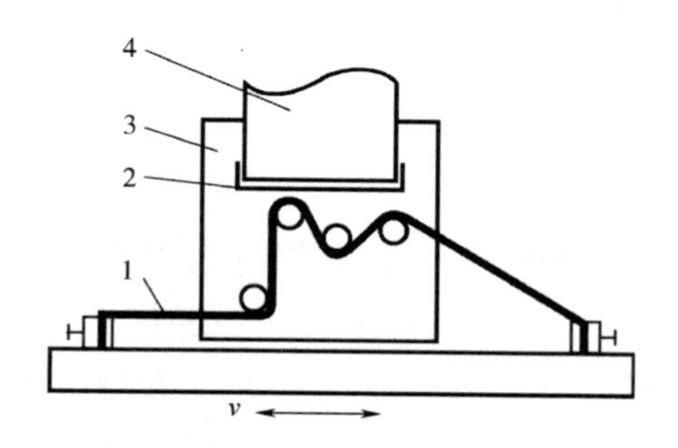

图4－20　动态磨示意图

1—试样　2—砂纸　3—滑车　4—重锤

5. 翻动磨

翻动磨是指织物任意翻动状态下受到拉伸、弯曲、压缩和撞击作用而受到的磨损，如图 4-21 所示，自由状态的试样在转子带动下不断撞击圆桶内壁磨料，试样受到多种机械作用而磨损，用强力损失或质量损失来评价织物耐磨性，常用标准有 AATCC 93—2005。

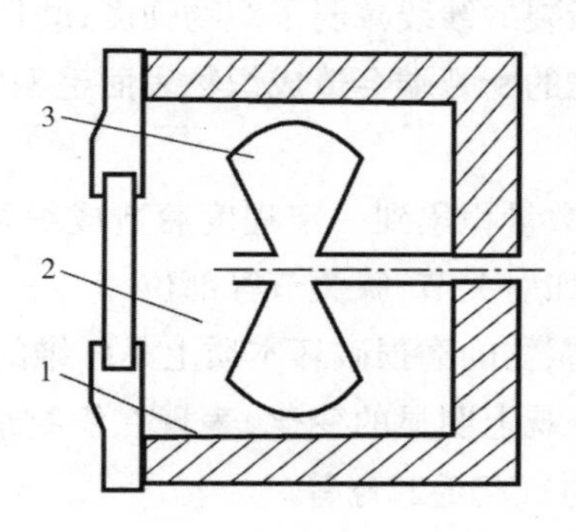

图 4-21 翻动磨示意图

1—磨料 2—试样筒 3—叶轮

试验前先将试样四周用黏合剂黏合，防止边缘纱线脱落，并称重。将试样投入仪器的试验筒内，试验筒内壁衬有不同的磨料，如塑料层、橡胶层或金刚砂层等，根据需要来选择。试验筒内安装有叶片，叶片转速一般为 2000r/min，试样在叶片的翻动下连续受到摩擦、撞击、弯曲、压缩及拉伸等作用。经过规定的时间（一般为 5min），取出试样，称重，计算质量损失率。损失率越小，表示织物越耐磨；反之，则耐磨性差。

二、磨损机理

织物在实际穿着、使用过程中损坏的原因很多，外力摩擦是造成纺织品损坏的主要原因。织物的磨损一般是从突出在织物表面的纱线屈曲波峰或线圈凸起弧段的外层开始，逐渐向内发展，如图 4-22 所示。按照纺织品破坏机理，磨损主要表现在以下磨损破坏过程。

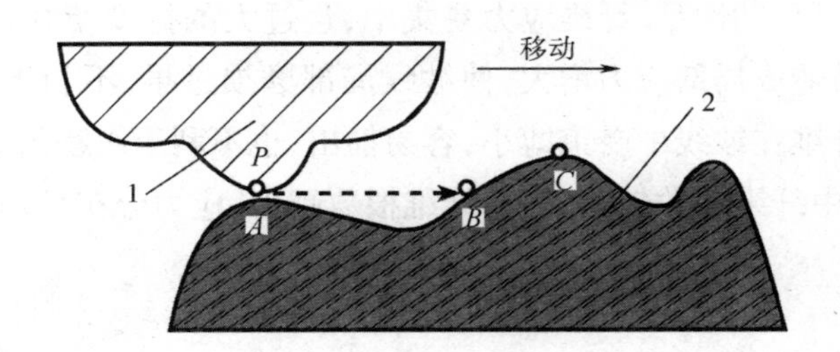

图 4-22 织物表面磨损示意图

1—接触物体（磨料） 2—织物表面

1. 纤维断裂

摩擦过程中，磨料对纤维反复拉伸、扭曲、抽出等作用，纤维间也不断发生摩擦碰撞，纤维表面受到磨损，纤维片段丢失；外层短纤维由于纤维间抱合力减小而从纱线中脱离出来，形成毛羽；纤维在外力反复作用下发生疲劳而断裂。

2. 纱线断裂

摩擦过程中纤维不断被抽出断裂，受力纤维数量减小，抱合力下降，使纱线强度下降，在外力持续作用下造成纱线断裂。断裂的纱线减弱了织物强度；磨损丢失的纱线片段会造成织物重量损失，使织物变薄；纱线或纤维的断裂端会造成织物表面毛羽增加，发生起毛起球。

3. 织物的破损

当织物中断裂的纤维、纱线数量积累到一定程度后造成织物破损，甚至出现破洞。织物破损主要表现在集中受力的位置，如肘关节、膝关节等部位。

作为织物组成的基本元素，织物的磨损破坏本质上是纤维的断裂破坏。随着纤维破坏程度的加重、积累，最终表现在织物外观上明显的变化，表现在织物形态上的变化是织物破损、质量损失、外观变色（尤其是涂层织物）、起毛起球等。

三、影响织物耐磨性的因素

1. 纤维性能

纤维性能是影响织物耐磨性的决定因素，通常纤维主要承受拉伸应力，拉伸性能在机械性能中尤为重要，纤维变形能力大，则耐磨性比较好。纤维在反复拉伸中变形能力取决于纤维强度、伸长率及弹性。强度大、伸长率大的纤维，断裂功大，耐磨性好。不同纤维耐磨性高低为锦纶 > 丙纶 > 维纶 > 聚乙烯纤维 > 涤纶 > 腈纶 > 氯纶 > 毛 > 丝 > 棉 > 麻 > 富强纤维 > 铜氨纤维 > 黏胶纤维 > 醋酯纤维 > 玻璃纤维。

较长纤维比较短纤维在纱线内产生相对移动困难，从纱线中抽出较难，而且，较长纤维纺成的纱线，强度、伸长率和耐疲劳性能较好，有利于提高织物耐磨性。

异形截面纤维在外力作用下，纤维内部受力不匀，其强度小于圆形截面纤维，异形截面纤维织物耐屈曲磨及耐折边磨性能一般比圆形纤维织物差。

2. 纱线结构

捻度过大时，纤维可移动性小，纤维应力易集中，且过大的捻度使纱线变得刚硬，摩擦时不易压扁，接触面积小，易造成局部应力增大，使纱线局部磨损过早，不利于织物的耐磨。捻度过小时，纱线结构松散，纤维在纱线中受束缚小，容易抽出，也不利于织物的耐磨。

纱线条干好，纱线中纤维根数越多，表面纤维根数越多，应力分布较均匀，纱线耐磨性越好，尤其是平磨。

3. 织物结构

机织物密度增加，则单位面积内纱线的交织数增加，纤维所受束缚点增加，纤维不易被抽出，耐磨性好。针织物密度增加，则线圈长度缩短，织物表面的支持面增大，可减少接触面上的局部摩擦应力，提高针织物的耐磨性。

经纬密低时，织物较疏松，平纹织物交织点多，则纤维受束缚较大，织物较耐磨，而缎纹浮长较长，外力作用下容易发生钩丝、断裂；经纬密高时，织物较紧密，平纹织物交织点多，纤维不易移动,容易造成应力集中,磨损加剧,而缎纹织物则较耐磨。

4. 后整理

织物硬挺整理、抗皱整理、磨毛、起毛等后整理,对织物耐磨性有很大影响,例如,棉或黏胶织物经过树脂整理后,耐磨性随摩擦作用的轻重、缓急有一定差异。当压力较大且摩擦较剧烈时,整理后织物的耐磨性明显下降,是由于整理后纤维伸长性能变差所致。当压力较小、摩擦很缓和时,整理后的织物耐磨性增大。

参考文献

[1]曾林泉．纺织品贸易检测精讲[M]．北京:化学工业出版社,2012.

[2]付成彦．纺织品检验实用手册[M]．北京:中国标准出版社,2008.

[3]李汝勤,宋钧才,黄新林．纤维和纺织品测试技术[M].4 版．上海:东华大学出版社,2015.

[4]储才无,陈峰．机织物的撕裂破坏机理和测试方法的分析[J]．纺织学报,1992,13(5):196 -200.

[5]单毓馥,佟立民．丝绸服装的纰裂及影响因素分析[J]．丝绸,2007(8):51 -53.

[6]周颖,蔡兴莉．丝织物纰裂的成因及测试方法[J]．丝绸,1998(1):38 -41.

[7]赵娟．桑蚕丝织物纱线抗滑移(纰裂)性能检测研究方法[D]．苏州:苏州大学,2009.

[8]乔敏．涤纶长丝织物纰裂性能研究[D]．上海:东华大学,2012.

[9]石东亮．撕破强力试验(单舌法)中峰值的选取对计算结果的影响[J]．纺织标准与质量,2003(3):34 -35.

[10]沈悦明,毛丽华．梯形试样撕破强力取值方式的分析[J]．纺织科技进展,2014(4):46 -49.

第五章 色牢度检验

纺织品色牢度是指纺织品的颜色在染整加工和使用过程中受各种外界因素的作用而保持原来色泽的能力。纺织品在使用过程中会受到光照、洗涤、熨烫、汗渍、摩擦和化学药剂等各种外界的作用，有些纺织品还经特殊的整理，如树脂整理、阻燃整理、砂洗、磨毛等，这就要求印染纺织品的色泽相对保持一定牢度。

纺织品色牢度通常包括耐皂洗、耐摩擦、耐光照、耐漂白或耐氧化剂(还原剂)、耐熨烫、耐汗渍、耐唾液和耐汗光色牢度等。其中，耐皂洗、耐摩擦、耐光照、耐水和耐汗渍等是实际生产和贸易中关注程度较高的几项色牢度指标。

第一节 纺织品颜色及色差

物体显示出各种颜色是由于物体对光的选择吸收造成的，见表 5 - 1，人眼能感觉到波长为 380 ~ 780nm 的电磁波，通常称为可见光。当白光照射到纤维上时，一部分光以镜面反射方式反射，另一部分光进入纤维内部。进入纤维内部的光，一部分被纤维有选择地吸收，另一部分从内部反射，还有一部分光在纤维内部经多次折射，被吸收或穿过纤维发生透射。人眼所看到的颜色，是由反射白光和内部反射彩色光混合而成，如果反射光占的比例越大，则纤维颜色越淡、越萎暗，相反，则颜色越浓艳。纤维折射率对染色织物颜色影响很大，折射率越大，纤维对入射光吸收越少，反射光比例增大，难以染得深浓颜色，反之，折射率越小，纤维容易染得深色。

表 5 - 1 物体颜色与光吸收关系

波长/nm	物体吸收光的颜色	物体表现的颜色
400 ~ 450	紫	黄绿
450 ~ 480	蓝	黄
480 ~ 490	绿蓝	橙
490 ~ 500	蓝绿	红
500 ~ 560	绿	玫瑰紫
560 ~ 580	黄绿	紫
580 ~ 600	黄	蓝
600 ~ 650	橙	绿蓝
650 ~ 750	红	蓝绿

一、颜色的特征

自然界中所有颜色都可以用色相、明度和饱和度三个属性来描述。色相是彩色彼此互相区分的特性,指能够比较确切地表示某种颜色色别的名称,如红、橙、黄、绿等。单色光的色相取决于该光线的波长;混合色光取决于各种波长光线的相对量;物体颜色是由照亮物体的光源光谱、物体表面吸收和反射的特性决定的。

明度是表示物体颜色明亮程度的一种属性,不同的颜色具有不同的明度,非彩色中白色是最明亮的颜色,黑色是最暗的颜色,彩色中黄色明度最高,紫色明度最低。饱和度,也称彩度或纯度,指色彩的纯净程度,表示颜色中所含有色成分的比例。色彩成分比例越大,则纯度越高,可见光谱的各种单色光是最纯的颜色。当一种颜色掺入黑、白或其他彩色时纯度都降低。对于颜色的这三个特征,常用三维空间模型来表示,如图 5-1 所示。

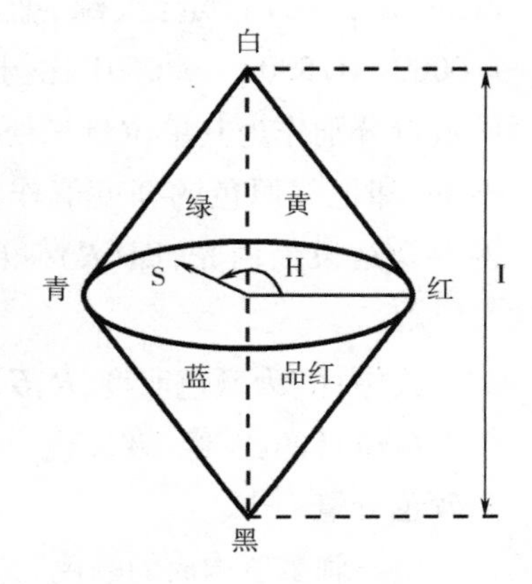

图 5-1 色立体

二、颜色混合

颜色混合分加法混色和减法混色。加法混色,也称色光混合,指各种不同颜色的光混合,电视、计算机显示器的显示采用此原理。加法混色的三原色为红、绿、蓝,以适当比例混合,可以得到白光。两种色光混合后能产生白光的颜色称为互补色,例如,黄色和蓝色等。染整加工中荧光增白就是利用加法混色原理,经过煮练漂的织物带有一定的黄色,即织物反射光中缺少蓝紫色光,荧光增白剂能吸收紫外光,并激发出蓝色或蓝紫色可见光,与黄光混合得到白光,从而增加织物白度。减法混色是指颜料的混合,其三原色为青、品红、黄,以适当比例混合可得黑色。减法混色三原色与加法混色三原色的关系如图 5-2 所示。

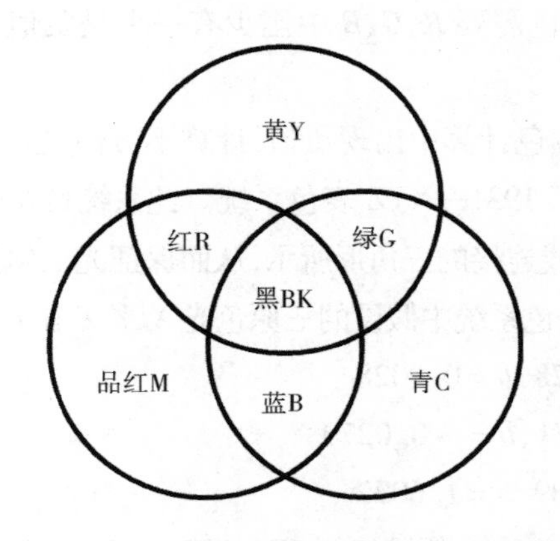

图 5-2 减法混色与加法混色三原色的关系

三、颜色表示方法

日常生活中,对颜色的描述只能粗略定性地表示,随着科学技术的发展,可以把颜色用一组特定的参数定量地表示出来,CIE—XYZ 表色系统正是适应这种要求建立起来的。

1. CIE 1931—RGB

为了建立统一的颜色度量参数,国际照明委员会(法语 Commission Internationale De L'Eclairage,CIE)选定红、绿、蓝三原色的波长分别为 700.0nm、546.1nm、435.8nm,当亮度按 1.0000∶4.5907∶0.0601 比例混合,可得到白光。为了计算方便,将上述红、绿、蓝三原色的不同数量分别作为其单位量来处理,即$(R):(G):(B)=1:1:1$。尽管这时三原色的亮度值并不等,却把每原色的亮度值作为一个单位看待,所以,色光加色法中红、绿、蓝三原色光等比例混合结果为白光,即$(R)+(G)+(B)=(W)$。由此扩展,得到颜色方程式(5-1)。

$$C_\lambda = R(R) + G(G) + B(B) \tag{5-1}$$

式中:C_λ为颜色明度,R、G、B分别表示三原色混色时的数量,表示匹配某种颜色时,需要多少个单位量的红、绿、蓝原色。色度学中,通常把R、G、B称为三刺激值,$R(R)$、$G(G)$、$B(B)$称为颜色分量。

由三刺激值构成的颜色三维空间直观、容易理解,但较为抽象,且计算不方便,通过引入R、G、B的相对值r、g、b,如式(5-2)所示,将原来三维空间的直角坐标转换成二维的平面直角坐标。

$$r=\frac{R}{R+G+B},\ g=\frac{G}{R+G+B},\ b=\frac{B}{R+G+B} \tag{5-2}$$

因$r+g+b=1$,只要知道其中两个值,即可计算出第三个值。以r对g作图,得到如图5-3所示的r—g色度图,r、g值称为色度坐标,图中舌形曲线为光谱色在色度图中的轨迹,通常称为光谱轨迹。连接光谱轨迹两端的直线代表一系列的紫色,称为纯紫轨迹。自然界中存在的所有颜色都在光谱轨迹和纯紫轨迹的包围之中。三原色光在r—g色度图中的色度坐标分别为$R(1,0)$,$G(0,1)$,$B(0,0)$。在色度图中以R、G、B为顶点可得到一个三角形,三角形内所有颜色以红、绿、蓝三原色匹配时,三刺激值R、G、B都是正值,即三角形内各个点的颜色可由三原色相加得到,而三角形以外的颜色需要R、G、B中至少有一个是负值。

2. CIE 1931—XYZ

由于 CIE 1931—RGB 在颜色计算中出现负值,计算不方便,也不容易理解,为了使计算简单明了,国际照明委员会通过了 CIE 1931—XYZ 表色系统。此系统另外选择三个原色,组成的三角形包围整个光谱轨迹,如图5-3虚线连接的三角形所示,从而保证光谱轨迹上及以内的色度坐标均为正值。经计算,CIE 1931—XYZ 表色系统中假设的三原色光X、Y、Z在r—g色度图中的坐标分别为:

X:$r=1.2750$,$g=-0.2778$,$b=0.0028$

Y:$r=-1.7392$,$g=2.7671$,$b=-0.0279$

Z:$r=-0.7431$,$g=0.1409$,$b=1.6022$

这样,CIE 1931—XYZ 表色系统既保持了 CIE 1931—RGB 表色系统的关系和性质,又避免了计算时出现负值引起的麻烦。

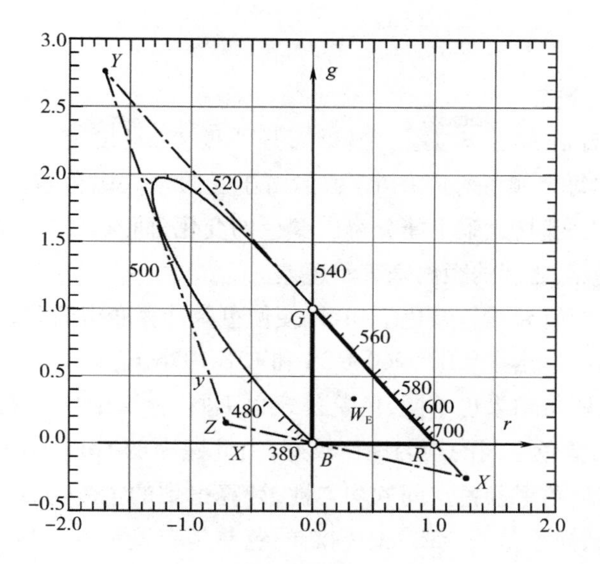

图 5－3　r—g 色度图及 R、G、B 转换 X、Y、Z

R＝700nm　G＝546.1nm　B＝435.8nm　W_E—等能白光

3. CIE 1964—XYZ

CIE 1931—XYZ 标准观察者的各个参数，适用于2°视场的中央观察条件（视场范围 1°～4°），不适用于小于 1°或大于 4°视场的颜色观察。为了适应大视场的颜色测量，建立 CIE 1964—XYZ 补充色度学系统，适合大于 10°大视场条件颜色观察。

图 5－4 是 CIE 1931—XYZ 表色系统与 CIE 1964—XYZ 补充表色系统色度图比较，两者光谱轨迹形状相似，但实际相同波长的光谱色在各自光谱轨迹上的位置也有相当大的差异，只有 600nm 处的光谱色坐标值大致相近，唯一重合的是等能白光色度点 W_E。

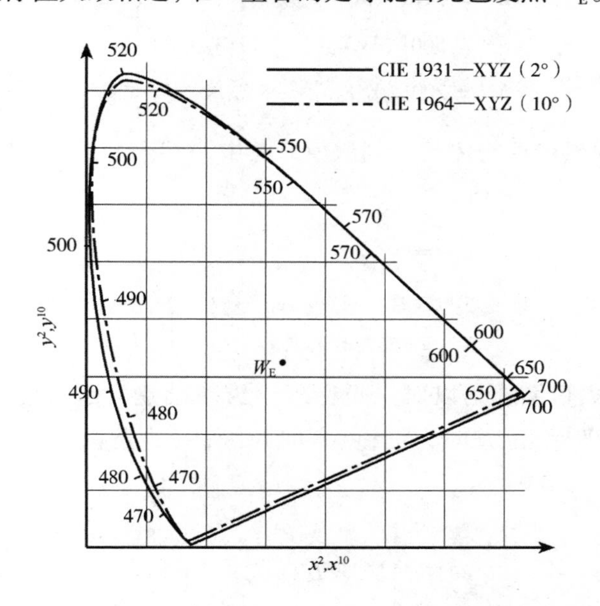

图 5－4　CIE 1931—XYZ 系统与 CIE 1964—XYZ 系统色度图比较

四、色差及色差公式

色差是指两个试样在颜色知觉上的差异，是明度差、彩度差和色相差的综合效应。在CIE—XYZ颜色空间中每个颜色对应一个点，但由于受限于人眼分辨阈值，当某一颜色在色度图中的位置发生微小改变时，人眼不能分辨出颜色的变化，而且，CIE—XYZ是一个不均匀颜色空间，因此，不能以颜色点之间的距离来表示色差。

基于以上原因，人们研究均匀颜色空间，以便使色差计算变得简单，并使计算结果与人的视觉之间有更好的相关性，提出了CIE 1960 UCS和CIE 1976 $L^*a^*b^*$均匀颜色空间。均匀颜色空间建立的途径不同，所得结果也不同，色差公式也不同，计算结果与视觉间的相关性也不同。CIE 1976 $L^*a^*b^*$均匀颜色空间的均匀性比较好，由此建立的CIELAB色差公式与视觉间的相关性也较好，但无论如何改善颜色空间的均匀性，计算得到的色差与视觉之间的相关性提升不大。这是因为仪器对试样色差评价和人眼判断的色差是有差别的，仪器测得的是绝对色，而人的视觉直接观察到的是相对色。

在对纺织品染色试样进行色差评定时，明度差往往不如色相差或饱和度差对总色差的影响大，而且，不同的颜色区域，明度差、色相差、饱和度差对总色差的影响也不同，还相互影响。因此，人们对建立在均匀颜色空间的色差公式进行修正，试图使色差计算结果与人的视觉有更好的相关性，但是，还没有一个理想的色差公式能够满足要求。目前，色差公式还不统一，人们先后提出的几十个色差公式中，有相当一部分还应用于不同国家、不同行业中。

1. CIE 1976 $L^*a^*b^*$（CIELAB）色差公式

X、Y、Z与L^*、a^*、b^*之间的转换关系如式（5－3）所示。

$$\left.\begin{aligned} L^* &= 116(Y/Y_0)^{1/3} - 16 \\ a^* &= 500[(X/X_0)^{1/3} - (Y/Y_0)^{1/3}] \\ b^* &= 200[(Y/Y_0)^{1/3} - (Z/Z_0)^{1/3}] \end{aligned}\right\} \tag{5-3}$$

式中：X_0、Y_0、Z_0分别为理想白色物体的三刺激值。其中，X/X_0、Y/Y_0、Z/Z_0均应大于0.008856，否则按式（5－4）计算L^*、a^*、b^*值。

$$\left.\begin{aligned} L^* &= 903.3Y/Y_0 \\ a^* &= 3983.5(X/X_0 - Y/Y) \\ b^* &= 1557.4(Y/Y_0 - Z/Z_0) \end{aligned}\right\} \tag{5-4}$$

CIE 1976 $L^*a^*b^*$表色系统是以对立坐标理论为基础建立起来的，空间结构如图5－5所示。其中，a^*为红绿坐标，正方向为红，负方向为绿；b^*为黄蓝坐标，正方向为黄，负方向为蓝。

（1）明度差ΔL^*。

$$\Delta L^* = L^*_{sp} - L^*_{std} \tag{5-5}$$

式中：L^*_{sp}、L^*_{std}——分别为样品和标准样的明度。

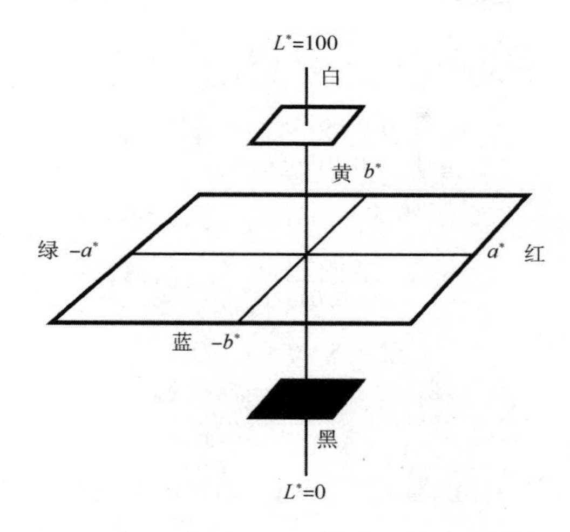

图 5-5 CIE 1976 $L^*a^*b^*$ 表色系统示意图

(2)饱和度差 ΔC_s^*。饱和度可理解为物体颜色的饱和度与中性灰色的饱和度之差,表示颜色的鲜艳程度。

$$\Delta C_s^* = C_{sp}^* - C_{std}^* = \sqrt{a_{sp}^{*2} + b_{sp}^{*2}} - \sqrt{a_{std}^{*2} + b_{std}^{*2}} \quad (5-6)$$

式中:C_{sp}^*、C_{std}^*——分别为样品和标准样的饱和度:

a_{sp}^*、a_{std}^*——分别为样品和标准样的红绿坐标;

b_{sp}^*、b_{std}^*——分别为样品和标准样的黄蓝坐标。

ΔC_s^*——负值表示标准样比样品鲜艳,为正值表示样品比标准样鲜艳。

(3)色度差 ΔC_c^*。色度差 ΔC_c^* 为两个颜色的色相和饱和度的总差值。

$$\Delta C_c^* = \sqrt{\Delta a^{*2} + \Delta b^{*2}} \quad (5-7)$$

式中:Δa^*,Δb^*——分别为样品和标准样红绿坐标颜色差和黄蓝坐标颜色差。

(4)色相差 ΔH^*。

$$\Delta H^* = \sqrt{\Delta E^{*2} - \Delta C_s^{*2} - \Delta L^{*2}} \quad (5-8)$$

式中:ΔE^*——总色差。

也可以根据色相角的变化,按式(5-9)计算样品和标准样色相差。

$$\Delta h^* = h_{sp}^* - h_{std}^* = \arctan\frac{b_{sp}^*}{a_{sp}^*} - \arctan\frac{b_{std}^*}{a_{std}^*} \quad (5-9)$$

式中:h_{sp}^*,h_{std}^*——分别为样品和标准样的色相角,0~360°。

2. $CMC_{(l:c)}$色差公式

$CMC_{(l:c)}$色差公式是以 CIE 1976 $L^*a^*b^*$ 色差公式为基础建立起来的,是目前与视觉相关性比较好、应用比较广泛的色差公式。在 CIELAB 颜色空间中,$CMC_{(l:c)}$色差公式把标准色周围的视觉宽容量定义为椭圆,椭圆内部的颜色在视觉上和标准色是一样的,而椭圆外部的颜色和标准色不一样。在整个 CIELAB 颜色空间中,椭圆的大小和离心率不一样。$CMC_{(l:c)}$色差公式如式(5-10)所示。

$$\Delta E^*_{cmc}=\sqrt{\left(\frac{\Delta L^*}{lS_L}\right)^2+\left(\frac{\Delta C^*}{cS_C}\right)^2+\left(\frac{\Delta H^*}{S_H}\right)^2} \tag{5-10}$$

式中：

$$S_L=\begin{cases}\dfrac{0.040975L^*_{std}}{1+0.01765L^*_{std}}, & L^*_{std}\geqslant 16\\ 0.511, & L^*_{std}<16\end{cases} \tag{5-11}$$

$$S_C=\frac{0.0638C^*_{std}}{1+0.0131C^*_{std}}+0.638 \tag{5-12}$$

$$S_H=S_C(tf+1-f) \tag{5-13}$$

$$f=\sqrt{\frac{C^{*\,4}_{std}}{C^{*\,4}_{std}+1900}} \tag{5-14}$$

$$t=\begin{cases}0.36+|0.4\cos(h^*_{std}+35)|, h^*_{std}<164°\text{ 或 }h^*_{std}\geqslant 345°\\ 0.56+|0.2\cos(h^*_{std}+168)|, 164°\leqslant h^*_{std}<345°\end{cases} \tag{5-15}$$

式中：S_L，S_C，S_H——分别为明度差、饱和度差、色相差的加权系数；

l，c——分别为调整明度和饱和度相对宽容量的两个系数。

进行试样间色差可察觉性判断时，取 $l=c=1$；进行试样间色差可接受性判断时，取 $l=2$，$c=1$，因此，纺织品染色试样间色差评定时，常取 $l:c=2:1$，记作 $CMC_{(2:1)}$。

$CMC_{(l:c)}$ 色差公式为颜色测量和色差仪器评定带来很大方便，推出后得到广泛应用，被许多国家采用。1988 年被英国采用，1989 年被美国 AATCC 采纳，1995 年成为国际标准 ISO 105－J03，我国标准 GB/T 8424.3—2001《纺织品　色牢度试验　色差计算》和 GB/T 3810.16—2016《陶瓷砖试验方法　第 16 部分：小色差的测定》中也采纳该色差公式。

第二节　色牢度评定及试验准备

一、纺织品颜色和色差测量方法

纺织品颜色和色差测定有人工目测和仪器测量。其中，人工目测直观，但影响因素较多，仪器测量较准确、客观，但还无法完全代替人工评定，尤其变色牢度评定准确性还有一定差异。

1. 人工目测

人工目测由观察者在标准光源下或标准光源箱内对产品进行目测鉴别，并与标准色度图比较，得出颜色参数，测量结果精度低，操作麻烦。

FZ/T 01047—1997《目测评定纺织品色牢度用标准光源条件》规定，采用自然光目测时，要在晴天北向 9:00～15:00 进行；采用标准光源箱时，要用模拟日光的 D_{65} 光源，色温为 6500K，环境色通常为中等明度的中性灰色。目测时的光照度一般不小于 600lx，要求高时，浅色为（800±200）lx，中色为（1100±300）lx，深色为（1400±300）lx。光源与样品表面呈 45°，观察方向垂直于样品表面,观察距离 30 ~ 40cm;如果纺织品有光泽时,要求光源与样品表面垂直,观察方向与样品表面呈 45°;如果纺织品光泽较多,且颜色随照明和目测角度而改变,则应在各种不同角度进行目测检验。

标准光源箱除提供 D_{65} 光源外,还提供 TL84、CWF、UV、F、A 等光源,具备测试同色异谱效应的功能,也可用于潘通(PANTONE)色卡配色。潘通色卡种类很多,常用的有印刷和纺织两大系列,纺织系列包括 TPX、TPX 可撕色卡、TCX 棉布板,为客户与生产商之间提供最准确和高效的沟通方法。

2. 仪器测量

纺织品颜色和色差仪器测量有光电积分法和分光光度法。光电积分法是在整个测量波长区间内,通过积分测量测得样品的三刺激值 X、Y、Z,再计算出样品的色度坐标等参数。光电积分式仪器由光源、探测器、数据处理器和输出单元四部分组成,不能精确测量样品三刺激值和色度坐标,只能准确测出两个样品之间的差别,因而也称色差计。

分光光度法是通过测量物体反射光的光谱功率来计算颜色三刺激值,精度高,根据光路组成不同分单光束分光测色法和双光束分光测色法。分光光度法可同时探测全波段光谱,测试时间短,对照明光源稳定性要求低,兼顾仪器测量速度、光谱分辨率和测量重现性。分光测色仪一般由光源、积分球、摄谱仪、信号处理电路和显示电路组成,常用的有瑞士控股 Datacolor 公司 SF 系列分光测色仪。

仪器进行牢度评级时,对处理前后试样进行测色,并用选定的色差公式计算总色差,根据色差与牢度对应关系评级,表 5 – 2 是 CIE1976 $L^*a^*b^*$ 色差公式总色差与牢度级别对应关系,表 5 – 3 是日晒牢度级别与色差对应关系。实际上,许多测色仪已经通过软件自动处理,直接显示牢度级别,无须人工计算,非常便捷。

表 5 – 2 CIE 1976 $L^*a^*b^*$ 色差公式总色差与牢度级别对应关系

牢度级别/级	变色总色差	沾色总色差
1	13.6	34.1
1 – 2	9.6	24.0
2	6.8	16.9
2 – 3	4.8	12.0
3	3.4	8.5
3 – 4	2.5	6.0
4	1.7	4.3
4 – 5	0.8	2.2
5	0	0

表 5-3 日晒牢度级别与色差对应关系

牢度级别/级	变色总色差	牢度级别/级	变色总色差	牢度级别/级	变色总色差
1	9.6~19.5	3-4	2.2~3.0	6	0.9~1.1
1-2	7.4~9.6	4	1.9~2.2	6-7	0.7~0.9
2	5.3~7.4	4-5	1.6~1.9	7	0.4~0.7
2-3	4.3~5.3	5	1.3~1.6	7-8	0.2~0.4
3	3.0~4.3	5-6	1.1~1.3	8	0~0.2

二、牢度评定灰色样卡和蓝色羊毛标样

色牢度人工评定时，通常采用变色灰色样卡对试样变色情况进行评级，采用沾色灰色样卡对贴衬织物沾色情况评定沾色牢度，耐光和耐气候色牢度评定则采用蓝色羊毛标样。试样和贴衬织物要干燥，并冷却至室温，在标准大气中按要求调湿后进行评定。灰色样卡在储存或使用中会发生变化，应定期检定和更换，否则，会影响评定准确性。

1. 灰色样卡

灰色样卡有变色灰色样卡和沾色灰色样卡，分别用来评定试样变色（褪色）程度和贴衬沾色程度的标准灰色样卡，GB/T 250—2008（等同 ISO 105-A02:1993）和 GB/T 251—2008（等同 ISO 105-A03:1993）分别对其有详细的规定。基本灰色样卡由五对无光的灰色卡片（或布片）组成，根据色差分为五个整级牢度等级，即 5、4、3、2、1，在每两个级别中再补充半级，即 4-5、3-4、2-3、1-2，扩大为九级。1 级牢度最差，5 级牢度最好。变色灰色样卡每对的第一组成均是中性灰色，第二组成只有牢度是 5 级的与第一组成一致，其他各对的第二组成依次变浅，色差逐级增大。沾色灰色样卡每对的第一组成均是白色，第二组成只有牢度是 5 级的与第一组成一致，其他各对的第二组成依次变深，色差逐级增大。

评定时，将原样和试样（或实验前后标准贴衬）按同一方向并列置于灰色样卡上，用灰色样卡的级差目测评定原样和试样（或实验前后标准贴衬）的色差，当两者色差相当于灰色样卡某级所具有的色差时，则该级数作为该试样的牢度级数。评级时背景色为中性灰色，采用自然光或 600lx 以上人造光源，入射光与织物表面呈 45°角，观察方向垂直于织物表面。

2. 蓝色羊毛标样

蓝色羊毛标样是用来控制曝晒周期和评定试样耐光、耐气候色牢度的八种经过规定蓝色染料染色的标准毛织物，代表八个耐光色牢度等级，1 级褪色最严重，8 级最不易褪色。每一级蓝色羊毛标样的耐光色牢度大约是前一级的两倍，例如，如果 4 级蓝色羊毛标样在光照下达到某种程度褪色需要一定的时间，那么，在同样条件下产生同等程度的褪色，3 级蓝色羊毛标样需约一半的时间，而 5 级蓝色羊毛标样则要增加约一倍的时间。

目前，常用蓝色羊毛标样有欧洲生产的 ISO 蓝色羊毛标样和美国生产的 AATCC 蓝色羊毛

标样。ISO 蓝色羊毛标样符合 ISO 105 - B08:1995,我国 GB/T 730—2008《纺织品 色牢度试验 蓝色羊毛标样(1～7)级的品质控制》等效采用该标准,以规定深度的八只染料(表 5 - 4)染羊毛哔叽织物制成,适用于 GB/T 8427—2019《纺织品 色牢度试验 耐人造光色牢度:氙弧》和 ISO 105 - B02:2014 中规定的曝晒条件。美国 AATCC 蓝色羊毛标样 L2～L9 是用 C. I. Mordant Blue 1(媒介蓝 1,43830)和 C. I. Solubilized Vat Blue 8(可溶性还原蓝 8,73801)两只染料染色的羊毛,以不同比例混合制得,适用于 GB/T 8427—2019 和 ISO 105 - B02:2014 中规定的曝晒条件,也适用于 AATCC 16 系列标准。蓝色羊毛标样 1～8 与 L2～L9 之间不能混用,测试结果也不能互换。

表 5 - 4 蓝色羊毛标样(1～8)级的染料名称

标样等级	染料名称	染料索引号	化学类别
1	酸性艳蓝 FFR	C. I. 酸性蓝 104,42735	三芳甲烷
2	酸性艳蓝 FFB	C. I. 酸性蓝 109,42740	三芳甲烷
3	酸性艳蓝 R	C. I. 酸性蓝 83,42660	三芳甲烷
4	酸性蓝 EG	C. I. 酸性蓝 121,50310	吖嗪
5	酸性蓝 RN	C. I. 酸性蓝 47,62085	蒽醌
6	酸性耐光蓝 4GL	C. I. 酸性蓝 23,61125	蒽醌
7	溶靛素蓝 4BC	C. I. 可溶性还原蓝 5,73066	靛蓝
8	溶靛素蓝 AGG	C. I. 可溶性还原蓝 8,73801	靛蓝

三、标准贴衬织物的选择

纺织品色牢度测定采用的标准贴衬织物有两种,即单纤维贴衬织物和多纤维贴衬织物,试验时,根据具体实验情况选择一种。

1. 单纤维贴衬

单纤维贴衬是符合相应标准特制而成的单一组分标准织物,用于测定纺织品沾色牢度。我国标准 GB/T 7568 系列标准对毛、棉、黏胶、聚酰胺、聚酯、聚丙烯腈、丝、二醋酯单纤维标准贴衬织物有具体的要求,该系列标准等效采用 ISO 105 - F 系列标准,此外,GB/T 13765—1992 规定了亚麻和苎麻标准贴衬织物。

单纤维贴衬织物测定沾色牢度时,要根据试样纤维的种类使用不同的两块贴衬织物。对于单组分试样,第一块贴衬织物与试样纤维种类相同,第二块贴衬织物根据相应标准的规定进行选择;对于多组分试样,贴衬织物要与试样含量最多的两种纤维种类相同,三组分以上且含量相差不多时,宜选择多纤维贴衬。表 5 - 5 是常用色牢度测试时单纤维贴衬织物的选择。

表 5－5　常用色牢度测试方法中单纤维贴衬选择

测试牢度	测试标准	单纤维贴衬选择	
		第一块贴衬	第二块贴衬
耐皂洗色牢度	GB/T 3921—2008 ISO 105 - C10:2006 GB/T 29255—2012 ISO 105 - C08:2010	棉、麻、黏胶	羊毛(40℃和50℃)或黏胶(60℃和95℃)
		羊毛、丝	棉
		聚酰胺、聚酯、聚丙烯腈	棉或羊毛(羊毛仅用于40℃和50℃)
		醋酯	黏胶
耐皂洗色牢度	GB/T 12490—2014 ISO 105 - C06:2010	棉、麻	羊毛(40℃和50℃)或黏胶(60℃、70℃和95℃)
		黏胶	羊毛(40℃和50℃)或棉(60℃、70℃和95℃)
		羊毛、丝	棉
		聚酰胺、聚酯、聚丙烯腈	棉或羊毛(羊毛仅用于40℃和50℃)
		醋酯	黏胶
耐汗渍色牢度 耐水色牢度 耐海水色牢度 耐干洗色牢度	GB/T 3922—2013 ISO 105 - E04:2013 GB/T 5713—2013 ISO 105 - E01:2013 GB/T 5714—1997 ISO 105 - E02:2013 GB/T 5711—2015 ISO 105 - D01:2010	棉、黏胶麻(仅中国标准)	羊毛
		羊毛、丝	棉
		聚酰胺、聚酯、聚丙烯腈	棉或羊毛
		醋酯或三醋酯(仅 GB/T 5714)	黏胶
耐唾液色牢度	GB/T 18886—2019	棉、麻、黏胶	羊毛
		羊毛、丝	棉
		聚酰胺、聚酯、聚丙烯腈	羊毛或棉
		醋酯	黏胶

2. 多纤维贴衬

多纤维贴衬织物用于纺织品色牢度沾色试验，主要有 ISO(欧标)、美标、日标，由六种不同的纤维与涤纶交织而成，通常总宽为 10cm。表 5－6 给出 AATCC 和 ISO 多纤维贴衬织物成分。ISO 多纤维贴衬分 DW 型和 TV 型两种。DW 型贴衬一般用于 40℃和 50℃，也可用于 60℃，但需注明。TV 型贴衬一般用于 70℃和 95℃，某些情况下也可用于 60℃。ISO 多纤维贴衬要符合 ISO 105－F10 和 GB/T 7568.7，在 ISO 105 C 系列和 ISO 105 E 系列标准中作为标准参考织物使用，判定沾色结果合格与否，只按沾色最严重的结果作为最终测试结果。

表 5-6 色牢度测试中多纤维贴衬

分类	AATCC			ISO	
多纤维贴衬	No. 1 和 FB	No. 10A 和 FAA	No. 10 和 FA	DW 型	TV 型
成分	醋酯 棉 锦 丝 黏胶 羊毛	醋酯 棉 锦 涤纶 腈纶 羊毛	醋酯 棉 锦 涤纶 腈纶 羊毛	醋酯 棉 锦 涤纶 腈纶 羊毛	三醋酯 棉 锦 涤纶 腈纶 黏胶
宽度/cm	0.8	1.5	0.8	1.5	1.5

第三节 耐摩擦色牢度检验

耐摩擦色牢度是指纺织品受到摩擦时保持色泽的能力，分干摩擦色牢度和湿摩擦色牢度，以标准摩擦白布沾色程度进行评定，共分五级，1 级牢度最差，5 级牢度最好。测定时用标准摩擦白布包住摩擦头，在规定条件下与纺织品进行摩擦，然后对标准摩擦白布评级。

一、耐摩擦色牢度测试方法

耐摩擦色牢度测试可参考 GB/T 3920—2008，该标准等效 ISO 105 - X12:2001，适用于各种纤维制成的织物、纱线和纺织制品，包括纺织地毯和其他绒类织物，例如，静电植绒、起绒织物、剪毛织物等。

1. 摩擦头的选择

耐摩擦色牢度试验仪有两种摩擦头，一种是直径为 16mm 圆形摩擦头，用于大多数纺织品；另一种是 19mm × 25.4mm 长方形摩擦头，用于绒类织物。使用圆形摩擦头对绒类织物试验，在评定时，由于摩擦布在摩擦圆形区域周边部位会产生沾色较严重的晕轮现象，对评定造成困难，而使用长方形摩擦头会消除晕轮现象。无论哪种摩擦头，测试时，施加向下压力均为 9N，直线往复动程均为 104mm。

2. 制样

试样不小于 50mm × 140mm，两组，分别用于干摩擦和湿摩擦牢度测试，每组各二块，长度方向分别平行于经纱（或纵向）和纬纱（或横向）。如果是纱线，则织成织物，或沿纸板的长度方向平行缠绕与试样尺寸相同的纸板上。

应当注意，当试样有多种颜色时，应使所有的颜色都被摩擦到，若各种颜色的面积足够大时，须分别取样。若试样正反面材料和颜色不同，则正反面都要做摩擦色牢度测试。干、湿摩擦牢度不能在试样的同一部分重复进行。

圆形摩擦头使用的标准摩擦白布为 50mm × 50mm 正方形，长方形摩擦头则为 25mm ×

100mm。测试前，将试样和标准摩擦白布在标准大气条件下调湿 4h 以上。

3. 测试和评级

将试样固定在试验机底板上，试样长度方向和仪器的动程方向一致。将调湿后的标准摩擦白布固定在试验机的摩擦头上，经向与摩擦头运行方向一致，在 10s 内往复摩擦 10 个循环。湿摩擦牢度测试时，标准摩擦白布用蒸馏水浸湿，并使含水率为 95% ~100%。摩擦结束后在室温下晾干，去除标准摩擦白布上的纤维，并在背面垫三层标准摩擦白布，用沾色灰色样卡或仪器评定沾色等级。

对于小面积印花织物，上述常用的测试方法常不能真实反映摩擦色牢度的实际情况，此时，应采用 ISO 105 - X16:2016《小面积耐摩擦色牢度测试》(*Tests for Colour Fastness - Part* X16: *Colour Fastness to Rubbing - Small Areas*) 或 AATCC 116—2013《旋转垂直摩擦仪法》(*Color Fastness to Crocking*: *Rotary Vertical Crockmeter Method*) 进行测试，这两个标准在技术内容上等效。测试时将不小于 25mm ×25mm 试样固定在如图 5 -6 所示旋转摩擦色牢度测试仪基座上，在规定条件下与标准摩擦白布进行摩擦，然后对标准摩擦白布进行评级。

图 5 -6 旋转摩擦色牢度测试仪

二、耐摩擦色牢度测试方法比较

目前，许多国家和组织都制定有耐摩擦色牢度标准和测试方法，并存在一定的差异，不同的测试方法对测试结果也有一定的影响。表 5 -7 列出常用耐摩擦色牢度测试方法的异同，所采用的耐摩擦牢度试验机除 JIS 试验机 Ⅱ 型外原理相同。

表 5 -7 耐摩擦色牢度测试方法比较

规格要求	GB/T 3920—2008 ISO 105 - X12:2001	AATCC 8—2013	JIS L0849—2013
试样大小/mm	50 × 140	50 × 130	Ⅰ型试验机:50 × 140 Ⅱ型试验机:30 × 220
摩擦白布尺寸/mm	非绒类:(50 ±2) × (50 ±2) 绒类:(25 ±2) × (100 ±2)	50 × 50	Ⅰ型试验机:50 × 50 Ⅱ型试验机:60 × 60

续表

规格要求	GB/T 3920—2008 ISO 105 - X12:2001	AATCC 8—2013	JIS L0849—2013
摩擦头	非绒类(圆形):直径(16 ±0.1)mm 绒类(长方形):19mm ×25.4mm 压力:(9 ±0.2)N	直径(16 ±0.3)mm 压力(9 ±0.9)N	Ⅰ型试验机:直径(16 ±1)mm,压力 9N Ⅱ型试验机:20mm × 20mm 方形,表面曲面半径 45mm,压力 2N
摩擦动程/mm	104 ±3	104 ±3	100
摩擦次数	10s 内往复摩擦 10 次	10s 内往复摩擦 10 次	Ⅰ型试验机:10s 内往复摩擦 10 次 Ⅱ型试验机:200s 内往复摩擦 100 次
湿摩擦布含水率/%	95 ~ 100	65 ±5	100
标准摩擦白布	16tex ×14tex 平纹纯棉,经纬密 35 根/cm × 31 根/cm,克重(115 ±10)g/m²,白度 80 ±3,不含任何整理剂	15tex ×15tex 平纹纯棉,经纬密(32 ±5)根/cm ×(33 ±5)根/cm,克重(100 ±3)g/m²,白度 78 ±3,不含荧光增白剂、整理剂	20tex ×16tex 平纹纯棉,经纬密 28.2 根/cm × 27 根/cm,克重 100g/m²,白度 85,不含整理剂

图 5 -7 是日本 JIS 耐摩擦色牢度试验机Ⅱ型(学振型),试样台曲面半径为 200mm,摩擦头曲面半径为 45mm,能固定 60mm ×60mm 标准摩擦白布。

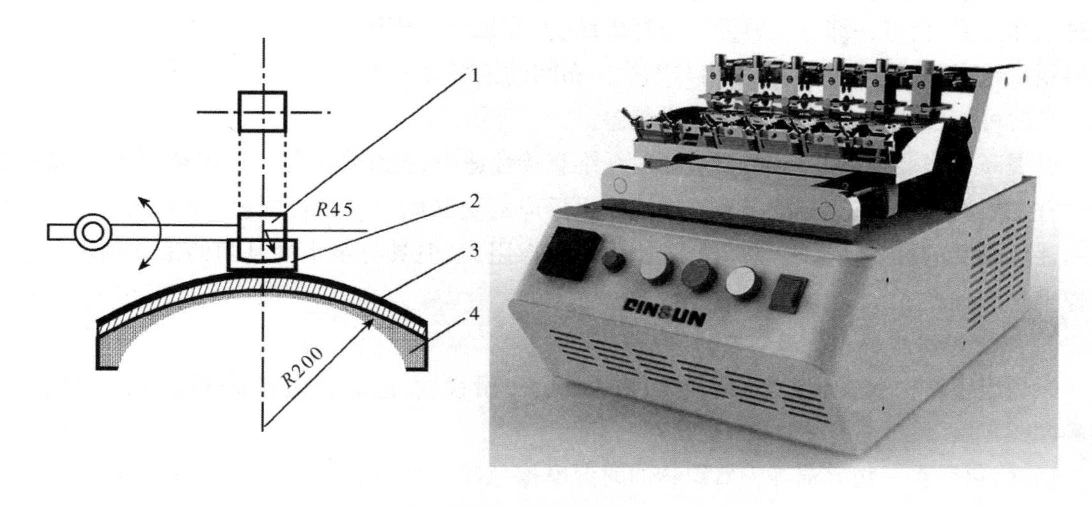

图 5 -7　JIS 耐摩擦色牢度试验机Ⅱ型(学振形)

1—摩擦头　2—标准摩擦白布　3—试样　4—曲面台

三、耐摩擦色牢度影响因素

纺织品经摩擦后发生颜色转移主要是由于染料发生转移和纤维脱落。纺织品染色后，与白布间存在染料浓度差，染料分子有从高浓度向低浓度扩散转移的趋势，但染料分子由于受到化学键、氢键和范德瓦尔斯力的束缚，转移量很少，不足以引起人的视觉感觉。当染色纺织品受到摩擦作用时，染料分子转移的动能增大，克服染料与纤维的键能，向白布转移的量增多。染料发生转移，可能与其摩擦的纤维上染，也可能难以上染，仅以颗粒状粘浮在纤维表面。当纺织品润湿后，织物表面浮色和纤维内部水溶性好的染料更容易发生扩散，造成湿摩擦牢度普遍低于干摩擦牢度。要提高纺织品耐摩擦色牢度，要着力提高纺织品染色的固色程度，加强洗涤去除表面浮色，减少纱线表面毛羽。

1. 染料和助剂的影响

染料对摩擦牢度影响较大，尤其是水溶性较好的染料，如活性染料，湿摩擦时，由于水的存在，会使染料分子容易脱离纤维而溶解于水，从而降低染料与纤维的键合。虽然不同化学结构的活性染料与纤维素纤维形成共价键的强度、稳定性和附着力存在一定的差异，但对耐湿摩擦色牢度的影响无明显差异，因为湿摩擦时，染料与纤维间形成的共价键并不会断裂，而发生转移的染料通常是过饱和、未与纤维形成共价键、仅靠范德瓦尔斯力产生吸附作用的染料，即所谓的浮色。对于水溶性较差的还原染料，一般采用悬浮体轧染，经还原汽蒸和氧化而固着在纤维上，还原染料呈现非水溶性，使其耐湿摩擦牢度优于活性染料染色织物。

如果染料对纤维直接性大，染料容易上染纤维，与纤维大分子能牢固地发生键合，则有利于提高摩擦色牢度。但同时，染料向纤维内部扩散能阻大，染料分子不容易向纤维内部扩散，导致织物表面浮色较多，湿摩擦牢度会变差。反之，染料对纤维直接性小，染料分子容易扩散到纤维内部，织物表面浮色减少，湿摩擦色牢度会提高，但水溶性好的染料在有水分子作用下容易扩散到纤维表面，从而降低湿摩擦牢度。此外，活性染料容易发生水解并存在上染饱和，当染料浓度超过饱和值后，会有一部分染料无法与纤维结合，在织物表面形成浮色，严重影响摩擦色牢度。染料用量越多、织物颜色越深、织物与摩擦白布间的染料分子浓度梯度越大，染料摩擦转移到摩擦白布的可能性越大，耐湿摩擦牢度也越差。

要提高织物湿摩擦色牢度，要选择对纤维直接性适中、在纤维内部扩散容易、水溶性基团数量适宜的染料，还可选择与染料和纤维能发生反应的交联固色剂进行固色，加强洗涤去除织物表面浮色以及进行柔软整理等，降低织物表面摩擦阻力，但具有亲水性基团的柔软剂不利于湿摩擦牢度的提高。

2. 织物组织结构和表面形态的影响

织物组织结构和表面形态会影响织物表面的平滑程度，造成织物表面摩擦系数不同，从而影响摩擦牢度。

通常，化纤类织物比棉等天然织物的耐湿摩擦色牢度要好，稀薄织物比厚重织物要好。化纤或丝绸等轻薄型织物，由于织物结构相对比较疏松，干摩擦时，试样会随着摩擦头发生部分滑移，摩擦阻力增大；湿摩擦时，由于纤维吸湿性极低以及吸湿膨胀不明显，且水的存在起到一定润滑作用，减小摩擦阻力，使织物耐湿摩擦色牢度优于耐干摩擦色牢度。但亲水性纤维由于纤维吸水膨胀，摩擦阻力增大，湿摩擦牢度低于干摩擦色牢度。

棉、麻、竹原纤维织物及牛仔面料、涂料印花织物等，由于表面粗糙，干摩擦时极易将织物表面的染料或涂料磨下来，耐干摩擦色牢度较差。磨毛或起毛织物，由于表面绒毛与标准摩擦白布表面不平行，呈一定的夹角，摩擦阻力增大，耐干摩擦色牢度下降，此外，织物经磨毛后，表面积增加，吸附的染料或绒毛不易去除，而且摩擦时绒毛容易脱离织物而粘到摩擦白布上，造成摩擦牢度下降。

除上述情况，水质如果较硬，由于 Ca^{2+}、Mg^{2+} 反应生成不溶性物质，沉积在织物表面，增大摩擦阻力，造成湿摩擦牢度下降。

因此，要提高织物耐摩擦牢度，染色前对织物要进行适当的前处理，例如，丝光、烧毛、抛光、退浆煮练、漂白、洗涤，可以提高织物表面的光洁度和毛效、降低摩擦阻力。此外，坯布的选择也很重要，应选择纱线质量优良、纱支均匀、布面光洁的坯布。

3. 测试条件

摩擦牢度测试标准主要有欧标、美标、国标和日标，湿摩擦牢度测试时，欧标、日标与国标基本接近，美标因为测试中摩擦白布的含水率比其他标准低，因此，湿摩擦牢度略高。

摩擦次数越多，染料从织物上迁移到摩擦布上的概率也越大，干摩擦色牢度越差，当摩擦到一定次数后，干摩擦色牢度不再发生变化。增加摩擦压力，对干摩擦色牢度没有影响，但会降低湿摩擦牢度。

摩擦白布规格对结果影响不大。摩擦头的选用对测试结果有一定影响。摩擦牢度较好时，圆形摩擦头与方形摩擦头对测试结果影响不显著；而摩擦色牢度较差时，圆形摩擦头与方形摩擦头对测试结果影响较大，前者测得的结果比后者测得的结果偏低，可能是由于两种摩擦头面积不同所导致。某些短绒类织物，采用圆形摩擦头也不产生晕轮现象，对于这样的绒类织物也可以采用圆形摩擦头进行测试。只有当产生晕轮，并影响评级时，采用长方形摩擦头。对于较长绒类织物，宜直接采用长方形摩擦头。

第四节　耐皂洗色牢度检验

耐皂洗色牢度是指纺织品在皂液中洗涤时保持色泽的能力，包括原样褪色和白布沾色两项指标，前者是指试样皂洗前后色泽变化情况，后者是指白布皂洗后沾色情况。褪色牢度和沾色牢度均分为五级，1 级牢度最差，5 级牢度最好。测定时，将试样与标准贴衬织物缝合，放在标准皂洗液中，在规定条件下洗涤、烘干，对试样的变色和贴衬织物的沾色进行评级。

一、耐皂洗色牢度测试方法

通常耐皂洗色牢度测试按国家标准 GB/T 3921—2008《纺织品　色牢度试验　耐皂洗色牢度》进行，该标准等效 ISO 105 - C10:2006，是一种小型、快速的测试方法，适用于所有类型的纺织品，仅测定洗涤对纺织品色牢度的影响，不能反映综合洗熨的影响。

标准贴衬织物的选择参考本章第二节中“三、标准贴衬织物的选择”，试样大小为40mm × 100mm，若是织物，则正面与相同大小的多纤维贴衬织物或夹于两块相同尺寸的单纤维贴衬织物间，沿一短边缝合；若是纱线或散纤维，质量为贴衬织物总质量的一半，夹于多纤维贴衬织物和染不上色的织物之间，或夹于两块单纤维贴补织物之间，四边缝合。纱线也可以编织成织物后进行测试。如果试样是多色或印花织物，取样时应包括全部颜色，否则，需用多个组合试样分别试验。

1. 试验条件的选择

皂洗色牢度测试有五种试验条件，详见表5－8，可根据相应的产品标准要求或纤维的种类进行选择。对于纯纺产品，通常，丝、黏、麻、毛、锦、Lyocell纤维、Modal纤维、牛奶蛋白纤维、大豆蛋白纤维适合采用A(1)或B(2)测试条件，棉、涤、腈适合采用C(3)测试条件，特殊要求时，涤纶采用D(4)或E(5)测试条件；对于混纺产品，以混纺产品中应用较低试验温度的纤维种类确定试验条件。

表5－8　耐皂洗色牢度测试条件

试验方法编号	温度/℃	时间/min	皂片用量/($g \cdot L^{-1}$)	碳酸钠用量/($g \cdot L^{-1}$)	钢珠数量/颗
A(1)	40	30	5	0	0
B(2)	50	45	5	0	0
C(3)	60	30	5	2	0
D(4)	95	30	5	2	10
E(5)	95	240	5	2	10

2. 皂液配制

标准皂片各项技术指标要符合标准规定，用三级水配制浓度为5g/L皂液，C、D试验方法加2g/L碳酸钠。溶解皂片时可适当加热，低于试验温度5～10℃为宜。

3. 测试和评级

将组合试样放入容器内（试验D和E需要加入10颗钢珠），以浴比50∶1加入温度达到实验要求的皂液，按表5－8规定的温度和时间运行，实验结束后，将组合试样放在三级水中清洗干净，悬挂在不超过60℃的空气中干燥，用灰色样卡或仪器对试样变色和标准贴衬织物沾色进行评级。

对于常规家用纺织品耐家庭和商业洗涤色牢度的测试方法则采用GB/T 12490—2014《纺织品　色牢度试验　耐家庭和商业洗涤色牢度》，该标准等效采用ISO 105－C06：2010，设备要求、操作过程及贴衬选择与GB/T 3921—2008相同，所用标准洗涤剂要求不含荧光增白剂，可选用AATCC 1993标准洗涤剂WOB或ECE含磷洗涤剂。该方法的测试条件共有16种，见表5－9，我国产品标准最常引用是A1S和B2S。

表 5-9　耐家庭和商业洗涤色牢度测试方法试验条件

试验编号	温度/℃	溶液体积/mL	有效氯含量/%	过硼酸钠/(g·L^{-1})	时间/min	钢珠数量/个	调节 pH
A1S	40	150	—	—	30	10①	不调
A1M	40	150	—	—	45	10	不调
A2S	40	150	—	1	30	10①	不调
B1S	50	150	—	—	30	25①	不调
B1M	50	150	—	—	45	50	不调
B2S	50	150	—	1	30	25①	不调
C1S	60	50	—	—	30	25	10.5±0.1
C1M	60	50	—	—	45	50	10.5±0.1
C2S	60	50	—	1	30	25	10.5±0.1
D1S	70	50	—	—	30	25	10.5±0.1
D1M	70	50	—	—	45	100	10.5±0.1
D2S	70	50	—	1	30	25	10.5±0.1
D3S	70	50	0.015	—	30	25	10.5±0.1
D3M	70	50	0.015	—	45	100	10.5±0.1
E1S	95	50	—	—	30	25	10.5±0.1
E2S	95	50	—	1	30	25	10.5±0.1

①　毛、蚕丝及其混纺的高级织物，试验时不用钢珠。

若所用洗涤剂含漂白活化剂，则参考 GB/T 29255—2012《纺织品　色牢度试验　使用含有低温漂白活性剂无磷标准洗涤剂的耐家庭和商业洗涤色牢度》，该标准等效 ISO 105 - C08：2010。使用的标准洗涤剂由 ECE 1998 无磷标准洗涤剂（4g/L）、四乙合酰乙二胺（TAED，0.15g/L）漂白活化剂、四水合过硼酸钠（$NaBO_3 \cdot 4H_2O$，1g/L）组成，试验条件见表 5-10，其他要求与 GB/T 3921—2008 相同。

表 5-10　耐家庭和商业洗涤色牢度实验条件

温度/℃	时间/min	浴比	钢珠数量/颗
40	30	20∶1	25
50	30	20∶1	25
60	30	20∶1	25
95	30	20∶1	25

二、耐皂洗色牢度测试方法比较

皂洗色牢度是纺织品重要技术指标，许多国家都制定了相应的测试方法。表 5-11 列出国际主要耐皂洗色牢度测试方法的异同。

表5－11　耐皂洗色牢度测试方法比较

规格要求	GB/T 3921—2008 ISO 105－C10:2006	GB/T 12490—2014 ISO 105－C06:2010	AATCC 61—2013	JIS L0844—2011
试样大小/mm	100×40	100×40	1A:50×100 1B/2A/3A/4A/5A:50×150	A:100×40 B:50×40
单纤维贴衬	根据试样纤维含量和测试温度选择	根据试样纤维含量和测试温度选择	不需要	根据试样纤维含量和测试温度选择
多纤维贴衬	低温贴衬(DW) 高温贴衬(TV)	低温贴衬(DW) 高温贴衬(TV)	No. 1 No. 2	低温贴衬(DW) 高温贴衬(TV)
试剂	A、B:肥皂 C、D、E:肥皂＋碳酸钠	AATCC 1993标准洗涤剂WOB或ECE含磷洗涤剂，需要时可加碳酸钠、过硼酸钠或次氯酸钠(锂)	AATCC 1993或2003标准洗涤剂WOB，AATCC 1993标准洗涤剂，次氯酸钠(用于4A/5A)	A:肥皂 B:合成洗涤剂
洗涤剂用量/$(g \cdot L^{-1})$	5	4±0.1	1A/1B:0.37%粉状＋0.56%液状 2A/3A/4A/5A:0.15%粉状＋0.23%液状	A:5 B:4
助剂用量/$(g \cdot L^{-1})$	碳酸钠:2(C/D/E)	碳酸钠:1(首字母C/D/E) 过硼酸钠:1(首字母A/B/C/D/E＋2S) 有效氯:0.015%(D3S/D3M)	有效氯: 0.015%(4A) 0.027%(5A)	碳酸钠:2(A3～A7/B7～B16) 有效氯:0.015%(B13～B14)
温度/℃	40/50/60/95±2	40/50/60/70/95±2	31/40/49/71±2	40/50/60/70/95±2(A增加80)
时间/min	30/45/240	30/45	20/45	30/45(A增加240)
洗涤液用量/mL	浴比50:1	50/150	50/150/200	A:100 B:50/150
钢珠数量/颗	10(D、E)	10/25/50/100	10/50/100 或橡胶球10	A4～A7:10 B:10/25/50/100
仪器转速/$(r \cdot min^{-1})$	40±2	40±2	40±2	40±2
容器	容量:(550±50)mL 直径:(75±5)mm 高:(125±10)mm	容量:(550±50)mL 直径:(75±5)mm 高:(125±10)mm	1A: 500mL, 75mm×125mm 1B/2A/3A/4A/5A:1200mL,90mm×200mm	容量:(550±50)mL 直径:(75±5)mm

三、耐皂洗色牢度影响因素

染色和印花纺织品耐皂洗色牢度影响因素很多，但主要取决于染料化学结构、染料在纤维上的物理状态（染料分散程度、染料与纤维结合情况），此外，染料浓度、染色方法和工艺条件对染色牢度也有很大的影响。

1. 染料的影响

耐皂洗色牢度与染料分子结构有关。含亲水性基团的水溶性染料与水发生亲和作用，耐皂洗色牢度较低，亲水基团越多，耐洗色牢度越差，例如，酸性染料和直接染料因含有水溶性基团，耐皂洗色牢度较低，而还原染料、不溶性偶氮染料、硫化染料等不含水溶性基团，耐皂洗色牢度较好。纤维种类、染料和纤维结合成键的稳定性对皂洗牢度也有一定影响。染料与纤维结合力越强，耐皂洗色牢度也越好，例如，酸性媒染染料、酸性含媒染料和直接铜盐染料，由于金属离子的介入，加强了染料和纤维之间的结合，耐皂洗色牢度提高。活性染料与纤维发生反应以共价键结合，染料成为纤维的一部分，耐皂洗色牢度较好，但还有一部分没有反应和水解的染料，这部分染料的多少严重影响活性染料染色产品皂洗色牢度。若水解染料皂洗去除不尽，后续水洗将会出现不断掉色。

2. 水质的影响

水质对皂洗色牢度影响较大，特别是活性染料与水中钙、镁离子结合，形成不溶性或难溶性金属染料，这些染料在浓度较高的电解质存在下，会形成凝聚物，逐渐吸附在纤维表面，重者产生色点，轻者构成浮色。这些浮色会阻碍染料向纤维内部渗透扩散，降低染料的上染率，得色变浅，布面色光发生异变，鲜艳度下降，明显降低染色牢度。

3. 染色工艺的影响

耐皂洗色牢度与染色工艺密切相关，染液 pH、染色温度、染色时间、助剂用量、固色时间等都会影响皂洗色牢度。染色工艺合理，染料吸附和扩散充分，固色率高，染料与纤维形成的共价键在染色和后处理时不易断裂，残留染料和水解染料少，易于洗除，则皂洗色牢度较好。染色后经固色，可防止未固着染料掉色，提高皂洗牢度。后处理工艺合理，特别是皂洗工艺合理，未固着染料充分去除，牢度较好，若皂洗不充分，浮色有残余，则后续水洗会不断掉色，导致皂洗牢度下降。皂洗剂也很重要，并避免水中钙、镁离子降低皂洗剂的洗涤效率。

第五节　耐汗渍色牢度检验

人体皮肤有 300 多万条汗腺，分泌的汗液 99% 是水，其次是尿素和少量金属离子、乳酸、氯化合物、钾、钠和新陈代谢产生的废物。由于额头、腋下、前胸和后背出汗较多，夏季常用的衣帽等在这些部位容易出现严重的褪色现象。人体汗液成分复杂，因人而异，汗液有酸性的，也有碱性的。纺织品与汗液长时间接触，对某些染料会产生较大影响，耐汗渍色牢度差的纺织品容易褪色，而且容易导致染料从纺织品转移到人体皮肤上，染料分子和重金属离子等有可能通过皮肤被人体吸收，而导致人体产生致敏、致癌等。

耐汗渍色牢度是指纺织品与人体汗液接触时保持色泽的能力，包括原样褪色和白布沾色两项指标。褪色牢度和沾色牢度均分为五级，1 级牢度最差，5 级牢度最好。测定时将试样与标准贴衬织物缝合，经人造汗液润湿后，在规定压力和温度下作用一定时间，干燥后，对试样的变色和贴衬织物的沾色进行评级。

一、耐汗渍色牢度测试方法

耐汗渍色牢度可按 GB/T 3922—2013《纺织品　色牢度试验　耐汗渍色牢度》进行测试，该标准等效 ISO 105 - E04:2013，适用于所有类型的纺织品。可选择多纤维贴衬或单纤维贴衬织物，参考本章第二节中“三、标准贴衬织物的选择”。

试样大小为 40mm × 100mm，正面与相同大小的多纤维贴衬织物或夹于两块相同尺寸的单纤维贴衬织物间，沿一短边缝合。对于纱线或散纤维，取质量为贴衬织物总质量的一半，夹于多纤维贴衬织物和染不上色的织物之间，或夹于两块单纤维贴补织物之间，四边缝合。如果试样是多色或印花织物，取样时应包括全部颜色，否则，需用多个组合试样分别试验。对于印花织物，采用单纤维贴衬时，要求试样正面与二贴衬织物接触各一半，另一半剪下覆于试样背面，缝合两短边。

人工汗液配制见表 5 - 12，用三级水配制。

表 5 - 12　人工汗液配制

试剂	碱性	酸性
一水合 L - 组氨酸盐酸盐($C_6H_9O_2N_3 \cdot HCl \cdot H_2O$)/($g \cdot L^{-1}$)	0.5	0.5
氯化钠(NaCl)/($g \cdot L^{-1}$)	5.0	5.0
十二水合磷酸氢二钠($Na_2HPO_4 \cdot 12H_2O$)/($g \cdot L^{-1}$)或二水磷酸氢二钠($Na_2HPO_4 \cdot 2H_2O$)/($g \cdot L^{-1}$)	5.0 或 2.5	—
二水磷酸二氢钠($NaH_2PO_4 \cdot 2H_2O$)/($g \cdot L^{-1}$)	—	2.2
0.1mol/L 氢氧化钠调 pH	8.0 ± 0.2	5.5 ± 0.2

在浴比为 50∶1 的酸、碱试液里各放入一块组合试样，室温下放置 30min，不时搅动，使其完全润湿。取出试样，去除过多试液，将试样夹在两块玻璃板或丙烯酸树脂板之间，并放入已预热至试验温度的试验装置中，放上 5kg 重锤，使试样受压(12.5 ± 0.9)kPa。酸、碱试样要分开放置，以免试液相互影响，影响准确性。每台试验装置最多可同时放置 10 块组合试样，试样间用隔板隔开，若试样少于 10 个，仍使用 11 块隔板。把带有组合试样的酸、碱两组试验装置，水平或垂直放入恒温箱中(图 5 - 8)，在(37 ± 2)℃下放置 4h，然后取出试验装置，展开组合试样，使试样和贴衬仅由一条缝线连接，悬挂在不超过 60℃ 的空气中干燥，用灰色样卡或仪器分别对试样变色和贴衬织物沾色进行评级。

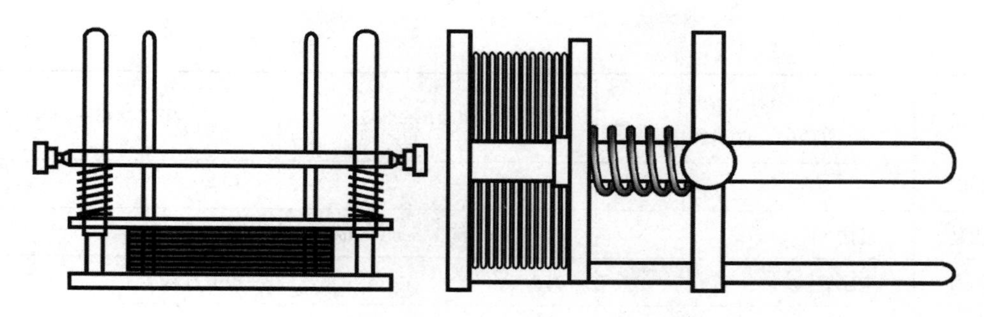

图 5-8 耐汗渍色牢度试样放置状态

二、耐汗渍色牢度测试方法比较

汗渍色牢度是纺织品重要技术指标，我国标准等效采用国际标准 ISO 105-E04，英国、德国、法国和日本标准分别为 BS EN ISO 105-E04、DIN EN ISO 105-E04、NF EN ISO 105-E04 和 JIS L0848，都等效 ISO 105-E04，但美国标准 AATCC 15 在汗液组分、pH、浴比、烘箱温度、恒温时间和贴衬织物选择等方面与上述标准差异较大，详见表 5-13。

表 5-13 耐汗渍色牢度测试方法比较

规格要求	GB/T 3922—2013 ISO 105-E04:2013	AATCC 15—2013	JIS L0848—2004
试样大小/mm	(100±2)×(40±2)	60×(60±2)	100×40 60×60(单纤维贴衬)
贴衬	单纤维贴衬根据试样纤维含量选择/多纤维贴衬	多纤维贴衬	单纤维贴衬根据试样纤维含量选择/多纤维贴衬
汗液 pH	酸:5.5±0.2 碱:8.0±0.2 0.1mol/L 氢氧化钠调 pH	酸:4.3±0.2 不可调节 pH	酸:5.5±0.2 碱:8.0±0.2 0.1mol/L 氢氧化钠调 pH
汗液组分/$(g \cdot L^{-1})$	酸性:氯化钠 5.0,二水磷酸二氢钠 2.2,一水 L-组氨酸盐酸盐 0.5 碱性:一水 L-组氨酸盐酸盐 0.5,氯化钠 5.0,十二水磷酸氢二钠 5.0(或二水磷酸氢二钠 2.5)	酸性:氯化钠 10±0.01,乳酸 USP 85% 1±0.01,无水磷酸氢二钠 1±0.01,一水 L-组氨酸盐酸盐 0.25±0.001	酸性:氯化钠 5.0,二水磷酸二氢钠 2.2,一水 L-组氨酸盐酸盐 0.5 碱性:一水 L-组氨酸盐酸盐 0.5,氯化钠 5.0,十二水磷酸氢二钠 5.0
重锤/kg	5	3.63(水平法)	50N:100×40 试样 45N:60×60 试样
受压/kPa	12.5±0.9	4.54kg	12.5
温度/℃	37±2	38±1	37±2

续表

规格要求	GB/T 3922—2013 ISO 105 - E04:2013	AATCC 15—2013	JIS L0848—2004
时间/h	4	6 ±5min	4
汗液用量	浴比 50:1	直径 9cm,深 1.5cm(95mL)	浴比 50:1
带液率/%	未明确	125	没有汗液滴下
隔板数量/片	11	21	未明确
组合试样放置方式	水平或垂直	水平或垂直	垂直
汗液有效期	现配现用	最多 3 天	现配现用或存放阴冷处
干燥方式	不超过 60℃	(21 ±1)℃,65% ±5% 平放晾干	不超过 60℃悬挂干燥

三、耐汗渍色牢度影响因素

纺织品耐汗渍色牢度与染料、纤维和染整工艺等有关,此外,不同的测试方法由于汗液成分、浴比、带液率、温度和贴衬不同,导致测试结果有一定的差异,有关染料和纤维及染料工艺的影响请参考本章第四节中“三、耐皂洗色牢度影响因素”,下面讨论测试条件对耐汗渍色牢度的影响。

大多数试样碱性汗液和酸性汗液测得结果一致,但有些试样在碱性汗液中测得沾色牢度比酸性汗液低,尤其对于羊毛和真丝织物更为明显,这是因为真丝和羊毛耐酸不耐碱造成的。由于 AATCC 15 汗液 pH 为 4.3,而 ISO 105 - E04 等其他标准为 5.5,导致 AATCC 测得沾色牢度普遍低于 ISO 测得结果。

耐汗渍色牢度测试标准中只有 AATCC 15 对带液率有明确要求,其他标准没有具体要求。一般带液率增加,沾色牢度会下降。带液率对不同织物的影响不同,对轻薄型和不易吸水的织物影响较小,对厚重型和易吸水织物影响较大。带液率越高,织物毛细管中的液体越多,如果染料和纤维结合不牢度,会有更多的染料解析到溶液中,再通过毛细管效应向织物表面泳移,造成沾染严重。

AATCC 15 仅使用多纤维贴衬,而 ISO 等标准可使用单纤维贴衬和多纤维贴衬,若试样在多纤维贴衬中某组分上的沾色很严重,而在单纤维贴衬中没有使用该组分贴衬织物,必然会造成结果的差异,甚至差异很大,此外,不同多纤维贴衬因组分不同,对结果影响也可能很大。因此,选择贴衬织物时,应按方法标准的规定进行选用,或选择稳定性较好的多纤维贴衬,不可盲目混用或代替使用。

第六节　耐唾液色牢度检验

耐唾液色牢度是婴幼儿纺织品检验的特有指标。唾液是pH为6.6~7.1的弱酸性液体，水分占99%，此外，还含有碳酸盐、磷酸盐和蛋白质等。3岁以下婴幼儿经常将衣物咬在嘴里且口水多，衣物经常被浸湿，唾液中的化学物质会和衣物上的染料等发生作用，导致脱落的染料或有害物质通过口腔进入婴幼儿体内，也可对婴幼儿娇嫩皮肤产生不良刺激，并通过毛孔吸收有害物质，影响健康。

耐唾液色牢度是指纺织品与唾液接触时保持色泽的能力，包括褪色和沾色，均为五级，1级牢度最差，5级牢度最好。测定时，将试样与贴衬织物缝合，经人造唾液润湿后，在规定压力和温度下作用一定时间，干燥后，对试样的变色和贴衬织物的沾色进行评级。

一、耐唾液色牢度测试方法

耐唾液色牢度测试可参考GB/T 18886—2019《纺织品　色牢度试验　耐唾液色牢度》，用于各类纺织品，所用试验装置、恒温箱和实验方法与耐汗渍色牢度相同，请参见耐汗渍色牢度测试，贴衬织物可选择多纤维贴衬或单纤维贴衬织物，参考本章第二节中“三、标准贴衬织物的选择”，下面仅人工唾液配制进行介绍。人工唾液用三级水配制，详见表5-14。

表5-14　人工唾液配制

试剂	浓度/($g \cdot L^{-1}$)
六水合氯化镁($MgCl_2 \cdot 6H_2O$)	0.17
二水合氯化钙($CaCl_2 \cdot 2H_2O$)	0.15
三水合磷酸氢二钾($K_2HPO_4 \cdot 3H_2O$)	0.76
碳酸钾(K_2CO_3)	0.53
氯化钠(NaCl)	0.33
氯化钾(KCl)	0.75
用1%(质量分数)盐酸调节pH	6.8±0.1

二、耐唾液色牢度测试方法比较

目前，国际尚无统一耐唾液色牢度测试标准，具有代表性的是德国DIN 53160.1—2010和中国GB/T 18886—2019，此外，还有SN/T 1058.1—2013《进出口纺织品色牢度试验方法　第1部分：耐唾液色牢度试验方法》(参考DIN 53160.1—2002)，详见表5-15。

表 5-15 耐唾液色牢度测试方法比较

规格要求	GB/T 18886—2019	SN/T 1058.1—2013	DIN 53160.1—2010
试样大小/cm	10×4	10×4	未明确
贴衬	单纤维或多纤维贴衬	单纤维或多纤维贴衬	中密度定性滤纸 15×80
pH	1% HCl 调至 6.8±0.1	1% HCl 调至 6.8±0.1	1% HCl 调至 6.8±0.1
唾液组分/(g·L^{-1})	$MgCl_2 \cdot 6H_2O$ 0.17 $CaCl_2 \cdot 2H_2O$ 0.15 $K_2HPO_4 \cdot 3H_2O$ 0.76 K_2CO_3 0.53 NaCl 0.33 KCl 0.75	$MgCl_2 \cdot 6H_2O$ 0.17 $CaCl_2 \cdot 2H_2O$ 0.15 $K_2HPO_4 \cdot 3H_2O$ 0.76 K_2CO_3 0.53 NaCl 0.33 KCl 0.75	$MgCl_2 \cdot 6H_2O$ 0.17 $CaCl_2 \cdot 2H_2O$ 0.15 $K_2HPO_4 \cdot 3H_2O$ 0.76 K_2CO_3 0.53 NaCl 0.33 KCl 0.75
受压/kPa	12.5	12.5	紧密贴合
温度/℃	37±2	37±2	37±2
时间/h	4	2	2
唾液用量	浴比 50:1	浴比 50:1	未明确
样品浸湿/min	30	30	样品不浸湿,滤纸浸湿
带液率/%	未明确	150	未明确
汗液有效期	现配现用	超过 2 周使用前煮沸 10min,冷却后调 pH	超过 2 周,使用前煮沸 10min,冷却后调 pH
干燥方式	不超过 60℃	不超过 60℃	37℃,1h
评级	褪色,沾色	褪色,沾色	滤纸沾色

第七节 耐水/耐海水色牢度检验

耐水/耐海水色牢度是指纺织品耐水/海水浸渍时保持色泽的能力,包括褪色和沾色。测定时,将试样与贴衬织物缝合,经水/海水浸渍后,在规定压力和温度下作用一定时间,干燥后,对试样的变色和贴衬织物的沾色进行评级。

一、耐水/耐海水色牢度测试方法

耐水/耐海水色牢度是纺织品主要测试项目之一,而且耐水色牢度也是 GB 18401—2010《国家纺织产品基本安全技术规范》规定的考核指标。我国耐水色牢度测试标准是 GB/T 5713—2013《纺织品 色牢度试验 耐水色牢度》,等效 ISO 105-E01:2013,耐海水色牢度测试标准是 GB/T 5714—1997《纺织品 色牢度试验 耐海水色牢度》,等效 ISO 105-E02:1994,

均适用各类纺织品，所用试验装置、恒温箱和实验方法与耐汗渍色牢度相同。耐水测试用水为三级水，耐海水测试用三级水制备30g/L氯化钠溶液。

二、耐水/耐海水色牢度测试方法比较

我国和ISO耐水色牢度测试标准与美国AATCC 107—2013和日本JIS L0846—2004，在恒温时间、烘箱温度、贴衬织物选择等方面有一定差异，详见表5－16和表5－17。

表5－16　耐水色牢度测试方法比较

规格要求	GB/T 5713—2013 ISO 105－E01：2013	AATCC 107—2013	JIS L0846—2004
试样大小/mm	(100±2)×(40±2)	(60±2)×(60±2)	100×40 60×60（仅单纤维贴衬）
贴衬	单纤维或多纤维贴衬	多纤维贴衬	单纤维或多纤维贴衬
用水	三级水	蒸馏水或去离子水	A1级以上水
重锤/kg	5.0	4.5	100×40试样：5 60×60试样：4.5
受压/kPa	12.5±0.9	—	12.5
温度/℃	37±2	38±1	37±2
时间/h	4	18	4
水用量	浴比50∶1	未明确	未明确
样品浸湿/min	30	15	30
带液率/%	未明确	150～200	未明确
组合试样数量	最多10个，不足时仍使用11块隔板	最多20个，不足时仍使用21块隔板	最多20个，不足时仍使用21块隔板
放置方法	水平或垂直	水平或垂直	垂直
干燥方式	不超过60℃	(21±1)℃，65%±2%	不超过60℃

表5－17　耐海水色牢度测试方法比较

规格要求	GB/T 5714—1997 ISO 105－E02：2013	AATCC 106—2013
试样大小/mm	(100±2)×(40±2)	(60±2)×(60±2)
贴衬	单纤维或多纤维贴衬	多纤维贴衬
用水	三级水	蒸馏水
试液/($g \cdot L^{-1}$)	氯化钠30	氯化钠30 氯化镁5
重锤/kg	5.0	4.5

续表

规格要求	GB/T 5714—1997 ISO 105 - E02:2013	AATCC 106—2013
受压/kPa	12.5 ±0.9	—
温度/℃	37 ±2	38 ±1
时间/h	4	18
水用量	浴比 50 : 1	未明确
样品浸湿/℃	室温	室温
样品浸湿/min	30	15
带液率/%	未明确	150 ~ 200
组合试样数量	最多10个,不足时仍使用11块板	最多20个,不足时仍使用21块板
放置方法	水平或垂直	水平或垂直
干燥方式	不超过60℃	(21 ±1)℃,65% ±2%

第八节　耐干洗色牢度检验

随着生活节奏的加快和生活质量的提高,越来越多的消费者喜欢把衣服送到干洗店洗涤,干洗店洗衣项目由传统毛呢服装、夹克、西服等外衣为主,扩展到衬衫、针织服装、丝绸服装等产品。我国某些产品标准对干洗色牢度都有要求,例如,GB/T 2664—2009《男西服、大衣》、GB/T 2665—2009《女西服、大衣》、GB/T 2666—2009《西裤》等,要求合格品耐干洗色牢度为3-4级。

干洗是用化学溶剂代替水,在干洗设备中对衣物进行清洗的方法,干洗剂有石油溶剂、四氯乙烯或碳氟化合物。耐干洗色牢度是指纺织品在干洗剂中洗涤时保持色泽的能力,包括褪色和沾色,均为五级。测定时,将试样与贴衬织物缝合,再与不锈钢片一起放入棉布袋中,在四氯乙烯溶液中洗涤,然后干燥,对变色和沾色进行评级。

一、耐干洗色牢度测试方法

耐干洗色牢度测试可参考 GB/T 5711—2015,该标准等效 ISO 105 - D01:2010,采用四氯乙烯溶剂测定各类纺织品耐干洗色牢度。由于洗涤液或水会改变耐干洗色牢度,因此,要求纺织品在干态下进行测试,所用容器没有任何水分。除使用四氯乙烯溶剂外,也可以使用其他溶剂进行耐干洗色牢度测试。

四氯乙烯有刺激和麻醉作用,频繁接触对健康会造成损伤,出现乏力、头晕、头痛、恶心、引起皮炎、湿疹等症状,相关操作要在通风橱内进行,试验人员佩戴防护手套、防护目镜和口罩,避免皮肤直接接触溶剂和吸入溶剂气体,严格按照规定安全处理溶剂。

耐干洗色牢度测试关于贴衬选择、制样、评级均与耐汗渍色牢度相同,采用设备与耐皂洗色牢度相同，下面仅就试验条件和操作进行介绍。

将两块未染色的正方形漂白棉斜纹布沿三边缝合，制成一个内尺寸为100mm×100mm的布袋。漂白棉斜纹布克重为(270±70)g/m²。将一个组合试样和12片不锈钢圆片放入袋内，闭合袋口。不锈钢圆片直径为(30±2)mm，厚度为(3±0.5)mm，质量为(20±2)g，光洁无毛边。将布袋放入不锈钢容器中，在(30±2)℃时，加入200mL四氯乙烯，盖上盖子。以上操作要求在通风橱中进行，并且不锈钢容器内部、盖子和密封圈必须是干燥的。将不锈钢容器放入试验机中，在(30±2)℃运转30min。在通风橱中取出组合试样，用吸水纸或布去除多余溶剂，将试样悬挂于通风设备中干燥。

二、耐干洗色牢度测试方法比较

我国纺织品耐干洗色牢度测试的最新标准是GB/T 5711—2015，在测试原理上与旧版本有很大差异，摒弃以前对溶剂沾色进行评估的方法，开始采用标准贴衬织物来评估沾色情况。修订后的标准更符合行业发展需求，非常具有实用价值。此外，影响较大的耐干洗色牢度测试标准还有AATCC 132—2013和JIS L0860—2008，表5-18是它们的比较。

表5-18　耐干洗色牢度测试方法比较

规格要求	GB/T 5711—2015 ISO 105-D01:2010	AATCC 132—2013	JIS L0860—2008
试样大小/mm	(100±2)×(40±2)	100×50	100×40 60×60(单纤维贴衬)
贴衬	单纤维贴衬/多纤维贴衬	多纤维贴衬	单纤维贴衬/多纤维贴衬
干洗剂成分	四氯乙烯	四氯乙烯、Perk Sheen 324洗涤剂、水	方法A：四氯乙烯、邻磺基琥珀酸单酯钠盐阴离子表面活性剂、壬基酚聚氧乙烯醚非离子表面活性剂、水 方法B：石油溶剂(JIS K2201中5号工业汽油)
干洗剂用量/mL	200	200	方法A：100 方法B：100
不锈钢片规格	直径：(30±2)mm 厚度：(3±0.5)mm 质量：(20±2)g	直径：(30±2)mm 厚度：(3±0.5)mm 质量：(20±2)g	直径：(30±2)mm 厚度：(3±0.5)mm 质量：(20±2)g
不锈钢片数量/片	12	12	20
布袋规格/mm	100×100	100×100	使用密封罐
温度/℃	30±2	30±2	30±2
时间/min	30	30	30
干燥方式	悬挂干燥	不超过65℃悬挂干燥	不超过60℃悬挂干燥
评级	未明确	(20±1)℃、65%±2%调湿1h	未明确

第九节　耐日晒色牢度检验

耐日晒色牢度，也称耐光色牢度，是指纺织品在使用及穿着过程中受日光照射时保持原来色泽的能力。耐日晒牢度是指原样褪色，共八级，1 级牢度最差，8 级牢度最好。测定时，将试样与一组蓝色羊毛标样在相同条件下一起曝晒，再根据试样和蓝色羊毛的变色评级。

耐日晒牢度的测定以太阳光为标准，实验室中为了便于控制，采用人工光源，常用的人工光源是氙弧灯，也有用炭弧灯。碳弧灯应用历史较长，能生成高能级紫外线，最初的人工模拟光老化采用此技术，但碳弧灯谱图与太阳光谱图相差较大，检验结果与产品实际耐候性之间的相关性较差，一些旧标准仍在采用。氙弧灯可产生与日光接近的稳定能量分布，还能产生和日光一致的加热效应，大幅提高了试验结果的准确性和重现性，已逐渐取代碳弧灯。

一、耐日晒色牢度测试方法

我国耐日晒色牢度测试标准有 GB/T 8426—1998《纺织品　色牢度试验　耐光色牢度：日光》、GB/T 8427—2019《纺织品　色牢度试验　耐人造光色牢度：氙弧》、FZ/T 01096—2006《纺织品耐光色牢度试验方法　碳弧》（代替 GB/T 8428—1987），常用 GB/T 8427—2019，该标准等效 ISO 105 – B02：2014，适用于所有类型的纺织品。

耐日晒色牢度试验机多采用氙弧灯管模拟太阳光，由于氙弧灯管功率较大，使用中产生大量热量，需要强制散热。根据氙弧灯管散热方式不同，耐日晒色牢度试验机有风冷和水冷，风冷代表机型有美国 Atlas 公司 Xenotest 150S + 和 Apha、美国 Q – LAB 公司 Q – Sun Xe 系列、意大利 SOLARBOX 系列、日本 SUGA U48 等，水冷机型为美国 Atlas 公司 Ci3000 等。

耐日晒色牢度实验中用到的蓝色羊毛标样请参考本章第二节中“二、牢度评定灰色样卡和蓝色羊毛标样”。试样大小根据试样夹尺寸而定，曝晒和未曝晒面积不小于 10mm × 8mm。试样尺寸和形状通常应与蓝色羊毛标样相同，以免目测评级时，由于面积差异较大，造成较大评定误差。织物试样要紧附于硬卡上；纱线试样则紧密卷绕于硬卡上，或平行排列固定于硬卡上；散纤维试样则梳压成均匀薄层，固定于硬卡上。遮盖物应与试样和蓝色羊毛标样紧密接触，但不可过分紧压。对于绒面织物或厚重织物，必要时，可在蓝色羊毛标样下垫衬硬卡，以使光源照射到试样和蓝色羊毛标样的距离相同。

1. 曝晒条件

表 5 – 19 是模拟不同环境的试验条件，测试耐日晒牢度时，从表中选择试验条件进行测试。

表 5－19 曝晒条件

条件	曝晒循环 A1	曝晒循环 A2	曝晒循环 A3	曝晒循环 B
	通常条件	低湿极限条件	高湿极限条件	—
对应气候条件	温带	干旱	亚热带	—
蓝色羊毛标样	1～8	1～8	1～8	L2～L9
黑标温度/℃	47±3	62±3	42±3	65±3
黑板温度/℃	45±3	60±3	40±3	63±3
有效湿度	有效湿度约 40%（蓝色羊毛标样 5 变色达到灰色样卡 4 级）	有效湿度 <15%（蓝色羊毛标样 6 变色达到灰色样卡 3～4 级）	有效湿度约 85%（蓝色羊毛标样 3 变色达到灰色样卡 4 级）	低湿（湿度控制标样的色牢度为 L6～L7）
仓内相对湿度	符合有效湿度要求			30%±5%
辐照度	$(42\pm2)\ W/m^2$@300～400nm 或 $(1.10\pm0.02)\ W/m^2$@420nm			

其中，有效湿度结合空气温度、试样表面温度和曝晒时空气相对湿度，通过评定湿度控制标样（采用红色偶氮染料染色的棉织物）的耐光色牢度来测量。对于通常条件，有效湿度 40% 相当于湿度控制标样与蓝色羊毛标样 5 的耐光色牢度相同，如图 5－9 所示，如果不一致，需要调节设备达到规定曝晒条件。

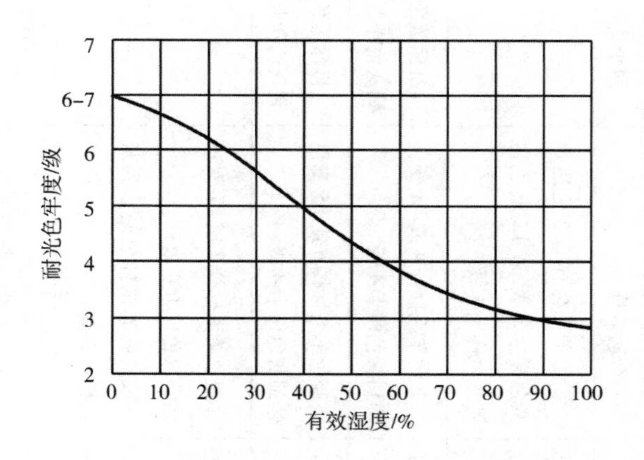

图 5－9 湿度控制标样曝晒结果

黑板温度计（BPT）和黑标温度计（BST）都是温度测量装置，表面均由黑色涂料覆盖，吸收曝晒中的大部分辐射能，用于控制耐日晒色牢度试验机中曝晒在辐射光源下的样品最高温度估计值。黑板温度计由金属制成，未绝缘，通过塑料板使其隔热；黑标温度计绝缘，由金属制成，背面带塑料板进行热绝缘。黑板温度计和黑标温度计不可互换，在相同的曝晒条件下，黑标温度计显示的温度要高于黑板温度计。

2. 曝晒方法

日晒牢度曝晒共有五种测试方法，见表 5－20，下面主要介绍方法 1 和方法 2。

表 5-20　曝晒方法比较

项目		方法 1	方法 2	方法 3	方法 4	方法 5
曝晒周期的控制方式		通过检查试样的变色程度来控制曝晒周期	通过检查蓝色羊毛标样的变色程度来控制曝晒周期	通过检查蓝色羊毛标样的变色程度来控制曝晒周期	通过检查参比样的变色程度来控制曝晒周期	通过测定辐照能量来控制曝晒周期
蓝色羊毛标样使用		1 ~ 8 或 L2 ~ L9	1 ~ 8 或 L2 ~ L9	允许只用三块蓝色羊毛标样	不使用蓝色羊毛标样，仅使用参比样	使用与否均可
遮盖物使用		两个遮盖物	三个遮盖物	两个遮盖物	两个遮盖物	一个遮盖物
曝晒周期的控制	初评	蓝色羊毛标样 2 变色达到灰色样卡 3 级，或 L2 变色达到灰色样卡 4 级	蓝色羊毛标样 2 变色达到灰色样卡 3 级，或 L2 变色达到灰色样卡 4 级	无	无	无
	阶段 1	试样曝晒和未曝晒色差达到灰色样卡 4 级	蓝色羊毛标样 4 或 L3 变色达到灰色样卡 4 级	目标蓝色羊毛标样变色达到灰色样卡 4 级	参比样变色达到灰色样卡 4 级	直至达到规定辐照量为止
	阶段 2	试样曝晒和未曝晒色差达到灰色样卡 3 级	蓝色羊毛标样 6 或 L5 变色达到灰色样卡 4 级	目标蓝色羊毛标样变色达到灰色样卡 3 级	参比样变色达到灰色样卡 3 级	无
	阶段 3	无	蓝色羊毛标样 7 或 L7 变色达到灰色样卡 4 级； 或最耐光试样色差达到灰色样卡 3 级	无	无	无
色牢度评定		在试样色差达到灰色样卡 3 级的基础上，做出耐光色牢度最终评定	比较试样和蓝色羊毛标样的变色情况	对试样和蓝色羊毛标样的变色进行比较和评级，报告符合或不符合	对试样和参比样的变色进行比较和评级，报告符合或不符合	用变色灰色样卡对比或蓝色羊毛标样对比
试验报告		用蓝色羊毛标样的级数来表示试样耐光色牢度级数	用蓝色羊毛标样的级数来表示试样耐光色牢度级数	报告符合或不符合，并注明所用蓝色羊毛标样	报告符合或不符合，并注明所用参比样	用蓝色羊毛级数来表示试样耐光色牢度级数或用变色灰色样卡对比评出级数

（1）方法1。此方法最精确，评级有争议时采用。通过检查试样来控制曝晒周期，每块试样配备一套蓝色羊毛标样。按图5－10排列试样和蓝色羊毛标样，用遮盖物AB遮盖中间1/3，按规定条件曝晒。经常检查试样曝晒效果，当蓝色羊毛标样2变色达到灰色样卡3级（或L2变色达到4级）时，进行初评。继续曝晒，直至试样曝晒和未曝晒部分色差达到灰色样卡4级。此阶段注意光致变色，对于白色纺织品可终止曝晒，否则，用遮盖物CD代替AB，遮盖左侧2/3，继续曝晒，直至试样曝晒和未曝晒部分色差达到灰色样卡3级。

如果蓝色羊毛标样7或L7的变色比试样先达到灰色样卡4级，即可终止曝晒，在蓝色羊毛标样7～8或L7～L8进行评级。因为，如果试样日晒色牢度为7或L7级，需要很长时间曝晒，才能达到灰色样卡3级的色差；当日晒色牢度为8或L8级时，得不到这样的色差。

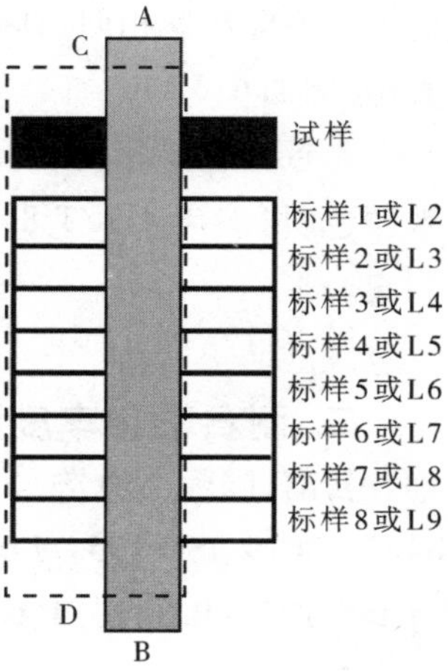

图5－10　耐日晒色牢度测试方法1装样图

AB—第一遮盖物

CD—第二遮盖物

（2）方法2。本方法适用于大量试样同时进行测试，通过检查蓝色羊毛标样来控制曝晒周期，一批试样只需一套蓝色羊毛标样，节省蓝色羊毛标样。按图5－11排列试样和蓝色羊毛标样，用遮盖物AB遮盖1/4，按规定进行曝晒。经常检查蓝色羊毛标样曝晒效果，当蓝色羊毛标样2变色达到灰色样卡3级（或L2变色达到4级）时，进行初评，应注意光致变色。

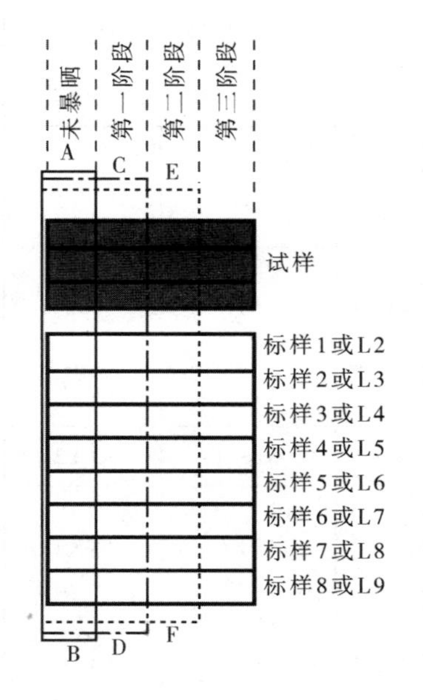

图5－11　耐日晒色牢度测试方法2装样图

AB—第一遮盖物　CD—第二遮盖物

EF—第三遮盖选择

遮盖物AB保持在原位置，继续曝晒，直到蓝色羊毛标样4（或L3）的变色达到灰色样卡4级时，用遮盖物CD替换AB。继续曝晒，直到蓝色羊毛标样6（或L5）的变色达到灰色样卡4级，用遮盖物EF替换CD，继续曝晒，当蓝色羊毛标样7（或L7）的变色达到灰色样卡4级，或最耐光试样色差达到灰色样卡3级（白色纺织品最耐光试样色差达到灰色样4级），即可终止实验。

3. 评级

试样耐日晒色牢度是具有相似变色蓝色羊毛标样的号数，可以评定为两个相邻蓝色羊毛标样的中间级数。为了避免光致变色对耐日晒色牢度评定的影响，评定前应将试样放在暗处，在室温下平衡24h。

要对不同曝晒阶段进行评级，以各阶段评定结果的算术平均值作为试样日晒色牢度，取邻近的高半级或一级。如果试样比蓝色羊毛标样1（或L2）变色更严重，则评为低于1级（或低于L2级）；初评放在括号内，例如6（3），表示曝晒开始阶段试样的变色与蓝色羊毛标样3相似，但再继续曝晒，它的变色与蓝色羊毛标样6相似；具有光致变色的试样，日晒色牢度级数后加括号，并用P和光致变色级数表示，例如6(P3)。

光致变色是指纺织品曝晒于强光下会迅速变色，而转移到暗处时，又几乎完全恢复到原来颜色，可参考GB/T 8431—1998《纺织品　色牢度试验　光致变色的检验和评定》进行测定。

二、耐日晒色牢度测试方法比较

目前，国际上通常采用氙弧灯模拟太阳光测试纺织品耐日晒色牢度，主要标准有GB/T 8427—2019、ISO 105－B02:2014、AATCC 16.3—2014、JIS L0843—2006，详见表5－21，此外，还有ISO 105－B01:2014、GB/T 8426—1998。

表5－21　耐日晒色牢度测试方法比较

规格要求		GB/T 8427—2019 ISO 105－B02:2014		AATCC 16.3—2014			JIS L0843—2006	
试样大小/mm		每一曝晒和未曝晒≥10×8		70×120			至少10×40	
曝晒条件		A	B	间隔照射	连续照射	连续照射	常温法	高温法
蓝色羊毛标样		1～8	L2～L9	L2～L9			日本蓝色锦纶—涤纶标样1～8	
过滤器		滤光片、滤热片		满足A3.3要求			高硼硅/钠钙硅滤光器	
辐照度/(W/m^2)	420nm	1.10±0.02	1.10±0.02	1.10±0.03	1.25±0.2	1.10±0.03	无要求	无要求
	300～400nm	42±2	42±2	48±1	65±1	48±1	50	162
黑标温度/℃		47±3	65±3	70±1	60±3	—	—	—
黑板温度/℃		45±3	63±3	—	—	63±1	63±2	89±3
试验箱空气温度/℃		无要求	无要求	43±2	32±5	43±2	38±3	45±4
试验箱相对湿度/%		有效湿度40%	30±5	35±5(照射) 90±5(无照射)	30±5	30±5	50±5	50±5

三、耐日晒色牢度影响因素

纺织品耐日晒变色是非常复杂的过程，与染料的化学结构、染料在织物上的物理状态、纤维性质、水、光源的光谱组成及大气条件等因素有关。纺织品在光照射下，染料吸收光能，能级提高，分子处于激发状态，染料分子发生光化学反应，使染料发色体系发生变化或遭到破坏，导致染料分解而发生变色或褪色现象。

1. 染料结构

耐日晒色牢度主要取决于染料母体结构，一般来说，蒽醌、酞菁为母体结构的染料、金属络合染料、部分硫化染料耐日晒色牢度比较好，三芳甲烷类染料都不耐晒。各类偶氮染料耐日晒色牢度相差较大，大多数不溶性偶氮染料耐日晒牢度比较高，而联苯胺型偶氮染料耐日晒牢度低。对于活性染料，除染料母体外，活性基结构和活性基位置对耐日晒色牢度也有影响，一般乙烯砜基型耐日晒牢度优于一氯均三嗪和二氯均三嗪型。

2. 纤维种类

染料光降解根据纤维种类的不同而通过氧化或还原进行，一般在非蛋白质纤维上容易发生氧化反应，如纤维素纤维、醋酯纤维、涤纶和锦纶，在降解过程中染料、水、氧共同作用，纤维通常没有直接作用；在蛋白质纤维上容易发生还原反应，如丝、羊毛、聚丙烯纤维，蛋白质纤维的某些组分（如组氨酸）作为还原剂参与反应，但也有少量染料在非蛋白纤维上发生还原反应而褪色；少数染料由于光反应活性很高，氧化和还原过程同时进行。因此，同一类染料在不同纤维上的耐日晒色牢度差别也很大，例如，不溶性偶氮染料染黏胶纤维的耐日晒色牢度比染棉高很多，分散染料染聚丙烯腈和聚酯的耐日晒色牢度比醋纤高。

3. 染料浓度

纺织品耐日晒色牢度随染料浓度变化而变化，一般同一种染料在同一种纤维上染色，耐日晒色牢度会随染料浓度的增加而提高，在偶氮染料上表现尤为明显。染料浓度增加会使纤维上聚集体比例增高，聚集体颗粒越大，单位质量染料暴露在空气—水分等的作用面积就越小，耐日晒色牢度越高。浅色织物的染色浓度低，染料在纤维上聚集体比例较低，大部分染料呈单分子状态，每个分子受到光、空气和水分的作用概率相同，耐日晒牢度下降。

4. 光源的影响

光源的组成对染料的光降解有很大的影响，研究表明，偶氮染料的光褪色主要由可见光引起，而蒽醌类染料的光褪色主要由紫外线引起；染料被超氧负离子氧化的反应主要由可见光引起，而光还原反应主要由紫外线引起。

5. 染整工艺

染色后在织物上会残留浮色，染后皂洗不彻底，浮色会影响染色织物的耐日晒色牢度，皂洗越充分，耐日晒色牢度越好。染色工艺的选择是否得当，染色后水洗和皂洗是否彻底，都会影响织物上存在的未固着染料和水解染料，即浮色量。

要提高纺织品耐日晒色牢度，要根据纤维性质和纺织品用途选用染料。纤维素纤维应选用抗氧化性较好的染料，蛋白质纤维应选用抗还原性较好或含有弱氧化性添加剂的染料，其他纤维则应根据对褪色的影响来选用染料。此外，还要选择合适的固色剂和柔软剂，必要时，使用紫外线吸收剂和日晒牢度增进剂。

第十节　耐气候色牢度/耐光汗复合牢度/耐老化性能检验

老化是指材料在加工、储存和使用过程中，由于受到环境及材料本身等内外因素的综合作用，性能逐渐减弱，以致最后丧失使用价值，例如纤维制品长期使用后出现褪色、弹性下降、断裂等现象。老化是所有材料共有的一种现象，是一种不可逆的物理化学变化，老化现象出现的弊病是无法消除的。引起老化的外界因素包括热、光、高能辐射和机械应力等物理因素，氧、臭氧、水、酸碱盐等化学因素，微生物、昆虫等生物因素等。

耐老化性能是指材料对于造成性能恶化的各种长期作用外界因素的抵抗能力。老化试验方法很多，主要有两类，一类是自然老化试验，通常利用自然环境进行试验，主要有大气老化、海水浸渍老化、仓库储存老化、埋地老化等；另一类是人工老化试验，用人工方法，在室内模拟某种大气条件，并通过强化其中的某些因素，以达到在较短时间内获得所需的试验结果，主要有湿热老化、热老化、人工气候老化、臭氧老化、二氧化硫气体腐蚀老化、盐雾腐蚀老化及抗霉老化等。

耐老化性能测试，通常是在实验室模拟老化条件，观察各种材料经过老化条件后的外观或力学性能变化。耐气候老化性，简称耐候性，是指材料暴露在日光、冷热、风雨等气候条件下，能保持自身理化性的能力，一般指有光照条件的老化。光老化是户外使用材料受到的主要老化破坏，对于室内使用材料，也会受到一定程度的光老化。模拟光老化主要的三种灯源是氙弧灯、紫外灯和碳弧灯。碳弧灯最早发明使用，建立的测量体系较早，很多日本标准和纤维材料方面的标准都使用碳弧灯，但由于碳弧灯价格较高、性能不够稳定（灯管使用90h后需要更换），已经逐渐被氙弧灯、紫外灯代替。氙弧灯在模拟自然光方面有较大优势，价格也相对较低，适合多数产品的使用。紫外灯产生的是400nm以下的光，能较好地加速模拟自然光中紫外线对材料的破坏作用，加速因子比氙灯要高，光源稳定性也比氙灯要好，但容易产生非自然光产生的破坏（尤其是UVB灯）。

光老化试验后，除对外观进行目测检查外，经常还要对试样的一些性能进行后续测试，如色差、光泽度、拉伸强度等。

一、耐气候色牢度

耐气候色牢度是指纺织品耐室外气候曝晒作用时保持原来色泽的能力。共八级，1级牢度最差，8级牢度最好。测定时，将试样与一组蓝色羊毛标样在规定条件下进行喷淋曝晒，然后，根据试样和蓝色羊毛的变色情况进行评级。

我国耐气候色牢度测试标准有 GB/T 8429—1998《纺织品　色牢度试验　耐气候色牢度：室外曝晒》、GB/T 8430—1998《纺织品　色牢度试验　耐人造气候色牢度：氙弧》，分别等效 ISO 105 - B03：1994 和 ISO 105 - B04：1994，通常使用耐日晒色牢度试验机人工模拟气候环境下进行测试。按表 5 - 22 设定曝晒条件，将 45mm × 20mm 试样，选择表 5 - 23 中的一种测试方法进行实验。

表 5 - 22　耐气候色牢度测试曝晒条件

参数	曝晒条件
蓝色羊毛标样	1 ~ 8
曝晒仓空气温度（干燥周期）/℃	≤40
黑板温度（干燥周期）/℃	曝晒仓空气温度≤20
喷雾持续时间/min	1
干燥持续时间/min	29
喷雾用水	3 级水

表 5 - 23　耐气候色牢度曝晒方法

项目		方法 1	方法 2	方法 3
曝晒周期的控制方式		通过检查试样的褪色程度来控制曝晒周期	通过检查蓝色羊毛标样的褪色程度来控制曝晒周期	用于核对是否符合认可的辐射能
蓝色羊毛标样		1 ~ 8	1 ~ 8	使用与否均可
曝晒周期的控制	阶段 1	试样曝晒和未曝晒色差等于灰色样卡 3 级	蓝色羊毛标样 6 变色达到灰色样卡 4 级	直至达到规定辐照量为止
	阶段 2	试样曝晒和未曝晒色差等于灰色样卡 2 级	蓝色羊毛标样 7 变色等于灰色样卡 4 级	无

二、耐光汗复合牢度

1. *耐光汗复合牢度测试方法*

耐光汗复合色牢度是指纺织品在使用过程中，受人体汗液和日光共同作用时保持原来色泽的能力。耐光汗复合色牢度共五级，1 级最差，5 级最好。测定时，将经过人工汗液处理的试样与蓝色羊毛标样，在规定条件下曝晒，当蓝色羊毛标样变色达到终止条件时，对试样的变色进行评级，可参考 GB/T 14576—2009《纺织品　色牢度试验　耐光、汗复合色牢度》，该标准等效 ISO 105 - B07：2009。

首先按表5－24，使用三级水配制人工汗液，将45mm×10mm的试样室温下浸泡在50mL汗液中30min，使试样完全润湿。取出试样，使带液率为100%±5%。将浸泡过汗液的试样固定在防水白板上，不需要遮盖；蓝色羊毛标样固定在另一块白板上，不能被汗液浸湿，并按GB/T 8427—2019进行遮盖。将试样和蓝色羊毛标样放入耐日晒色牢度试验机中，按GB/T 8427—2019中任一曝晒条件进行曝晒，直到蓝色羊毛标样4变色达到4～5级。取出试样，室温三级水清洗1min，悬挂在不超过60℃的空气中干燥，对试样变色进行评级。

表5－24　人工汗液配制

试剂	酸性1等同 AATCC 15	酸性2等同 GB/T 3922	碱性等同 GB/T 3922
一水合L－组氨酸盐酸盐（$C_6H_9O_2N_3 \cdot HCl \cdot H_2O$）/（$g \cdot L^{-1}$）	0.25	0.5	0.5
氯化钠（NaCl）/（$g \cdot L^{-1}$）	10	5.0	5.0
十二水合磷酸氢二钠（$Na_2HPO_4 \cdot 12H_2O$）/（$g \cdot L^{-1}$）或二水合磷酸氢二钠（$Na_2HPO_4 \cdot 2H_2O$）/（$g \cdot L^{-1}$）	—	—	5.0或 2.5
无水磷酸氢二钠（Na_2HPO_4）/（$g \cdot L^{-1}$）	1	—	—
85%乳酸（$CH_3CHOHCOOH$）/（$g \cdot L^{-1}$）	1	—	—
二水合磷酸二氢钠（$NaH_2PO_4 \cdot 2H_2O$）/（$g \cdot L^{-1}$）	—	2.2	—
氢氧化钠调pH（0.1mol/L）	—	5.5±0.2	8.0±0.2
pH	4.3±0.2	5.5±0.2	8.0±0.2

2. 耐光汗复合色牢度测试方法比较

耐光汗复合色牢度除GB/T 14576—2009和ISO 105－B07:2009外，还有AATCC 125—2009、JIS L0888—2005和SN/T 1461—2004等，它们之间的异同详见表5－25。

三、耐高温曝晒色牢度

纺织品受光和热共同作用时色牢度变化可参考GB/T 16991—2008《纺织品　色牢度试验　高温耐人造光色牢度及抗老化性能：氙弧》，使用耐日晒色牢度试验机人工模拟气候环境进行测试，该标准等效ISO 105－B06:1998。测试时，将不小于40mm×20mm的试样按表5－26和表5－27中的一种曝晒条件和曝晒方法进行实验。

表 5 – 25 耐光汗复合色牢度测试方法比较

规格要求		GB/T 14576—2009			ISO 105 – B07:2009			AATCC 125—2009	JIS L0888—2005		SN/T 1461—2004		日本 ATTS	
人工汗液	L – 组氨酸盐酸盐/($g \cdot L^{-1}$)	0.5	0.5	0.25	0.5	0.5	0.25	0.25	0.5	0.5	0.5	0.5	0.5	0.5
	氯化钠/($g \cdot L^{-1}$)	5	5	10	5	5	10	10	5	5	5	5	5	5
	十二水合磷酸氢二钠/($g \cdot L^{-1}$)	5	—	—	5	—	—	—	5	—	5	—	5	5
	无水磷酸氢二钠/($g \cdot L^{-1}$)	—	—	1	—	—	1	1	—	—	—	—	—	—
	二水合磷酸二氢钠/($g \cdot L^{-1}$)	—	2.2	—	—	2.2	—	—	—	2.2	—	2.2	—	—
	乳酸/($g \cdot L^{-1}$)	—	—	1	—	—	1	1	—	—	—	—	5	5
	D,L – 天门冬氨酸/($g \cdot L^{-1}$)	—	—	—	—	—	—	—	—	—	—	—	0.5	0.5
	D – 泛酸钠/($g \cdot L^{-1}$)	—	—	—	—	—	—	—	—	—	—	—	5	5
	葡萄糖/($g \cdot L^{-1}$)	—	—	—	—	—	—	—	—	—	—	—	5	5
	pH	8.0	5.5	4.3	8.0	5.5	4.3	4.3	8.0	5.5	8.0	5.5	8.0	3.5
试样大小/mm		不小于 45 × 10			不小于 40 × 10			51 × 70	15 × 60		100 × 40		15 × 60	
试样处理		50mL 汗液室温 浸渍 30min 带液率 100% ± 5%			50mL 汗液室温 浸渍 30min 带液率 100% ± 5%			直径 9cm、高 1.5cm 浸渍 30 ± 2min 带液率 100% ± 5%	浴比 50 : 1 汗液 室温浸渍 30min 挤去多余液体		浴比 50 : 1 汗液 室温浸渍 30min 挤去多余液体		浴比 50 : 1 汗液 室温浸渍 30min 挤去多余液体	
曝晒条件		GB/T 8427—2019 FZ/T 01096—2006			ISO 105 – B02			AATCC 16 方法 3	JIS L0843—2006 JIS L0842—2004		GB/T 8427—2019 GB/T 8428		JIS L0843—2006	
蓝色羊毛标样		蓝色羊毛标样 4			1 ~ 8, L2 ~ L9			—	日本蓝色标样 3		蓝色羊毛标样 3		日本蓝色标样 3	
黑标/黑板温度/℃		50/63 ± 3			50/63 ± 1			63 ± 1/63 ± 1	63 ± 2/63 ± 2		50/63 ± 3		63 ± 2/63 ± 2	
试验箱相对湿度/%		中等/50			中等/30 ± 5			30 ± 5	50 ± 5		中等/50		50 ± 5	
曝晒终点		蓝色羊毛标样 4 变色达到 4 ~ 5 级			蓝色羊毛标样 达到规定的级数			曝晒 20 AFUs	蓝色标样 3 变色达到 4 级		蓝色羊毛标样 3 变色达到 4 级		蓝色标样 3 变色达到 4 级	

表 5-26 曝晒条件

参数		条件1	条件2	条件3	条件6	条件5	
						光照期	蔽光期
滤光装置		红外/窗玻片	红外/窗玻片	普通滤光片	硼硅/钠钙滤光片	石英/硼硅滤光片	
黑标温度/℃		115±3	90^{+0}_{-5}	100±3	—	—	—
黑板温度/℃		—	—	—	89±2	89±2	38±2
试验仓温度/℃		48±3	45^{+0}_{-5}	65±3	50±3	63±2	38±2
试验仓相对湿度/%		20±10 不给湿	45±10	30±5	50±5	50±10	95±5
辐照量/($W \cdot m^{-2}$)	300~400nm	70~90	—	45~162	162%±10%	—	—
	420nm	—	—	1.1~3.6	—	—	—
	340nm	—	—	—	—	0.55±0.01	—
调节水水温/℃		—	—	—	—	63±4	40±4
试样夹		不翻转	翻转	不翻转	不翻转	不翻转	

表 5-27 曝晒方法

项目	方法1	方法2	方法3	方法4
曝晒周期的控制方式	通过检查试样颜色变化来控制曝晒周期	通过检查蓝色羊毛标样颜色变化来控制曝晒周期	以老化试验标准为试验终点	以曝晒的辐射量为终点
蓝色羊毛标样	1~8 或 L2~L9	5~8 或 L6~L9	6	不使用或 L2、L4(条件5)
曝晒周期的控制	同 GB/T 8427—2008 7.2.2	蓝色羊毛标样6变色达到灰色样卡3级或2极	蓝色羊毛标样6变色达到灰色样卡3级	受到定量的辐射量
其他	不适用于汽车行业	试样和蓝色羊毛标样置于一张或多张卡上	每个周期都要采用新的蓝色标准羊毛	在条件3、5或6下曝晒

四、耐紫外老化性能

纺织品耐紫外线老化性能测试可参考 GB/T 31899—2015《纺织品　耐候性试验　紫外光曝晒》，使用紫外老化试验机，如图 5-12 所示，模拟自然界紫外光照和潮湿条件所导致的纺织品性能退化，对纺织品进行加速耐候性试验，以获得纺织品耐候性结果。

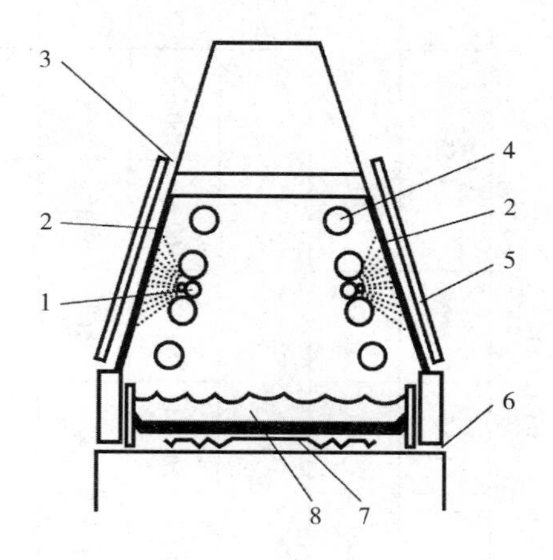

图 5-12　紫外老化试验机结构示意图

1—喷头　2—试样　3—室内空气冷却　4—UV 灯　5—向上旋转框门

6—氧气排气口　7—热水加热器　8—热水

试样数量和大小，根据曝晒后性能测试要求而定，通常评定试样的强力、颜色变化等，取样时距布边至少 50mm。试验在 20～30℃下进行，根据试样特性和最终使用环境，选择合适的单循环实验条件，详见表 5-28。

表 5-28　单循环实验条件

试验条件	灯管类型	辐照度	单循环实验条件	适用产品
试验条件 1	UVA 型	0.89W/m^2（340nm）	曝晒 8h（黑板温度 60℃）→冷凝 4h（黑板温度 50℃）	遮阳用织物等
试验条件 2			曝晒 8h（黑板温度 60℃）→三级水喷淋 0.25h→冷凝 3.75h（黑板温度 50℃）	建筑用织物等
试验条件 3			曝晒 8h（黑板温度 70℃）→冷凝 4h（黑板温度 50℃）	机动车外饰件材料等
试验条件 4	UVB 型	0.71W/m^2（310nm）	曝晒 4h（黑板温度 60℃）→冷凝 4h（黑板温度 50℃）	耐候性要求更高的产品

五、老化性能测试比较

国内外老化性能测试标准较多，表 5-29～表 5-32 是一些老化性能测试方法。

表 5-29 老化性能测试方法比较(紫外)

规格要求		GB/T 31899—2015				AATCC 186—2015			ASTM G154—2016							
		方法1	方法2	方法3	方法4	方法1	方法2	方法3	方法1	方法2	方法3	方法4	方法5	方法6	方法7	方法8
试样要求/mm		根据性能测试要求而定				根据性能测试要求而定，一般不小于 102×152			根据性能测试要求而定							
紫外灯管类型		UVA			UVB	UVA			UVA/UVB							
辐照度/(W·m^{-2})	340nm	0.89			0.71	0.77		0.72	0.89	—		1.55	—	1.55		—
	310nm	—				—			—	0.71	0.49	—	0.62	—		
	270~700nm	—				—			—							28
曝晒	黑板温度/℃	60	60	70	60	60	60	70	60±3	60±3	70±3	70±3	80±3	60±3	60±3	70±3
	时间/h	8	8	8	4	8	8	8	8	4	8	8	20	8	8	8
喷淋时间/h		—	0.25	—	—	—	0.25	—	—	—	—	—	—	—	0.25	—
冷凝	黑板温度/℃	50	50	50	50	50	50	50	50±3	50±3	50±3	50±3	50±3	50±3	50±3	50±3
	时间/h	4	3.75	4	4	4	3.75	4	4	4	4	4	4	4	3.75	4
单循环总时间/h		12	12	12	12	12	12	12	12	8	12	12	24	12	12	12
评价内容		变色、强力				变色、强力			检验项目双方确认							

表 5-30 老化性能测试方法比较(氙弧)

规格要求		ISO 105-B10:2011				AATCC 169—2009			
		A	B	C	D	方法1	方法2	方法3	方法4
试样大小/mm		喷淋:40×100 或≥30×45 无喷淋:10×45				根据性能测试要求而定			
灯管类型		氙弧灯				氙弧灯			
辐照度/(W·m⁻²)	340nm	0.51±0.02				0.35±0.01			
	300~400nm	60±2				40±1.5			
黑标温度/℃		65±3	65±3	82±3	82±3	—			
黑板温度/℃		—				77±3	77±3	77±3	63±3
试验仓温度/℃		38±3	38±3	47~53	47~53	—			
试验仓相对湿度/%		50±10	50±10	65±10	27±3	70±5	70±5	27±3	50±5
单独光照时间/min		102	连续	90	连续	90	60	连续	102
给湿光照时间/min		18	不喷淋	30	不喷淋	30	60	不喷淋	18
不光照时间/min		—				—	60	—	—
单循环总时间/h		2	连续	2	连续	2	2	连续	2
评价		变色、其他性能参考 ISO 4582				变色、强力			

表 5-31 老化性能测试方法比较(氙弧灯 ASTM G155—2013)

方法	灯管类型	试样	辐照度/(W·m⁻²)	单循环条件
1	氙弧灯	根据性能测试要求而定	0.35(340nm)	黑板温度63℃、光照102min→室温喷淋并光照18min
2				黑板温度63℃、光照102min→室温喷淋并光照18min→重复9次,总时间18h→黑板温度24℃、相对湿度95%、无光照放置6h
3				黑板温度77℃、相对湿度70%,光照1.5h→室温喷淋并光照0.5h
4			0.30(340nm)	黑板温度55℃、相对湿度55%,连续光照
5			1.10(420nm)	黑板温度63℃、相对湿度35%,光照102min→室温喷淋并光照18min
6				黑板温度63℃、相对湿度35%,光照3.8h→黑板温度43℃、相对湿度90%,光照1h
7			0.55(340nm)	黑板温度(70±2)℃、实验仓温度(47±2)℃、相对湿度50%,光照40min→试样正面喷淋并光照20min→黑板温度(70±2)℃、实验仓温度(47±2)℃、相对湿度50%,光照60min→黑板温度(38±2)℃、实验仓温度(38±2)℃、相对湿度95%,无光照,试样正反面喷淋60min

续表

方法	灯管类型	试样	辐照度/（W·m⁻²）	单循环条件
7A	氙弧灯	根据性能测试要求而定	0.55（340nm）	黑板温度(70±2)℃、实验仓温度(47±2)℃、相对湿度50%±5%，光照40min→试样正面喷淋并光照20min→黑板温度(70±2)℃、实验仓温度(47±2)℃、相对湿度50%，光照60min→黑板温度(38±2)℃、实验仓温度(38±2)℃、相对湿度95%，无光照，试样正反面喷淋60min
8				黑板温度(89±3)℃、实验仓温度(62±2)℃、相对湿度50%，光照3.8h→黑板温度(38±2)℃、实验仓温度(38±2)℃、相对湿度95%，无光照1.0h
9			180（300~400nm）	黑板温度63℃，光照102min→喷淋并光照18min（不需要控制温度）
10			162（300~400nm）	黑板温度89℃，相对湿度50%，连续光照
11			1.5（420nm）	黑板温度63℃，相对湿度30%，连续光照
12			0.35（340nm）	黑板温度63℃，相对湿度30%，连续光照18h→实验仓温度35℃、相对湿度90%，无光照6h

表5-32　老化性能测试方法比较（其他）

规格要求	AATCC 109—2005	AATCC 111—2009	AATCC 192—2016			
			方法1	方法2	方法3	方法4
试样大小/mm	≥100×60	根据性能测试要求而定	根据性能测试要求而定			
灯管类型	臭氧灯	自然光	日弧灯			
黑板温度/℃	—	—	77±3	77±3	77±3	63±3
试验仓温度/℃	18~28	43/63/82	—			
试验仓相对湿度/%	≤67	—	70±5	70±5	27±3	50±5
单独光照时间/min	—	—	90	60	连续	102
不光照时间/min	—	—	0	60	0	0
给湿光照时间/min	—	—	30	0	0	18
单循环时间/h	1.5~6	≥24	2	2	连续	2
评价	变色	变色、强力	变色、强力			

第十一节　耐升华/耐熨烫/耐贮存色牢度检验

当纺织品在加工、使用、贮存和运输中紧密接触时，可能会发生颜色迁移现象，从而影响纺织品质量。颜色迁移是指纺织品中的染料或颜料在纤维内部或纤维间运动，造成纺织品颜色发生变化。纺织品颜色迁移有两种情况，一是当温度达到染料升华温度时产生的颜色迁移，可用耐升华色牢度来评价；二是温度低于染料升华温度时造成的颜色迁移，通常是由深色向浅色转移，可用染料迁移牢度或沾色等级来评价。两者产生的机理不同，升华是染料汽化呈单分子状态转移，迁移是染料以固态凝聚体或单分子由纤维内部向纤维表面迁移。热迁移性是分散染料固有的一种物理性质，与染料升华牢度没有绝对的关系，耐升华牢度好的染料，迁移性不一定很好。

一、耐升华色牢度

纺织品耐升华色牢度测试可参考 GB/T 5718—1997《纺织品　色牢度试验　耐干热（热压除外）色牢度》，该标准等效采用 ISO 105 - P01:1993。测试时，试样正面与一块多纤维贴衬或夹于两块单纤维贴衬之间，沿一短边缝合，制成组合试样，按表 5 - 33 测试条件进行实验，然后对试样变色和贴衬沾色进行评级。

表 5 - 33　耐升华色牢度测试条件

温度/℃	时间/s	加压/kPa
150 ± 2	30	4 ± 1
180 ± 2	30	4 ± 1
210 ± 2	30	4 ± 1

需要注意的是，使用单纤维贴衬时，其中一块贴衬是聚酯，另外一块与试样纤维相同，混纺产品则与主要纤维相同。对于纱线或散纤维，取质量约等于贴衬总质量的一半，置于一块多纤维贴衬和一块染不上色的织物之间或夹于两块单纤维贴衬之间，四边缝合。

二、耐熨烫色牢度

1. 耐熨烫色牢度测试方法

纺织品耐熨烫色牢度测试可参考 GB/T 6152—1997《纺织品　色牢度试验　耐热压色牢度》，该标准等效 ISO 105 - X11:1994。测试时，将尺寸为 40mm × 100mm 的试样与棉贴衬在干态、湿态或潮态下进行热压，测试条件参考表 5 - 34，温度一般根据纤维类型确定，混纺产品根据最不耐热纤维确定，热量只能从上平板传递给试样，测试结束后，对试样变色和棉贴衬沾色评级。纱线可编成织物或缠绕在薄板上，如果是散纤维，则梳压成薄层缝在棉贴衬织物上。

表 5 - 34　耐升华色牢度测试条件

温度/℃	时间/s	加压/kPa
110 ± 2	15	4 ± 1
150 ± 2	15	4 ± 1
200 ± 2	15	4 ± 1

所谓干压是指干试样在规定温度和压力下受压一定时间。潮压是指干试样被湿贴衬覆盖，在规定温度和压力下受压一定时间。湿压是指湿试样被湿贴衬覆盖，在规定温度和压力下受压

一定时间。潮压时棉贴衬带液率为 100%，湿压时试样和棉贴衬带液率均为 100%。

2. 耐熨烫色牢度测试方法比较

耐熨烫色牢度测试方法除 GB/T 6152—1997 和 ISO 105 - X11:1994 外，比较常用的还有 AATCC 133—2013 和 JIS L0850—2015，表 5 - 35 是这几种测试方法的比较。

表 5 - 35 耐熨烫色牢度测试方法比较

规格要求	GB/T 6152—1997 ISO 105 - X11:1994	AATCC 133—2013	JIS L0850—2015
试样大小/mm	40 × 100	40 × 120	40 × 100
贴衬织物	棉	棉	棉
试验温度/℃	110/150/200 ± 2	110/150/200 ± 2	110/150/200 ± 2
时间/s	15	15	15
加压/kPa	4 ± 1	4 ± 1	A 法:4 ± 1 B 法:2.5 ± 0.5
试验方法	干压、潮压、湿压	干压、潮压、湿压	干压、潮压、湿压

三、耐贮存色牢度

1. 耐贮存色牢度测试方法

纺织品耐贮存色牢度测试可参考 GB/T 32008—2015《纺织品　色牢度试验　耐贮存色牢度》，测试时，将 40mm × 100mm 的试样正面与含水率为 100% ~ 110% 的多纤维贴衬贴合，制成组合试样，并夹于两块玻璃板之间，放入试验装置中，每台实验装置最多同时放置 10 块组合试样，不足时，仍使用 11 块隔板，试验装置放入恒温恒湿装置中，按表 5 - 36 条件测试，然后，对试样变色和多纤维贴衬中每种纤维的沾色进行评级。对于涂层织物，如果涂层出现粘连、破损、干裂或剥离脱落现象，可不评定变色级数。

表 5 - 36 耐贮存色牢度测试条件

温度/℃	相对湿度/%	时间/h	加压/kPa
24 ± 2	80 ± 5	48	12.5 ± 0.9
38 ± 2	80 ± 5	4	12.5 ± 0.9
70 ± 2	80 ± 5	3	12.5 ± 0.9

对于纱线或散纤维，取其质量为贴衬质量的一半，平铺于染不上色的织物和湿的多纤维贴衬之间，形成组合试样。对于涂层织物，除涂层正反面分别与湿的多纤维贴衬贴合，形成两个组合试样外，还需要二块试样涂层面贴合形成第三个组合试样。

2. 耐贮存色牢度测试方法比较

耐贮存色牢度测试方法除 GB/T 32008—2015 外，还有 AATCC 163—2013、JIS L0854—2013、GB/T 22700—2016 附录 B、GB/T 21294—2014 附录 A、FZ/T 73052—2015 附录 B 和 SN/T 2470—2010，这些测试方法的异同见表 5 - 37。

表 5-37　耐贮存色牢度测试方法比较

规格要求	GB/T 32008—2015			GB/T 21294—2014 附录 A	GB/T 22700—2016 附录 B	FZ/T 73052—2015 附录 B	SN/T 2470—2010		AATCC 163—2013		JIS L0854—2013
	方法 1	方法 2	方法 3				方法 A	方法 B	方法 1	方法 2	
试样大小/mm	(100±2)×(40±2)			100×40	(100±2)×(40±2)	100×40	57×57		57×57		100×40 或 60×60
贴衬织物	多纤维贴衬			多纤维贴衬	多纤维贴衬或指定贴衬	浅色试样	多纤维贴衬和白色织物		多纤维贴衬和试样同组分白色织物		单纤维贴衬第二块是聚酯
贴衬含水率/%	100~110			100±5	100±5	100±5	200~250		100~110		不浸渍
加压/kPa	12.5±0.9			4.54kg	4.54kg	12.5±0.9	12.4		4.54kg		12.5
相对湿度/%	80±5			较高湿度	较高湿度	较高湿度	60±5	较高湿度	较高湿度		—
试验温度/℃	24±2	38±2	70±2	38±1	35±2	35±3	37±2	24±3	24±3	38±1	120±2
时间/h	48	4	3	4	48	48	24	48	48	4	80min
夹板数量/块	11			—	—	—	—		21		10
评级	变色和沾色			多纤维贴衬沾色	多纤维贴衬沾色	浅色试样沾色	变色和沾色		多纤维贴衬和白色织物沾色		变色和沾色

第十二节　白度检验

通常，当物体表面对可见光谱所有波长的反射比都在 80% 以上时，可认为该物体表面为白色。在孟塞尔表色系统中，白色指明度大于 8.5 的中性色，理想白位于明度轴的顶端，明度值为 10，如图 5－13 所示。白色和近白色位于颜色立体上部靠近明度轴附近的狭窄空间内，有上千种能被人眼可分辨的白色和近白色。

白度是基于目视感知而判断反射物所能显白的程度，具有较高反射比和低彩度颜色属性，这些颜色处在 CIEXYZ 色空间 470～570nm 主波长连线靠近白点的范围内，如图 5－14 所示。D_{65}为标准照明体的色坐标点（$x=0.3138$，$y=0.3310$），称作白点。

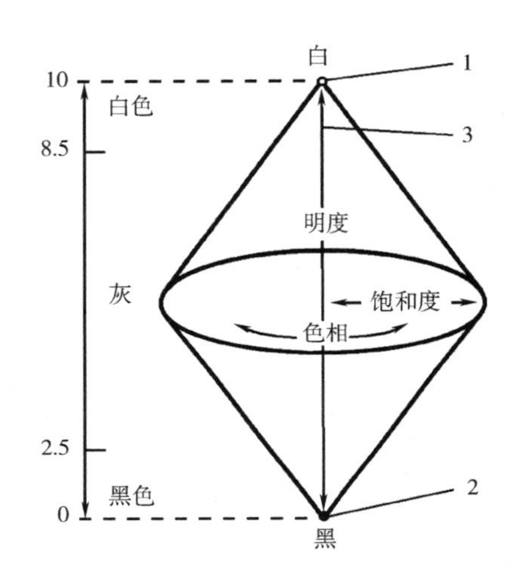

图 5－13　颜色立体示意图

1—理想白　2—绝对黑　3—白色和近白色色空间

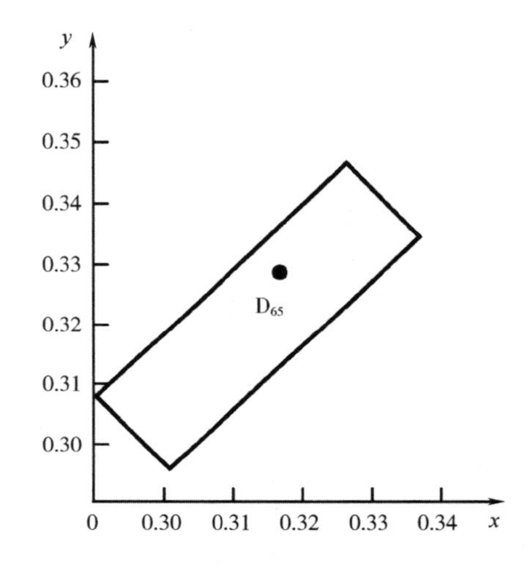

图 5－14　白色区域在色度图中的范围

也有专家用三刺激值 Y（明度）和兴奋纯度（Pe）来表征白色。Berger 认为，当样品表面 $Y>70$，$Pe<10\%$ 时，可当作白色。MacAdam 则认为，$Y=70\sim90$，$Pe=0\sim10\%$ 时为白色。Grum 等认为，物质表面的 Pe 在 0～12% 且高反射比就可看作白色。

对于给定的同一组白色，会由于观察者的不同而不同，而且，即使是同一个观察者，采用不同的排列方式时，其结果也会不同。另外，测量环境不同，采用的仪器、标准白板和黑筒的准确性等，对测量结果也会产生影响。由此可见，对白度的评定比对色差的评定更困难。

由于白度评定的复杂性，至今虽已提出 100 多个白度公式，但都因其只适用于特定的物质或特定的测量仪器，目前还没有满意的通用白度公式。特别是在纺织加工过程中，采用上蓝和使用荧光增白剂来提高白度，扩大了白度的范围，使得白度评定更加复杂和困难。

国际照明委员会（CIE）一直力图解决白度的目视评定和仪器测量的一致性问题，专门成立白度分技术委员会，并于 1982 年制定白度测量遵循的共同规范：

(1)应该使用同样的标准光源(或照明体)进行视觉和仪器白度测量,推荐用 D_{65} 照明体为近似的 CIE 标准光源。

(2)在与(1)条不一致条件下得到的实验数据,不能确立或检验白度公式。

(3)推荐使用白度 $W=100$ 的完全反射体作为白度公式的参照标准。所谓完全反射体是指在可见波段光谱反射比都等于 1 的理想漫射体,简称 PRD。确立或检验白度公式时,都必须归一成 PRD 的白度值等于 100。

根据以上规范,任何白色物体的白度是表示它对于 PRD 白色程度的相对值。因此,以 PRD 为参照基准而标定的标准白板的光谱反射比标准以及由此而确定的三刺激值 X、Y、Z,或者由此而确定的三刺激值反射比因数 R_X、R_Y、R_Z等,都可以作为计量白度标的基础。

在生产实践中,评定白度有两种方法,一是比色法,即将待测样品的白度与已知白度的标准样进行对比,确定样品的白度,相对比较简单,所使用的标准白度样卡通常分为 12 档,以密胺塑料或聚丙烯塑料制成,前 4 档不加增白剂,后 8 档加增白剂;另一种方法是用仪器测量样品相关数据,通过白度公式计算。

一、白度计算公式

现有白度公式建立的途径主要有反射比法和三刺激值法。反射比法是利用物体对可见光区中特征波长的反射比来表示白度。对于一般白色的物体,白度与可见光区某一波长的反射比相关,通常把短波蓝光波长的反射比作为评定白度的指标,因为物体对蓝光反射比越高,则人眼对黄光感觉就越低,白度就越高。三刺激值法以物体的三刺激值作为计算参数,将白度转换成三刺激值的关系式。

1. 单波段白度公式

单波段白度公式是指用一个光谱区的反射比来表示的白度公式。纸张和某些织物表面的白度在色空间中的分布近似直线,因此,可用一维白度公式表示白度。

(1)B 值白度公式。

$$W_B = B \qquad (5-16)$$

式(5-16)又称坦伯(TAPPI)白度公式。式中:B 为蓝光反射比,此值越大,表示白度越高。

(2)ISO 白度公式。

$$W_{ISO} = R_{457} \qquad (5-17)$$

式中:R_{457}——蓝光漫反射因数,在波长 457nm 蓝光条件下,试样反射的辐通量与相同条件下完全漫反射所反射的辐通量的百分比。

1977 年 2 月,ISO 发布实施 ISO 2470:1977,在造纸工业中,采用主波长为(457.0±0.5)nm、半峰宽度为 44nm 的蓝光,测定试样的反射比,用来表示试样的白度,此白度称为 ISO 白度或蓝光白度,此值越大,表示白度越高。式(5-17)被 FZ/T 50013—2008《纤维素化学纤维白度试验方法　蓝光漫反射因数》采用。

(3)Z 值白度公式。

$$W_Z = Z \qquad (5-18)$$

式中：W_Z 表示 Z 值白度，三刺激值中的 Z 值越大，表示白度越高。

上述三个公式所测白度值基本一致，Z 值白度公式更接近于人眼视觉效应。蓝光白度测量方法比较简单，但有一定局限性，只适用于反射光线比较平坦，并在蓝光区域可以分辨的产品。

2. 多波段白度公式

某些物体的白度不能用一种反射比来评价，需要综合两种或多种波长的反射比，以特定波长区域的反射比及系数来反映物体的白色程度。常用公式介绍如下。

（1）陶贝（Taube）白度公式。

$$W = 4B - 3G \tag{5-19}$$

式（5－19）用蓝光反射比 B、绿光反射比 G 与一定系数相乘后的差值表示白度，是 K. Taube 于 1959 年提出，1973 年美国材料试验学会（ASTM）用作 ASTM E313 的计算公式。

（2）黄度指数。

$$W = \frac{A - B}{G} \tag{5-20}$$

黄度指数只能用来表征白色试样的偏黄程度，试样可以是透明的，也可以是不透明的，看上去明显有颜色的样品不能用黄度指数。W 为正值表示变黄程度，W 为负值表示变蓝程度。该公式被 HG/T 3862—2006《塑料黄色指数实验方法》采用。

（3）伯格（Berger）白度公式。

$$W = 3B + G - 3A \tag{5-21}$$

1959 年特为荧光白建立。

以上各公式中，A、G、B 分别对应于红光、绿光、蓝光的反射比，可以用试样颜色的三刺激值计算出来。红光、绿光、蓝光峰值波长分别为（625 ± 5）nm、（530 ± 3）nm、（455 ± 3）nm。

$$A = \frac{1}{f_{XA}}X - \frac{f_{XB}}{f_{XA}f_{ZB}}Z \tag{5-22}$$

$$G = Y \tag{5-23}$$

$$B = \frac{1}{f_{ZB}}Z \tag{5-24}$$

f_{XA}、f_{XB}、f_{ZB} 可由表 5－38 查得。

表 5－38 不同照明光源在不同视场下对应的 f_{XA}、f_{XB}、f_{ZB} 值

照明光源	CIE 1931（2°视场）			CIE 1964（10°视场）		
	f_{XA}	f_{XB}	f_{ZB}	f_{XA}	f_{XB}	f_{ZB}
A	1.0447	0.0539	0.3558	1.0571	0.0544	0.3520
D_{55}	0.8061	0.1504	0.9209	0.8078	0.1502	0.9098
D_{65}	0.7701	0.1804	1.0888	0.7683	0.1798	1.0732
D_{75}	0.7446	0.2047	1.2256	0.7405	0.2038	1.2072
C	0.7832	0.1975	1.1823	0.7772	0.1957	1.1614
E	0.8328	0.1672	1.0000	0.8305	0.1695	1.0000

3. 亨特(Hunter)白度公式

亨特白度公式有两种形式公式，如式(5-25)和式(5-26)所示。

$$W_{(L,a,b)} = 100 - \sqrt{(100-L)^2 + K_1[(a-a_p)^2 + (b-b_p)^2]} \tag{5-25}$$

$$W_H = L - 3b \tag{5-26}$$

式中：L,a,b——分别为试样在亨特 Lab 系统中的明度指数和色度指数；

K_1——常数，通常取 1；

a_p,b_p——理想白在亨特 Lab 系统中的白度指数。一般情况，不带荧光试样，$a_p=0,b_p=0$；带荧光试样，$a_p=3.50,b_p=-15.87$。

L、a、b 值可用亨特 Lab 系统中的转换公式，由 X、Y、Z 三刺激值计算得到。

$$L = 100\sqrt{Y/Y_0} \tag{5-27}$$

$$a = \frac{K_a(X/X_0 - Y/Y_0)}{\sqrt{Y/Y_0}} \tag{5-28}$$

$$b = \frac{K_b(Y/Y_0 - Z/Z_0)}{\sqrt{Y/Y_0}} \tag{5-29}$$

式中：X_0,Y_0,Z_0——理想白色物体的三刺激值，见表 5-39；

K_a,K_b——照明体系数，见表 5-40。

表 5-39　不同照明体理想白色物体三刺激值

照明光源	三刺激值					
	CIE 1931(2°视场)			CIE 1964(10°视场)		
	X_0	Y_0	Z_0	X_0	Y_0	Z_0
A	109.851	100.000	35.581	111.145	100.000	35.200
D_{65}	95.043	100.000	108.879	94.810	100.000	107.322
C	98.073	100.000	118.227	97.284	100.000	116.143

注　波长范围 380~780nm，波长间隔 5nm。

表 5-40　不同照明光源的照明体系数

照明光源	K_a	K_b
A	185	38
D_{65}	172	67
C	175	70

L、a、b 值也可由式(5-30)~式(5-32)计算。

$$L = 10\sqrt{Y} \tag{5-30}$$

$$a = \frac{K_a[X/(f_{XA} + f_{XB}) - Y]}{10\sqrt{Y}} \tag{5-31}$$

$$b = \frac{K_b(Y - Z/f_{ZB})}{10\sqrt{Y}} \quad (5-32)$$

式中：f_{XA}，f_{XB}，f_{ZB}可由表5－38查得。

当采用D_{65}光源、10°视场时，则有：

$$a = \frac{17.2(1.0547X - Y)}{\sqrt{Y}} \quad (5-33)$$

$$b = \frac{6.7(Y - 0.9318Z)}{\sqrt{Y}} \quad (5-34)$$

式(5－25)影响较大，美国、日本等国家一直在使用。该公式采用色差原理来衡量白度，将完全反射漫射体的白度定义为100，把样品的白度与完全反射漫射体的白度进行对比，通过计算色差来评定样品的白度，该公式被GB/T 17644—2008《纺织纤维白度色度试验方法》、GB/T 2015—2005《白色硅酸盐水泥》采用，在GB/T 5950—1996《建筑材料与非金属矿产品白度测量方法》以附录形式给出。

式(5－26)采用明度L和色度b来综合衡量白度，通过验证，所测白度值与目视评定的相关一致性可达0.8037，高于其他一些公式所测结果，因此得以广泛使用，被GB/T 13835.7—2008《兔毛纤维试验方法　第7部分：白度》采用。

4. 甘茨(Gans)白度公式

20世纪60年代中期，汽巴—嘉基(Ciba－Geigy)公司著名白度学家甘茨(E. Gans)研究大量白度公式后，提出加权因子不同的中性白、偏绿白和偏红白三个白度公式，以期适用于不同的物质和测量仪器。

中性白：
$$W = Y + 800(x_0 - x) + 1700(y_0 - y) \quad (5-35)$$

偏绿白：
$$W = Y + 1700(x_0 - x) + 900(y_0 - y) \quad (5-36)$$

偏红白：
$$W = Y - 800(x_0 - x) + 3000(y_0 - y) \quad (5-37)$$

式中：W——试样的白度；

x_0，y_0——理想白的色度坐标；

Y——试样在CIEXYZ表色系统中的三刺激值Y；

x，y——试样在CIEXYZ表色系统中的色度坐标。

甘茨白度公式是以理想白为基础，三个公式都是把理想白的白度定为100。

5. CIE 1982白度公式

1983年9月，在荷兰召开的第20届国际照明委员会(CIE)大会，通过了以甘茨中性白公式为基础，经过修改的白度评定公式，即CIE 1982白度公式，这是国际照明委员会唯一推荐的一个评定白度的公式。该白度公式分为白度$W(W_{10})$和淡色调$T_W(T_{W,10})$两部分。

$$W = Y + 800(x_n - x) + 1700(y_n - y) \quad (5-38)$$

$$W_{10} = Y_{10} + 800(x_{n,10} - x_{10}) + 1700(y_{n,10} - y_{10}) \quad (5-39)$$

$$T_W = 1000(x_n - x) - 650(y_n - y) \quad (5-40)$$

$$T_{W,10} = 900(x_{n,10} - x_{10}) - 650(y_{n,10} - y_{10}) \quad (5-41)$$

适用范围：$40 < W < 5Y - 280$ 或 $40 < W_{10} < 5Y_{10} - 280$，$-3 < T_W(T_{W,10}) < 3$

式中： W, W_{10}——试样分别在 CIE 1931 和 CIE 1964 中的白度；

Y, Y_{10}——试样分别在 CIE 1931 和 CIE 1964 中的三刺激值 Y 和 Y_{10}；

x_n, y_n 和 $x_{n,10}, y_{n,10}$——纯白色分别在 CIE 1931 和 CIE 1964 中的色度坐标，表示纯白色在色度坐标中的坐标点，见表 5－41；

x, y 和 x_{10}, y_{10}——试样分别在 CIE 1931 和 CIE 1964 中的色度坐标；

$T_W, T_{W,10}$——试样分别在 CIE 1931 和 CIE 1964 的淡色调指数。$T_W > 0$，表示样品带绿色，值越大，越偏绿色；$T_W < 0$，表示样品偏红色，绝对值越大，越偏红色。淡色调线是近似于主波长为 466nm 的平行线，如图 5－15 所示。

表 5－41 不同照明体理想白色物体色度坐标

照明光源	色度坐标			
	CIE 1931（2°视场）		CIE 1964（10°视场）	
	x_n	y_n	$x_{n,10}$	$y_{n,10}$
A	0.44758	0.40745	0.45117	0.40594
D_{65}	0.31272	0.32903	0.31381	0.33098
C	0.31006	0.31616	0.31039	0.31905

注 波长范围 380～780nm，波长间隔 5nm。

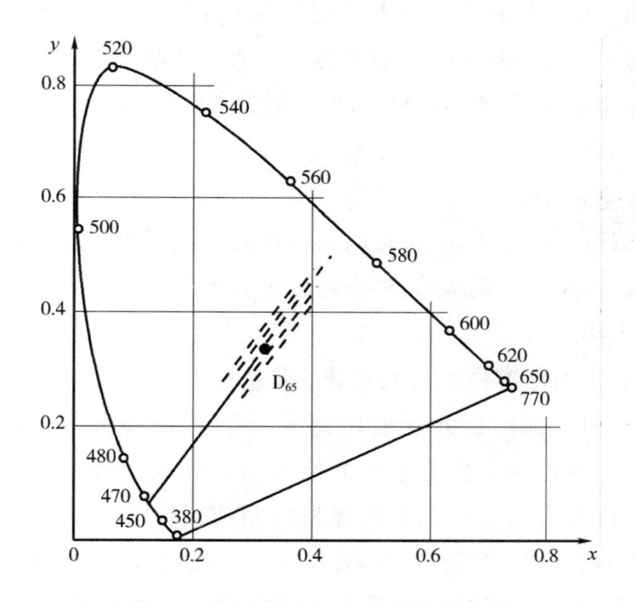

图 5－15 CIE 1931 色度图中白色主波长 466nm

CIE 1982 白度公式计算结果与目视相关性较好，值越大，表示白度越高，但级差与目视级差差别较大，不适用于明显带有颜色的样品。理想白的白度和淡色调指数，在任意照明体和观察者条件下都为0。CIE 1982 白度公式被 GB/T 17749—2008《白度的表示方法》、GB/T 8424.2—2001《纺织品　色牢度试验　相对白度的仪器评定方法》、GB/T 9338—2008《荧光增白剂　相对白度的测定　仪器法》、GB/T 9340—2009《荧光样品颜色的测量方法》、FZ/T 01068—2009《评定纺织品白度用白色样卡》采用。

二、比色法评定白度

FZ/T 01068—2009《评定纺织品白度用白色样卡》中规定，白色样卡由五块无光白色小卡片或布片组成，共五个整数级，5 级代表白色纯度最高，1 级代表白色纯度最低。白度值和容差见表 5 – 42。

表 5 – 42　白色样卡各档白度值

白度等级	白度值 W_{10}	容差
5	130	±3
4	115	
3	100	
2	85	
1	70	

注　白度值 W_{10}是在 CIE 1996、D_{65}照明体，根据式（5 – 39）计算所得。

评定纺织品白度时，将试样和白色样卡并列紧靠置于同一平面，背景以中性灰为好，600lx 及以上光源，入射光与样品表面呈 45°角，观察方向垂直于样品表面。评定时，从级别高的白色样卡开始，依次与试样比较，若介于白色样卡两个等级中间，可评定为中间等级。

三、仪器测定白度

白度仪器测定一般有两种方法，一种是以试样在某一波段内的反射率来表征，另一种是用色度计或色差计测定试样颜色三刺激值，根据白度公式计算得到白度值。目前，白度计大致分为波段型和测色型两大类。

测色仪使用时，要使用标准白板进行校准，理想标准白板是对一切波长的辐射都是无吸收的完全漫射体，即对任何波长的反射比都等于 1 的纯白物体。现代标准白板只能以反射比非常接近 1 的一些化学品作为近似的标准白。标准白板有陶瓷标准白板和粉体标准白板。陶瓷标准白板由表面为白色的陶瓷材料制成，分为无光泽和有光泽两种，有光泽的陶瓷标准白板表面的镜面反射较强，使用和标定条件必须相同，无光泽的陶瓷标准白板表面漫反射性能接近氧化镁和硫酸钡漫反射标准白板。粉体标准白板是用粉体氧化镁、硫酸钡、聚四氟乙烯等压制而成。更多内容请参考 GB/T 9086—2007《用于色度和光度测量的标准白板》。

荧光增白剂吸收波长较短的紫外光，激发出蓝紫色可见光，从而提高纺织品的白度，但给测色带来难度。测定荧光增白纺织品的白度所用光源，在紫外区和可见光区的光谱能量分布要与 D_{65} 标准照明体一致，常由氙灯加滤色镜来实现。

纺织品白度测定可参考 GB/T 8424.2—2001《纺织品　色牢度试验　相对白度的仪器评定方法》，该标准等效 ISO 105 - J02:1997，定量评定包括荧光材料在内的纺织品白度及淡色调指数。试样大小取决于测色仪的孔径和纺织材料半透明程度，半透明材料试样，应多层折叠，折叠后以不透光为宜。试样要调湿，并在暗室内紫外线灯下观测试样，确定织物是否含有荧光增白剂。含荧光增白剂纺织品应采用复色光测色仪，或在 330 ~ 700nm 范围内，光谱功率分布接近 CIE D_{65} 照明体的测色仪测量。有些测色仪可直接给出白度值，甚至可同时给出多个白度公式的白度值，不同白度公式所得白度没有可比性。没有直接给出白度值时，可根据式(5 - 39)和式(5 - 41)在 CIE 1996、D_{65} 照明体条件下进行计算。

白度测定还可参考 GB/T 17644—2008《纺织纤维白度色度试验方法》、GB/T 5885—1986《苎麻纤维白度试验方法》和 GB/T 13835.7—2009《兔毛纤维白度试验方法　第 7 部分：白度》。

对于荧光纺织品白度测量，可参考 GB/T 9340—2009《荧光样品颜色的测量方法》，荧光增白剂白度的测定则可参考 GB/T 23979.1—2009《荧光增白剂　增白强度和色光的测定　棉织物染色法》，国际上相关白度测定标准有 ASTM E313 - 15e1、AATCC 110—2005、AATCC Evaluation Procedure 11—2016、JIS L1013—2010 等。

参考文献

[1]汤顺青. 色度学[M]. 北京:北京理工大学出版社,1990.

[2]荆其诚. 色度学[M]. 北京:科学出版社,1979.

[3]李亨. 颜色技术原理及其应用[M]. 北京:科学出版社,1994.

[4]何国兴. 颜色科学[M]. 上海:东华大学出版社,2004.

[5]胡威捷,汤顺青,朱正芳. 现代颜色技术原理及应用[M]. 北京:北京理工大学出版社,2007.

[6]周世生. 印刷色彩学[M]. 北京:印刷工业出版社,2005.

[7]薛朝华. 颜色科学与计算机测色配色实用技术[M]. 北京:化学工业出版社,2004.

[8]董振礼,郑宝海,轩桂芬,等. 测色与计算机配色[M]. 2 版. 北京:中国纺织出版社,2007.

[9]曾林泉. 纺织品贸易检测精讲[M]. 北京:化学工业出版社,2012.

[10]王国栋. 染整测试[M]. 北京:化学工业出版社,2011.

[11]李宏光,吴宝宁,施浣芳,等. 几种颜色测量方法的比较[J]. 应用光学,2005,26(3):60 - 63.

[12]郑宇锋. 颜色测量仪器[J]. 仪表技术与传感器,1994(4):17 - 20.

[13]郑冰莹,章韵女,周理杰. 议纺织品耐摩擦色牢度试验摩擦头选择及对结果的影响[J]. 中国纤检,2012(6):63 - 65.

[14]丁长波,王雪燕,赵振河. 活性染料染色织物湿摩擦色牢度的影响因素及提升措施[J]. 纺织导报,2014(2):60 - 62.

[15]李菊竹,王宜满. 耐摩擦色牢度不同测试方法的比较[J]. 中国纤检,2006(12):21 - 22.

[16] 崔志华,唐炳涛,张淑芬,等. 偶氮染料结构与日晒牢度关系研究[J]. 染料与染色,2007,44(6):25-28.
[17] 顾加成. 提高天然植物染料真丝绸染色日晒牢度研究[D]. 苏州:苏州大学,2011.
[18] 魏丽丽. 影响活性染料染色织物的日晒牢度因素分析[J]. 染料与染色,2007,44(3):17-19.
[19] 欧其,章建新,陈佳蕾. 高日晒活性染料的研究进展[J]. 上海染料,2010,38(5):23-29.
[20] 朱华. 浅谈活性染料耐日晒色牢度的影响因素[J]. 印染助剂,2008,25(3):5-8.
[21] 丁雪梅,董霞,吴雄英,等. 纺织品耐光汗复合色牢度测试方法[J]. 印染,2005,31(19):37-39.
[22] 汪福坤,张玉莲. 纺织品耐光、汗复合色牢度测试方法之比较[J]. 纺织标准与质量,2006(6):23-25.
[23] 刘澄,袁寅瑕. 纺织品耐光、汗复合色牢度各测试标准对比[J]. 中国纤检,2014(6):43-44.
[24] 王春川. 人工加速光老化试验方法综述[J]. 电子产品可靠性与环境试验,2009,27(1):65-69.
[25] 赵丽莎. GB/T 32008—2015《纺织品色牢度试验 耐贮存色牢度》新标准浅析[J]. 中国纤检,2016(4):116-117.
[26] 程立军,戴金兰. 纺织品颜色迁移及其检测技术[J]. 纺织导报,2006(8):87-89.
[27] 沈煜如,宋心远. 分散染料的泳移性及其测定[J]. 印染,1991,17(4):242-247.
[28] 赵玉珠,周炜,张欢欢,等. 染料迁移色牢度检测方法对比[J]. 中国纤检,2016(11):71-73.
[29] 成丽. 染料迁移相关标准的探讨[J]. 江苏纺织,2013(2):59-60.
[30] 刘志红,田慧敏,石风俊,等. 织物白度表征方法的研究[J]. 中原工学院学报,2007,18(3):48-51.
[31] 王晋海,张新丽. 白度的目视评价和仪器度量[J]. 现代涂料与涂装,2006(6):47-49.
[32] 宋宗明. 白度评价及白度公式[J]. 纺织基础科学学报,1990(1):71-75.
[33] 中国计量科学研究院光学处色度组. 白度计量与白度公式[J]. 计量技术,1987(5):36-39.
[34] 徐海松. 颜色技术原理及在印染中的应用(六)第五篇均匀颜色空间与色差评价[J]. 印染,2005,31(23).
[35] 董雪. 纺织品色牢度测试标准比较及影响因素分析[J]. 现代丝绸科学与技术,2015,30(5):170-173.
[36] 周炜,黄怡婧. 纺织品色牢度检测标准的差异性研究[J]. 中国纤检,2012(14):51-54.
[37] 张文君,张勤斌. 耐湿摩擦色牢度影响因素的探讨[J]. 上海毛麻科技,2014(2):25-28,18.
[38] 朱挺. 影响染色织物耐摩擦色牢度的几个因素的分析[J]. 轻纺工业与技术,2011,40(4):83-84.
[39] 楼才英. 纺织品耐洗色牢度检测技术探讨[J]. 印染,2008(22):38-40.
[40] 罗武波. 纺织品耐洗色牢度测定[J]. 轻工科技,2010,26(6):116-117.
[41] 翟保京,梁国斌,闫秀华. 纺织品色牢度试验标准工作溶液[J]. 印染,2006(2):42-45.
[42] 陆梅芳. 中德纺织品耐唾液色牢度测试方法比较[J]. 染整技术,2013,35(10):47-51.
[43] 季莉. 纺织品耐水色牢度测试方法比较[J]. 现代丝绸科学与技术,2014,29(4):135-137.
[44] 武立宏. 纺织品日晒牢度检测标准和技术[J]. 印染,2006(18):41-43.
[45] 黄昊飞,唐炳涛,张淑芬,等. 环境因素对染料日晒牢度的影响[J]. 染料与染色,2009,46(1):31-36.
[46] 张志勇. 氙灯曝露试验中标准物质的用途及使用方法[J]. 环境技术,2006,24(4):23-27.
[47] 尹明. 氙弧试验仪的耐光色牢度测试[J]. 印染,2003(1):27-30.
[48] 董霞. 纺织品/服装耐光汗复合色牢度的研究[D]. 上海:东华大学,2006.
[49] 董太和,解兰昌. 白度的定量评价[J]. 光学仪器,1985,7(3):1-6
[50] 刘玉龙. 白度颜色的最新定量评价[J]. 科技情报开发与经济,2005,15(16):261-262.
[51] 张景彦,王力. 不同白度公式的比对和荧光白度的测定[J]. 中国造纸学报,1987,2(1):23-34.
[52] 于坤,王健. 纺织品白度的测量方法[J]. 中国纤检,2011(16):44-47.

[53]何国兴. 纺织品白色试样的色度评价——均匀白度公式[J]. 东华大学学报(自然科学版),1998,24(2):33-36.

[54]田伟. 纺织品的白度和黄度测定新公式及其应用[J]. 纺织高校基础科学学报,2001,14(3):256-261.

[55]陈苹,马煜,林弋戈. 系列标准白板光谱特性对白度计校准的影响[J]. 中国计量,2007(12):59-61.

[56]赵酒泉. 纤维素织物白度的仪器测量与白度公式探讨[J]. 印染,1993,19(2):33-37.

第六章　服用性能检验

纺织品根据用途通常分为服用纺织品、装饰用纺织品和产业用纺织品。服用纺织品是指用于人体的纺织品，包括服装面料、衬料及服饰等，要具有一定的功能，以满足服用要求，例如，遮体功能、防护功能、审美功能等。纺织品的功能通过纺织品的性能来体现。纺织品服用性能是指纺织品在人体使用过程中所必需的各种性能，包括卫生舒适性能、美观性能和实用性能等，是服用纺织品区别于其他纺织品的根本属性。

第一节　透气性检验

透气性是指空气透过织物的性能，直接影响织物的保暖、透湿、防风等服用性能，在人体与环境的能量交换中起着重要作用，是评价服装卫生舒适性能的一个重要指标。

透气性测试方法主要有压差法和等压法两类，使用最广泛的是压差法，又分为真空压差法和正压差法两类。真空压差法在透气性测试中一直作为基础方法使用，是国际上通用性最强的测试方法，测试标准也是最多的，常作为首要方法被采用。织物透气性一般用透气率表示，即在规定的试验面积、压降和时间下，气流垂直通过试样的速率（m/s）。

一、透气性测试

织物透气性采用透气测试仪进行测试，代表性方法有 GB/T 5453—1997、ISO 9237：1995、ASTM D737－04（2012）、JIS L1096—2010，试验面积推荐采用 $20cm^2$、压降 100Pa（服用织物）或 200Pa（产业用织物），也可选用压降为 50Pa、500Pa，或试验面积为 $5cm^2$、$50cm^2$、$100cm^2$。将试样平整夹持在试样圆台上，启动仪器，使空气通过试样，调节流量，使压降逐渐接近规定值 1min 后或达到稳定时，记录气流流量，按式（6－1）计算透气率和 95% 置信区间。

$$R = \frac{\bar{q}_V}{A} \times 167 \tag{6-1}$$

式中：R——透气率，mm/s；

$\bar{q}_V$——平均气流量，dm^3/min（L/min）；

A——试验面积，cm^2。

二、透气性影响因素

织物透气性取决于织物的经纬纱线间以及纤维间空隙数量与大小，即与织物密度、纱线细度和捻度因素有关，此外，还与纤维性质、纱线结构、织物组织结构、后整理等因素有关。

1. 纤维和纱线性质

纤维几何形态关系到纤维集合成纱时，纱线内部空隙的大小和多少。大多数异形截面纤维织物透气性优于圆形截面纤维织物，压缩弹性好的纤维织物透气性也较好。一般纤维越粗，织物透气性越好。通常，天然纤维比化学纤维透气性好，棉、麻、羊毛等天然纤维和蛋白质纤维织物的透气性好于锦纶、涤纶等合成纤维织物。天然纤维中，棉、麻、丝的透气性较好，羊毛稍差。吸湿性强的纤维，吸湿后纤维直径增加明显，织物紧度增加，透气性下降。

2. 织物性质

纱线细度相同的织物，经纬密增加时，织物透气性下降。增加织物厚度，透气性下降。常用纺织品中，针织物透气性最好，非织造布最低，机织物介于两者之间。织物浮长增加，则织物透气性增加。基本组织中，平纹组织织物透气性最低，斜纹组织较低，缎纹组织最高。不同组织织物的透气性顺序一般为蜂巢组织 > 缎纹 > 斜纹 > 平纹 > 纵凸条 > 绉组织 > 菱形组织。

3. 后整理

织物经后整理，例如，缩绒、起毛、树脂整理、涂层整理等，一般透气性降低，结构越疏松，后整理的影响越大。

第二节　热传递（保暖隔热）性能检验

热传递性能是指织物传递热量的能力，是服装材料的重要性能之一。织物传递热量能力越小，绝热性能越好，保暖作用就越大。人体热量散失主要有显热和潜热之分。显热指人体与环境之间存在温度差时，人体向外界释放的热量，主要形式有传导、辐射和热对流。潜热指以汗液蒸发的形式带走的热量。

一、织物热传递机理分析

宏观上讲，织物是纤维和空气的组合体，热量传递可通过传导、对流和辐射三种方式进行，表现在热量通过纤维进行传导，通过纤维间的空气以对流方式进行传递以及通过纤维表面之间以辐射的方式进行传递。由于织物内部空隙非常小，对流和辐射一般来说远远小于热传导，因此，织物中主要是以热传导方式进行热量传递。由于纺织材料具有各向异性，因此，织物热传递不是沿一个方向进行的，沿织物厚度方向传递的热流会在织物内形成等温曲面，织物内部的热流更多是沿纤维轴向进行传递，并传递到另一根纤维上。

微观上讲，纺织纤维存在晶区和非晶区，热流以声子传导方式进行流动。纤维是由线型大分子链组成的高聚物，主要沿轴向排列，这种取向结构决定声子沿着纤维轴向传递时的阻力相对较小，沿径向传递阻力较大，所以，热流在纤维中主要是沿轴向流动。

二、织物热传递性能测试指标

表示织物热传递性能的指标有保温率、传热系数、克罗值、热阻等。在国内的产品标准中通常用保温率来评价服装的保暖性能，热阻一般只出现在方法标准中，国内的服装产品标准很少用热阻值作为考核指标。

1. 保温率

保温率是指无试样时的散热量和有试样时的散热量之差与无试样时的散热量之比的百分率，可采用保温仪进行测试，将试样覆盖在试验板上，试验板和底板及周围的保护板均保持恒温，测定试验板在一定时间内保持恒温所需要的加热时间，按式(6－2)计算织物保温率。保温率越大，织物保暖性越好。

$$Q = \frac{Q_1 - Q_2}{Q_1} \times 100\% \tag{6-2}$$

式中：Q——保温率；

Q_1，Q_2——分别为无试样时和有试样时的散热量，W/℃。

2. 传热系数

传热系数是指纺织品表面温差为1℃时，通过单位面积的热流量，按式(6－3)计算。

$$U = \frac{P}{A \cdot \Delta T} \tag{6-3}$$

式中：U——传热系数，W/(m^2·℃)；

P——散热量，W；

A——试验板面积，m^2；

ΔT——试验板与空气温差，℃。

织物的传热能力是由组成织物的纤维和织物中的空气和水分共同作用的结果，织物传热系数实际上是纤维、空气和水分混合体的传热系数。由于空气的热导率很小，织物中静止空气的含量越大，织物传热性能就越差，保暖性越好。

3. 克罗(CLO)值

克罗值是综合反映织物保暖性能的单位，与人的生理参数、心理感觉和环境条件相关联，由美国耶鲁大学约翰皮尔斯实验室 Gagge 和 Burton 于 1941 年提出。在室温为 21℃、相对湿度小于 50%、气流速度不超过 0.1m/s 的条件下，试穿者静坐不动，基础代谢为 58.15W/(m^2·h)[50kcal/(m^2·h)]，感觉舒适并保持体表温度在 33℃，此时，所穿服装的隔热值为 1 克罗值。1 克罗值＝0.155℃·m^2/W。克罗值反映保暖性的高低，值越大，表示织物保暖性越好。

4. 热阻

热阻是评估织物热性能的一个重要指标，指织物阻止热量穿过的能力。热阻是试样两面温度差与垂直通过试样的单位面积热流量的比值，单位为℃·m^2/W，即当温度差为 1℃时，热能以 1W/m^2的速率通过，表示为一个热阻单位。热阻反映织物隔热保暖能力，值越大，织物的阻热隔热性能越强，保暖能力越好，导热性越差。热阻在数值上与传热系数呈倒数关系，见式(6－4)。

$$R = \frac{A \cdot \Delta T}{P} \tag{6-4}$$

式中：R——热阻，℃·m^2/W；

P——散热量，W；

A——试验板面积，m^2；

ΔT——试样两面温度差，℃。

试样热阻与一定面积上的散热量和两面温差相关，若不能准确测定试样两面温差，可先测定空板热阻 R_0，再测定放样时的热阻 R_t，从而得到试样热阻。

$$R = R_t - R_0 \tag{6-5}$$

保温率与热阻可以从不同角度来反映纺织品的保温性能，两个指标之间具有一定的互补性。保温率只是表示比率关系，不能表示纺织品本身固有的性质。热阻是由组成纺织品的纤维热性能和纺织品本身的织物结构两方面所决定，是纺织品自身所具有的性质。

三、热阻测试方法

热阻值测定方法有恒温法和冷却法两类，冷却法只能定性比较纺织材料的隔热性能，恒温法既可定性测试，也可测定热阻值。恒温法分为铜板法、圆筒法、铜人法和人体实验。人体实验较为精确，但受个人心理和生理影响，重现性较差。铜人法是一种可靠有效测定热阻的方法，避免人体实验中个人生理、心理因素和个体差异的影响，精确度高、重现性好，并可在真人无法试验的极端环境下进行试验，在服装保暖透湿透汽性能评价、服装传热传湿机理研究和职业防护服装开发中发挥重要作用，是服装热湿性能研究必不可少的先进设备。

1. 铜板法

铜板法也称蒸发热板法，可用于测定织物热阻和湿阻，因主要部分是一块加热的金属平板而得名，如图 6-1 所示，由热量测定装置、温度控制装置和定量供水装置组成，能够模拟从皮肤表面穿过一块织物到外界环境的热湿传递过程。测试时，将试样覆盖于电热试验板上，试验板及其周围和底部的热护环（保护板）都能保持相同的恒温，以使电热试验板的热量只能通过试样散失，在试验条件达到稳态后，测定通过试样的热流量来计算试样的热阻。

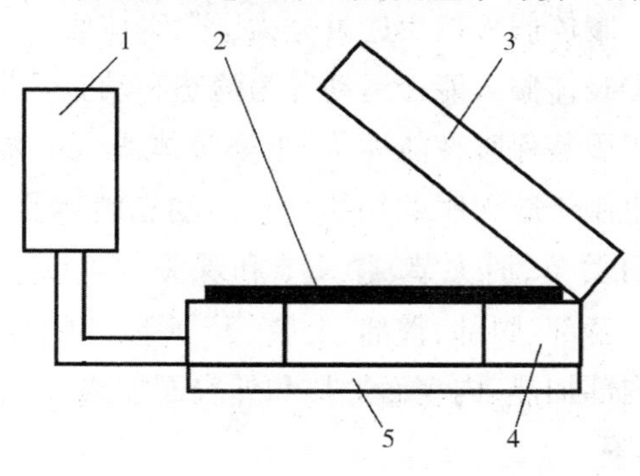

图 6-1　蒸发热板法仪器示意图

1—定量供水装置　2—试样　3—气流罩　4—热护环　5—底部热保护板

测定湿阻时，需在多孔电热试验板上覆盖透气但不透水的薄膜，进入电热板的水蒸发后，以水蒸气的形式通过薄膜，没有液态水接触试样。试样放在薄膜上后，测定一定水分蒸发率下保持试验板恒温所需热流量，并与通过试样的水蒸气压力计算试样湿阻。

蒸发热板法仪器只能测得服装面料的热阻、湿阻，不能反映不同设计的服装，由于服装合体性、接缝、身体运动产生的通风效应等因素对热阻、湿阻的影响，也不能考虑到服装内微气候对热阻、湿阻的影响。

铜板法测量热阻可参考 GB/T 11048—2018，该标准等效采用 ISO 11092:2014，适用于各类纺织品，试样要能完全覆盖试验板和热护环表面，并在 20℃、相对湿度 65%（或 35℃、相对湿度 40%）、空气流速 1m/s 的环境中调湿至少 12h，厚度大于 5mm 的试样调湿 24h。

（1）空板值 R_{ct0} 的测定。设定试验板表面温度 35℃、气候室温度 20℃、相对湿度 65%、空气流速 1m/s（A 型仪器）或小于 0.1m/s（B 型仪器），测定稳定后的试验板表面温度、气候室温度、相对湿度和加热功率，并通过式（6-6）计算空板值。

$$R_{ct0} = \frac{(T_m - T_a) \cdot A}{H - \Delta H_c} \tag{6-6}$$

式中：R_{ct0}——空板值，$m^2 \cdot K/W$；

T_m，T_a——分别为试验板表面温度和气候室温度，℃；

A——实验板面积，m^2；

H——提供给测试板的加热功率，W；

ΔH_c——加热功率的修正值，W，根据 GB/T 11048—2018 附录 B 确定。

（2）测试。试样平置于试验板上，接触皮肤的一面朝向试验板。如果试样厚度超过 3mm，调节试验板高度使试样上表面与试样台平齐。实验条件与空板值 R_{ct0} 的测定条件相同，测定稳定后的相应数据，通过式（6-7）计算热阻 R_{ct}。

$$R_{ct} = \frac{(T_m - T_a) \cdot A}{H - \Delta H_c} - R_{ct0} \tag{6-7}$$

2. 暖体假人

暖体假人，又称铜人，是一种模拟人体与环境之间热湿交换的仪器设备，大小和普通成年人相似，可模拟人体代谢保温。暖体假人按用途可分为干热暖体假人、出汗暖体假人、可呼吸暖体假人和可浸水暖体假人，根据暖体假人能否运动分为静态和动态。静态暖体假人一般是站姿或坐姿，站姿暖体假人主要用于服装保暖性能评价，坐姿暖体假人主要用于机动车中热环境和机动车驾驶员热舒适性评价，也用于航天服的功能评价。动态暖体假人用于研究人体运动、风速等对服装保暖性的影响，其肩关节、肘关节、膝关节和踝关节可以活动，以模拟人体步行运动。目前，先进的假人由头、胸部、背部、腹部、臀部、上肢、手、下肢和脚等多个解剖段组成，各个解剖段可独立控制和监测，采用内部加热、内表面加热和外表面加热模拟人体代谢保温，一些假人还可模拟人体发汗、行走、呼吸等。

暖体假人的发展可分为单段暖体假人、多段可活动暖体假人和出汗暖体假人三个阶段。第一代是单段暖体假人，诞生于 20 世纪 40 年代，美国军方用铜管和金属片建造无头、无脚的单段铜人,不能反映人体温度分布,且不能活动,只能用于服装热阻测试。第二代是多段暖体假人,诞生于20世纪60年代,可单独控制每段体表温度和加热系统,且假人本体可模拟人体的不同姿势,做一些简单运动,测试服装在干热状态下的热传递性能。第一代和第二代暖体假人只能模拟人体和环境的显热交换,不能测试出汗的蒸发热损失,所以也称为干态暖体假人。暖体假人主要是在冷环境下模拟人体散热过程,用于服装防寒保暖性能的研究、测试与评价。方法是将假人置于人工气候仓中,以一定的功率加热假人本体,并通过控制机构使其表面温度稳定在33℃左右,根据其表面温度与环境温度差及保持假人表面温度恒定所需的供热量计算服装热阻,据此评估服装的保暖性能。第三代是出汗暖体假人,从20世纪80年代发展至今,在暖体假人表面覆盖一层模拟皮肤,可模拟人体出汗情况,并可做较复杂的动作,能更真实、全面地反映人体、服装和环境的热湿交换过程,对服装的热湿传递性能做出综合评价。

目前,全世界使用的暖体假人已超过100个,研发国有美国、丹麦、芬兰、德国、瑞典、日本和中国,不同国家间存在一定差异。现代出汗假人都是分段假人,全身至少分为17段,多者分为126段,每一段可单独加热和测量温度,一般以蒸馏水代替人体出汗。

服装热阻通常有总热阻、有效热阻和基本热阻三种表示方法。服装总热阻是指从皮肤表面到环境的热阻,可由暖体假人直接测量得到,包括两部分,一部分是服装表面空气层热阻,即裸露的假人在相同环境条件下测得的热阻,另一部分是服装基本热阻,即从皮肤表面到服装外表面的热阻,不包含服装表面空气层热阻。有效热阻是指从人体皮肤表面到服装外表面的热阻。基本热阻是指从人体皮肤表面到服装外表面的热阻,并考虑服装面积因子的影响。

暖体假人热阻测试中,服装总热阻加权平均计算方法主要有串行法和并行法。当服装各部分热阻分布均匀时,两种方法计算的服装总热阻相同。当服装各部分热阻不相等,且分布极不均匀时,采用串行法计算得到较高的隔热值,过高估计了服装保暖性能,会导致防寒服使用者产生难以接受的冷感,并将使用者置于潜在危险中。因此,使用并行法得到的结果更接近人体真实试验结果,更合理。

暖体假人法测热阻可参考GB/T 18398—2001,适用于测量各类服装的热阻。制作适合假人穿着的服装,暖体假人皮肤温度设为32～35℃,气候仓温度根据预估被测服装热阻值按表6－1设定,气候仓湿度30%～50%,气候仓风速0.15～8m/s。

表6－1　气候仓温度设定

服装总热阻 I_t/clo	假人皮肤温度与环境温度之差/℃
裸体时	≥10
$1 \leq I_t \leq 3$	≥20
$I_t > 3$	≥30

根据暖体假人各段表面积加权按式(6－8)计算服装总热阻。

$$It = \sum \left[\frac{(T_{si} - T_a) \times S_i}{0.155 \times H_i \times S} \right] \tag{6-8}$$

式中:I_t——服装总热阻,clo;

T_{si},T_a——分别为暖体假人第 i 段皮肤温度和暖体假人周围环境温度,℃;

H_i——暖体假人第 i 段加热流率,W/m^2;

S,S_i——分别为暖体假人表面积和暖体假人第 i 段表面积,m^2;

0.155——热阻单位换算系数,1clo = 0.155℃ · m^2/W。

四、热阻测试方法比较

国内外铜板法和暖体假人法测热阻分别见表 6-2 和表 6-3。

表 6-2 铜板热阻测试方法比较

内容	GB/T 11048—2018	ISO 11092:2014	ASTM F1868—2017	ASTM 1518-1721—2017
适用范围	各类纺织织物及制品,涂层织物、皮革及复合材料	服装、被褥、睡袋、装饰织物等各类纺织制品、织物、薄膜、涂层、泡沫、皮革及复合材料	服装、被褥、睡袋、装饰织物等各类纺织制品、织物、薄膜、涂层、泡沫、皮革及复合材料	棉絮
仪器	蒸发热板	蒸发热板	蒸发热板	静态平板
测量范围/($K \cdot m^2 \cdot W^{-1}$)	≥2	≥2	0.002~0.5	0.1~1.5
试验板面积/m^2	0.04	0.04	—	边长 254mm 方形
试样数量/块	3	3	3	3
试验板表面温度/℃	35	35	35±0.5	35±0.5
气候室温度/℃	20	20	(4~25)±0.1	样品:(1~15)±0.1 空板:20
相对湿度/%	65	65	(20~80)±4	(20~80)±4
空气流速/($m \cdot s^{-1}$)	1	1	(0.5~1.0)±0.1	无风或 1.0±0.1
评价指标	热阻	热阻	热阻	热阻

表 6-3 暖体假人热阻测试方法比较

内容	GB/T 18398—2001	ISO 15831:2004	ASTM F1291—2016	ASTM F1720—2014
适用范围	各类服装	配套服装	配套服装	睡袋
仪器	暖体假人	暖体假人	暖体假人	暖体假人
假人身高/m	符合真人群体统计数据的平均值	1.70±0.15	1.7±0.1	1.8±0.1
假人体表面积/m^2	—	1.7±0.3	1.8±0.3	1.8±0.3
假人测试时姿态	站姿或动态	站姿或动态	站姿	仰卧
样品数量/个	2,否则,重复测量 1 次	3,否则,重复测量 1 次	3,否则,重复测量 1 次	3,否则,重复测量 1 次
体表温度/℃	32~35	34±0.2	35±0.2	35±0.3

续表

内容	GB/T 18398—2001	ISO 15831:2004	ASTM F1291—2016	ASTM F1720—2014
气候仓温度/℃	根据预估服装热阻值设定，比体表温度至少低10℃	比体表温度至少低12℃	比体表温度至少低12℃	比体表温度至少低25℃
气候仓湿度/%	30~50	30~70 最佳50	(30~80)±5 最佳50	40~80
气候仓风速/($m \cdot s^{-1}$)	0.15~8	0.4±0.1	0.4±0.1	0.3±0.05
热阻单位	clo	$K \cdot m^2/W$	$℃ \cdot m^2/W$ 或 clo	clo
热阻计算方式	串行法	并行法或串行法	并行法	并行法

五、热阻影响因素

织物热阻主要取决于纤维材料的导热系数、纱线直径、织物组织结构、织物经纬密、织物厚度和织物所包含的空气等。

1. 纤维材料

织物热传递中传导的贡献率远大于对流和辐射，因此，纤维的性质对织物热传导非常重要。纤维结晶度越高，取向度越好，越有利于晶格的振动传热，导热系数越大，织物的热阻越小，织物热传导性能越好，隔热效果差。纤维沿轴向热传导性优于沿径向热传导。此外，纤维回潮率越大，起始热阻值越小。

相对密度小的纤维，例如，中空纤维，因内部含有大量的静止空气，热阻值高，具有较好的保暖性。羊毛、羊绒等卷曲纤维，纤维间空隙多，含气量大，织物热阻大，保暖性好。超细纤维和羽绒等，由于纤维细，比表面积大，静止空气层的表面积也大，绝热性好。

2. 纱线

一般纱线越细，纤维沿轴向排列越均匀，纤维间越紧密，导热性越好。捻度与热传导能力呈负相关，捻度越大，纤维排列越紧密，含空气率越少，导热性好。此外，相同情况下，短纤纱热传导性不如长丝，因为短纤纱内纤维较多，沿轴向有序排列程度不如长丝，空隙较多，搭接点少，滞留空气多，热传导性相对较弱。

3. 织物组织结构和性能

一般情况下，织物越厚，热阻越大；厚度相同时，克重越大，热阻值越小。织物经纬密越大，孔隙率越小，导热性越好，平纹孔隙率相对较小，导热性优于斜纹和缎纹。由于空气导热系数比纤维小许多，织物含气率越高，热阻值越大，隔热性越好，但过于稀疏蓬松的织物，虽然含气量大，但织物中空气稳定性差，受外界影响大，容易带走热量，保暖性下降。

4. 后整理

织物后整理对织物保暖性影响较大，拉毛起绒织物表面有一层绒毛，使织物含有一定厚度的空气层，提高了织物的保暖性。涂层轧光织物，由于涂层和织物压平降低织物透气性，也可以提高织物的保暖性。

5. 外界环境

空气湿度高时,纤维吸湿量大,织物的导热性能增强,隔热性下降。环境温度与热阻呈负相关,温度越高,导热载体(电子、声子、分子、光子等)、分子链段及晶格的运动或振动越强烈,导热散热速率加快,热阻减小。当环境风速增大时,服装面料中静止空气数量和边界空气层厚度降低,隔热性降低,导热性增强。此外,大气压也对其有一定影响,大气压越低,空气密度越小,导热性能变弱,例如,在高原地区和高空,由于大气压降低,空气密度变小,织物导热性会下降,有利于保暖防寒。

6. 服装热阻

服装材料热阻与服装热阻之间没有明显的相关性,因为服装有许多式样,造成织物不同程度的重叠,如口袋、翻边、袖口等,改变了织物的厚度。服装热阻不同于织物热阻的构成,除了服装面料本身的热阻外,服装与人体表面间存在的空气层状态及厚度也决定了服装热阻。服装的合体程度也影响服装热阻,服装尺寸太大,服装内空气层太厚,易产生空气对流换热;尺寸太小,服装内空气层太少,服装保暖性下降。

第三节 湿传递性检验

人体水分蒸发是人体散热的重要形式之一,人体的水分蒸发有两种情况,一种是不出汗时的水分蒸发,即潜汗蒸发;另一种是人体出汗时的水分传递和蒸发,即显汗蒸发。服用纺织品是以气相水和液相水两种状态进行湿传递,表现为两种形式,一类是气相水传递,包括吸湿性和透湿性,即纺织品从气态环境中吸收水分和水分子透过纺织品;另一类是液相水传递,包括吸水性和透水性,即纺织品吸收液态水,并通过毛细作用和空隙传递出去。

一、吸湿性

通常把纤维材料从气态环境中吸收水分的能力称为吸湿性,可以用回潮率或含水率表示。回潮率是指纺织材料在规定条件下所含水分质量占烘干质量的百分率,含水率是指纺织材料在规定条件下所含水分质量占烘前质量的百分率,分别按式(6-9)和式(6-10)计算。

$$R = \frac{M_{湿重} - M_{干重}}{M_{干重}} \times 100\% \tag{6-9}$$

$$S = \frac{M_{湿重} - M_{干重}}{M_{湿重}} \times 100\% \tag{6-10}$$

式中: R,S——分别为纺织材料回潮率和含水率;

$M_{湿重},M_{干重}$——分别为纺织材料在规定条件下烘燥前和烘燥后的质量,g。

纺织材料在不同状态下的吸湿能力不同,为了使纺织材料的吸湿有可比性,可测定纺织材料在标准状态下达到吸湿平衡时的回潮率,即标准回潮率。但在贸易和成本核算时,纺织材料并不处于标准状态，即使是在标准状态下，同一种纺织材料的实际回潮率也不是定值。为了纺织贸易和检验的需要，国家对各种纺织材料的回潮率做出统一规定，纺织材料回潮率的约定值称为公定回潮率，GB/T 9994—2018《纺织材料公定回潮率》规定了主要纺织材料的公定回潮率，见表6－4，在数值上接近标准回潮率。各国所规定的纺织材料公定回潮率略有不同，在纺织品国际贸易中还要关注对方的回潮率标准。

表6－4　我国主要纺织材料公定回潮率

纤维种类	公定回潮率/%	纤维种类	公定回潮率/%
棉	8.5	醋酯纤维	7.0
同质洗净毛	16.0	锦纶	4.5
异质洗净毛	15.0	涤纶	0.4
精纺毛纱	16.0	腈纶	2.0
粗纺毛纱	15.0	维纶	5.0
毛织物、山羊绒织物	15.0	氨纶	1.3
桑蚕丝、柞蚕丝	11.0	聚乳酸纤维	0.5
苎麻、亚麻	12.0	芳纶1414	7.0
黄麻	14.0	高模量芳纶	3.5
黏胶、莫代尔、莱赛尔	13.0	丙纶、氯纶	0

1. 纺织材料吸湿性能影响因素

纺织纤维亲水基团数量和亲水性强弱对纺织材料吸湿性能有很大影响。亲水基团越多，极性越强，吸湿性越好。天然纤维中含有较多的亲水基团，吸湿性一般较好，合成纤维中亲水基团少，吸湿性差。

纤维结晶区分子排列紧密有序，水分子很难进入结晶区，纤维吸湿主要发生在非结晶区，因此，纤维结晶度越低，吸湿能力越强，但在同等结晶度下，微晶体越小，吸湿能力越强。

纤维比表面积越大，表面能也越大，吸附能力就越强，吸湿能力越好。纤维无定形区内孔隙越多，水分子越易进入，吸湿能力越强。

不同伴生物和杂质对吸湿性能影响不同。棉纤维中蜡质、脂肪，毛纤维中油脂降低吸湿能力，而棉纤维中含氮物质、果胶，蚕丝中丝胶使吸湿能力增强。

2. 吸湿对纺织材料性能的影响

纤维吸湿后体积膨胀，且横向膨胀远大于纵向膨胀，导致纺织品厚度增加，硬挺度增加，尺寸收缩。

一般纺织材料强力随吸湿增加而降低，断裂伸长增加，摩擦系数增大，因为水分子进入纤维无定形区，减弱大分子间结合力，使分子容易在外力作用下发生滑移，黏胶吸湿后强力下降特别显著，但棉和麻吸湿后强力却增加。

纤维在吸湿时会放出热量，因为运动中的水分子被纤维分子吸附时，将动能转化为热能。纤维回潮率增加，电阻下降，导电性提高，电荷不易积聚，减少静电产生，抗静电性增强，对纺纱织造十分有利。随着回潮率增加，纤维折射率和吸光率增加，光泽变暗，颜色变深，耐红外光性能增强，耐紫外光性能下降。

3. 纺织材料回潮率测定

纺织材料回潮率测定分为直接测定和间接测定。直接测定是通过测定纺织材料去除水分前后的质量，经过计算得到，包括烘箱法、红外线辐射法、高频加热干燥法、吸湿剂干燥法、真空干燥法等。间接测定不需要去除纺织材料中的水分，通过测定其他方法进行测试，如电学测定法、微波吸收法和红外测试法等。

(1)烘箱法。烘箱法测回潮率可参考 GB/T 9995—1997，该标准参考 ASTM D2654—1989、ISO 6741－1:1989 和 ISO 2060:1994 中相关内容制定，适用于所有纺织品。将试样放置在烘箱中，在规定条件下烘燥至恒重。恒重是指纺织材料烘燥时按规定时间间隔称重，连续两次称得试样质量的差异小于后一次称得质量的 0.1%。该方法简便易行、精度高、重现性好、使用普遍，但效率较低，试样一般会遭到破坏。

不同纺织材料，因结构、含水量及试样在烘箱内暴露程度不同，造成烘燥时间不同，为真正达到烘燥平衡，不同试样应采用不同烘燥时间和连续称重时间间隔。通过预备性试验，绘出失重率按式(6－11)计算与烘燥时间关系曲线，即烘燥特性曲线，如图 6－2 所示，从曲线上找出失重至少为最终失重 98% 所需时间，作为正式试验的始称时间，用该时间的 20% 作为连续称重的时间间隔。若采用箱外冷称重，则连续称重时间间隔要比箱内热称长一些。

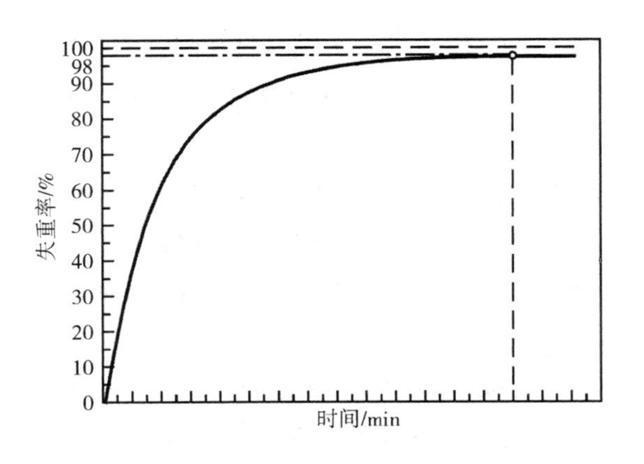

图 6－2 烘燥特性曲线

$$失重率 = \frac{W_0 - W_t}{W_0 - W_1} \times 100\% \quad (6-11)$$

式中：W_0，W_1，W_t——分别为烘燥前、烘燥达到恒重时、烘燥 t 时间时织物质量，g。

根据材料不同，烘箱内烘燥温度一般按表 6－5 设定，也可采用协议温度。

表 6-5 烘燥温度

材料	烘燥温度/℃
腈纶	110±2
氯纶	77±2
桑蚕丝	140±2
其他纤维	105±2

如果对烘前质量有规定，要在样品容器打开后30s内，将试样调整至规定质量。箱内称重常用八篮恒温烘箱，将试样放入烘箱内的称重容器内，称重前关闭烘箱通风系统，称取烘至恒重的试样及称重容器的质量。如果是箱外称重，则把试样放在称重容器内，一起放入烘箱内，容器要敞口。称重时，在烘箱里将称重容器盖好，取出后放入干燥器内，冷却至室温称重，称重完后将试样和称重容器放入烘箱，称重容器要敞口，继续烘燥、冷却、称重，直至恒重，按式（6-12）计算试样干重，然后，根据式（6-9）和式（6-10）分别计算回潮率和含水率。

$$M_{干重} = M_0 - M_1 \tag{6-12}$$

式中：$M_{干重}$——试样干重，g；

M_0——烘至恒重的试样连同称重容器的质量，g；

M_1——空称重容器质量，g。

需要注意的是，对于原棉回潮率的测定，GB/T 6102.1—2006 中规定烘燥时间间隔为15min，前后两次质量差值不超过后一次质量的0.05%。

（2）电阻法。纺织材料的电学性能随吸湿而发生明显改变，在干燥状态下，纺织材料质量比电阻一般大于$10^{12}\Omega\cdot g/cm^2$，属于绝缘体。随着纺织材料吸湿，回潮率与质量比电阻近似成对数关系，因此，可以通过测定一定条件下纺织材料的电阻来间接测定回潮率。

电阻测湿仪就是利用纺织材料在不同吸湿状态下电阻值不同来测定回潮率，当纺织材料质量、松紧程度、温度和电压等试验条件一定的情况下，根据测试电路中电流的大小，即可测得纺织材料回潮率。电阻测湿仪种类较多，按使用条件可分为便携式和在线检测式两种，按测试对象可分为纤维、纱线和织物电阻测湿仪，按测试方式可分为插针式和箱式。电阻测湿具有测试速度快等优点，是间接测试法中应用最为广泛的方法之一。电阻法测定原棉回潮率可参考 GB/T 6102.2—2012，该标准适用于回潮率为3%～13%的原棉回潮率测定。

影响电阻测湿仪测定结果准确性因素多且复杂，例如，试样回潮率分布是否均匀、棉纤维上蜡质、测定温度和时间、测定时电极与纤维间压力等，都会对测量结果有影响。原棉电阻值与测定温度有关，温度高时，电阻值偏低，测得回潮率偏高；温度低时，电阻值偏高，回潮率偏低，因此，测定时需要进行温度补偿。

二、透湿性

透湿性，也称透汽性，是指纺织品透过水蒸气的性能。透湿性是因为织物两边存在一定的水蒸气浓度差，当织物两边的水汽压力不同时，水汽会从高压一边透过织物，流向另一边。透湿性是织物转移身体自然排出水汽到外部环境的一种能力,是衡量服装生理穿着舒适性的一个重要指标。

1. 透湿性测试方法

纺织品透湿性可用透湿率和湿阻来表示。透湿率主要通过称重法进行测试,因测试时主要使用透湿杯,也称透湿杯法,分为吸湿法和蒸发法,根据操作方法不同分为正杯法和倒杯法,不同测试方法对纺织品透湿性的测试结果和影响因素各不相同。目前,国内外对纺织品透湿性的检验方法没有统一规定,日本、欧盟、美国和中国都已制定相应的检验方法标准。

湿阻,也称透湿阻力,是纺织品对水蒸气透过的阻抗能力,是纺织品内外水蒸气压差与垂直通过单位面积内蒸发热流量的比值,单位为 $m^2 \cdot Pa/W$。湿阻表征纺织品阻止水蒸气透过的能力,湿阻大,纺织品不容易让水蒸气透过。

(1)透湿率测定。我国纺织品透湿率测定主要有 GB/T 12704.1—2009 和 GB/T 12704.2—2009 两种方法,用于厚度小于10mm 的织物,吸湿法还要求透湿率 $<29000g/(m^2 \cdot 24h)$。测试时,如图 6-3 所示,透湿杯中盛有干燥剂或蒸馏水,以织物试样封口,放置于一定温湿度环境中,经过一定时间,根据透湿杯质量的变化,计算试样透湿率或透湿度。其中,吸湿法,即干燥剂正杯法,测试范围较广,是国内检验机构使用频率较高的检验方法。蒸发法主要用于防水透气类织物的测试。

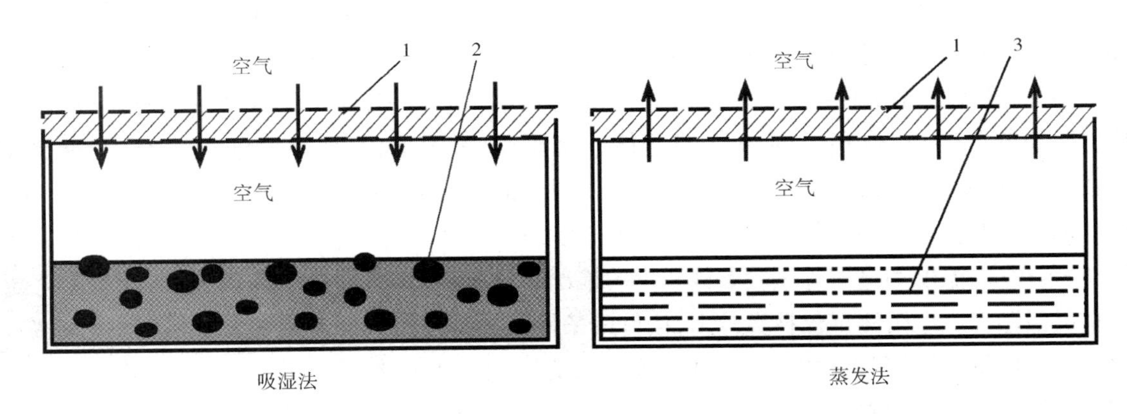

图 6-3 透湿率测试原理

1—试样 2—吸湿剂 3—水

吸湿法测试:透湿杯中装入 35g 干燥剂,一般为无水氯化钙,使用前在 160℃烘箱中烘燥 3h。空白试验不加干燥剂。将试样测试面朝上,放置在透湿杯上并压紧,用胶带侧面密封,组成试验组合,放入已经达到试验条件的试验箱中。试验条件一般为(38±2)℃、相对湿度 90%±2%。1h 后取出,盖上杯盖,放在 20℃干燥器中平衡 30min 后称量。除去杯盖,重新放入试验箱,1h 后再取出称量。

蒸发法测试:量取 34mL 蒸馏水倒入透湿杯中,将试样测试面朝上,放置在透湿杯上并压紧,用胶带侧面密封,组成试验组合,放入已经达到试验条件的试验箱中。试验条件一般为(38±2)℃、相对湿度50% ±2%。1h后取出称量。重新放入试验箱,1h后再取出称量。

透湿率和透湿度分别按式(6-13)和式(6-14)计算。

$$WVT = \frac{\Delta m - \Delta m'}{A \cdot t} \times 100\% \tag{6-13}$$

$$WVP = \frac{WVT}{\Delta p} = \frac{WVT}{p_{CB}(R_1 - R_2)} \tag{6-14}$$

式中:WVT——透湿率,g/(m^2·h);

Δm——同一试验组合两次称量之差,g;

$\Delta m'$——空白试样两次称量之差,g;不做空白试验时,$\Delta m'=0$;

A——有效试验面积,m^2,$A=0.00283\text{m}^2$;

T——试验时间,h;

WVP——透湿度,g/(m^2·Pa·h);

Δp——试样两侧水蒸气压差,Pa;

p_{CB}——试验温度下饱和水蒸气压力,Pa,查GB/T 12704.1—2009附录A;

R_1——试验箱的相对湿度;

R_2——透湿杯内的相对湿度,通常为0。

(2)湿阻的测定。测定湿阻时,需要有供水装置,以保持试验板表面湿润,采用透气但不透水的薄膜来实现,试验用水要经过二次蒸馏并煮沸,以免薄膜下出现气泡。各类纺织品的湿阻测定可参考GB/T 11048—2018,取样和制样同热阻相同。首先测定空板值R_{et0},试验板表面温度及气候室温度均为35℃、空气流速1m/s、空气相对湿度40%、水蒸气压力为2250Pa,测定稳定后的试验板表面温度、气候室温度、相对湿度和加热功率,并按式(6-15)计算空板值。

$$R_{et0} = \frac{(P_m - P_a) \cdot A}{H - \Delta H_e} \tag{6-15}$$

式中:R_{et0}——空板值,m^2·Pa/W;

P_m——试验板表面温度为T_m时饱和水蒸气压力,Pa;

P_a——气候室温度为T_a时水蒸气压力,Pa;

A——实验板面积,m^2;

H——提供给测试板的加热功率,W;

ΔH_e——加热功率的修正值,W,根据GB/T 11048—2018附录B确定。

将防水透汽薄膜放置在试验板上,然后放置试样,接触皮肤的一面朝向试验板。如果试样厚度超过3mm,调节试验板高度,使试样上表面与试样台平齐。测试条件同空板值R_{et0}的测试条件相同,测定相应数据,并按式(6-16)计算湿阻R_{et},结果保留3位有效数字。

$$R_{et} = \frac{(P_m - P_a) \cdot A}{H - \Delta H_e} - R_{et0} \tag{6-16}$$

2. 透湿性测试方法比较

湿阻测试方法比较见表6-6。

表 6-6 湿阻测试方法比较

内容	GB/T 11048—2018	ISO 11092:2014	ASTM F1868—2017
适用范围	各类纺织品及制品，涂层、皮革及复合材料	服装、被褥、睡袋、装饰织物等各类纺织制品、织物、薄膜、涂层、泡沫、皮革及复合材料	服装、被褥、睡袋、装饰织物等各类纺织制品、织物、薄膜、涂层、泡沫、皮革及复合材料
仪器	蒸发热板	蒸发热板	蒸发热板
测量范围/($m^2 \cdot Pa \cdot W^{-1}$)	≥700	≥700	0～1000
试验板面积/m^2	0.04	0.04	—
试样数量/块	3	3	3
试验板表面温度/℃	35	35	35±0.5
气候室温度/℃	35	35	35±0.5
相对湿度/%	40	40	40±4
空气流速/($m \cdot s^{-1}$)	1	1	(0.5～1.0)±0.1

3. 透湿性影响因素

(1)纤维种类和结构。低湿条件下，水蒸气的传递与织物内纤维种类关系不明显，此时，织物厚度和孔隙率或织物结构是决定织物透湿的主要因素，但高温时，亲水性纤维透湿性能明显优于疏水性纤维。纤维表面积大，透湿能力增加。

(2)织物结构。织物组织结构一定时，织物的透湿性能主要取决于织物的厚度和紧度，随着厚度和紧度的增加，透湿能力下降。织物紧度一定且总紧度比较小时，一般平纹织物透湿性能最小，缎纹织物的透湿性能最大。

(3)后整理。织物经树脂整理后，一般透湿性下降，但若织物表面经吸湿剂整理后，可改善透湿性。

三、吸水性

吸水性是指纺织纤维材料在液态水中吸收水分的性质。液态水在纤维表面扩散，被纤维中的孔隙、空腔及纤维间形成的毛细管所吸收、保持。纤维的吸水性既与纤维的化学结构有关，也与纤维的物理结构、形态结构有关。

纺织品吸水性测试方法很多，一类是测试纺织品吸水量的大小，例如，GB/T 22799—2009 中 B 法、JIS L1907—2010 中吸水率法等；另一类是测试吸水速度或吸水高度，有滴下法、吸水法和沉降法，例如，FZ/T 01071—2008、AATCC 79—2014、AATCC 197—2013 等。

1. 吸水性测试方法

纺织品吸水性能测试可参考 FZ/T 01071—2008，适用于长丝、纱线、织物等纺织品，不适用于短纤维，该标准等效 ISO 9073-6:2000。测试时，将长度不小于 250mm、有效宽度 30mm 的试样垂直悬挂，一端固定在试验装置横梁架上，如图 6-4 所示，距下端 8～10mm 处装上张力夹，使试样保持垂直，并使下端位于标尺零位以下(15 ± 2) mm，加入三级水至标尺零位，可加入适量墨水，测量30min 时液体芯吸高度的最大值和最小值，单位为 mm。

2. 吸水性影响因素

纺织品接触水时，先是在纺织品表面进行润湿，由于纤维吸水和毛细效应，水分向周边扩散润湿，最终，纺织品内的孔隙完全充满水，吸水达到饱和。纺织品吸水性实际上是由纺织品表面特征、内部结构和纤维的吸湿性能决定的。

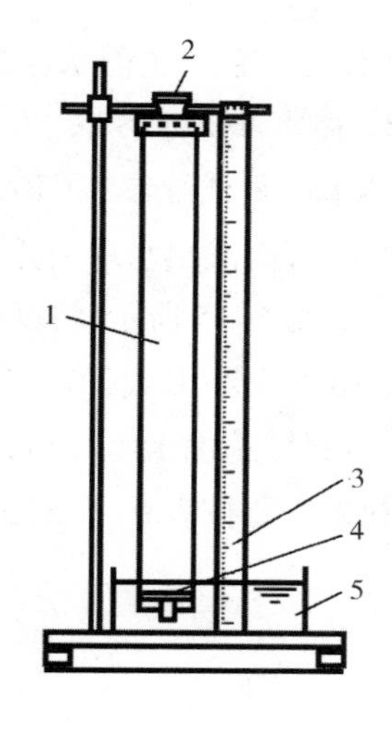

图6-4　毛细效应试验装置示意图

1—试样　2—试样夹　3—标尺　4—张力夹　5—容器

(1)纤维性质。织物的吸水性由纤维种类、纤维表面能、纤维毛细结构和水分性质决定。天然纤维由于吸湿性好，通常吸水性也强。对于疏水性纤维，纤维的物理结构、形态结构对吸水性的贡献更大。一般在纤维大分子结晶区，水分子难于扩散或渗入，而在非结晶区及形态结构粗糙、微孔或孔隙较多的区域，水分子易于扩散并被保持。纤维微孔尺寸小、毛细压力大，则织物吸水性能就越好。异形截面纤维和超细纤维由于毛细效应增强，吸水能力也较强。

(2)织物结构。织物吸水性能依靠纤维间的毛细作用，芯吸速度与纤维表面能及纱线中纤维的分散情况有关。相同材料的织物，随着织物厚度、紧度和孔隙率的增加，芯吸作用加强，厚度较紧度影响更大，是由于织物厚度和紧度增加后，织物内纤维含量增加，织物毛细管总孔隙容积增大，使织物具有较大的容水能力，能够尽可能多地吸收水分。

(3)染整加工。棉织物等经前处理后，去除棉纤维中天然杂质，能显著提高吸水性，前处理工艺、配方等对纺织品吸水性能有重要影响。涤纶织物经碱减量处理后，可提高织物吸水性能。织物经亲水整理后，使纤维表面能增加，加强了表面吸附，同时，增加亲水基团，发生毛细吸水效应。相反，织物经拒水整理后，表面能降低，水分在毛细管中的迁移速度不如亲水性纤维快。

四、透水性

由于织物两边存在水压差，液态水从压力高的一面向压力低的一面传递，这种液态水从织物一面渗透到另一面的性能称为透水性。当人体出汗时，纺织品应具有良好的透水性，相反，对于防水衣、羽绒服等应具有良好的防水性能。织物透水有三种途径，即纤维吸湿作用、毛细管作用和水压作用。

织物透水性能常用静水压法测定，有静压法和动压法。静压法是在织物的一侧施加静水压，测量在此静水压下的出水量、出水时间、一定出水量时的静水压值。静水压值可以是水柱高，也可以是压强。动压法是在试样一面施加等速增加的水压，直到另一面水渗透显出一定数量的水珠，比较适用于涂层织物或结构紧密的织物。用静水压反应织物的防水性能，静水压大的织物防水性能强，静水压小的织物防水性能弱。导水性织物，吸湿能力很强，遇水就湿，没有抗水性，也不会产生静水压。

1. 静水压测试方法

透水性测试可参考 GB/T 4744—2013，该标准等效 ISO 811:1981，织物承受持续上升的水压，直到织物背面渗出水珠为止，此时水的压力值即为静水压，适用于所有种类的织物，包括防水整理织物。如图 6-5 所示，将试样夹持在静水压测试仪上，承受水压的试验面积为 $100cm^2$，正面与水接触，用(20±2)℃或(27±2)℃蒸馏水以(6.0±0.3)kPa/min[(60±3)cmH_2O/min]的水压上升速度，对试样施加水压，记录试样上第三处水珠刚出现时的静水压值，以 kPa(cmH_2O)表示静水压值。根据需要按表 6-7 对试样进行抗静水压等级或防水性评价。

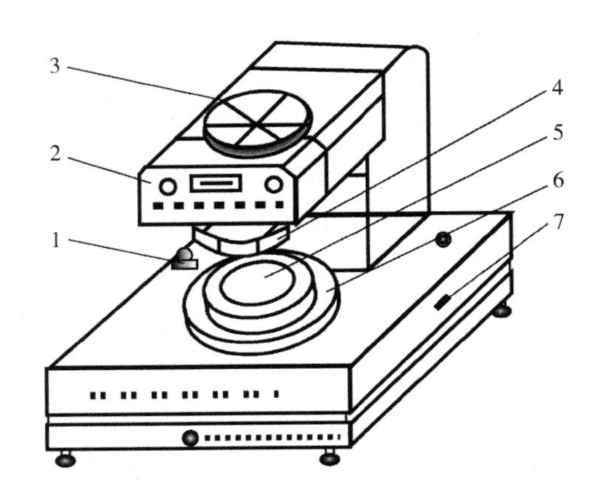

图 6-5 静水压测试仪及结构

1—加水盖 2—控制面板 3—夹样手轮 4—上夹头 5—下夹头 6—溢水盘 7—漏水口

表 6-7 抗静水压等级和防水性能评价

抗静水压等级/级	静水压值 P/kPa	防水性能评价
0	$P<4$	抗静水压性能差
1	$4\leqslant P<13$	具有抗静水压性能
2	$13\leqslant P<20$	
3	$20\leqslant P<35$	具有较好的抗静水压性能
4	$35\leqslant P<50$	具有优异的抗静水压性能
5	$50\leqslant P$	

2. 静水压测试方法比较

静水压法测织物透水性比较见表 6-8，国内常用 YG812 型静水压测试仪，国外静水压测试仪按承受的静水压值大小分为静压头测试仪和牧林水压测试仪，如图 6-6 所示。

3. 透水性能影响因素

(1)纤维和纱线的影响。当接触角小于 90°时，纱线导水，纱线结构越紧密，形成的毛细孔隙更多，芯吸效应增强，更容易透水。但如果减小纱线细度，毛细效应减弱，可提高织物的抗渗水性。当接触角大于 90°时，织物具有拒水性能，接触角增大，织物耐水压值有所增加。

表 6－8 静水压法测试织物透水性方法比较

内容	GB/T 4744—2013	ISO 811:2018	AATCC 127—2014	JIS L1092—2009	ISO 1420:2016	FZ/T 01004—2008
适用范围	各类织物	高密织物，如帆布、防水布、帐篷	各类织物，包括抗水拒水整理织物	各类纤维制品	橡胶或塑料涂覆织物	涂层织物
试样尺寸	$100cm^2$	$100cm^2$	200mm×200mm	150mm×150mm	$100cm^2$	$100cm^2$
试样数量/块	5	5	3	5	A 法:3;B 法:5	5
水压上升速度	(6.0±0.3)kPa/min (60±3)cm · H_2O/min	(10±0.5)cm 或 (60±3)cm · H_2O/min	静水压测试仪:10mm/s 静压头测试仪:60mbar/min	A 法(低水压法):600±30 或 100±5mm/min B 法(高水压法):100kPa/min	A 法:无规定 B 法:1min 或 2min 达到规定压力	一定速度
水要求	蒸馏水/去离子水	蒸馏水/去离子水	蒸馏水/去离子水	去离子水	无规定	无规定
水温度/℃	20/27±2	20/27±2	21±2	20±3	无规定	无规定
测试环境	(20±2)℃ 65%±3%	(20±2)℃ 65%±4%	(21±1)℃ 65%±2%	(20±2)℃ 65%±4%	(20±2)℃ 65%±5%	(20±2)℃ 65%±3%
结果记录	第三处水珠出现时静水压值	第三处水珠出现时静水压值	第三处水珠出现时静水压值	第三处水珠出现时静水压值	表面是否出现水渗透点	表面出现水渗透点
结果表示	kPa(cm · H_2O)	cm · H_2O	mbar	kPa	合格与否	kPa

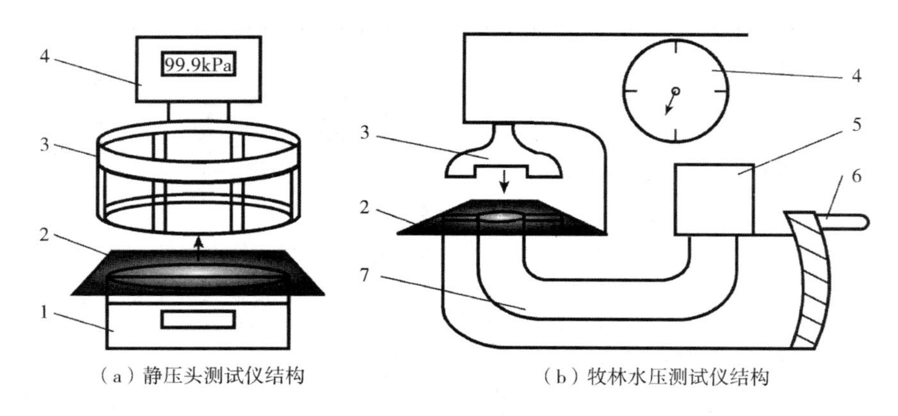

（a）静压头测试仪结构　（b）牧林水压测试仪结构

图6－6　静压头测试仪和牧林水压测试仪结构

1—应用压力　2—试样　3—圆环夹持器　4—压力表　5—水槽　6—压力扳手　7—供水通道

（2）织物的影响。织物越厚，耐水压值越大。织物结构越紧密，一般抗渗水性能越好。

（3）涂层的影响。织物表面涂覆不透水、不溶于水的连续薄膜层，可降低织物透水性。涂层太薄，涂层剂在表面不易连续成膜，涂层织物的耐水压能力降低；涂层厚，织物的耐水压能力提高。

第四节　热湿传递性能检验

服装热湿舒适性是指人体穿着服装在不同气候环境中，人体与环境间不断进行能量交换，在这种能量交换达到平衡时，人体感到舒适满意的服装性能。服装在能量交换中起着调节作用，随着服装调节作用的进行，经过物理、生理、心理因素的相互复杂作用，使人体处在感到舒适满意的热湿平衡中。

服装热湿舒适性评价有多种方法，主要有主观评定法和客观测量法。主观评定法是受试者在试验环境中，根据感觉评定标尺，对穿着服装进行评定的一种方法，该法受人种、区域、个人喜好、环境习俗等因素影响，存在较大的个体差异，因此，需对大量的人群进行测试，从中得出有价值的结论。

客观测量法包括试验仪器测试及人体生理测试两种方法。人体生理测试是在人工气候室内对着装人体进行生理数据采集。试验仪器测试包括对服装材料热湿性能和对服装整体热湿性能的测试与评定。

一、服装材料热湿传递性能

服装材料热湿传递性能通常测定稳态条件下服装材料单项或综合指标，如导热系数、热阻、克罗值、保暖率、透湿率、透湿指数、湿阻等。单项指标测试简单实用、易操作，可用于评价服装材料和简单服装系统的热湿性能，但是，单项指标仅考虑服装材料两侧所形成的温差或水汽浓度差，而实际两侧温湿差是同时存在，热湿同时传递并相互作用，因此，不能真实反映服装材料热湿传递综合性能。综合指标评价法精密度高、综合性强、测试仪器复杂昂贵,但由于环境温度和人体温度不断变化,仍难以全面反映人体着装时的实际感觉。

综合测试可同时测试服装材料两侧温度差和湿度差来反映热湿传递性,评价指标有热阻、湿阻、透湿指数和蒸发散热效能指数,采用的仪器有出汗热平板仪、出汗暖体假人或微气候仪。出汗热平板仪可给出干热板和湿热板条件下的散热量,测量服装材料稳态和动态热湿传递性能。微气候仪通过模拟热体—服装—环境系统,反映服装材料瞬态和稳态热湿传递性能,与服装实际情况较为吻合,但不能反映出由于服装形态方面的区别所造成的热湿传递性能的不同,难以全面反映人体穿着时的实际感觉,仍有一定差异。

随着人们对服装舒适性和功能性日益重视,假人技术越来越多地应用到服装热湿舒适性评价中。在服装热湿舒适性测试中需要使用出汗假人系统,以模拟人体、服装和环境之间的热湿交换过程,假人的性能状态,可通过表面温度、产热量、热阻、湿阻等指标来描述。假人在设定的环境条件下,能够对服装各个部位及整体的热湿性能进行测试,并且可在真人无法试验的极端环境条件下进行服装的热湿传递性能试验。假人可以避免人体实验中个体差异的影响,回避人体实验中道德和生理因素的影响,实验精度高、可重复性好。目前,假人已在服装保暖性能评价及机理研究、透湿性能评价和职业防护服开发中发挥了重要的作用,被公认为是人类工效学研究必不可少的先进设备。但由于暖体假人实现条件比较高,并且难以模拟人体真实活动的状态,仿真程度还有待提高,在实际应用中还存在较大的局限性。

透湿指数消除了各种织物在对比中所受织物厚度的影响,透湿指数在 0 ~ 1 之间,值越大,织物对气候环境的适应能力越强,越易在高温高湿环境中维持人体的热湿平衡。蒸发散热效能指数描绘织物热阻对透湿的交叉影响,值越低,透湿性越差。透湿指数及蒸发散热效能指数是静态热湿舒适性能的综合评判指数。

二、服装热湿传递性能

综合性指标评价法测得服装材料热湿传递性能较符合服装穿着中的实际情况,但实际穿着中,由于环境温度和人体温度不断变化,且服装款式造型、松量等都会对服装的整体隔热性能产生很大的影响,所以,服装材料的性能并不能完全反映服装的热湿舒适性,仍难以全面反映人体着装时的实际感觉。

暖体假人没有感情,不能反映心理因素,因此,若要全面研究服装热湿传递性能,真实反映服装是否符合人体的生理要求,最可靠的方法是直接进行实际穿着试验。人体穿着试验一般在人工气候室内进行,人体状态通常有三种,即静态、动态、静动态(如静坐—慢跑—静坐),穿着状态一般有裸体、穿衣、单层与多层穿着等。典型的人工气候室必须能模拟大气的各种条件,如温湿度、风速等。

三、影响服装热湿传递性能的因素

1. 环境因素

随着环境温度升高,服装总热阻减小,湿阻的变化不明显。当环境中风速增加,服装总热阻和湿阻迅速减小。当环境中相对湿度增加或空气含水气量增加时，服装总湿阻稍有影响，但影响较小。

2. 服装因素

空气层厚度是影响系统热阻和湿阻的最重要的因素之一。随着空气层厚度的增加，系统的热阻和湿阻也会随之显著增加。服装热湿阻的大小与织物厚度呈正相关变化，且织物厚度对热阻的影响仅次于空气层厚度，而织物厚度对湿阻的影响较热阻更为明显。织物的孔隙率也会对服装系统热阻和湿阻产生影响，但是影响效果各不相同，热阻相对织物的孔隙率呈正增长的态势变化，湿阻相对孔隙率呈负增长的态势变化。织物的导热性和辐射率仅对热阻产生影响，且均呈反比例关系，且随着空气层厚度的增加，织物辐射率对于织物热阻的影响力增强。织物的表面扩散性对湿阻具有一定影响，随着扩散性增加，织物的湿阻随之减少。

第五节　刚柔性检验

织物刚柔性是指织物的硬挺和柔软程度，是织物力学性能的一个综合反映，与织物弯曲性能和剪切性能有密切关系，也与织物压缩性能、悬垂性、平滑度、厚度有一定关系，通常用抗弯刚度来描述。抗弯刚度是指织物抵抗其弯曲变形的能力，也常用来评价相反的特征——柔软度。织物刚柔性是皮肤与织物在接触施加作用力时，生理上的感受通过神经系统传递到大脑而形成的一种印象，也会受到生理及心理因素的影响。

织物刚柔性影响服装下垂变形、廓形、合体程度、舒适性、视觉美观性能，是织物外观特征与穿着性能的综合反映，直接关系到成衣的外貌和服用舒适性。刚性过小，服装疲软、飘逸；刚性过大，服装又显得板结、呆滞，给人以不柔适的触感。一般内衣要求具有良好的柔软度，使穿着合体舒适，而外衣则要求具有一定的刚度，使形状挺括有形，例如，西装面料要求挺括，保型性好，内衣面料要求手感柔软，穿着舒适，夏季女装面料要求飘逸、柔美。

一、刚柔性测试

目前，没有统一体系用于评价织物刚柔性，评价方法主要有主观评定法和客观评定法。主观评定是依靠感觉器官获得的感觉效果对织物的刚柔性做出评价，如柔软、硬挺、光滑、活络、丰满等，常用方法有秩位评定法、分档评分法和成对比较法。主观评定方法简便、快速，但受检验者的经历、经验、爱好、情绪、地域、民族等心理、生理、社会等因素影响，判断结果将因人、因时而异，缺乏理论指导和定量描述，数据可比性差，很难与纺织技术结合而指导和改善纺织品的生产。客观评定是利用仪器测试与织物刚柔性有关的物理量和几何量来描述织物性能，并结合主官评定基础上建立起来的量化标准，对织物的刚柔性做出评价。

刚柔性的客观评定方法很多，如斜面法、心形法、格雷法、悬垂法等，都是根据抗弯刚度越大越难曲折的原理，常用的有斜面法和心形法。斜面法在合理限度内试验结果重现性好，并且与主观评定一致性好，适合测试毛织物及比较厚实的织物，对于轻薄柔软织物或剪裁试样时极易扭曲、卷边的织物,可用心形法测试。

1. 斜面法

斜面法测试可参考 GB/T 18318.1—2009,该方法等效 ISO 9073－7:1995,用弯曲长度和抗弯刚度表示。图 6－7 为弯曲长度仪示意图,现在常用织物风格仪测定,将(25 ±1)mm ×(250 ±1)mm 条形试样平放在带有斜面的平台上,一端与平台前缘重合,将钢尺放在试样上,钢尺零点与平台上的标记 D 对准。以一定的速度向前推动钢尺和试样,试样因自重下垂,当伸出端与斜面接触时,记录标记 D 对应的钢尺刻度,作为试样的伸出长度。伸出长度的一半作为弯曲长度,根据式(6－17)计算织物的抗弯刚度。弯曲长度越长,抗弯刚度越大,织物越硬挺。

$$G = M \times C^3 \times 10^{-3} \tag{6-17}$$

式中:G——单位宽度的抗弯刚度,mN · cm;

M——试样单位面积重量,g/m^2;

C——试样平均弯曲长度,cm。

2. 心形法

心形法也称圆环法,测试可参考 GB/T 18318.2—2009,特别适合薄型和有卷边现象的织物。图 6－8 为心形法测试示意图,测试时,把尺寸为 20mm ×250mm 的长条试样两端叠合呈心形悬挂,使有效长度为 200mm,试样在自重下呈心形自然悬挂,1min 后,测夹头上部平面与心形试样底部外缘的悬垂高度来评价试样的弯曲性能,悬垂高度越大,织物越柔软。悬垂高度通常又称柔软度。

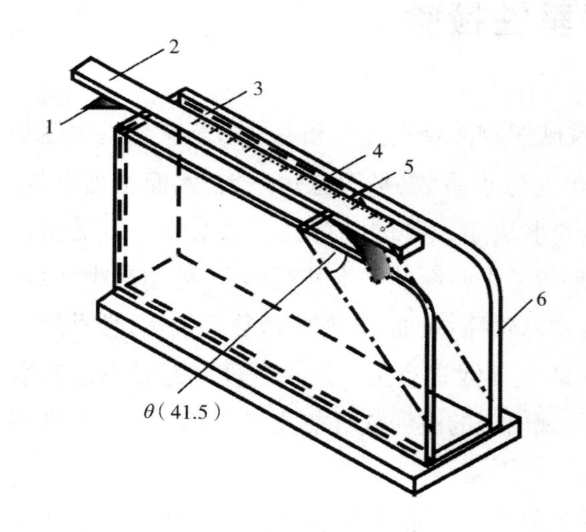

图 6－7　弯曲长度仪示意图

1—试样　2—钢尺　3—平台　4—标记 D

5—平台前缘　6—平台支撑

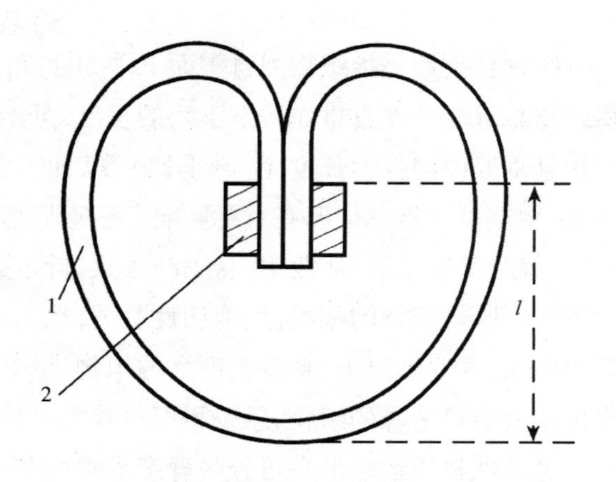

图 6－8　心形法测试示意图

1—织物　2—夹头

二、影响织物刚柔性的因素

1. 纤维性质

纤维初始模量是影响织物刚柔性的决定因素。初始模量大的纤维,织物刚性大,织物硬挺;反之,织物比较柔软,如羊毛、黏胶纤维、锦纶等织物,纤维初始模量低,织物比较柔软,而麻纤维、涤纶初始模量高，织物比较硬。

纤维的细度和截面形态也影响织物的刚柔性，尤其是纤维的细度影响很大，纤维越细织物越柔软，一般异形纤维织物刚性大，比较硬挺。

2. 纱线结构

纱线的抗弯刚度大时，织物的抗弯刚度也较大，因此，纱线直径大，捻度大时，织物硬挺，柔软性差。当经纬纱线同捻向配置时，织物弯曲刚度较大，触感比较硬挺。

3. 织物结构

织物厚度对织物的刚柔性有明显影响，织物厚度增加，硬挺度明显增加。织物的组织点多，浮线短时，织物的硬挺度增加，因此，在其他条件相同时，平纹织物最硬挺，而缎纹织物最柔软。织物紧度不同时，紧度大的织物由于纤维或纱线间的相互作用力增强，阻碍织物变形的能力提高，织物不容易弯曲，因此，比较硬挺。机织物与针织物相比较，机织物的抗弯刚度大，比较硬挺，针织物中，线圈长，针距大时，织物比较柔软。

4. 后整理

织物通过硬挺整理和柔软整理等可以改变刚柔性。此外，合成纤维织物在后整理加工时，在烧毛、染色、热定形中，若温度过高，会导致织物发硬、变脆。

第六节　悬垂性检验

织物悬垂性是指织物因自重而下垂的性能，反映织物的悬垂程度和悬垂形态。悬垂程度是指织物悬垂曲面在自重作用下下垂的程度，可用单向悬垂系数、平面悬垂系数、侧面悬垂系数、织物悬垂经纬向投影长度比（悬垂比）等表征，主要取决于织物的刚柔性。刚柔性一定的情况下，织物重量对悬垂程度有重要影响。悬垂形态是指悬垂曲面的三维外观形态，可用悬垂波数、形状系数、美感系数、活泼率、悬垂凸条数、折角数、峰高、峰宽、曲率、弯曲指数等表达，悬垂形态优美与否既与织物的刚柔性、剪切性有关，也与人的心理因素有关。悬垂程度和悬垂形态有着紧密联系，一般情况下，悬垂程度大的织物，悬垂外观出现的波峰数目往往较大，反之，悬垂外观出现较大数目波峰的织物，悬垂程度也较大。

悬垂性根据运动形态可分为静态悬垂性和动态悬垂性。静态悬垂性是指织物在自然状态下的悬垂程度和悬垂形态。动态悬垂性是指织物在一定运动状态下的悬垂程度、悬垂形态和漂动频率。

织物悬垂性是决定织物视觉美感的一个重要因素，关系到织物实际使用时能否形成优美的曲面造型和良好的贴身性。悬垂性能良好的织物，能够形成光滑流畅的曲面造型，波纹形态分布均匀对称，具有良好的贴身性，通过人的感觉、思维形成美感，给人以视觉上的享受，即悬垂美感。悬垂美感涉及面料的多种力学性能及人的生理、心理效应，评价较为困难。一般衣用纺织品都需要具有良好的悬垂性，窗帘、帷幕、裙料对悬垂性的要求更高。

一、织物悬垂性评价

1937 年，Peirce 首次对织物风格进行客观测量，提出弯曲长度、抗弯刚度、弯曲模量等力学指标，并结合织物的厚度对织物悬垂性和手感进行客观评价。之后，Cusick 等提出伞式法测量织物悬垂性，并用悬垂系数进行表征。

织物悬垂性评价有主观评定和客观评定。主观评定简便、快速，但主观性大，受人和环境的影响，一致性差，数据可比性差，很难与生产结合以改善织物的性能。客观评定传统上使用悬垂仪测量织物的悬垂系数或其他指标来描述织物的悬垂性能，是目前常采用的方法，但受织物透光度的影响，测量误差较大。计算机图像处理技术克服了主观评定和传统客观评定的弊端，是一种新型、快速、简便、一致性高，且稳定性好的织物悬垂性能评价客观方法。

悬垂性测定可参考 GB/T 23329—2009，该标准等效 ISO 9073－9:2008，有两种方法测定织物的静态悬垂系数，即纸环法和图像处理法，适合各类纺织织物。

1. 静态悬垂系数的测定

目前，织物悬垂性主要通过悬垂系数来评价，只能反映织物的悬垂程度，不能正确地反映悬垂形态。悬垂系数测试方法有单向悬垂法和双轴双向弯曲法（即伞式法），其中，单向悬垂法根据弯曲方向的不同，又分单轴双向弯曲法和单轴单向弯曲法。伞式法测试中，试样受到的是垂直于试样平面的力，而单向悬垂法测试中试样受到的是平行于试样平面的力，适合西装、窗帘、帷幕等。悬垂系数测试大多采用伞式法，如图 6－9 所示，测试装置根据测试原理分为两类，即光投影测试装置和莫尔条纹干涉法测试装置。

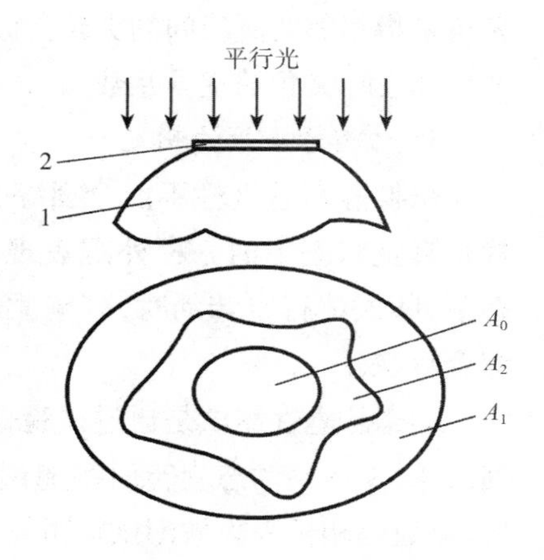

图 6－9　织物悬垂系数伞形法测试原理

1—试样　2—支撑台

根据表 6－9 选择试样大小，并将试样水平放置在上下夹持盘中间，试样因自重下垂形成伞形，用平行光垂直圆盘方向照射试样，30s 后描绘试样在纸环上的投影轮廓线（纸环法）或拍摄试样投影图像（图像处理法），称取纸环和投影部分纸环的质量或投影面积，分别根据式（6－18）和式（6－19）计算悬垂系数。目前，也可采用美国法宝仪（PhabrOmeter）织物评价系统测试织物悬垂系数。悬垂系数越小，表示织物悬垂性越好，织物越柔软。

表 6－9　试样直径的选择

夹持盘直径/cm	悬垂系数/%	试样直径/cm
18	<30	30 和 24
	30～85	30
	>85	30 和 36
12	—	24

$$D = \frac{m_1}{m_2} \times 100\% \tag{6-18}$$

$$D = \frac{A_2 - A_0}{A_1 - A_0} \times 100\% \tag{6-19}$$

式中：D——悬垂系数；

m_1, m_2——分别为纸环的总质量和投影部分纸环的质量，g；

A_0, A_1, A_2——分别是夹持盘面积、试样初始面积和试样悬垂投影面积，cm^2。

2. 静态悬垂形态的测定

（1）悬垂波数。20世纪60年代初，英国学者库西克（Cusik）用织物悬垂时的波纹数作为描述织物悬垂形态的指标。悬垂波数，也称褶裥数，是指织物悬垂投影轮廓线中的波峰数，体现织物在自重条件下的成形能力。悬垂波数太小，纺织品比较呆板，悬垂形态较差；悬垂波数太多，纺织品缺乏身骨。通常服用纺织品的悬垂波数以6～8为宜，衣裙类可偏高些。

（2）波幅和波峰夹角。波幅是指试样悬垂投影中波峰点至试样托盘边缘点的距离。波峰夹角是指相邻两波峰间的夹角。波幅均匀度与波峰夹角均匀度分别为试样悬垂投影轮廓线中波幅和波峰夹角的变异系数。

3. 动态悬垂性的测定

织物静态悬垂性不能全面综合地反映织物在实际穿着与装饰中的风格特征，只是织物在静止自重状态下的一种外观表现。织物动态悬垂性反映织物的活泼性能，是织物在自重状态下，随人体行走转动时，其刚柔性、弯曲性、剪切性、回弹性、滑糯性、活络性和外观视觉的综合反映。

动态悬垂性测试是通过试验，获得织物从低速旋转到高速旋转过程中织物悬垂形态的一系列图像，来得到动态旋转面积随试样转速变化的关系图。动态悬垂性测试采用动态悬垂风格仪，由数码相机采集被测试样图像，直接输入计算机，经软件计算后，输出悬垂系数、活泼率、织物曲面波纹数、美感系数等。图6－10为织物动态悬垂性测试示意图。

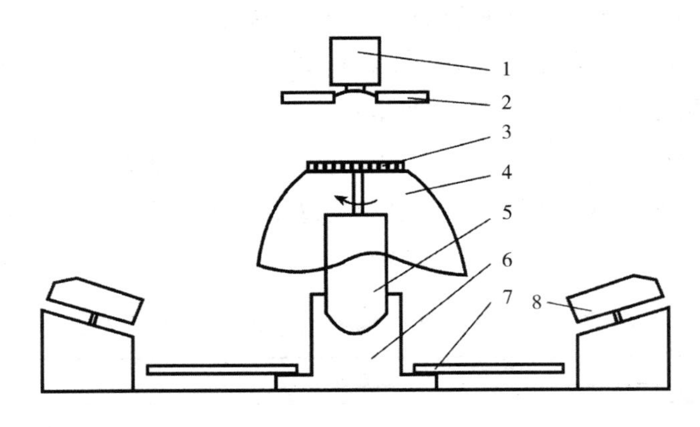

图6－10　织物动态悬垂性测试示意图

1—照相机　2—托架　3—压盘　4—托盘　5—电动机　6—电动机座　7—白纸板　8—闪光灯

（1）动态悬垂系数。动态悬垂系数是指试样以一定速度转动时的悬垂系数，表示织物下垂程度的大小，与服用风格中自重、硬挺度、弯曲、伸长等有关，一般情况下，柔软而重的织物动态悬垂系数大。

（2）活泼率。活泼率是动态悬垂系数与静态悬垂系数的比值，见式（6－20），反映织物动态活络性与板结性，与织物屈曲回弹性相关，值越大，表示织物动态悬垂性越好。

$$L_{p} = \frac{D_{静} - D_{动}}{1 - D_{静}} \times 100\% \tag{6-20}$$

式中：L_p——活泼率；

$D_{静}$，$D_{动}$——分别为静态悬垂系数和动态悬垂系数。

（3）美感系数。美感系数，也称形状系数，由山东省纺织科学研究院赵文贤高工和西北纺织工学院陈黎曦教授首先提出，是对动态悬垂投影图进行定量分析求得的系数，用于评价织物悬垂美感度，计算方法见式（6－21）。在动态悬垂投影中，波形分布和形状越均匀，波纹无死棱角、呈光滑曲线，美感系数就越大，织物越美观。

$$A_{C} = D_{动} \times \frac{6}{R} \times \left[1 - \frac{1}{(n+1)^{2}}\right] \times 100\% \tag{6-21}$$

式中：A_C——美感系数；

$D_{动}$——动态悬垂系数；

R——投影轮廓曲线的平均半径，cm；

n——悬垂波数。

二、织物悬垂性影响因素

1. 纤维材料

一般越柔软的纤维制成的织物，悬垂性也越好。通常，真丝面料具有优良的悬垂性，适合制作礼服、裙子、幕布、窗帘等悬垂要求高的场合，显得高贵典雅。铜氨、黏胶、羊毛织物一般也有较好的悬垂性能，而棉织物悬垂性一般。涤纶织物的悬垂性差异较大，普通涤纶织物悬垂性较差，但超细纤维涤纶织物的悬垂性较好，可与真丝面料相媲美。锦纶织物悬垂系数虽小，但投影图形不美，悬垂性不佳。麻织物的悬垂性极差。

2. 纱线结构

纱线越细，纱线中纤维数量越少，则纱线刚性就越小，悬垂系数越小，织物越柔软，有利于改善织物的悬垂性能，悬垂程度变大，活泼率及美感系数也随纱线越细逐步得到提升。纱线捻度影响纱线的刚性，捻度大，纱线手感硬，织物悬垂性较差。长丝纱一般比短纤纱捻度小，因此，长丝织物较短纤织物悬垂性好。

3. 织物结构和性能

织物的抗弯刚度越大，织物越不易弯曲，悬垂性能越差。织物各方向的抗弯刚度不同，一般45°斜向的抗弯刚度小于经向或纬向，或与纬向接近，因此，45°斜向织物形成的波纹造型优于其他两个方向，这在服装设计中尤为重要。

织物平方米重量直接影响织物的下垂程度，织物克重增加，悬垂系数变小，但克重过小，则织物会产生轻飘感,悬垂性反而不好。织物厚度对悬垂性的影响主要是通过改变织物的克重和刚柔性。不同厚度的织物产生的波纹效果不同,厚重织物产生的波纹具有庄重感,而轻薄织物产生的波浪给人以飘逸感。一般织物经密越大,悬垂性越差,因为当织物经密增大时,织物的紧度也会随之增加,纱线活动自由度变小,不利于织物的悬垂。

织物组织结构中,交织点少的织物比交织点多的织物具有较好的悬垂性,因此,缎纹织物悬垂性最好,斜纹次之,平纹织物最差。此外,通常针织物的悬垂性比机织物好。

4. 整理

织物经碱减量处理后,纱线变细,织物变薄、变柔软,悬垂性能得到改善。织物经起绒整理后,悬垂性也可以得到较大改善。

织物的悬垂性能直接影响服装的波纹造型。悬垂系数大的织物呈半径较大的波状屈曲,裙下摆向外张开较大,而悬垂系数小的织物呈半径较小的波状屈曲,裙下摆向外张开较小。若要获得庄重的波纹效果,则应选用平方米克重较大、悬垂系数小、悬垂波数多、方向不对称度小的织物;而要获得飘逸的波纹效果,且波纹造型优美,轮廓线条柔和、弯曲,则应选用平方米克重较小、悬垂系数小、悬垂波数多、方向不对称度小的织物。

服装的悬垂形态不仅与织物性能、服装款式结构有关,还与衣片缝合时所采用的缝型及接缝方向有关。与无缝试样相比,大多数试样缝合后,悬垂系数增大,波纹数减少,最小波谷基本不变,最大波峰增大,波纹分布均匀性变差。绷缝试样的悬垂系数比包缝试样大。造成悬垂性能变化,主要是由于缝份部位织物集合体的抗弯长度及抗弯刚度比原织物有明显提高,对试样起到一定的支撑作用。

第七节　抗皱性检验

织物在使用、保管和洗涤护理过程中,由于折叠、挤压、揉搓、拧绞、扭曲等外力作用而产生局部变形,形成折痕或皱纹,即使外力去除后,也难以恢复到原来的平整状态,这种现象称为折皱或起皱。折皱严重影响织物的外观,而且折痕或皱纹处容易磨损,加速织物损坏,影响织物耐用性。

抗皱性是指织物抵抗折皱形变的能力以及折皱变形后回复到原来状态的能力,前者是狭义的抗皱性,后者是指折皱回复性。折皱回复性是指织物在外力作用下产生折痕的回复程度,反映织物在一定负荷作用下,折压一定时间后的回复能力。当外力去除后,抗皱性好的织物可以很快恢复原来的平整状态,而抗皱性差的织物则难以恢复。

织物抗皱性包含两层内容,一是指织物在外界小负荷作用下的变形能力,一般用初始模量衡量;二是指织物产生折皱后的回复能力,通常用折皱回复性表征。

一、抗皱性的测试方法

织物抗皱性评价方法有折皱等级主观评定方法和折痕回复角法客观评定方法。折痕回复角是指在规定条件下,受力折叠的试样卸除负荷,经一定时间后,两个对折面形成的角度。

1. 主观评定方法

主观评定方法国际上应用较为广泛,是将试样与标准样照进行比较,目测得出折皱等级,用来表征织物折皱性能,操作简便,但测量误差大,容易受人为和环境因素影响。

(1)织物褶皱回复性的外观评定方法。外观法测定织物褶皱回复性能可参考 GB/T 29257—2012,该标准等效 ISO 9867:2009,采用如图 6-11 所示的 AATCC 褶皱测试仪,测试时,将尺寸为 150mm×280mm 的试样在褶皱仪中扭转 180°后,施加 39.2N 的负荷,保持 20min,使试样产生褶皱,然后,在标准大气中回复 24h 后对试样外观起皱程度评级,分 5 级 9 档,1 级最差,5 级最好,见表 6-10。

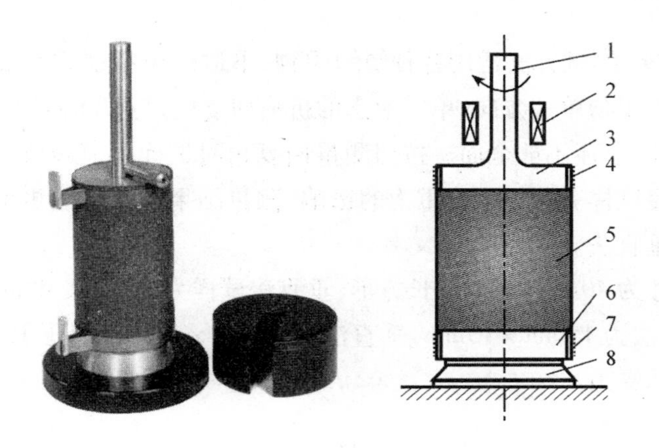

图 6-11 AATCC 褶皱测试仪及示意图

1—传动杆 2—轴承 3—上压头 4—上夹持器 5—试样
6—下压头 7—下夹持器 8—传感器

表 6-10 织物起皱等级

级数	试样表面起皱状态描述
5	无变化
4	试样表面有轻微折痕或起皱
3	试样表面有清晰折痕或起皱,但起伏不明显
2	试样表面有显著折痕或起皱,起伏较大,折痕或起皱覆盖试样的大部分表面
1	试样表面有严重折痕或起皱,起伏很大,折痕或起皱覆盖试样的整个表面

(2)织物洗涤后外观平整度的评定方法。织物洗涤后外观平整度的评定可参考 GB/T 13769—2009,该方法等效 ISO 7768:2006。采用规定的洗衣机和洗涤程序,试样经洗涤干燥后,与外观平整度立体标准样板对比进行评级,共 5 级 9 档,SA-5 级表示外观平整度保持性最佳,SA-1 级表示外观平整度保持性最差。类似的方法还有 AATCC 124—2014。

2. 客观评定方法

客观评定方法是利用各种仪器设备,对织物的折皱状况进行评价。随着计算机技术的发展,对织物折皱状态进行评价方法的研究进展非常迅速。

目前,最为广泛采用的客观评价抗皱性的方法是折痕回复角法,如 GB/T 3819—1997 和 AATCC 66—2014,两者测试原理相同,用折痕回复角来表征织物的抗皱能力,折痕回复角越大,织物抗皱性越好。折皱测试仪主要有 YG541E 型激光织物折皱弹性测试仪和英国 SDL - M003A 型折皱回复角试验机,前者仅有一种负荷规格,后者配置 3 种负荷规格,可适用不同标准,其中,500g(带压脚)负荷符合 AATCC 66 标准要求,1019g(带压脚)符合 GB/T 3819—1997、ISO 2313 标准要求。折痕回复角法测量精度难以保证,是一次弯折起皱的测试,与实际使用情况有一定差距。

GB/T 3819—1997 测试方法适用各种纺织织物,不适用于特别柔软或极易起卷的织物,而且折痕回复角只反映织物单一方向、单一形态的折痕回复性,与实际使用过程中织物多方向、复杂形态的折皱情况相比,还不够全面。按照测量回复角时试样折痕线所呈的位置,分为水平法和垂直法。垂直放置试样克服了织物重力的影响,测量结果较水平法更准确,我国测量织物折痕回复角主要采用垂直法。

水平法试样尺寸为 40mm × 15mm 长方形,垂直法试样为凸形,尺寸如图 6 - 12 所示。试样有效受压面积,水平法为 15mm × 15mm,垂直法为 15mm × 18mm,加压 10N,5min 后释放,试样静置 5min 后,读取回复角。

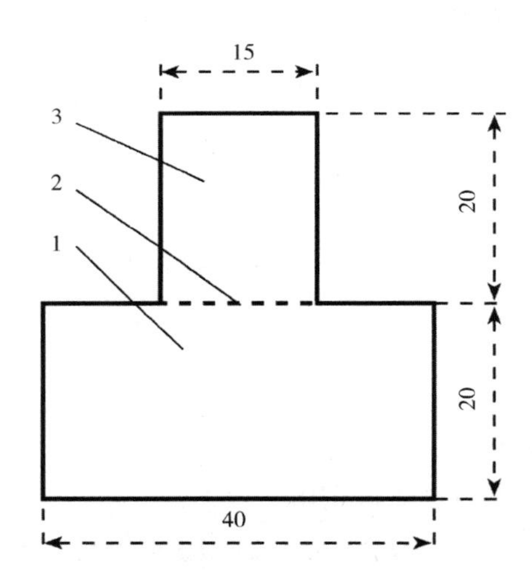

图 6 - 12　折痕回复角垂直法测试试样尺寸(单位:mm)

二、折痕回复角测试方法比较

织物抗皱性评定方法的比较见表 6 - 11。

表 6－11　折痕回复角测试方法比较

内容	GB/T 3819—1997		ISO 2313:1972	AATCC 66—2014	JIS L1059－1—2009	
	水平法	垂直法	水平法		A 法	B 法
适用范围	各类织物，不适用于特别柔软或极易起卷的织物		各类织物，不适用于柔软、厚重和易卷边织物，如毛织物	机织物	各类织物，不适用柔软、厚重和易卷边织物，如毛织物	
仪器	折皱弹性测试仪		折皱回复角测试仪		加压装置	折皱回复角测试仪
试样受压负荷/N	10		10	(500±5)g	10	4.9
试样受压时间	5min±5s		5min±5s	5min±5s	5min±5s	
试样受压面积/mm	15×15	18×15	15×15	15×15	15×15	
松弛时间	5min		5min	5min±5s	5min	
试样大小/mm	40×15	回复翼 20×15	40×15	40×15	40×15	
试样数量/块	经纬各 10		经纬各 10	经纬各 6	经纬各 10	
隔离物厚度/mm	纸片或塑料薄片 <0.02		纸或金属箔 <0.02	纸或铝箔 <0.04	纸或金属箔 <0.02	金属箔 0.16±0.01
调湿条件	(20±2)℃ 65%±3% 达到平衡状态		(20±2)℃ 65%±2% 24h	(21±1)℃ 65%±2% 24h	(20±2)℃ 65%±4% 24h	

三、织物产生折皱过程

织物产生折皱的过程可分为折皱产生和折皱回复两个阶段。

1. 折皱产生阶段

织物在外力作用下产生弯曲变形。当外力很小时，织物弯曲变形也较小，这时的弯曲变形在织物弯曲弹性范围内，在外力去除后，一般会回复到原来的状态。当外力远大于织物弯曲时所产生的抵抗力时，织物被强迫弯曲变形并超出织物弯曲弹性变形范围，产生屈服变形。随着外力作用时间不断增加，织物变形也不断增大，织物外层纱线和纤维被拉伸，而部分内层纱线纤维被压缩。这些变形包括经、纬纱线之间的滑移错位、纱线中纤维之间的滑移、纤维受到外力作用所产生的伸长变形。由于变形增大，织物内应力也不断增大，但变形达到一定程度后，增大的速度会很小，达到相对稳定状态，内应力减小，即产生应力松弛。因此，织物折皱的产生取决于织物变形量和织物内应力的松弛状态。

2. 折皱回复阶段

外力去除后，在织物内应力所产生的折皱回复力作用下，织物的折皱弯曲开始回复，并随时间的延长，折皱回复角不断增大，回复角的变化规律符合蠕变方程规律。在此过程中，除织物的折皱回复力外，同时受到摩擦阻力的作用。摩擦阻力是由纱线间、纤维间的相对滑移产生的，方向与回复力相反。当织物的折皱回复力和摩擦阻力平衡时，织物达到最大回复效果，此时的折角就是织物的折皱回复角。织物折皱回复能力的大小，取决于折皱回复力和摩擦阻力之间的相对平衡关系，回复力越大，织物内摩擦阻力越小，织物的折皱回复性能越好。

四、抗皱性影响因素

1. 纤维种类

纤维的拉伸变形回复能力是决定织物折皱回复性的重要因素，随纤维拉伸变形的增加而降低，此外，纤维的初始模量、表面摩擦等也会影响织物的折皱回复。

涤纶在小变形下的拉伸回复能力强，初始模量高，织物折痕回复性好。锦纶的拉伸回复能力较涤纶大，但初始模量低，抗皱性不及涤纶。棉、麻与黏胶纤维的初始模量高，但拉伸变形回复能力小，所以，容易折皱。氨纶具有高弹性回复率，氨纶织物具有较强的抗皱性。羊毛的折痕回复性极好，但免烫性差。

表面光滑的纤维，因摩擦系数小，当纺织品变形后，纤维间的回复阻力小，从而减小纺织品的塑性变形，所以，一般表面光滑的合成长丝纺织品比表面粗糙的短纤纺织品抗皱性好。羊毛纺织品表面有鳞片层，但弹性回复率较大，所以抗皱性较好。

纤维越粗，抗皱性越好。异形截面纤维抗弯刚度大于圆形截面，不易产生弯曲变形，但异形截面纤维纺织品一旦产生折皱后，纤维间会形成固结点，不利于纤维回复移动，所以，异形截面纤维纺织品不如圆形纤维纺织品折痕回复性好。

2. 纱线的影响

随着纱线捻度增加，织物折皱回复角先增大后减小，说明纱线捻度对织物折皱回复性的影响存在临界点。织物抗皱性与纱线细度有一定关系，随着织物经纬纱线密度增加，织物折皱回复角增大，织物折皱回复性增强，而且纱线越粗，纱线抗弯刚度越大，织物抗皱性越好，因此，可通过加大纱线线密度提高织物抗皱性。网络长丝纱的网络度越高，纤维间的滑移小，且容易回复移动，抗皱性好。

3. 织物性能

织物经纬密越大，经纬向折痕回复角越小，抗皱性能越差。通常，纬密小于经密，所以，经向折痕回复角小于纬向折痕回复角。在一定条件下，织物紧度大，结构紧密，纱线内应力大，织物中纱线间的切向滑动阻力大，在小应力作用下不易变形，抗弯曲压缩性能好，去除外力后，回复速度快，折皱回复性好。但当织物紧度达到一定程度时，则织物变得硬板，折皱回复性能反而下降。织物组织中交织点少，浮线长，纱线间滑动余地大，织物抗皱性好，因此，三原组织中，缎纹抗皱性最好，斜纹其次，平纹最差。针织物因弹性好、蓬松度高、质地较厚，所以，抗皱性一般优于机织物。

4. 染整加工

对织物进行防皱整理，可以提高织物的抗皱性能，常用树脂整理，整理剂和纤维分子共价交联，将纤维分子互相缠结起来，限制分子链相对移动，并提高织物形变回复能力。

5. 环境影响

温湿度会增加纤维塑性变形，纤维间的摩擦阻力也增大，增加回复阻力。特别是高温湿环境对亲水性纤维织物的影响更大，如棉、毛、麻、丝、黏胶纤维织物，而对疏水性合成纤维织物影响较小。

第八节 尺寸稳定性检验

尺寸稳定性是衡量纺织品性能的重要指标，尤其是亲水性纤维织物，例如棉、毛织物等，对于成衣制造和穿着过程尤其重要。对织物而言，尺寸变化直接影响服装的裁剪尺寸，对于服装，则影响日常穿着使用，甚至影响服用者的情绪。

广义上纺织品尺寸稳定性是指纺织品在湿、热、化学试剂、机械外力等作用下，保持尺寸稳定不变的能力。通常所说的尺寸稳定性是指织物在浸渍或洗涤及较高温作用时抵抗尺寸变化的能力。由于纺织材料本身特性及其在加工过程中受到张力、化学品及湿、热等因素的作用，产生潜在应力或热收缩力，从而在使用或加工时发生尺寸变化，包括水洗尺寸变化、干洗尺寸变化和汽蒸收缩尺寸变化。

织物尺寸稳定性常用织物尺寸变化率来衡量，织物尺寸变化率是指织物在松弛状态下经水洗或浸润、干洗及汽蒸后产生的伸长或收缩，经纬向尺寸相对于原始尺寸的变化率。由于针织物是由线圈组成，其尺寸变化不同于机织物只有经纬向尺寸变化，而是在所有方向均匀地变化，是线圈尺寸变化和变形共同作用的结果。

一、试样准备、标记和测量

纺织品经水洗、干洗、水浸渍或汽蒸等处理后会引起尺寸变化，测定尺寸变化率时，可参考GB/T 8628—2013 准备试样、标记和测量，该标准等效 ISO 3759:2011，适用于机织物、针织物和纺织制品，不适用于某些装饰覆盖物。

1. 织物试样

试样尺寸至少 500mm × 500mm，平铺在测量台上，在试样长度和宽度方向上均匀做三对标记，每对标记间距至少 350mm，标记距试样边缘不小于 50mm，如图 6 - 13 所示。

2. 服装试样

服装放在测量台上，闭合服装，参考表 6 - 12，测量服装规定接缝之间的间距。

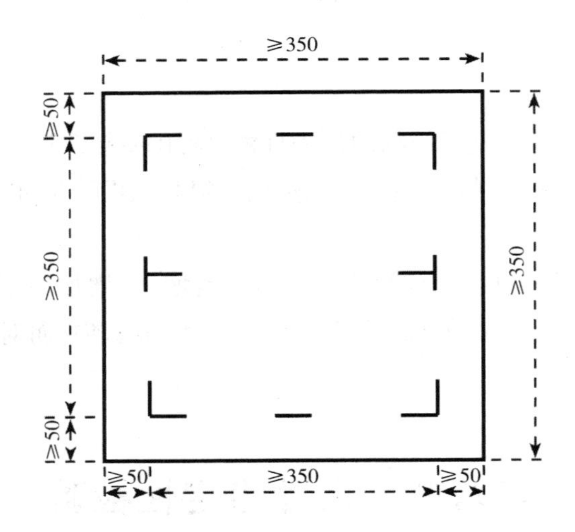

图 6－13　尺寸稳定性测试织物试样标记(单位:mm)

表 6－12　测量部位

上衣类服装 (女便服、外衣、睡衣、衬衫、内衣)	领圈长度、摆缝长、前片衣长、后片衣长、袖下缝长度、总肩宽、胸宽、袖宽、袖口宽
裤类服装	前裆、后裆、裤腿长、腰宽、裤口或裤脚口宽、膝部(中裆)宽、上裆、裤长
连衫裤工作装、连衫裤装、工装裤、连体游泳衣	参考上衣类服装和裤类服装
裙子	裙长、腰宽、裙宽

应当指出,服装尺寸变化率测量部位的选择、洗涤和干燥方法十分重要,应依据服装的类型和款式确定,通常按照产品标准规定进行操作。如果产品标准没有提供洗涤方法,可根据类似产品标准、面料成分或耐久性标签选择测试方法。

此外,服装饰件在塑造个性风格中起到重要作用,当其位置明显,对外观影响较大时,也应考虑其尺寸稳定性对服装的影响,纳入测试范围。

二、洗涤和干燥方法

纺织品水洗、干洗、水浸渍或汽蒸等处理后引起的尺寸变化可参考 GB/T 8629—2017、GB/T 19981. 2—2014、GB/T 19981. 3—2009、GB/T 19981. 4—2009 选择合适的洗涤和干燥方式。

1. 家庭洗涤和干燥程序

GB/T 8629—2017 等效 ISO 6330:2012,规定纺织品试验用家庭洗涤和干燥程序、标准洗涤剂和陪洗物,适用于纺织织物、服装或其他纺织制品。

(1)洗衣机和洗涤程序。GB/T 8629—2017 中规定了三种洗衣机和多种洗涤程序,即 A 型洗衣机(水平滚筒、前门加料)的 13 种洗涤程序,B 型洗衣机(垂直搅拌、顶部加料)的 11 种洗涤程序,C 型洗衣机(垂直波轮、顶部加料)的 7 种洗涤程序,三种洗衣机规格要求见表 6－13。此外,还规定 6 种干燥程序,即 A 悬挂晾干、B 悬挂滴干、C 平摊晾干、D 平摊滴干、E 平板压烫、F 翻转干燥。

表 6－13　A、B、C 三种洗衣机规格要求

参数		A 型洗衣机		B 型洗衣机	C 型洗衣机
		A1 型	A2 型		
类型		水平滚筒 前门加料		垂直搅拌 顶部加料	垂直波轮 顶部加料
净容积/L		61	65	90.6	50
加热功率/kW		5.4(1% ±2%)		无	无
洗涤温度/℃		30/40/50/60/70/92 ±3		16/27/41/49/60 ±3	30/40 ±3
水位/mm	洗涤	100/130		297 ±25 或 398.5 ±17.8	40/54L
	漂洗	130		297 ±25	40/54L
时间/min	洗涤	1/3/15		8/10/12	3/6/15
	漂洗	2/3		3	2
滚筒转速/(r·min^{-1})	洗涤	52 ±1		173～180 或 114～120 冲程次数/min	120/90 ±20
	脱水	500/800 ±20	500 ±20	399～420 或 613～640	(780～830) ±30 或 500 ±30
洗涤载荷/kg		试样 + 陪洗物:2.0 ±0.1			
排水速率/(L·min^{-1})		>30		43～64	27
脱水时间/min		1/2/5/6		4/6	≤1/2/3/7

(2)陪洗物。陪洗物是试验时添加到试样中的纺织品负载,以达到洗衣机规定的负载质量。GB/T 8629—2017 将陪洗物统一分成三大类,详见表 6－14。选择陪洗物时,通常纤维素纤维产品选用类型Ⅰ陪洗物,合成纤维或混纺产品选用类型Ⅱ或类型Ⅲ陪洗物,其他纤维产品可选用类型Ⅲ陪洗物。AATCC 135—2018 陪洗物分类型 1 和类型 3,见表 6－14。

表 6－14　陪洗物

标准	GB/T 8629—2017 ISO 6330:2012			AATCC 124—2014 AATCC 135—2018	
参数	类型Ⅰ	类型Ⅱ	类型Ⅲ	类型 1	类型 3
纤维	棉 100%	聚酯/棉 50/50	聚酯 100%	棉 100%	聚酯/棉 50/50
纱线线密度/tex	34.3/1	40/1	—	16/1	16/1 或 30/2
织物组织	平纹	平纹	针织物	平纹	平纹
克重/(g·m^{-2})	188 ±10	155 ±10	310 ±20	155 ±10	155 ±10
每片尺寸/cm	(92 ×92) ±2	(92 ×92) ±2	(20 ×20) ±4	(92 ×92) ±3	(92 ×92) ±3
每片质量/g	320 ±10	260 ±10	50 ±5	130 ±10	130 ±10

(3)洗涤剂。GB/T 8629—2017 规定六种标准洗涤剂和用量,分别见表 6－15 和表 6－16。

表 6-15 洗涤剂

参数		标准洗涤剂 1		标准洗涤剂 2	标准洗涤剂 3	标准洗涤剂 4	标准洗涤剂 5		标准洗涤剂 6
其他名称		1993 AATCC 无荧光增白剂标准洗涤剂(WOB)	1993 AATCC 含荧光增白剂标准洗涤剂	IEC 标准洗涤剂 A*	ECE 标准洗涤剂 98	JIS K3371(类别 1)	2003 AATCC 无荧光增白剂标准液体洗涤剂(WOB)	2003 AATCC 含荧光增白剂标准液体洗涤剂	SDC 标准洗涤剂类型 4
酶		无		有	无	有	无		无
磷		无		无	无	无	无		无
荧光增白剂		无	有	有	无	有	无	有	有
适用洗衣机		B		A、B	A、B	C	B		A
主要成分/%	直链烷基苯磺酸钠	18.79 ±1.0		8.8 ±0.5	7.5 ±0.5	15.0 ±1.0	12.0 ±0.6		7.5 ±0.5
	铝硅酸钠/沸石	27.91 ±1.5		28.3 ±1.0	25.0 ±1.0	17.0 ±1.0	—		25.0 ±1.0
	硅酸钠	0.58 ±0.03		3.0 ±0.2	2.6 ±0.2	5.0 ±0.5	—		2.6 ±0.2
	碳酸钠	16.56 ±0.8		11.6 ±1.0	9.1 ±1.0	7.0 ±0.5	—		9.1 ±1.0
	硫酸钠	22.51 ±1.2		6.5 ±0.5	6.0 ±0.5	55.0 ±5.0	—		5.8 ±0.5
	四水过硼酸钠	—		20.0	20.0	—	—		20.0
	非离子表面活性剂	—		—	—	—	8.0 ±0.8		—

表 6-16　标准洗涤剂用量

单位:g

标准洗涤剂	A 型洗衣机	B 型洗衣机	C 型洗衣机
1	—	66±1	—
2	20±1	适量	—
3	20±1	适量	—
4	—	—	1.33
5	—	100±1	—
6	20±1	—	—

2. 专业维护、干洗和湿洗

许多纺织品和服装的性能会因干洗、专业湿洗、整烫而发生渐进性改变,通常一次的变化量非常有限,但经过 3~5 次后,大部分潜在的变化会显现出来。

(1)干洗程序。干洗是在有机溶剂中对纺织品进行清洗,去除污垢而基本上不会产生水洗或湿清洗中的溶胀和起皱。为更好地去除污物,可在溶剂中加入少量水和表面活性剂,但对水敏感的制品,一般只使用溶剂而不加水。多种溶剂可用于干洗,常用的干洗溶剂是四氯乙烯,此外,还有烃类溶剂。GB/T 19981.2—2014 和 GB/T 19981.3—2009 分别规定使用四氯乙烯和烃类溶剂对织物和服装进行干洗的实验程序,分别等效 ISO 3175-2:2010 和 ISO 3175-3:2003,表 6-17 为四氯乙烯干洗程序,烃类溶剂干洗程序与其相似。

表 6-17　四氯乙烯干洗程序

程序	载荷量/($kg \cdot m^3$)	溶剂温度/℃	山梨糖醇酐单油酸酯/($g \cdot L^{-1}$)	加水/%	干洗周期/min				烘干温度/℃		烘干除味时间/min
					洗涤	中间脱液	冲洗	最后脱液	进	出	
普通材料	50±2	30±3	1±2	2	15	2	5	3	80±3	60±3	5
敏感材料	33±2	30±3	1	0	10	2	3	2	60±3	50±3	5
特敏材料	33±2	30±3	1	0	5	2	3	2	50±3	40±3	5

(2)专业湿洗。专业湿洗是由专业人员使用特殊工艺、清洁剂和添加剂在水中对纺织品进行清洗,没有水洗那样剧烈,可以减少对纺织品的不利影响。GB/T 19981.4—2009 采用特定洗衣机对织物和服装进行模拟湿洗实验程序,等同 ISO 3175-4:2003,表 6-18 是专业湿洗程序。

表 6-18 专业湿洗程序

程序	总负荷/kg	洗涤					脱水		冲洗			脱水		烘干	
		洗涤剂用量/g	用水量/L	正反转循环/s	最高温度/℃	洗涤时间/min	转速	时间/min	用水量/L	正反转循环/s	时间/min	转速	时间/min	温度/℃	时间/min
敏感材料	2.6	6.5	26	转3停30	30	15	低	1	26	转3停30	5	低	3	60	6
特敏材料	2.6	6.5	26	转3停30	30	15	低	1	26	转3停30	5	低	3	40	2

(3)陪试物。陪试物见表 6-19。

表 6-19 陪洗物

内容	GB/T 19981.2—2014	GB/T 19981.3—2009	GB/T 19981.4—2009
组成	羊毛织物 80% 棉织物 20%	羊毛织物 80% 棉织物 20%	涤棉 50/50 织物
克重/(g·m^{-2})	—	羊毛织物 230±10 棉织物 180±10	150
织物边长/mm	300±30	300±30	800±20
颜色	白色或淡色	白色或浅色	白色或浅色

(4)整烫方法。干洗后整烫可使织物、服装回复到最初的状态,整烫程度和方法要与纺织品性质和回复要求相适应。GB/T 19981.2—2014、GB/T 19981.3—2009、GB/T 19981.4—2009 规定了六种整烫,即方法 A 无须整烫,方法 B 使用熨斗压烫,方法 C 使用蒸汽压烫,方法 D 蒸汽烫台上喷蒸汽,方法 E 人体蒸汽烫模或柜式整体蒸烫,方法 F 其他整烫方法,为了达到良好的整烫效果可以将上述方法联用。

三、水洗尺寸稳定性检验

水洗尺寸变化是指纺织服装水洗后长度和宽度的尺寸变化,用水洗前后尺寸变化与水洗前尺寸的百分率,即水洗尺寸变化率来表示。水洗尺寸变化率是纺织服装的一个重要质量指标,直接影响织物的服用性能。

水洗尺寸变化率测试方法按处理条件和操作方法分浸渍法和机械处理法两种。浸渍法有温水浸渍法、沸水浸渍法、碱液浸渍法和浸透浸渍法等,测试时纺织品所受的作用是静态的,可消除织造和染整加工中所产生的变形，使织物达到接近稳定的状态，主要适用于使用过程中不经剧烈洗涤的纺织品，如毛、丝及篷盖布等。检测时，将准备好的试样放入洗涤液中处理规定时间，取出后在规定的方式下干燥，然后，在无张力下用钢尺测量试样缩水前后三对经、纬向的长度，分别取经、纬向的平均值，求得该织物的缩水率。

机械处理法测试时，纺织品所受到的作用是动态的，虽能达到消除加工中产生变形的目的，但由于机械处理作用比较强烈，多数场合会使纺织品产生新的变形，针织物就更明显。一次完整的测定过程包括洗涤过程和干燥过程，一般采用家用洗衣机，选择一定条件进行洗涤试验，一般采用温水常温浸渍、干燥的方法测定织物的经纬向尺寸变化率。洗涤次数增加，织物的缩水率也增大，并趋向某一极限，称为织物的最大（极限）缩水率。服装的裁剪与缝制应依据最大缩水率来确定。根据纺织品纤维种类和用途不同，洗涤分为家庭洗涤和商业洗烫两类，织物和服装等一般用家庭洗涤程序，商业洗烫一般仅用于棉机织物。

1. 水洗尺寸变化率测定

水洗尺寸变化率的测定可参考 GB/T 8630—2013，该标准等效 ISO 5077:2007。按照 GB/T 8628—2013 的规定准备试样，并按 GB/T 8629—2017 中的一种程序洗涤和干燥，分别测量试样在洗涤前和干燥后的尺寸，按式（6－22）计算水洗尺寸变化率，“＋”号表示伸长，“－”号表示收缩。

$$D=(L_1-L_0)/L_0\times100\% \qquad (6-22)$$

式中：D——尺寸变化率；

L_0，L_1——分别为试样的初始尺寸和洗涤后尺寸，mm。

2. 冷水浸渍尺寸变化率测定

织物经冷水静态浸渍后的尺寸变化可参考 GB/T 8631—2001，该标准等效 ISO 7771:1985。按照 GB/T 8628—2013 的规定准备试样，每块试样至少 500mm×500mm，在试样长度和宽度方向分别做三对标记，每对标记间距离为 350mm，将试样平坦地浸在浸渍液中。浸渍液是含有 0.5g/L 高效润湿剂的软水或硬度不超过十万分之五碳酸钙的硬水，并按每十万分之一碳酸钙加入 0.08g/L 六偏磷酸钠，水温 15～20℃。2h 后，取出试样，用毛巾轻压去除多余水分，平放在（20±5）℃下干燥，并调湿至平衡后测量相应标记间的距离，计算试样尺寸变化率。

3. 机织物近沸点商业洗烫后尺寸变化的测定

机织物经近沸点商业洗涤压烫后的尺寸变化测定可参考 GB/T 8632—2001，该标准等效 ISO 675:1979。试样最好是全幅且长度最少 600mm，并按 GB/T 8628 对试样进行标记、调湿和测量。将试样放入洗衣机，加入足量相似陪试织物，加水至合适水位，并在 10min 内加热到沸点，然后加入 2g/L 无水碳酸钠和足量肥皂，在不低于 80℃下洗涤 30min，60℃下清洗 2 次，脱水使织物含水率在 50%～100%，并用压烫机压烫后进行测量，计算尺寸变化率。

4. 水洗尺寸变化率测试方法比较

常用水洗尺寸变化率测试方法见表 6－20。

表 6－20　水洗尺寸变化率测试方法比较

内容	GB/T 8628—2013/ISO 3759:2011 GB/T 8629—2017/ISO 6330:2012 GB/T 8630—2013/ISO 5077:2007			AATCC 135—2018	AATCC 150—2012	JIS L1909—2010	JIS L0217—1995	JIS L1096—2010 8.39	
								F 法	G 法同 JIS L0217—1995 附表 103
洗衣机类型	A 型 前门加料	B 型 顶部加料	C 型 顶部加料	前门加料 顶部加料	前门加料 顶部加料	顶部加料	顶部加料	前门加料	顶部加料
适用范围	纺织织物、服装及其他纺织制品			各类织物	服装	服装、窗帘、床单等产品	纺织服装产品	各类织物	
试样大小/mm	500×500			380×380 或 610×610	整件	整件	—	500×500	机织:400×400 针织:300×300 或 500×500
试样数量/块	1/2/3			3	1/2/3	1/2/3	—	2	3
调湿时间/h	4			4	4	4	—	4	
标记间距/mm	织物:≥350 服装:缝线间距			250 或 460	460/250/其他/缝线间距	服装缝线间距,其他如窗帘、床单等全长和全宽	—	400	200
陪洗物	棉、聚酯/棉 50/50、聚酯			棉 聚酯/ 棉 50/50	棉 聚酯/ 棉 50/50	双方约定	棉	棉	
总载荷量/kg	2.0±0.1			1.8±0.1	1.8/3.6±0.1		浴比 10/30/60:1	1.4	浴比 30:1

续表

内容		GB/T 8628—2013/ISO 3759:2011 GB/T 8629—2017/ISO 6330:2012 GB/T 8630—2013/ISO 5077:2007			AATCC 135—2018	AATCC 150—2012	JIS L1909—2010	JIS L0217—1995	JIS L1096—2010 8.39	
									F法	G法同 JIS L0217—1995 附表103
洗涤	温度/℃	30/40/50/60/ 70/92±3	16/27/41/ 49/60±3	30/40±3	27/41/ 49/60±3	27/41/ 49/60±3	双方约定	95/60/40/30	40/100	40
	时间/min	1/3/15	8/10/12	3/6/15	正常16±1 轻薄8.5±1 耐久压烫12±1	8/10/12		30/5	15/30/40	5
	水位/mm	100/130	297±25或 398.5±17.8	40/54L	(72±4)L	(18/22±0.5) 加仑		浴比10/30:1	60L	30L
	搅拌速度/ (r·min^{-1})	52±1	173~180, 114~120spm	正常 柔和	正常/耐久压烫: (86±2)spm 轻薄: (27±2)spm	119/179		54m/min	54m/min	50
洗涤剂		IEC A/98,SDC	1993/ 2003 AATCC, IEC A/98	JIS K3371 (类别1)	1993 AATCC	1993 AATCC 2003 AATCC		无添加剂粉末 洗衣皂(1种) 或合成洗涤剂	无添加剂粉末 洗衣皂(1种)	合成洗涤剂
洗涤剂用量/g		20±1	66/100±1、 适量	1.33g/L	66±1	1993 AATCC 66 ±1或 2003 AATCC 100 ±1或 1993 AATCC 80±1		0.5	0.1%/0.05%	未明确

续表

内容		GB/T 8628—2013/ISO 3759:2011 GB/T 8629—2017/ISO 6330:2012 GB/T 8630—2013/ISO 5077:2007			AATCC 135—2018	AATCC 150—2012	JIS L1909—2010	JIS L0217—1995	JIS L1096—2010 8. 39	
									F 法	G 法同 JIS L0217—1995 附表 103
漂洗	水位/mm	130	297 ±25	40/54L	—	—	双方约定	浴比 20 : 1	—	30L
漂洗	时间/min	2/3	3	2	—	—		5/10/2	5/10/45	2
脱水时间/min		1/2/5/6	4/6	≤1,2/3/7	—	4/6		1	含水 55%	3
循环次数/次		1			3 或约定	3 或约定		1	1	
干燥方式		悬挂晾干/悬挂滴干/平摊晾干/平摊滴干/平板压烫/翻转干燥			翻转干燥/悬挂晾干/悬挂滴干/筛网平摊晾干	翻转干燥/悬挂晾干/悬挂滴干/筛网平摊晾干		悬挂晾干/平摊晾干	悬挂晾干/悬挂滴干/平摊晾干/平摊滴干/平板压烫/翻转干燥	悬挂晾干/平摊晾干

注 (1)spm:strokes per minute 的缩写,搅拌速度,每分钟行程次数。

(2)1 加仑 =3. 785L。

四、干洗尺寸稳定性检验

干洗是用有机溶剂洗涤纺织品，纺织品的尺寸可能因干洗和整烫而发生渐进性改变，通常一次干洗和整烫引起的尺寸变化可能非常有限，但经3～5次后潜在的变化将会显现出来。

1. 干洗尺寸变化率的测定

织物和服装干洗尺寸变化率的测定可参考GB/T 19981.1—2014，该标准等效ISO 3175－1:2010。服装以整件进行试验，织物试样最好不小于500mm×500mm，四边用白色涤纶线缝合，避免脱散。试样在标准大气条件下至少调湿16h，并按GB/T 8628—2013进行标记和测量，对于服装试样，分别对面料和里料不同部位进行标记和测量。按GB/T 19981.2～4规定的一种程序对试样进行清洗和整烫，并计算干洗尺寸变化率。

2. 黏合衬干洗尺寸变化率的测定

黏合衬是一种涂有热熔胶的衬里，经高温熨压可与面料黏合，例如，西装黏合衬，黏合衬的使用可起到一定的定形和保形作用。黏合衬要有一定的尺寸稳定性，且与面料的尺寸稳定性相配伍，否则会影响服装质量。

黏合衬干洗尺寸变化率的测定可参考FZ/T 01083—2017，适用于各种材质的机织物、针织物和非织造布为基布的黏合衬。按FZ/T 01076—2019的规定，将黏合衬与标准面料黏合，形成300mm×300mm的组合试样，经纬向各做三对250mm间距的标记，在四氯乙烯溶剂或烃类溶剂中干洗，测试干洗尺寸变化。

（1）试验室用小型干洗机方法。将组合试样及陪试物共225g加入3.8L四氯乙烯溶剂中，再加入60mL去山梨糖醇月桂酸酯和4mL水，室温下干洗15min，取出组合试样悬挂晾干。干洗型黏合衬重复干洗5次，耐洗型黏合衬、耐高温水洗型黏合衬重复干洗3次。完成重复次数干洗后，组合试样采用GB/T 8629—2001程序A（悬挂晾干）或自然挥发后，采用GB/T 8629—2001程序F（烘箱干燥），并在标准大气中平衡4h后测量，计算尺寸变化率。

（2）程控全自动封闭干洗机方法。按FZ/T 80007.3—2006执行，服装试样分别测量领围、胸围和衣长；织物试样经纬向各做三对间距为200mm的标记。常规干洗法总载物量为(50±2)kg/m^3，按液体比（5.5±0.5）L/kg（负载）加入含1g/L山梨糖醇月桂酸酯的四氯乙烯或烃类溶剂，再按规定加入去污剂，保持溶剂在(30±3)℃干洗15min，然后，溶剂冲洗和干燥后。缓和干洗法总载物量为(33±2)kg/m^3，干洗时间为10min。重复干洗次数同试验室用小型干洗机方法。完成重复次数干洗后，组合试样采用GB/T 8629—2001程序A（悬挂晾干）干燥后测量，计算尺寸变化率。

五、汽蒸尺寸稳定性检验

纺织品在加工或服用过程中，有时要进行熨烫，目前，服装加工厂大多采用蒸汽熨烫，纺织品在热、湿作用下会发生尺寸变化，尤其是羊毛纺织品，由于缩绒性更易发生尺寸变化。

织物经汽蒸后尺寸变化测试可参考FZ/T 20021—2012，适用于机织物和针织物及经汽蒸处理尺寸易变化的织物。试样尺寸为300mm×50mm，按GB/T 8628—2013规定的方法相距

250mm 做一对标记，分别平放在金属丝架上，放入蒸汽速度为 70g/min 的圆筒中保持 30s，取出冷却 30s，如此循环三次，冷却和调湿后测量汽蒸后的长度，并计算尺寸变化率。

六、尺寸稳定性的影响因素及改善措施

1. 织物产生尺寸不稳定的原因

（1）松弛收缩。在纺织染整加工过程中，纤维、纱线、织物多次经受外力作用，会产生一定的变形，外力去除后，残余应力使织物的一部分变形未能得到回复。若给予充分放置、浸湿或汽蒸会促进残余应力释放，使织物缓弹性变形得到回复，从而导致织物产生松弛收缩。松弛收缩是织物内部应力松弛而产生的尺寸非可逆变化。

（2）吸湿膨胀收缩。对于天然纤维素和再生纤维素织物，吸湿膨胀收缩，即缩水，是产生尺寸不稳定的主要原因。一些吸湿好的纤维织物，在洗涤或浸渍过程中，存在明显的吸湿膨胀现象，致使织物中某一系统（或两个系统）的纱线屈曲程度增加，从而引起该方向尺寸明显缩短。织物干燥后，虽然纤维、纱线的直径相应减少，但纱线的摩擦阻力限制了纱线复位，故导致织物缩水。吸湿膨胀收缩是织物吸湿或放湿时尺寸发生的可逆变化。

（3）毡缩。毡缩是毛织物特有的现象。毛织物在热、湿条件下，覆盖在毛纤维上的鳞片张角会变大，使纤维表面顺、逆摩擦系数差值更加明显，洗涤过程中的外力作用，使织物中的毛纤维相互穿插产生毡化，导致尺寸缩小。

（4）热收缩。热收缩是合成纤维织物常见的现象。合成纤维织物在加工和使用过程中，如果遇到高温作用，不仅会产生纤维内应力松弛而导致的热收缩，而且可能出现因大分子产生折叠或重结晶导致的明显热收缩，甚至熔融。

对于机织物而言，尺寸不稳定的基本原因是湿膨胀和松弛回缩，而对于针织物，则包括尺寸变化和变形两部分，尺寸变化是由纤维和纱线的收缩和织缩造成的，变形是由线圈形状的变化和线圈中各段纱线的转移造成的。

2. 尺寸稳定性影响因素

（1）纤维种类。纤维吸湿膨胀的各向异性是织物缩水性的直接因素，纤维润湿后径向膨胀比轴向膨胀大很多，因而纱线直径也相应增大。纤维吸水膨胀，使纱线屈曲波峰增高，引起织物收缩，纤维吸湿性越好，吸湿膨胀越大，织物的缩水率越高。一般纤维素纤维溶胀剧烈，醋纤、羊毛、蚕丝、锦纶次之，涤纶几乎不吸湿，因此，涤纶织物在水中基本不收缩。

合成纤维虽然缩水率较小，但热收缩一般较大。合成纤维在成型过程中，为获得良好的力学性能，会受到拉伸作用，在纤维中残留有应力，但由于温度突然降低，纤维中大分子链来不及收缩就被固定下来。合成纤维织物在洗涤或熨烫时，由于加热，织物易产生热收缩。

此外，不同纤维结构在移动过程中产生的摩擦力不同，从而影响尺寸的稳定性。棉纤维纵向呈扁平的转曲带状，外层的初生层是一层蜡质与果胶，表面有深深的细丝状皱纹，这些表面皱纹和扭曲结构会在纱线的相互作用中产生摩擦力。羊毛呈卷曲状，表面有鳞片，且鳞片排列的方向性使羊毛有定向摩擦效应，滑动方向不同，摩擦系数不同，且容易产生毡缩。此外，鳞片密度因羊毛品种不同而存在较大的差异，羊毛越细，鳞片越多，重叠覆盖的部分越长，鳞片多呈环

状；羊毛越粗，鳞片越少，重叠覆盖的长度越短，鳞片多呈瓦楞状和鱼鳞状，相互重叠覆盖，因此，毛织物在洗涤时不仅有松弛收缩和膨胀收缩，还有毡化收缩。

（2）纱线捻度。一般纱线捻度小的织物缩水率大。捻度小的纱线，纤维和纱线活动空间大，纤维吸水膨胀会使织物中纱线的屈曲波高增大，纱线变短，造成织物收缩。机织物中，通常经纱捻度较纬纱大，因此纬纱吸湿膨胀较容易，且在加工时经纱承受的张力较大，使得经向缩水率大于纬向缩水率。

（3）织物结构。增加机织物紧度可以提高尺寸稳定性，织物紧度大，纱线吸湿膨胀余地小，纱线屈曲波峰增加不多，织物缩水率小。如果织物整体结构较稀松，纱线易产生吸湿膨胀，织物缩水率大。一般机织物经向紧度大于纬向紧度，所以，经向缩水率小于纬向缩水率。平纹织物经纬向紧度接近，因此经纬向缩水率基本相同。

针织物是由线圈连接而成，线圈长度对密度有影响，从而影响尺寸稳定性。当线圈长度较大，织物组织结构稀疏，线圈容易发生相对移动，横向缩水率大。纵向缩水率随着线圈长度的增加先增加后减小，当线圈长度较小时，纵向牵引力大，线圈间移动困难，尺寸稳定性较好。随着单位线圈空间占有率的增加，缩水率增大，达到最大变化值后，即使线圈长度再增加，也基本不会造成尺寸变化。

（4）加工时的张力。纺织品在加工过程中所受张力越大，累积的内应力越大，则缩水率越大。在纺纱、织造、染整加工过程中，纤维、纱线和织物受到外力作用产生应变，并缓慢松弛收缩。但是，纤维间和纱线间的摩擦力会阻碍应变的回复，染整中的干燥又使得应变来不及充分回复就被暂时固定下来。当织物处于无张力湿热状态时，纤维和纱线又产生松弛收缩，以达到原来稳定状态的趋势，洗涤液、热力、机械外力的作用都有助于纱线克服摩擦力，并促进织物松弛，因此，织物经洗涤、汽蒸或干热处理后，会产生尺寸变化，通常，湿松弛比干松弛尺寸变化大很多。

（5）防缩整理。棉、黏胶织物经树脂整理后，一部分羟基与树脂官能团结合，游离羟基减少，织物吸湿性降低，从而降低织物缩水率。羊毛织物进行剥鳞处理，降低缩绒性，缩水率也减小。涤纶、丙纶等热收缩率较大的合成纤维，采用预热定形或预缩工艺来改善热收缩性。

3. 改善尺寸稳定性的措施

（1）选用弹性好、强度高、缩水率低的纱线。天然纤维与合成纤维混纺能提高天然纤维纱线的强力，降低缩水率。纯棉丝光纱线，由于丝光过程提高了棉纤维大分子的取向度，缩水率降低，表面光滑。氨纶具有极高的弹性和回复性，在针织物中能以裸丝、包芯纱或包缠纱等形式参加编织生产，与其他天然纤维或化学纤维结合使用，2%的氨纶就足以改变织物品质，制成服装舒适合身，尺寸稳定。

（2）确定合理上机工艺。根据需要选择针织物的组织结构，增加织物组织密度，合理选择机号与纱的粗细、性能，在织物中配以浮线结构及其复合结构，或加入衬纬纱，合理确定线圈的结构参数和上机工艺，改善织物的尺寸稳定性。

（3）防缩整理。根据收缩率大小与织物的原料种类、组织及后处理工艺的关系，可以使用防缩整理改善织物缩水性，包括物理处理、化学处理及两种方式的组合处理。

棉、毛、黏胶等纤维在高温高湿条件较易蠕变和松弛，可通过高温高湿条件来消除应力，通过预缩将潜在的收缩充分回缩，使织物获得稳定的状态，减少缩水变形，有机械防缩和化学防缩。合成纤维加热到玻璃化温度以上时，纤维内部大分子间的作用力减小，分子链段开始自由转动，纤维的变形能力增大，在一定张力作用下强迫其变形，会引起纤维内部分子链部分拆断，并在新的位置固定，冷却和解除外力作用后，合成纤维会在新的分子排列状态下稳定下来，只要以后遇到的温度不超过玻璃化温度，合成纤维织物的形状就不会有大的变化。

对于吸水膨胀较高的纤维素纤维织物，可采用树脂防缩整理，由于树脂填充在纤维分子间隙中，部分树脂与纤维分子亲水基团结合，使水分子不易渗入纤维内部，降低纤维的吸水性和膨化度，可使织物的水洗收缩程度明显下降。

毛织物在洗涤时除有松弛收缩、膨胀收缩外，还有毡化收缩，为降低毡化收缩，采用化学试剂破坏羊毛鳞片或涂覆树脂使鳞片失去作用，达到防缩绒目的。

第九节　洗后外观检验

服装等纺织品在使用过程中要经常洗涤，不同的洗涤干燥方法对洗后外观的影响很大。纺织品洗涤后外观质量的变化情况是多种多样的，是一项综合指标，本节主要介绍纺织品洗后外观平整度、洗后褶裥外观和洗后接缝外观。评定纺织品洗后外观必须选择合适的洗涤干燥方式，可参考 GB/T 8629—2017、GB/T 19981.2—2014、GB/T 19981.3—2009 和 GB/T 19981.4—2009，详见本章第八节“二、洗涤和干燥方法”。

一、洗后外观平整度检验

平整度是指纺织品经洗涤和干燥后的表面外观，是衡量纺织品洗后外观平整性的综合指标。标样对照法是评定纺织品平整度等级最通用的方法之一，该方法源于 1967 年的林克尔试验仪外观法，在特定光照条件和观测角度下，由三名经验丰富的评测人员，对比洗后织物与标准样照，给出平整度等级。

1. 织物洗后外观平整度检验

织物经一次或多次洗涤后外观平整度保持性的试验方法可参考 GB/T 13769—2009，该标准等效 ISO 7768:2006。尺寸为 38cm × 38cm 的试样按 GB/T 8629—2017 规定的家庭洗涤和干燥程序或 GB/T 19981 系列标准规定的专业程序进行洗涤，然后，由三名观测者将洗后试样与外观平整度立体标准样板对照评级，共 5 级 9 档，SA - 5 级外观最平整，原有外观平整度保持性最好，SA - 1 级外观最不平整，原有外观平整度保持性最差。

2. 服装及其他纺织最终产品洗后外观平整度检验

纺织品洗后外观平整度检验方法可参考 GB/T 19980—2005，该标准等效 ISO 15487:1999，使用 GB/T 8629 中规定的 A 型或 B 型家用洗衣机，用于评价服装和其他纺织最终产品经一次或多次家庭洗涤和干燥后外观平整度试验方法，共 5 级 9 档，方法与 GB/T 13769—2009 相似。

目前,ISO 15487 已经升级到 2018 版,此类方法还有 AATCC 143—2014。

二、褶裥保持性检验

为了获得美观效果,服饰在制作过程中需要形成折痕、褶裥等,通常是通过温度、湿度和压力共同作用来完成的。褶裥保持性是指纺织品熨烫形成的褶裥、折痕和轧纹在洗涤或服用后,能长期保持其形状的性能。褶裥保持性与抗皱性相反,需要保持织物的固定形态,虽多次水洗,仍能保持原来的形状。褶裥保持性主要取决于纺织材料的塑性,通常,大多数合成纤维是热塑性高聚物,通过热定形可获得所需的褶裥、轧纹或折痕。

1. 褶裥形成机理

纺织纤维,特别是合成纤维,具有热塑性,随着温度升高,会出现玻璃态、高弹态和黏流态三种力学状态。其中,玻璃态和高弹态之间的转变温度称为玻璃化温度,对褶裥的形成具有重要意义,只有熨烫温度高于这个温度时,纤维进入高弹态,纤维内部分子链间部分价键拆开或滑移,并在新的位置形成键接,内应力逐渐降低,并在该状态下保持平衡。当温度降到玻璃化温度以下,纤维分子在新的位置得到定形,最终使纺织品的褶裥形状得以保持。

对于非热塑性纤维,由于不存在三态力学转变现象,纺织品褶裥变形后,产生的纤维内应力通过一般的力学松弛逐步衰减,熨烫过程中的加热不是纤维内应力衰减的主导因素,只是应力松弛过程中起到辅助作用。

2. 褶裥保持性测试方法

织物褶裥保持性评价方法通常采用主观评定法,可参考 GB/T 13770—2009 的规定,将带有褶裥的织物试样,按 GB/T 8629—2017 规定的一种家庭洗涤和干燥程序,或 GB/T 19981 规定的一种专业程序,经受模拟洗涤,在规定照明条件下与褶裥外观立体标准样板比较,对试样进行目测评级。通常采用 5 级 9 档,5 级最好,1 级最差。

服装和其他纺织最终产品,经一次或多次家庭洗涤和干燥后,褶裥保持性评定可参考 GB/T 19980—2005,评级采用 5 级 9 档,方法与 GB/T 13770—2009 相似。

3. 织物褶裥保持性的影响因素

织物褶裥保持性主要取决于纤维的热塑性与弹性。热塑性和弹性好的纤维,在热定形时,织物能形成良好的褶裥等变形,使用时,虽因外力而产生新的变形,一旦外力取消后,回复到原来褶裥形状的能力也较好。涤纶、腈纶的褶裥保持性最好,锦纶织物的褶裥保持性也好,维纶、丙纶的褶裥保持性较差。此外,纱线捻度大,织物厚,则织物熨烫后褶裥保持性较好。

织物的褶裥保持性与热定形处理时的温度、压强、时间及织物的含水率有关。只有在适当温度下,才能使褶裥得以保持,一般织物熨烫 10s 可获得较好的褶裥,增加熨烫时间可提高褶裥保持性,但 30s 达到平衡。压强达到一定时能提高褶裥效果,当压强达到 6 ~ 7kPa 时,褶裥效果不再增加。纤维吸湿后,分子间作用力下降,有利于褶裥的保持,所以,蒸汽熨烫比普通熨烫效果好,但含水率过高,水分会引起熨烫温度下降,褶裥效果降低。

非热熔性织物经树脂整理后,褶裥保持性有所提高,采用树脂整理,并经热压,也能使这类织物获得较持久的褶裥。

三、接缝保持性检验

评定织物经一次或多次洗涤后接缝外观保持性试验方法可参考 GB/T 13771—2009，该标准等效 ISO 7770:2006，试样大小为 38cm×38cm，中间缝制一条接缝，按 GB/T 8629—2017 规定的家庭洗涤和干燥程序，或 GB/T 19981 系列标准规定的专业程序洗涤，由三名观测者将洗后试样与接缝外观平整度标准样照或接缝外观平整度立体标准样板对照评级，共 5 级 9 档。

服装和其他纺织最终产品经一次或多次家庭洗涤和干燥后，接缝平整度评定可参考 GB/T 19980—2005，评级采用 5 级 9 档，方法与 GB/T 13771—2009 相似。

四、免烫性检验

1. 免烫性

免烫性，又称洗可穿性，是指纺织品洗涤后不经熨烫所具有的平整程度。免烫性是洗涤并干燥后的抗皱性，但不同于抗皱性，它是湿态和干态下的回复性。

20 世纪 30 年代，Foulds. R. P. 等用水溶性尿醛、酚醛树脂处理棉织物，提高抗皱性，但手感很差，只应用于黏胶纤维。20 世纪 40 年代，合成反应性树脂整理剂用于棉织物，主要提高织物的干抗皱性，使衣服在穿着时不易起皱，称为随便穿，但湿态抗皱性并无明显改善，经洗涤后存在明显的皱痕，仍需熨烫。20 世纪 50～60 年代，发展了洗可穿整理技术，改善和提高天然纤维织物湿回弹性为主要特征的抗皱整理阶段，虽然在穿着和洗涤后，具有良好的抗皱性能，但不经久耐洗，只达到抗皱目的。20 世纪 60 年代中期，发展了耐久压烫整理，先浸轧树脂整理剂整理织物，制成成品后，再进行高温压烫定形，不但提高织物的抗皱性，还使服装具有耐久褶裥和稳定的外观。

根据 GB/T 18863—2002 的规定，免烫包括防缩抗皱和耐久压烫两层含义，穿着过程中具有抗皱性，洗涤后无须熨烫，仍能保持良好的平整状态或褶裥、形态稳定，即纺织品在干湿状态下都具有优良的抗皱性能。防缩抗皱性是指纺织品在使用过程中，经家庭洗涤和干燥后，不经熨烫或只需轻微熨烫，仍能满足日常生活所需的外观平整度、接缝外观和尺寸稳定性的性能。耐久压烫性是指纺织品在使用过程中，经多次洗涤后，无须熨烫或只需轻微熨烫，仍能满足日常生活所需要的外观平整度、褶裥外观、接缝外观和尺寸稳定性。

对于没有褶裥、折痕或洗涤干燥后不要求保持褶裥的产品，如衬衣和休闲服装等，免烫的含义仅是防缩抗皱，只包括洗涤干燥后的尺寸稳定性、外观平整度和接缝外观三方面的要求。而对洗涤干燥后要求保持褶裥的产品，如裙子和裤类产品，免烫的含义就是耐久压烫，不仅要防缩抗皱，在洗涤干燥后还要求保持褶裥。

免烫纺织品经洗涤干燥后需满足尺寸稳定性、外观平整度、褶裥保持性和接缝外观四个方面的要求，GB/T 18863—2002 规定纤维素纤维及其混纺交织免烫纺织品洗涤干燥 5 次后外观平整度≥3.5 级，接缝外观≥3 级，褶裥外观≥3 级，水洗尺寸变化率为 ±3%。

2. 免烫性测定方法

目前，免烫性的测定方法，采用较多的有拧绞法、落水变形法和洗衣机洗涤法。这三种评定方法虽然洗涤方法不同，但最终判定织物免烫性的依据是相同的，都是将试样与标准样照对比评定。

（1）拧绞法。在一定张力下，对经过浸渍的试样拧绞，试样表面会呈现不同凹凸条纹和波峰高度，然后，与标准样照对比进行评定。该方法简单，可用于不同原料织物的免烫性比较。

（2）落水变形法。尺寸为25cm×25cm的试样2块，浸入（40±2）℃溶液中，经过一定时间，捏住试样两角在水中轻轻摆动并不时提出，反复多次后，取出试样，自然条件下悬挂滴干，直到质量相差±2%时，对比评级。此法适用于精梳毛织物及毛型化纤织物。

（3）洗衣机洗涤法。国内通常采用GB/T 13769—2009的规定，试样按一定条件洗涤、干燥，与标准样照对比评级。5级免烫性最好，1级免烫性最差，一般要求达到3.5级及以上。该法与服装的实际效果最为接近。

3. 免烫性的影响因素

免烫性受许多因素影响，受纤维自身性质影响最大，此外，还与材料的几何形状尺寸、混纺织物的混纺比、纱线与织物的结构、免烫整理工艺等有关。纤维初始模量决定织物在使用过程中抵抗变形的能力。湿态与干态下弹性回复能力的比值决定织物在洗涤时，由于纤维膨化而造成的织物变形程度，从而决定织物洗涤后保持原有外形的程度。比值越高，免烫性越好。纤维的湿膨胀决定织物在洗涤时，由于纤维吸湿膨化而造成的织物变形程度。纤维湿膨胀越大，织物洗涤后变形越大，免烫性越差。

此外，免烫整理可提高织物的弹性、折皱回复角和尺寸稳定性，使织物具有免烫性。不同的免烫整理剂和整理工艺条件获得的免烫性不同。

第十节　扭斜检验

扭斜是指机织物或针织物制成服装后，在洗涤过程中，由于潜在应力的释放而导致服装不同部位发生的扭曲现象。扭斜来源于机织物中的纬斜，纬斜是指机织物纬纱歪斜弯曲的现象。扭斜导致服装穿着不平顺，影响服装美观和穿着效果。

纱线内应力是引起扭斜的主要原因。对于针织物，主要是由于纱线捻向和捻度及设备转向不同引起的。为了获得足够的强度、耐磨性和平滑性，纤维靠加捻抱合成纱，加捻使纤维变形，纤维与纤维间的作用使纱线内产生与捻度方向相反的内应力，即扭应力，即使单纱反向合股加捻形成股线，可以抵消一部分扭应力，但由于单纱与股纱的扭应力不平衡，纱线中仍存在残余扭力矩，制成产品后，内应力寻求释放，为了获得最小能量状态，纱线趋于旋转，并释放内部扭应力，结果，织物表面发生扭转歪斜。

一、扭斜测试方法

水洗后扭斜率是衡量纺织品洗涤后扭斜程度的指标，可参考GB/T 23319系列标准，分别等同ISO 16322系列标准，测试时，按照规定程序准备试样、标记、洗涤、测量和计算。

1. 针织服装纵行扭斜变化率的测定

试样平铺,测量前片和后片各三处不同部位,按表 6－21 洗涤后室温或不超过 60℃ 干燥,测量洗涤后扭斜角,按式(6－23)计算线圈纵行扭斜角的变化率。

表 6－21　洗涤方法

产品	洗涤方法
干洗类产品	冷水中浸泡 30min,脱水 1min
手洗类产品	按 GB/T 8629—2017 4H 模拟手洗 1 次
机洗类产品	按 GB/T 8629—2017 4G 洗涤程序洗涤 1 次,或协商按其他洗涤程序洗涤

$$S = \frac{\alpha - \beta}{\alpha} \times 100\% \tag{6－23}$$

式中:S——洗后扭斜角的变化率;

α,β——分别为洗前和洗后线圈纵行扭斜角平均值,(°)。

2. 机织物和针织物洗涤后扭斜率测试

织物试样选择下面一种方法准备试样和标记,并采用 GB/T 8629—2017 中的一种洗涤程序进行洗涤,按式(6－24)～式(6－26)计算扭斜率。

(1)对角线标记法。试样大小为 380mm × 380mm,距试样各边 65mm 处,分别标记两条 250mm 平行于长度方向和宽度方向的基准线,形成一个正方形,并标记四个顶角为 A、B、C、D,如图 6－14 所示。洗涤后,测量 AC 和 BD 的长度。

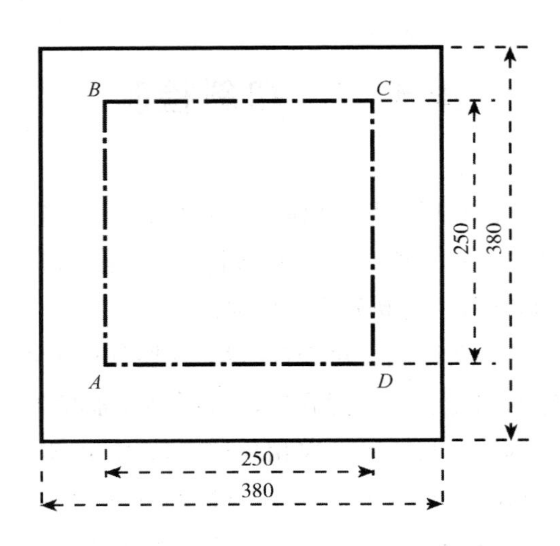

图 6－14　扭斜测试对角线标记法织物试样(单位:mm)

$$X = \frac{2 \times (AC - BD)}{AC + BD} \times 100\% \tag{6－24}$$

式中:X——扭斜率;

AC,BD——分别为 A 点到 C 点和 B 点到 D 点的对角线长度,mm。

(2)倒T形标记法。此法特别适合窄幅织物,试样大小为650mm×380mm,距底边75mm处,平行于宽度方向画一直线 YA,在 YZ 中点处标记基准点 A,然后,垂直 YZ 距 A 点500mm处标记 B 点,如图6-15所示。洗涤后,经 B 点垂直 YZ 的直线与 YZ 交点标记为 A',测量 AA' 和 AB 的长度。

$$X = \frac{AA'}{AB} \times 100\% \qquad (6-25)$$

式中:X——扭斜率;

AB——A 点到 B 点的长度,mm。

(3)模拟服装标记法。织物布边重合对折,裁剪大小为580mm×510mm的双层织物试样,将两条长边和一条短边缝制,线迹距邻近布边12mm,然后,将线迹翻向里面,形成开口袋形试样,再将开口边缝合,如图6-16所示。洗涤后,如图6-17所示,测量 AA'、DD'、AB 和 CD 的长度。

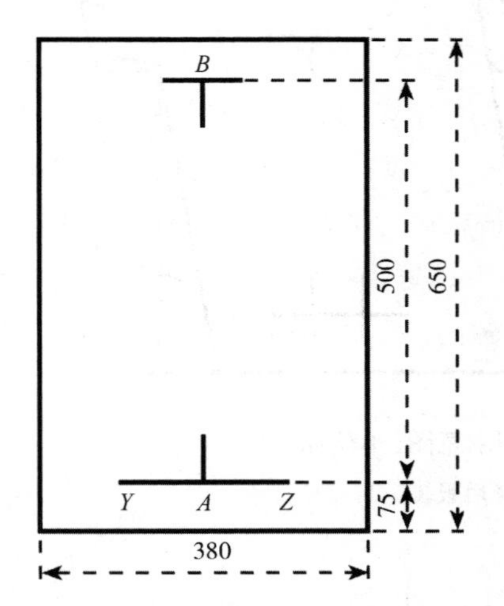

图6-15　扭斜测试倒T形标记法织物试样(单位:mm)

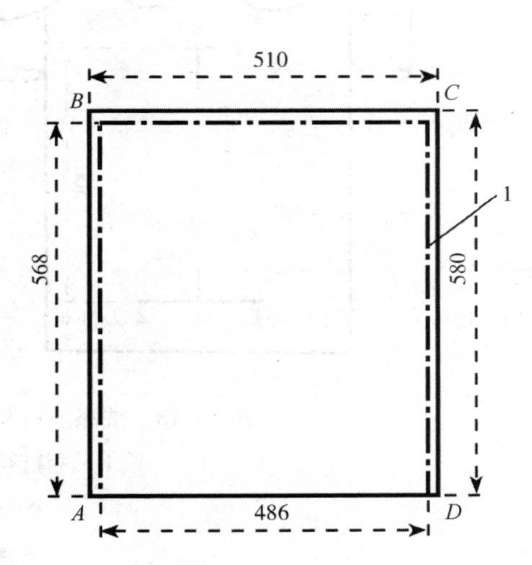

图6-16　模拟服装标记法织物试样(单位:mm)

1—叠边缝线迹

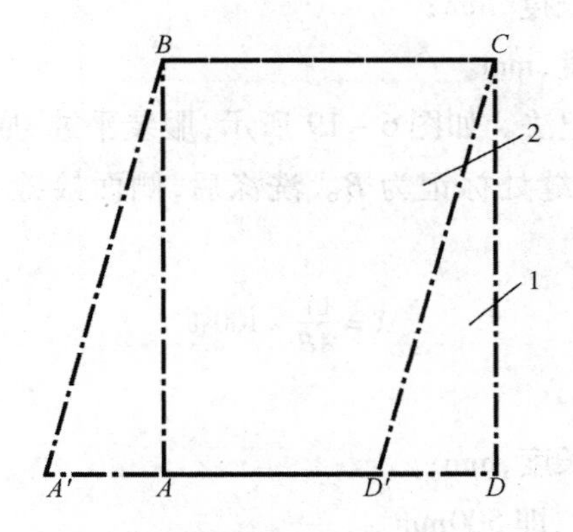

图6-17　洗涤后模拟服装标记法织物试样

1—原始试样　2—洗涤后试样

$$X = \frac{AA' + DD'}{AB + CD} \times 100\% \tag{6-26}$$

式中：X——扭斜率；

AA'，DD'——分别为洗涤后 A 点和 D 点偏移长度，mm；

AB，CD——原始试样长边长度，mm。

3. 服装洗涤后扭斜率测试

服装样品选择下面一种方法标记，并采用 GB/T 8629—2017 中的一种洗涤程序进行洗涤，按式（6－27）、式（6－28）计算扭斜率。

（1）方法 A：服装正面标记法。如图 6－18 所示，平行于服装宽度方向距底边 75mm 画一直线 YZ，经 YZ 中点 A 垂直 YZ 的直线与距 A 点 500mm 的平行线相交于 B 点。洗涤后，经 B 点垂直 YZ 的直线与 YZ 交点为 A'，测量 $A'B$ 与 AA'的长度。

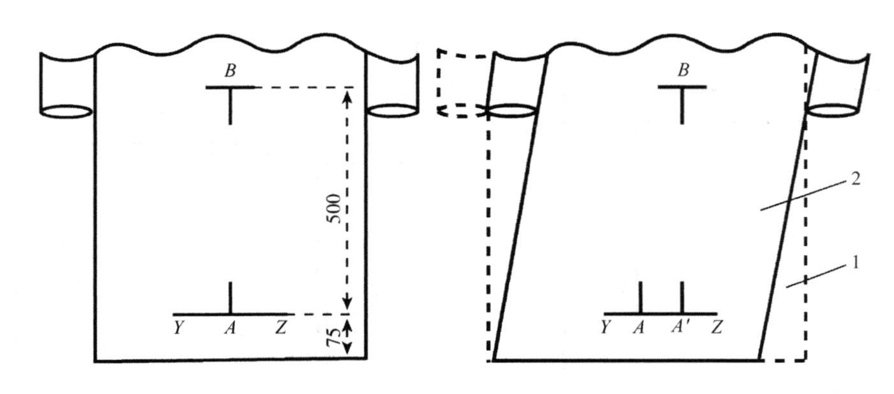

图 6－18 洗涤前后服装正面标记示意图（单位：mm）

1—洗涤前服装 2—洗涤后服装

$$X = \frac{AA'}{A'B} \times 100\% \tag{6-27}$$

式中：X——扭斜率；

AA'——洗涤后 A 点偏移长度，mm；

$A'B$——洗涤后 $A'B$ 的长度，mm。

（2）方法 B：服装侧面标记法。如图 6－19 所示，服装平放，底边与侧面接缝相交点标记为 A，与 A 相距 500mm 的侧面接缝处标记为 B。洗涤后，侧面接缝与底边交点为 A'，测量 AB 与 AA'的长度。

$$X = \frac{AA'}{AB} \times 100\% \tag{6-28}$$

式中：X——扭斜率；

AA'——洗涤后 A 点偏移长度，mm；

AB——洗涤前 AB 的长度，即 500mm。

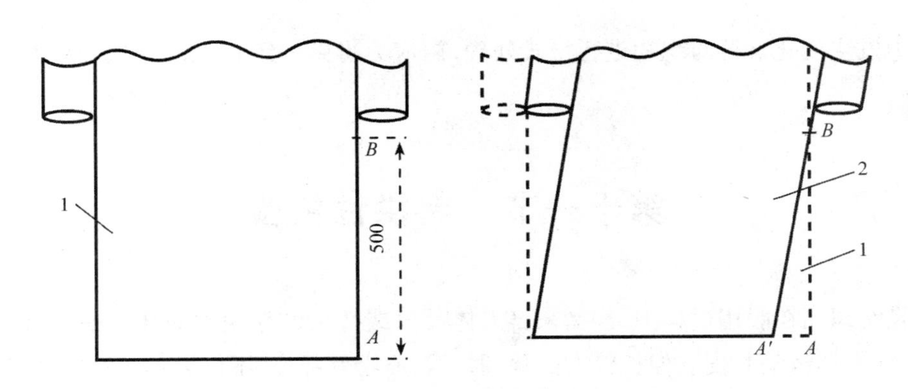

图 6－19 洗涤前后服装侧面接缝标记示意图

1—洗涤前服装 2—洗涤后服装

二、扭斜的影响因素和改善措施

1. 纤维种类

不同种类纤维的模量和横截面不同，在纱线中产生的应力水平不同。同种纤维由于长度、细度、强力、伸长等各指标的不同，也会由于加捻在纱线中产生不同程度的应力。

2. 纱线捻度

纱线由于加捻而形成的捻应力极不稳定，在松弛状态下，纱线捻度越大，退捻的趋势越大，一个组织循环两端受力的差值越大，越容易发生扭曲，因此，合理设计和选择纱线，可以改善织物的扭斜。

不同纺纱方法纺出的纱线结构和性能有差异。环锭纺织物歪斜程度比赛络纺大，因为环锭纺是一种真捻纺纱，且捻度的活性大，织物容易产生歪斜。赛络纺同向同步加捻使纱线截面呈圆形，外观上跟单纱比较相似，但又不像股纱具有明显的单纱加捻痕迹，捻度活性也较环锭纺小，所以，织物斜度较小。此外，适当降低单纱捻度，采用无捻纱、低捻纱，采用股线的捻向与单纱捻向相反，也可改善织物扭斜。

3. 织物紧度和组织结构

随着织物紧度的提高，织物越来越紧密，织物中纱线间的作用力就越来越大，导致织物洗后扭曲呈现明显的上升趋势。相同经纬密、纱支的织物，随着织物交织点增多，组织松紧程度差异变小，浮长线变短，纬纱的倾斜程度减轻。

线圈上剩余扭力矩与圈柱长成比例，圈柱越长，力矩越大，织物的扭曲会越严重，因此，织物密度增加，可以改善扭曲的程度。纬平针织物采用相同捻度 S 捻纱和 Z 捻纱交叉隔路交织、同路同时进纱，使整个织物剩余扭力矩基本平衡，可基本消除织物上的扭曲。织造时，根据纱线的捻向，合理配置大圆机转向，织造纬平针单面织物时，Z 捻纱采用逆转机织造，S 捻纱则采用顺转机织造，纱线自身捻度产生的纬斜与机器产生的纬斜部分相互抵消，可以减小织物的斜度。

4. 染整处理

织物在染整加工过程中经过一系列的湿热加工，并承受一定的张力，若张力不匀，极易导致织物内应力发生变化。若对织物进行松式处理，内应力得到一定程度的释放，有利于改善织物洗后扭曲。

第十一节　起拱性检验

起拱是纺织品在服用过程中，经受来自人体反复或持久的作用力而产生的三维残余变形，通常，产生在人体运动时皮肤伸长较大的膝、肘、臀、肩膀等部位，不仅影响美观性，而且，起拱部位易发生较早磨损，影响服装使用寿命，对西装等外观要求高的正装尤为重要。

起拱由多种因素造成，包括塑性变形、初始蠕变、织物中纤维间、纱线间的摩擦力，主要取决于织物拉伸、弯曲、剪切三者的综合力学性能。服装穿着时，受到拉伸、弯曲、剪切、压缩、扭转等多种外力作用。根据膝、肘部起拱受力变形特点，织物抗起拱性取决于两方面的力学性能，一方面是抗变形性能，包括拉伸刚度、弯曲刚度、剪切刚度，由纤维间摩擦力决定，摩擦力大，纤维受到拉伸后变形小，不易变形起拱；另一方面是回复性能，包括拉伸回弹率、弯曲弹性、剪切弹性，取决于织物的弹性，弹性好的织物，起拱易于消除。

目前，测试起拱性的方法有球体起拱法和假肢模拟法。球体起拱法是用半球体将环状夹持的试样反复顶起，模拟膝、肘部的受力状况，用残留拱高表示起拱性，简便、准确，但与实际情况差异较大。假肢模拟法是将缝制成管状的试样套在具有活动关节的管臂测试仪上，模拟膝、肘部的受力状况，用残留拱高表示起拱性，测试结果与实际接近，但需特定测试仪器和大试样，测试费时、误差大。

一、起拱性测试

针织物和机织物起拱变形测试可参考 FZ/T 01146—2018，有定压力拉伸法、定伸长拉伸法和拉伸回复法三种测试方法。测试时，将试样夹持在环形装置中，用半球形体顶伸试样到一定高度或规定压力值，保持一定时间后，解除压力，并回复一定时间，测试试样起拱变形回复能力，按式（6－29）计算起拱残留率。

$$R_{ar}=\frac{h-h_d}{h_0}\times 100\% \tag{6-29}$$

式中：h_0——设定拱高/定压力拱高，mm；

h_d，h——分别为起拱前的初始高度和起拱回复后测得的高度，mm；

R_{ar}——起拱残留率。

1. 定压力拉伸法

定压力拉伸法采用等速伸长仪和起拱装置，起拱装置由环形夹持器和起拱半球体组成，环形夹持器内径为（56±0.5）mm 或（80±0.5）mm，如图 6－20 所示。试样反面朝上夹持，起拱半球体以 20mm/min 的速度下移，记录压力为 0.2N 时，起拱半球体的初始高度 h_d，当压力为（147.1±0.1）N 时，保持 5min，并记录此时起拱半球体的高度，作为定压力拱高 h_0。解除压力，试样回复 5min 后，再次对试样施加 0.2N 的压力，并记录起拱半球体的高度 h。

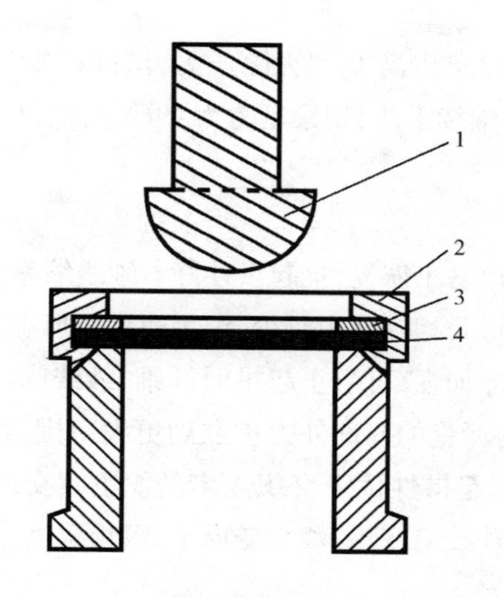

图 6-20 拉伸法起拱装置示意图

1—起拱半球体 2—压盖 3—压圈 4—试样

2. 定伸长拉伸法

试样反面朝上，固定在环形夹持器中，起拱半球体以 20mm/min 的速度下移，记录初始压力为 0.2N 时起拱半球体初始高度 h_d，当试样起拱高度达到 12mm 时，保持 1min，记录此时起拱半球体高度 h_0。解除压力，试样回复 3min，重复测试 4 次，以 5 次测试平均值计算 h_0。最后记录试样施加 0.2N 时起拱半球体高度 h。

3. 拉伸回复法

压板大小为 (50 ± 2) mm × (20 ± 2) mm，起拱装置由环形夹持器和起拱半球体组成，环形夹持器内径为 (56 ± 0.5) mm，起拱半球体直径为 (48 ± 0.2) mm，如图 6-21 所示。

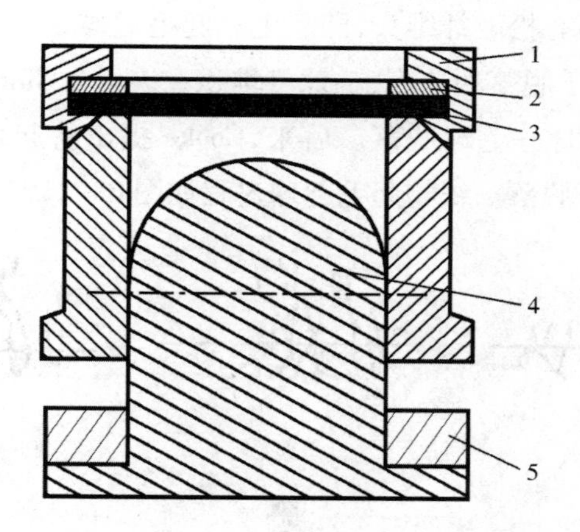

图 6-21 回复法起拱装置示意图

1—压盖 2—压圈 3—试样 4—起拱半球体 5—拱高调节圈

试样正面朝上固定在环形夹持器中，压板以 12mm/min 下压，当压力达到初始压力 0.3cN 时，开始计测拱高，压板继续下压，记录压力为 49cN 时的初始高度 h_d。当起拱高度达到 12mm

时，保持3min，并记录此时的设定拱高 h_0。去除压力，试样回复2min后，压上压板，压力达到0.3cN时，开始计测拱高，压板继续下压，记录压力为49cN时的拱高 h。

二、起拱性影响因素

纱线弹性好，织物起拱变形易于恢复，抗起拱性好。纱线缩率大，纱线屈曲、回缩较多，当织物起拱变形时，纤维的拉伸变形及相互滑脱较少，织物塑性变形小，抗起拱性较好。

织物密度大，经纬纱间摩擦加强，可阻止起拱时纤维、纱线间的相互滑移，织物塑性变形减小。此外，织物密度大，易于将所受的局部外力扩散到更大范围，难以形成局部形态变化，减小起拱变形。交织点少的织物抗起拱性优于交织点多的织物。交织点少，纱线具有较高的移动性，且浮线较长，起拱变形时，纱线应变小，塑性变形小，织物耐拱性好。

第十二节　起毛起球检验

纺织品在使用和洗涤过程中，不断受到各种外力作用，使纤维末端迁出，在纺织品表面形成绒毛，这种现象称为起毛。当绒毛不能及时脱落，长度和密度达到一定程度后，在外力作用下相互纠缠在一起，形成许多球形小颗粒，这种现象称为起球。随着球粒不断增大，超过附着力时，受外力影响球粒脱落。起毛起球通常发生在机械作用频繁的区域，如衣袖、裤子大腿区或沙发坐垫。起毛起球不仅影响纺织品外观，也影响舒适性。

一、起毛起球机理及过程

起球的前提是织物表面有松散纤维头，即起毛。起毛起球是一个动态过程，毛球不断形成和脱落，如果形成的速度大于脱落的速度，毛球将堆积在表面。Gintis 和 Mead 最早把起毛起球分为三个阶段，即起毛—起球—毛球脱落。后来，Cooke 提出将起球过程分为四个阶段，即起毛—起球—球体增长—毛球脱落。织物起毛起球过程如图6－22所示。

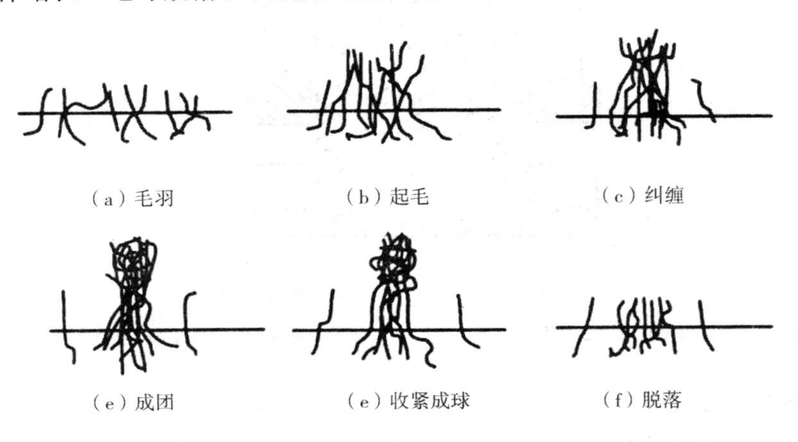

图6－22　织物起毛起球过程

1. 起毛阶段

起毛是织物起球的形成阶段。织物表面存在两种起毛纤维，即织物表面一端自由的纤维和两端都受到握持作用的线圈。当织物受到摩擦时，若摩擦力大于纤维强力或纤维间抱合力时，纤维被拉断或纤维末端被拉出，在织物表面形成绒毛。

2. 起球阶段

当起毛达到一定程度后，织物表面的绒毛变长，在一定距离间的绒毛，因揉搓摩擦、反复拉伸和回缩而纠缠成球。生成的毛球并不大，也不形成死结，毛球中许多纤维的一端或两端埋于织物中，将形成的毛球固着在织物表面。

3. 球体增长阶段

随着纤维进一步缠结，作用在小球上的摩擦力进一步将与小球相连的纤维从织物中拉出，同时，这些纤维作为新的纤维端部，从周围更广的范围内被拉入小球，使球体变大变紧。构成球体的这些纤维，一端在纱线中，另一端牢固锁在球体结构中，成为固定纤维。

4. 毛球脱落阶段

毛球脱落分固定纤维断裂脱落和抽拔脱落两类。如果毛球所受摩擦力大于连接毛球纤维所受张力之和，则固定纤维断裂，毛球从织物上脱落；如果毛球所受摩擦力小于连接毛球纤维所受张力之和，而大于连接毛球纤维所受来自纱线中的摩擦阻力之和，则固定纤维从纱线中抽拔出来，毛球脱落。

从织物起毛起球过程可知，织物起球必须满足以下条件：织物中的纤维要柔软、易于弯曲变形和相互纠缠，且要有足够的强度、伸长性和耐疲劳性；织物表面要有足够多和足够长的绒毛；要有产生纠缠的摩擦条件。

二、起毛起球测试方法

织物起毛起球测试方法主要有圆轨迹法、马丁代尔法、起球箱法和随机翻滚法四种。我国机织和针织产品用圆轨迹法，羊毛产品用起球箱法，根据产品类别分别转 2h（7200r）和 4h（14400r）。美国以马丁代尔法和随机翻滚法为主，欧洲以马丁代尔法（1000r）和起球箱法（7200r 或 14400r）为主。

起毛起球试验方法一般根据试样来确定，面料试样，不明确具体用途，或同一块面料应用在不同服装上，则按面料特性选择合适的试验方法。若来样明确标有产品的名称和适用的产品标准，则严格按产品标准中指定试验方法进行。

由于织物面料采用的原料、纱线、组织结构及工艺参数不同，织物表面起毛起球形态和程度也不相同，还没有明确完善的起毛起球评价方法。起毛起球的评价方法很多，目前，主要采用主观评级，将试样与标准样照或文字描述对照，给出目测评级级数，准确性主要依赖评测人员。常用的评定方法有以下几种：

（1）样照法。在标准光照条件下，将试样与标准样照对比，人工评定起毛起球等级，评级结果为 1～5 级，1 级最差，5 级最好。样照法是目前应用最广泛的评定方法之一，快速、简单，但结果易受主观因素影响，无法定量描述。此外，由于织物种类不同、起球方法不同、各个机构制定的标准样照不同，也会引起评定结果的差异。

(2)文字描述法。用文字描述试样起毛起球情况，分为1～5级。文字描述相对模糊，不同评级人员对同一块试样的起毛起球描述会有较大差异，无法进行定量描述。

(3)起毛起球曲线。为了分析起球程度及毛球脱落整个过程，可采用起毛起球曲线评价织物起球程度。起毛起球曲线是试样摩擦时间与试样单位面积上起毛起球程度的关系曲线，如图6－23所示，其中，时间可以用摩擦次数表示。随着摩擦作用时间延长，织物表面毛羽量逐渐增加，而起球量由增大变减小。理想状态是织物毛羽和毛球脱落量与起毛起球达到同步。此法虽能描述起毛起球的整个过程，但比较费时。

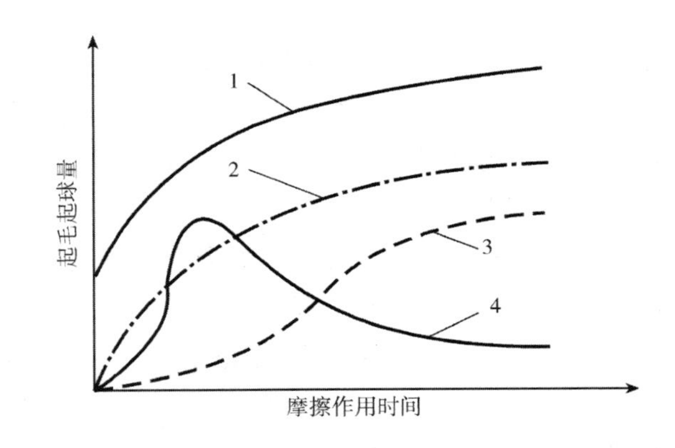

图6－23　起毛起球曲线

1—毛羽量　2—理想脱落量　3—毛羽和毛球脱落量　4—起球量

(4)图像处理方法。利用图像处理方法评价织物起毛起球性能的方法主要分为两种，一种是二维图像分析，基于起球织物灰度图像的计算机视觉评估，另一种是三维图像分析，基于起球织物表面形态高低起伏信息的计算机视觉评估。用图像处理技术模拟人工进行评级，是一种现代化的方法，效率高、应用面广，但是，对图像采集要求高，特征提取不成熟。美国SDLATLAS公司开发的PillGrade 3D起毛起球自动检测系统，利用3D成像技术，捕捉测试样表面图形，通过分析扫描图像，并经公式计算，从而获得可靠的起毛起球评定结果，与传统主观评定方法相比，可以避免因试样的花型、颜色不同而引起的评级差异，使评定结果更加准确、客观。

此外，还有计数法(计量单位面积上的毛球数)、称重法(计算单位面积上的毛球重)和起球程度(用毛球数量和毛球重量的乘积衡量织物起球程度)。

1. 圆轨迹法

圆轨迹法测织物起毛起球性可参考GB/T 4802.1—2008，采用如图6－24所示圆轨迹起球仪测定各种织物起毛起球性能。试样直径(113±0.5)mm，正面朝外装入试样夹盘内，并将试样压在磨料上，按表6－22选择试验参数，试验结束后，在评级箱内对照试样和原样或标准样照，按表6－23视觉描述评级，共5级9档。

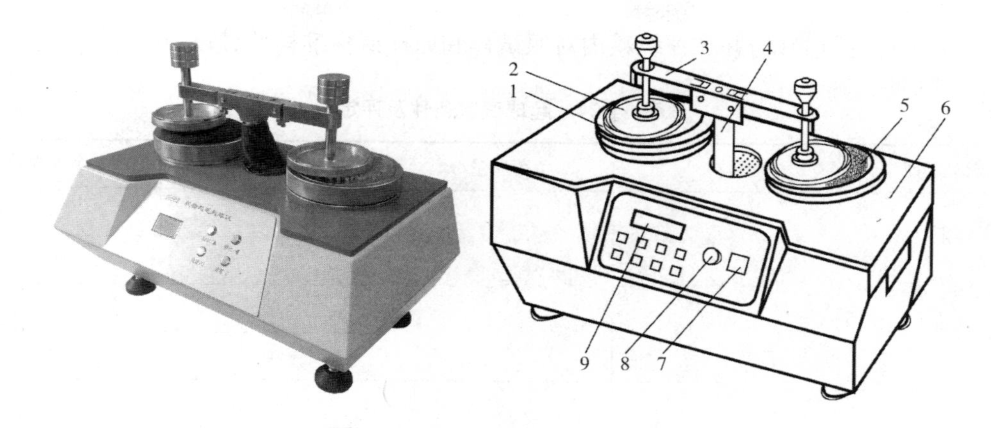

图6-24 圆轨迹起球测试仪及示意图

1—磨料盘 2—试样夹盘 3—试样夹盘臂 4—连接轴 5—毛刷盘 6—工作台

7—停止开关 8—启动开关 9—计数器

表6-22 试验参数及适用织物类型

方法	试验参数			适用织物类型
	压力/cN	起毛次数	起球次数	
A	590	150	150	工作服面料、运动服装面料、紧密厚重织物等
B	590	50	50	合成纤维长丝外衣织物等
C	490	30	50	军需服(精梳混纺)面料等
D	490	10	50	化纤混纺、交织织物
E	780	0	600	精梳毛织物、轻起绒织物、短纤纬编针织物、内衣面料等
F	490	0	50	精梳毛织物、绒类织物、松结构织物等

表6-23 视觉描述评级

级数	状态描述
5	无变化
4	表面轻微起毛和(或)轻微起球
3	表面中度起毛和(或)中度起球,不同大小和密度的毛球覆盖试样部分表面
2	表面明显起毛和(或)起球,不同大小和密度的毛球覆盖试样大部分表面
1	表面严重起毛和(或)起球,不同大小和密度的毛球覆盖试样整个表面

2. 马丁代尔法

马丁代尔法测织物起毛起球性可参考GB/T 4802.2—2008,该标准等效ISO 12945-2:2000,采用马丁代尔耐磨试验仪测定各种织物的起毛起球性能。试样直径140mm,正面向外安装在上夹具中,另一块试样或标准羊毛织物正面朝上安装在起球台上作为磨料,放上加压重锤,按表6－24条件进行测试，并在评级箱内对照试样和原样或标准样照，按表6－23评级。

表6－24　起球试验条件及评定

纺织品种类	磨料	负荷质量/g	评定阶段	摩擦次数
装饰织物	羊毛织物磨料	415±2	1	500
			2	1000
			3	2000
			4	5000
机织物或针织物（除装饰织物）	织物本身（面/面）或羊毛织物磨料	机织物：415±2 针织物：155±1	1	125
			2	500
			3	1000
			4	2000
			5	5000
			6	7000

3. 起球箱法

起球箱法测织物起毛起球性可参考GB/T 4802.3—2008，该标准等效ISO 12945－1:2000，采用如图6－25所示滚箱式起毛起球测试仪测定各种织物的起毛起球性能。试样为边长125mm正方形，正面向内折叠，距边12mm缝合成试样管，然后，从内翻出，使织物正面在外。在试样管两端各剪6mm，以去掉缝纫变形，并将试样管套在聚氨酯载样管上，使试样两端距聚氨酯管边缘的距离相等，并保证接缝部位尽可能平整。用PVC胶带缠绕试样两端固定试样，并保证聚氨酯管两端各有6mm裸露。将试样放入同一起球箱内，设定转数（如无约定，粗纺织物7200r，精纺织物14400r）进行测试，结束后，在评级箱内，对照试样与未测试样或标准样照，依据表6－23评级。

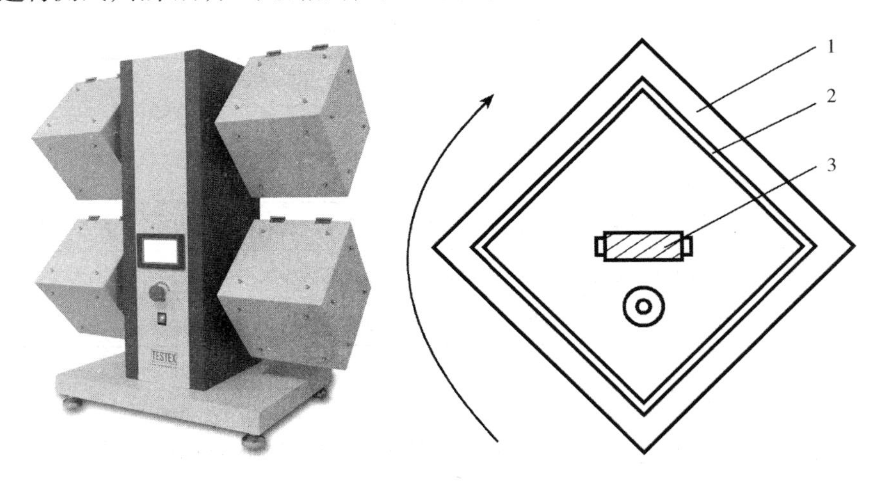

图6－25　滚箱式起毛起球测试仪

1—方箱　2—软木内衬　3—试样

4. 随机翻滚法

随机翻滚法测织物起毛起球性可参考 GB/T 4802.4—2008，采用如图 6－26 所示乱翻式起毛起球测试仪测定机织物和针织物的起毛起球性能。使用黏合剂将边长为 105mm 的正方形试样的边缘封住，悬挂晾干至少 2h。长条形软木衬卷成圆筒，放入仪器，每个试样与重约 25mg、长度 6mm 的灰色短棉一起放入一个实验仓，设置时间 30min。启动仪器，打开气流阀，试样随机运转。实验结束后，用真空除尘器清除试样上残留的棉絮，在评级箱内对照试样与未测试样或标准样照，依据表 6－23 评级。

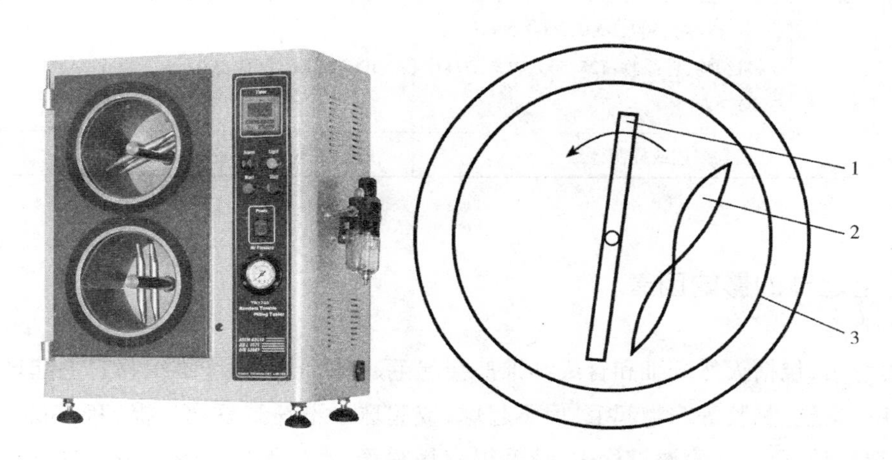

图 6－26　乱翻式起毛起球测试仪

1—旋转叶片　2—试样　3—橡胶膜内衬

三、起毛起球测试方法比较

马丁代尔起毛起球测试方法的比较见表 6－25。

表 6－25　马丁代尔起毛起球测试方法比较

参数	GB/T 4802.2—2008 ISO 12945—2:2000 JIS L1076—2012 方法 J	ASTM D4970—16e3
适用范围	各种织物	各种织物，尤其机织物，不适用厚度超过 3mm 的织物
加压重锤质量/kg	2.5 ±0.5	—
加压重锤直径/mm	120 ±10	—
毛毡直径/mm	试样夹具:90 ±1;起球台:140 +5	—
磨料	织物本身或羊毛织物磨料	织物本身
磨料尺寸/mm	直径:140 +5;边长:150 ±2	直径 140
试样尺寸/mm	140 +5	38
试样数量/个	3	4

续表

参数	GB/T 4802.2—2008 ISO 12945—2:2000 JIS L1076—2012 方法 J	ASTM D4970—16e3
调湿时间/h	调湿至平衡	4
负荷/g	机织物、装饰织物:415 ±2 针织物:155 ±1	3kPa
摩擦次数	装饰织物:500,1000,2000,5000 机织物、针织物:125,500,1000,2000,5000,7000	100 ~ 1000,间隔 100
评级方法	视觉描述或样照评级	视觉描述或样照评级

四、起毛起球的影响因素

1. 纤维性能

任何短纤维,包括天然纤维和合成纤维都会起毛起球,但不同纤维织物起毛起球情况各不相同。棉、麻、蚕丝、黏胶等织物起毛,但不起球,或起球小不易观察到。棉、麻、黏胶、醋酯纤维强度低、断裂伸长率小,在摩擦过程中,绒毛很容易脱落,无法形成毛球。毛纤维具有鳞片层结构,存在卷曲,容易起毛起球。合成纤维织物,由于纤维强力高、抱合力小、伸长能力大,纤维容易滑出织物表面,且不易断落,较易出现起毛起球现象,以锦纶、涤纶织物较为严重,丙纶、维纶、腈纶等次之,而且,合成纤维摩擦时易产生静电,容易吸附外来粒子,加重起球程度。合成纤维与棉毛等混纺时,较易断裂的绒毛与不易断裂的绒毛纠缠在一起,更容易形成毛球。各种纤维织物起毛起球程度为棉 < 毛 < 腈/维 < 黏 < 涤 < 锦。

一般长丝织物起球程度低于短纤织物。长丝强度较高,受到外力时,不易磨损断裂,单位长度内纤维头数少,露出纱线和织物表面的纤维端也较少。另外,长纤维间的抱合力较大,纤维不易滑到纱线和织物表面。

粗纤维较细纤维不易起球。相同粗细纱线内,由于粗纤维根数少,露出的纤维端较少。纤维越粗,越刚硬,竖起在织物表面的纤维越不易缠结成球。而纤维越细,柔软性越好,纤维头端越多,越容易起毛起球。

纤维卷曲度增加,纤维间抱合力增大,纤维不易游离到织物表面,不易起毛起球,但一旦起毛后,则容易纠缠成球。特别是在低捻纱中,化纤的卷曲可使纤维间加强连接,能抑制起毛起球现象。但若纤维卷曲波形高,加捻时纤维不容易伸展,摩擦过程中纤维容易松动滑移,在纱线表面形成毛绒,织物容易起毛起球。

圆形截面或接近圆形截面的纤维,纤维间抱合力小,纤维容易滑移至织物表面,容易起球。异形截面纤维间抱合力较大,不易起球。

强度高、弹性好的纤维较强度低、弹性差的纤维抗起球性能差。织物中纤维强度高,受外力摩擦时，不易磨断脱落，一旦起毛后，容易缠结成球；反之，纤维强度低，容易被磨断或拉断，织物表面不易起毛起球。织物中纤维的弹性好，受外力摩擦、勾拉时，纤维头端不易被拉出织物表面，织物不易起毛起球，反之，纤维容易被拉出。

2. 纱线结构和性能

纱线越细，纱线截面内纤维根数越少，则纱线中滑出表面的纤维形成的毛羽就越少，织物起毛起球程度低一些。纱线捻度越高，纤维间抱合力就越大，纤维可移动性降低，纱线受到摩擦时，纤维在纱线内滑移的可能性小，纤维不易抽出，而且，纱线捻度高，突出的纤维更少，起球现象减少。但对于针织物，过高捻度会使织物发硬，因此，不能依靠提高捻度防止起球。纱线表面毛羽越多，织物受到外力摩擦时，被拉出表面的纤维端越多，织物容易起毛起球；反之，纱线表面光洁，毛羽少而短，则纤维不易滑出，不易起毛起球。纱线条干不匀率大，粗节数多，由于纱线粗节处捻度较小，则容易起毛起球。花色纱线织物，如圈圈纱、膨体纱等，因结构松散，易起毛起球。

不同纺纱方法的纱线制成的织物起毛起球情况不同。喷气纺纱线抗起毛起球性能优于环锭纺。采用环锭纺纱工艺时，较长纤维倾向于集中在纱线中间，较短纤维则分布在外侧，容易导致起球。气流纺纱线比环锭纺纱线更易起球。在环锭纺纱新技术中，赛络纺、缆型纺、紧密纺等，通过纺纱机理的改变而使纱线获得特殊结构，纱线结构紧密，纤维间抱合力强，毛羽少、表面光洁，在摩擦时，纤维不易从织物中抽离出来，抗起球性能明显增加。

股线结构紧密，纤维不易滑出，股线织物比单纱织物的抗起毛起球性能好。而且捻向相同比捻向不同的单纱合股的抱合力大，有利于改善织物起毛起球。

3. 织物组织结构

组织结构松散的织物通常比结构紧密的织物易起毛起球。针织物由于暴露的纱线表面积大，且浮线多、长，结构比较疏松，相同外力条件下被拉出表面的纤维端数多，一般比机织物易起毛起球。机织物组织中浮线长，且组织交叉点少，外力摩擦作用时，纤维容易被拉出表面，形成绒毛，织物起球数量偏多，反之，不易起球。平纹织物具有最多的纱线交织点，交叉长度短，对纱线中纤维束缚较紧，降低纤维从纱线中滑出的概率，抗起毛起球性能相对较好。斜纹织物在同样的纱线线密度和纱线捻度情况下，抗起毛起球性能要逊于平纹织物。缎纹和提花织物则更差一些。对于针织物，线圈短、针距细不易起毛起球。纱线线密度和线圈长度相同时，罗纹针织物比纬平针织物起球严重，因为单位面积内纬平针织物的线圈数比罗纹针织物的线圈多（即编织点多），其结构比罗纹针织物紧密。罗纹、双罗纹组织抗起毛起球又比集圈、提花组织好，因为集圈组织的线圈大小不匀，纱线张力不匀，提花组织存在浮线。纬编织物比经编织物易起球，因为纬编织物比经编易脱散。

在一定范围内，织物密度越大，则织物越紧密，纤维不易滑出造成起毛起球，反之，密度小的织物较松散，纤维易被拉出表面，易形成毛球。

组织结构不同，表面平整度也不同，表面平整的织物受到的外界摩擦力小，相比表面平整度差的织物，纤维被拉出表面形成绒毛的概率小，不易起毛起球，因此，提花织物、普通花色织物、罗纹织物、平针织物的抗起毛起球性逐渐增加。

4. 染整工艺

染整加工后，织物抗起球性与染整工艺中使用的染料、助剂、染整工艺条件和设备有关。一般，绞纱染色的纱线比散纤维染色纱线易起球，成衣染色织物比色织物易起球。织物经过烧毛、剪毛，减少织物表面的绒毛，可以减轻起毛起球。织物经过定形，使织物收缩紧密，表面更加平整，或者经树脂整理，纤维在受到外力摩擦时，不易滑出表面，不易起毛起球。织物经过柔软整理，由于柔软剂的作用，使纤维或纱线间的摩擦减小，纤维之间更易滑移、抽拔，织物的抗起毛起球性能会有一定程度的下降。

5. 服用条件

一般情况下，服装在穿着时所受摩擦力越大、摩擦次数越多，则起球现象越严重，如肘部、两肋、袋口、裆部及领口处，不可避免地会与其他物体或自身发生摩擦，起球较为显著。

洗涤条件和干燥方式不当，会加重织物的起毛起球。要按照服装洗涤标签的要求进行洗涤，注明不可机洗的产品不能用洗衣机洗涤，因为在洗衣机的强力作用下，摩擦加剧，极易起毛起球。如果是低强轻薄织物，机洗还可能对其产生更进一步的破坏。

实际生产过程中，改善纺织品抗起毛起球性能是一项系统工程，应从纤维、纺纱、织造、染整加工等生产过程，采取综合措施解决。

第十三节　抗勾丝性检验

勾丝是指织物中纤维和纱线与尖锐物勾挂而被拉出，甚至拉断，在织物表面形成丝环、紧纱段或毛丝的现象。勾丝是服装穿着中常见现象，主要发生在长丝织物和针织物中。勾丝破坏织物纹理和图案，织物外观严重恶化，影响服装美观和触感。丝环和紧纱段造成织物表面不平整，织物表面均一性和耐用性受到影响，丝环还容易产生二次勾挂。由勾丝引起的断纤会使织物强度降低，且断纤头端会受摩擦及静电作用纠结缠绕，易形成毛球。近年来，服装面料呈现柔软化和轻薄化，织物勾丝问题日益引起消费者关注。

一、勾丝形成机理

织物勾丝的形成分三个阶段：第一阶段，织物中的纱线与勾挂物接触，发生勾挂或摩擦。织物与勾挂物接触后，先产生相对滑动，在此过程中，产生勾挂的主要因素是它们之间的摩擦作用，摩擦作用的大小，一方面取决于勾挂物对织物的压力，另一方面取决于织物表面的粗糙程度。织物表面摩擦力较小时，勾挂物与织物相对滑动容易，不易产生勾挂。第二阶段，在勾挂作用力或摩擦力的作用下，纱线被勾出织物表面。织物和勾挂物产生勾挂后，勾挂物与织物相对运动的速度越大，勾丝就会越严重，越容易形成长勾丝。第三阶段，勾挂物与被勾挂纱线脱离。纱线被勾出织物表面后，与勾挂物脱离，勾挂物越粗糙，越不易脱离。

根据勾出纱线断裂与否分为以下两种情况：

（1）纱线被勾出后没有断裂，而是形成丝环。纱线变形分为急弹性变形、缓弹性变形和塑性变形，前两种变形是可逆变形，塑性变形是不可逆变形。急弹性变形阶段，纱线的变形在外力去除的瞬间即可回复，缓弹性变形纱线的回复需要一定时间，塑性变形是永久不可逆的变形。若勾出纱线的变形是弹性变形，则在外力去除后，纱线可在弹性作用下慢慢回复，部分甚至全部丝环可回到织物内，不会形成长勾丝，可减轻织物的勾丝程度。若勾出纱线的变形达到塑性变形阶段，则变形不可逆，丝环无法回缩，只能浮在织物表面。若纱线的断裂伸长率大，则丝环长度长，勾丝严重。

勾丝的长度与纱线的光滑程度、纱线的伸长性能、交织点的阻力及勾挂物对织物的作用力有关。光滑的纱线在外力作用下容易产生滑移，滑移的长度也是织物勾丝长度的一部分。当纱线被勾挂物勾住后，其相邻组织点发生变形，逐渐被抽紧，纱线产生不同程度的伸长，并向被勾挂的组织点处集中。

（2）纱线被勾出后断裂。当纱线受到的交织阻力，导致纱线内部张力达到纱线的断裂强力时，纱线被勾断，成为断纤。断纤长度与断裂伸长率有关，纱线的断裂伸长率大，则断纤的长度长，勾丝程度严重。

二、勾丝测试方法

勾丝性测试方法主要有钉锤法、针筒法、豆袋法、回转箱法和针排法，其中，使用最多的是钉锤法，使用的仪器以 ICI 型勾丝测试仪为代表，如图 6－27 所示。

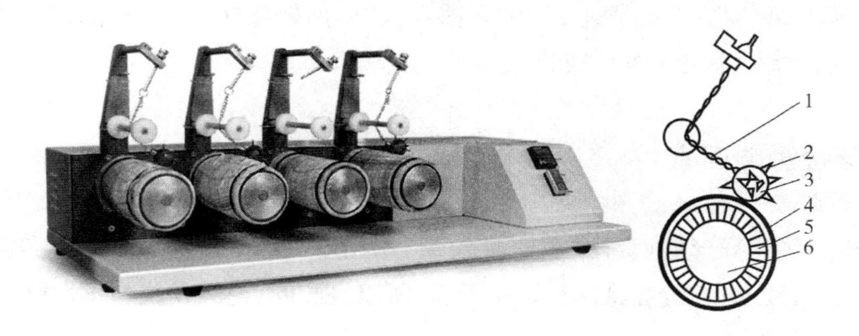

图 6－27 ICI 型钉锤勾丝测试仪及示意图

1—链条 2—突针 3—铜锤 4—试样 5—包毡 6—滚筒

1. 钉锤法

钉锤法测试织物的勾丝性能可参考 GB/T 11047—2008，适用于针织物和机织物及其他易勾丝织物，不适用于网眼结构的织物、非织造布和簇绒织物。试样尺寸为 200mm × 330mm，正面朝里缝成筒状，然后翻过来，使正面朝外。非弹性织物试样，套筒周长为 280mm；弹性织物试样，套筒周长为 270mm。将筒状试样套在转筒上，并用橡胶环固定试样两端。把钉锤轻轻放在试样上，启动仪器，钉锤在试样表面随机翻转跳动，使试样勾丝。达到 600r 后，对比标准样照评级，5 级 9 档，1 级最差，5 级最好。

2. 回转箱法

钉锤法因对织物破坏过于激烈,测试结果之间可比性差,回转箱法相对比较缓和,更加实用。图6-28是英国 James H. Heal 公司生产 Orbitor SnagPod 起毛起球勾丝测试仪,是将 SnagPod 勾丝滚箱安装在 Orbitor 或 ICI 起毛起球测试仪上。

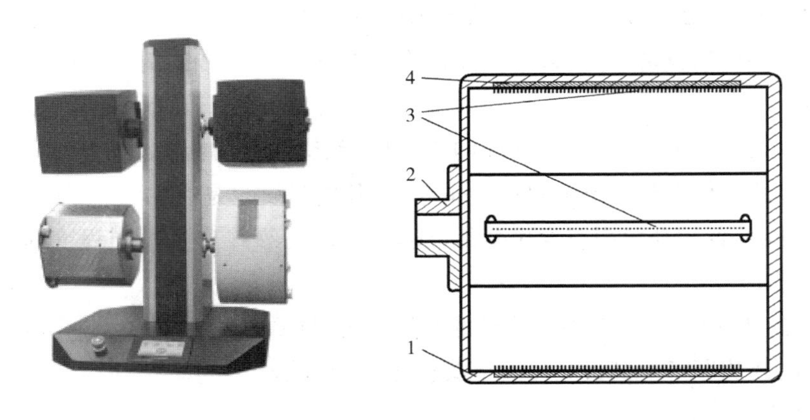

图6-28 Orbitor SnagPod 起毛起球勾丝测试仪及回转箱结构图

1—回转箱 2—旋转装置 3—钢针 4—针棒

该法可参考 BS 8479—2008,用于测试针织物和机织物勾丝性能。试样为边长 140mm ± 0.5mm 的正方形,正面朝里缝成筒状,缝线距边,机织物为 8mm,针织物为 9~10mm,缝好后翻转,使试样正面朝外,套在试样管上,用锁环固定,放入回转箱中,启动仪器,在 60r/min 下运行 2000r,然后进行评级,采用5级9档制。

三、勾丝性影响因素

1. 纤维性状

圆形截面纤维比异形截面纤维更容易勾丝。圆形截面纤维摩擦系数低,纤维间滑动阻力小,纤维间抱合力较差,纤维容易从纱线中滑脱,所以,棉、麻、毛织物抗勾丝性能较好,而化纤和丝织物抗勾丝性能较差。

长丝比短纤维容易勾丝。勾丝多发生在蚕丝或化纤长丝织物中,因为长丝表面光滑,勾挂时容易形成大的线圈,短纤由于纤维较短,即使被勾出,也只是细小的毛羽,勾丝不明显。

伸长能力和弹性较大的纤维能缓和织物勾丝。当织物受到外界物体勾拉时,伸长能力强的纤维,可通过本身弹性变形来缓和外力的作用,当外力去除后,由于弹性变形可回复,勾出的丝环容易回到原来的组织中,减轻勾丝现象。

2. 纱线结构

纱线结构紧密、条干均匀的织物不易勾丝。捻度可使纤维变得紧密,增加纤维间的相互作用,减少勾丝的发生,但捻度并不是越高越好。捻度刚开始增大时,纤维受到的径向压力大,摩擦阻力增加,减少纤维滑脱。当达到临界捻度后,纤维倾斜角增大,纱线的变形通过捻回角的改变而伸长,纱线断裂伸长增加,在一定程度上会增加勾丝长度,造成勾丝程度加重,因此,捻度选择要适当。

短纤纱大多是由棉、毛等短纤维或与其他纤维混合，经加捻而成，通过加捻，纤维在纱体内产生径向转移，增加纤维间抱合力，并且加捻使纤维间结合较紧密，增加纤维间压力，从而增加纤维间的摩擦，纤维不易从纱线中滑脱。此外，加捻可以清除纱线弱节和松软，提高纱线均匀性，有利于提高织物抗勾丝性能。长丝纱外观光滑，在织物中易滑移，比短纤纱更容易勾丝。长丝纱无须加捻也可直接织造，无捻长丝纱和变形纱，由于结构松散，抱合力差，容易产生勾丝。加捻长丝纱有一定的强力，纤维间抱合力增加，勾丝程度会明显下降。

3. 织物结构

织物经纬密大，织物结构越紧密，纤维被束缚得越紧密，经纬纱在织物中活动范围小，不易滑脱，并且纤维或纱线间摩擦力大，也较难被勾出。

机织物基本单元为组织点，锐物通过勾挂机织物组织点，使其勾丝。组织点多的织物，经纬纱交织频繁，纱线变形较大，屈曲多，交织点作用强，织物形态结构稳定，不易产生纱线滑脱及变形。浮长线长的织物，组织较松软，纱线变形小，容易被外物勾挂产生变形和移位，抗勾丝性差。不同组织织物抗勾丝性能：平纹 > 基础斜纹 > 条纹 > 蜂巢/复合斜纹。

针织物与机织物组织结构不同，勾丝形成的机理不同。针织物采用线圈结构，并且，结构较松，纱线捻度较低，比机织物更容易勾丝。纵、横密大、线圈长度短的针织物不易勾丝，因此，纬平组织抗勾丝性能较好，提花、网眼和毛圈等结构的针织物更容易勾丝。

4. 染整加工

染整加工中也很容易产生勾丝，一般为织造机械擦伤、布车运输及染色机擦伤，另外，染整参数、缸容不合理及操作不当等也会引起勾丝。染色时不易勾丝面朝外，缸容在 70% ~80%，需经常对机器进行打磨，使机械光滑，后整理采用松式洗涤，洗涤过程中减小张力，与坯布接触的设备应尽量光滑，这些措施都可以减少勾丝现象的发生。热定形、压烫、汽蒸和树脂整理有利于固定纤维位置，限制其移动，并使织物表面变得光滑平整，减少勾丝。

织物勾丝性能属于力学性能，要提高织物抗勾丝性能，要求纤维的抗冲击性差和纤维间的相互作用强，即纤维不易从织物中被勾挂出来，一旦发生勾挂，能够迅速断裂，不形成影响外观的毛羽。目前，提高织物抗勾丝性的方法主要是对织物进行树脂整理，整理剂主要由丙烯酸羟丙酯、丙烯腈聚合物、丙烯酸丁酯和丙烯酸铵盐按照不同比例配制而成。

第十四节　防钻绒性检验

羽毛羽绒是天然绝佳的保暖材料，用于纺织品的填充物。羽绒制品以其轻柔、保暖、回弹性好的优良特性深受消费者青睐。但羽绒制品常出现钻绒现象，影响产品质量和使用舒适度。如果防钻绒性能差，使用过程中，羽绒或羽毛会不断从面料和缝线处钻出，不仅影响美观，且由于充绒量的减少，降低羽绒制品的保暖性。防钻绒性能是指织物阻止羽毛羽绒和绒丝从表面钻出的性能，通常以织物在规定条件作用下的钻绒根数表示。

一、钻绒机理

羽绒的构成单位是绒朵，如图 6－29 所示，绒朵中心有极小的绒核，从绒核中放射出许多细微而纤长的绒丝，每个绒丝上又生有毛茸茸的绒小枝。羽绒的绒丝呈椭圆形皮芯结构，如图 6－30 所示，皮质层较为紧密，厚度不均匀，芯层呈泡状结构，排列较为规则，部分芯层存在孔洞，具有包含静止空气的能力，赋予羽绒轻盈保暖的特点。

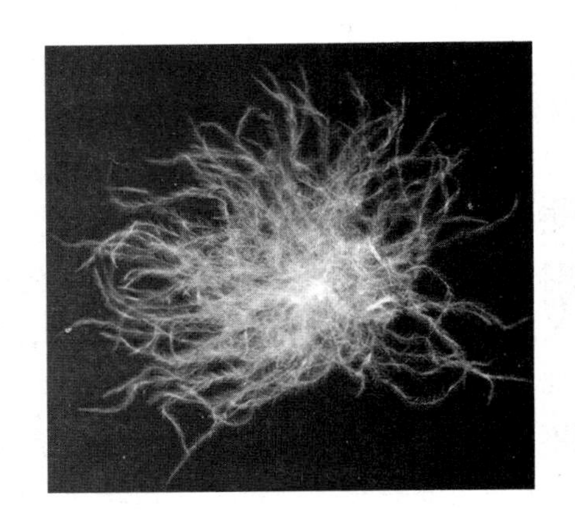

图 6－29　绒朵

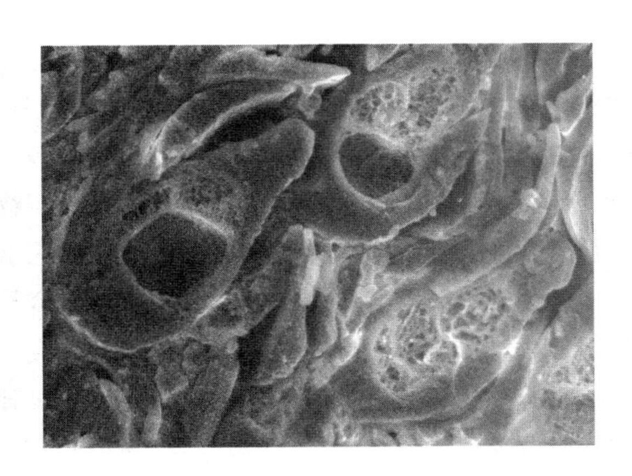

图 6－30　绒丝截面

绒丝结构极性较大，易带电，且静电电容极小，只要少量电荷就产生相互排斥，并使其距离保持最大，使羽绒变得蓬松。当羽绒填充到制品内时，靠近面料的羽绒受到内部羽绒的排斥力，被向外挤压，使羽绒贴近面料。羽绒良好的回弹性和蓬松性以及防绒面料较差的透气性，使羽绒制品内腔充有大量静止空气。当羽绒制品受到外界挤压或者摩擦，静止空气从面料孔隙或针眼透出时，贴近面料的羽绒跟随空气钻出，形成钻绒。

此外，绒丝呈树状结构，以绒丝为“树干”，绒小枝为“树枝”，赋予羽绒方向性，使羽绒产生只向前、不后退的运动特性。而且，绒丝末端部分绒小枝上分布着大小不一的三角形赘合物，称为菱节，呈 Y 形、三角形，极易挤开面料经纬纱或针眼，对钻绒起辅助作用。

二、防钻绒性测试方法

根据测试原理和试验设备不同，防钻绒性能测试分为摩擦法、转箱法和冲击法三类。国内主要采用摩擦法和转箱法，欧洲较多采用冲击法。摩擦法和转箱法不能准确表述羽绒制品在使用过程中的作用状态，一方面，测试时，将试样放在回转箱或塑料袋内，不利于空气流动，试样在短时间内很难恢复原状；另一方面，转箱法测试时，试样一直处于橡胶球的连续击打状态，试样始终无法恢复到蓬松状态，干瘪状态下，羽绒从织物中钻出困难，而摩擦法测试时，试样主要受到摩擦力，在摩擦过程中也很难恢复到蓬松状态，影响钻绒效果。冲击法测试是将试样放在倾斜轨道上，受到冲击杆的挤压和撞击作用力，也受到一定的摩擦作用力，在受力后，能够充分恢复到蓬松状态，能较好模拟羽绒制品实际使用情况。

面料防钻绒性良好并不完全反映服装穿着过程中的实际情况，现行标准只考核面料防钻绒性，没有考核羽绒制品绗缝针处的防钻绒性，实际生活中，缝线处钻绒现象是不可避免的。

1. 摩擦法

摩擦法是羽绒服装防钻绒性的主要测试方法，在合适光源下，通过计数钻出试样袋表面大于2mm的羽绒根数来评价织物防钻绒性能。GB/T 12705.1—2009和GB/T 14272—2011附录E均采用摩擦法，前者参照EN 12132-1—1998制定，采用如图6-31所示摩擦法钻绒性测试仪，测试羽绒制品用织物防钻绒性能。试样尺寸为(420±10)mm×(140±5)mm，沿长边对折，缝制成有效尺寸为170mm×120mm试样袋，按表6-26填充一定质量的羽毛羽绒，并将缝线针眼黏封，防止羽绒从缝线处钻出。在试样袋两短边缝线外侧分别钻两个固定孔，将试样袋放入塑料袋中，并用两个夹具固定塑料袋。试样经2700次挤压、揉搓和摩擦作用，计数从试样袋内钻出和钻出试样袋表面大于2mm的羽毛羽绒根数，按表6-27评价织物的防钻绒性能。

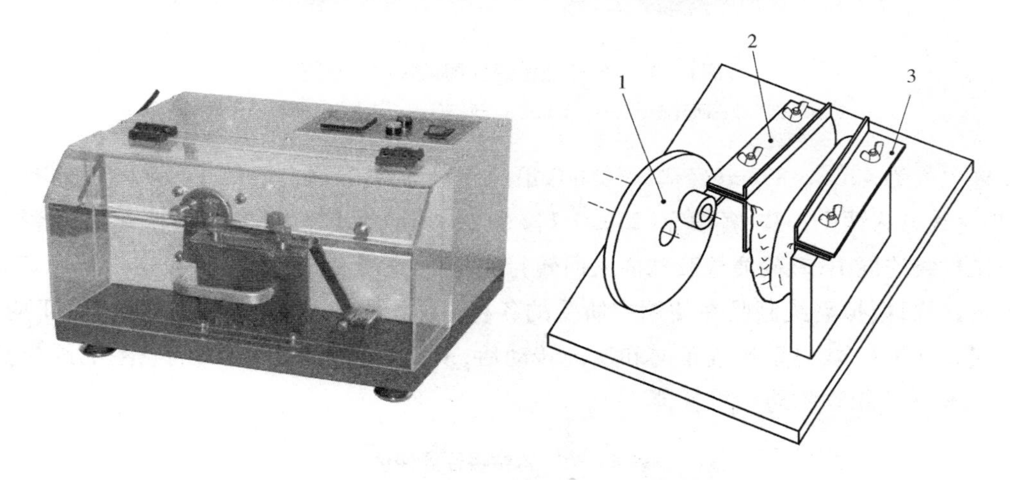

图6-31　摩擦法钻绒性测试仪和示意图

1—驱动轮　2—活动夹具　3—固定夹具

表6-26　羽毛羽绒填充量

含绒量/%	填充材料质量/g
>70	30±0.1
30~70	35±0.1
<30	40±0.1

表6-27　防钻绒性能评价

防钻绒性评价	钻绒数/根
具有良好的防钻绒性	<20
具有防钻绒性	20~50
防钻绒性较差	>50

2. 转箱法

转箱法最初来源于美国联邦政府1978年制定的标准FTMS 191A-5530—1978，1991年，我国参照该标准制定GB/T 12705—1991，并在2009年更新为GB/T 12705.2—2009，采用如图6-32所示转箱法钻绒性测试仪，测试羽绒制品用各种织物的防钻绒性能。

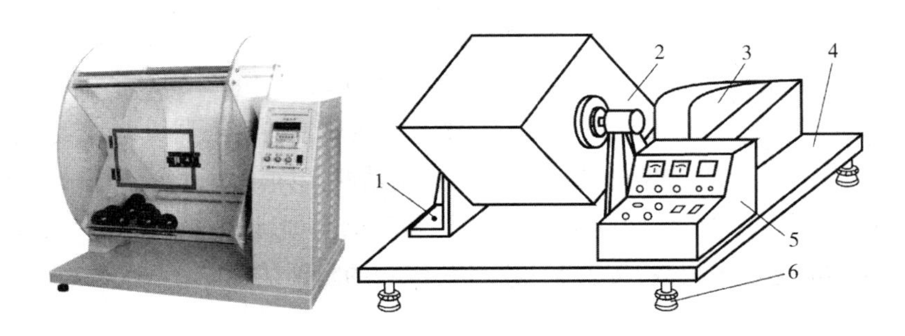

图6-32　转箱法钻绒性测试仪和示意图

1—支承脚架　2—回转箱　3—传动箱　4—底座　5—电器控制箱　6—调平螺母

试样尺寸为42cm×83cm（经向×纬向），沿经向对折，缝制成有效尺寸为40cm×40cm试样袋，中央缝线分成两个小袋，各填充(25±0.1)g羽绒，并将缝线针眼黏封，防止羽绒从缝线处钻出。将试样袋连同10只硬质橡胶球放入回转箱中，回转箱定速转动，将橡胶球带至一定高度，冲击箱内试样，模拟羽绒制品在使用中所受的各种挤压、揉搓、碰撞等作用。回转箱正向和反向分别转动1000次，分别计数正向和反向转动后，从试样袋内钻出布面的羽毛羽绒根数，根据表6-28评价织物的防钻绒性能。

表6-28　防钻绒性能评价

防钻绒性评价	钻绒数/根
具有良好的防钻绒性	<5
具有防钻绒性	5~15
防钻绒性较差	>15

3. 冲击法

欧洲较多采用冲击法，可参考EN 12132.2—1998，采用如图6-33所示冲击法钻绒性测试仪，测试织物防钻绒性能，目前应用不多。试样尺寸为750mm×全幅宽，经纬向各1块，制成高210mm、圆底周长476mm的枕形试样，按表6-29填充一定质量的羽毛羽绒。将枕形试样放在测试仪斜面上，固定在活动板上的冲击针随活动板往复运动，对枕形试样冲击压缩，撞击后，枕形试样沿轨道下滑，并恢复至原状，如此反复，模拟羽绒制品在使用中所受的各种挤压、揉搓、碰撞等作用，直至达到表6-30设定的冲击次数。每500次测试后，计数从枕形试样内钻出的羽毛羽绒根数，从圆底和缝线处钻出的羽毛羽绒不计数。

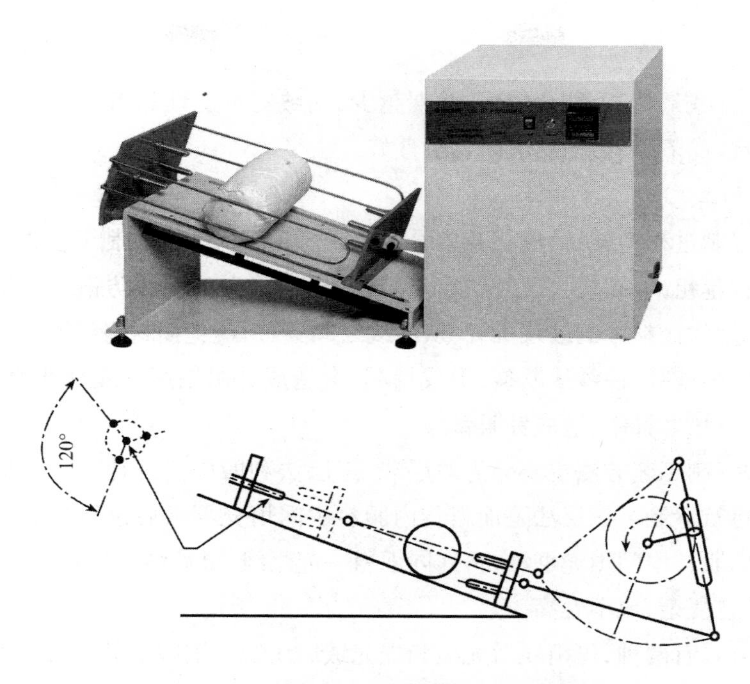

图 6－33　冲击法钻绒性测试仪和示意图

表 6－29　羽毛羽绒填充量

含绒量/%	羽毛含量/%	填充材料质量/g
>70	<30	85±1
30～70	70～30	110±1
10～30	90～70	130±1
<10	>90	150±1

表 6－30　冲击次数

织物种类	冲击次数
$\frac{1}{1}$平纹织物	2000
斜纹织物	4000
$\frac{4}{1}$缎纹织物	1500

三、防钻绒性能的影响因素

1. 面料结构

面料采用的纱线细，经纬密度大，厚度大，结构紧密，则防钻绒性好。面料透气性与防钻绒呈负相关，即透气性越好的面料，防钻绒性能越差。

2. 羽绒质量

通常情况下,含绒量越高,绒朵越多,毛羽越少,钻绒的可能性越低。因鹅绒比鸭绒纤维更长,在相同含绒量情况下,鹅绒比鸭绒防钻绒性好。

3. 缝纫条件和工艺

羽绒制品在缝制过程中,机针形状及型号、缝纫线种类及粗细、缝制工艺直接影响羽绒服的钻绒性能。缝纫针越粗,针孔越大,钻绒越多。圆头机针比尖头机针防钻绒效果好。圆头机针在缝制时,可顺畅地将面料中的纱线推开,从纱线之间穿过,避免面料组织脱散,防止形成针洞。而尖头机针容易刺中纱线,使纱线断裂,形成针洞,会造成针眼钻绒。缝纫线要和机针匹配,缝纫线太细,不能充分堵塞针眼,造成针眼钻绒。

目前,羽绒服缝制工艺方法主要分为两层法、三层法和四层法三种。两层法是在两层面料中间填充羽绒后进行缝制。三层法是面料与内胆料中间填充羽绒后进行缝制,最后缝合里料。四层法是在两层内胆料中间填充羽绒,再连同面料一起绗线,最后缝合里料。缝合层数越多,防钻绒性越好,但工艺复杂,成本升高。

常见的充绒方式有两种,先绗线后充绒和先充绒后绗线。羽绒制品通常有三种基础绗缝格式,横向绗缝、V 形绗缝和格子绗缝。横向绗缝先绗线再充绒,可避免因绗线工艺造成穿刺面料引起的钻绒。而 V 形绗缝和格子绗缝很难实现先绗线再充绒,只能先充绒后绗线。

四、提高防钻绒性能方法

根据钻绒部位不同,钻绒可分为三类,一是面料钻绒,即羽绒从织物表面钻出;二是缝线钻绒,俗称针眼钻绒,即羽绒从缝线针眼处钻出;三是接缝钻绒,缝头大小和缝合前接缝处羽绒清除干净与否影响接缝钻绒。

实际使用中,钻绒现象多发生在缝线处,造成缝线钻绒主要是因为内部羽绒的斥力使羽绒贴近缝线,当羽绒服受到外界挤压和摩擦时,羽绒就会随着空气从针眼钻出,而且羽绒服面料密度较高,透气性差,更容易发生缝线钻绒。此外,羽绒服面料主要采用锦纶、涤纶等化纤面料,化纤面料遇高温会收缩、硬化。缝纫时,缝纫针与面料高速摩擦运动,当缝纫针温度过高时,引起针眼处面料收缩并硬化,针眼不能回缩,致使针眼较大,若缝纫线较细,不能充分堵塞针眼,会造成针眼钻绒。而且,羽绒服缝制过程中,高速摩擦使缝纫线产生静电,羽绒受静电牵引,少量聚集到缝纫线边缘并吸附,通过针眼钻出。

目前,提高羽绒面料防钻绒性有三种方法,一是使用高支高密化纤面料;二是对织物进行抗钻绒整理,减少织物表面缝隙,例如,涂层整理;三是在羽绒服面料内侧添加防绒布。

提高缝线防钻绒可采用陶瓷针,因其表面镀陶瓷膜,可减少缝纫过程中热量的产生,降低面料断纱率,且使线迹细腻不褶皱,降低羽绒带出率。此外,细针粗线能使缝纫线最大限度地遮挡住针眼,但应考虑缝纫线的穿针引线问题。采用硅油处理的缝纫线可增加柔软度,减少摩擦,也可使用防钻绒涤纶线。采用密封缝制技术,运用特殊环保渗透胶,将羽绒制品针孔完全锁住,达到防钻绒目的。也可采用无缝贴合工艺,面料表面没有车缝线,但成本较高。

第十五节 织物风格检验

一、织物风格的含义

广义织物风格包括触觉风格、视觉风格、听觉风格和嗅觉风格，是织物本身材料、结构、固有的物理和机械特性作用于人的感官所产生的综合效应，是一种复杂的物理、生理、心理及社会因素的综合反映，包括织物某些外观特征和内在质量，涉及范围广，包含内容多。一般情况下的织物风格是指的狭义风格。

1. 触觉风格

触觉风格，即狭义织物风格，也称手感，是指与触觉有关的特性反映，是由手或皮肤对织物力学性能产生刺激的综合反映，如滑糯、柔软或挺括、蓬松或厚重、丰满或单薄、硬挺、粗糙或光滑等，与织物某些力学性能及表面特性密切相关，如拉伸、剪切、弯曲、压缩及表面摩擦等性能。

2. 视觉风格

视觉风格是指织物自身特性对视觉刺激而产生的生理和心理的综合反映，如纺织材料、织物组织结构、花型、颜色、明暗度、光泽、平整度、光洁度等，与织物结构和力学性能密切相关。视觉风格受人主观爱好支配，很难找到客观评价方法和标准。

根据刺激源不同，视觉风格又分为形感、光泽感和图像感。形感，也称织物形态风格，是指织物在特定条件下形成的线条和造型对视觉刺激产生的视觉效果，如造型能力、对称性、悬垂性、流畅性、成裥性、贴身性等。形感风格与织物结构特征及力学性能密切相关。光泽感是指在一定环境条件下，织物光泽对视觉刺激形成的视觉效果，如极光、彩光、暗光、肥光、膘光、柔和光、金属光等。光感风格受纤维表面光滑程度、反光能力等因素影响。图像感是指织物的颜色、表面形态、印染图案和织纹图案刺激视觉时所产生的视觉效果。由于颜色和图案与织物本身无内在联系，图像感一般指织物表面纹理，如细腻、粗犷、绉感等。

3. 听觉风格（声感）

听觉风格是指织物间摩擦时所产生的听觉效果，如蚕丝织物的丝鸣。对高密度长丝织物，这种效果会对织物风格带来不利影响。听感风格主要在蚕丝和化纤长丝织物面料的风格评价中应用，在其他织物面料中体现不明显，一般不予评价。

4. 舒适感

舒适感，又称织物服用风格，是指在人体周围形成的热湿状态下，织物给人的主观感觉，如舒适、暖和、闷热、凉爽、粘贴、爽脆、激冷、刺痒、刺扎等。

二、织物风格分类

1. 按照材料分类

织物风格按照材料可以分为棉型风格、毛型风格、真丝风格、麻型风格四类。棉型风格一般纱线条干均匀、捻度适中、棉结杂质少、布面均匀、吸湿透气性好。毛型织物光泽自然柔和，身骨结实，丰满滑糯、富有弹性，呢面匀净，并且有温暖感。真丝织物轻盈、柔软、滑爽、有身骨、悬垂性好，色泽鲜艳，布面平整、致密、光洁美观，珍珠般的光泽及特有的丝鸣效果。麻织物外观朴素粗犷，坚固挺括，细洁平整，抗弯刚度大，具有挺爽和清凉的感觉。

2. 按照用途分类

织物风格按用途可分为外衣用织物风格和内衣用织物风格。外衣用织物风格要求布面挺括、有弹性、光泽柔和、褶裥保持性好，有毛型感。内衣用织物质地柔软、轻薄、手感爽滑、吸湿透气性好，有柔软的棉型感。

3. 按照厚度分类

按织物厚度，可分为厚重型织物、中厚型织物和轻薄型织物。厚重型织物要求手感厚实、滑糯和温暖的感觉。中厚型织物一般质地坚牢、柔韧丰满、有弹性、厚实而不硬。轻薄型织物质地轻薄、细洁柔软、手感滑爽、有凉爽感。

三、织物风格评价方法

织物风格客观评定方法的研究始于 19 世纪 20 年代，由 H. Bennio 首先提出客观评定法，1930 年，F. T. Peirce 开创了从力学特性来研究织物风格，用悬臂梁法测得试样弯曲长度和弯曲刚度来表征织物风格，从此，拉开织物力学性能与风格关系研究的序幕。1972 年，以川端季雄为首的日本织物风格评定和标准化委员会（HESC）成立，并研制 KES 系统，建立了织物风格鉴别分类方法，使织物风格研究走上系统且规范化道路。1989 年，Postle、Tester 等在澳大利亚联邦科学与工业研究院（CSIRO）开发 FAST 测试系统，可用于织物外观、手感和机械性能的简便测试与快速评价。此外，美国潘宁教授利用抽出法研制 PhabrOrneter 织物手感评价系统，针对织物手感进行客观评定和分级。实际上，织物风格的评价是通过对织物力学特性进行主观感觉，并用语言或数值的形式表达出来。

织物风格的评价，不但涉及人们感官触觉评定，也涉及力学特性指标的量化指标。感官触觉评定受多因素的制约和影响，阅历不同、触觉程度不同、视觉感受不同，给出的织物风格评价或对织物的风格认可程度不相同。而客观的物理性能、化学指标则反映织物本身客观属性方面的差异，如抗褶皱性、耐磨性、撕破强力等，并不能代表织物风格的好坏，因此，对于织物风格的表征和评价，应尽量做到主观和客观的统一。

织物风格评价方法有主观评定法、客观评定法以及近十几年兴起、借助医疗器械记录人体触摸织物时的生理指标变化来表达织物风格强弱的生理评定法。

根据织物风格的分类，对织物的基本风格和综合风格进行评价，只能反映出织物具有某种或某几种基本风格及某种综合风格，无法反映基本风格及综合风格的好坏程度，这需要在织物风格分类的基础上对风格进行分等，用数值进一步表达织物的风格。目前，风格评价的尺度是人为选定的，并不存在统一标准，可根据实际情况，选定合适的尺度进行评价，但方法是一致的，如柔软度，人为规定它的评定尺度为 0~5，分为 6 档，其中，0 表示柔软度最差，1 表示很差，2 表示合格，3 表示中等，4 表示良好，5 表示最好，评定人员根据所规定的评定尺度和织物的具体风格进行评分，最后，得到相应的基本风格值或综合风格值。

1. 织物风格的主观评定

织物风格的主观评定，又称感官评定，是通过人的感官形成对织物的综合感觉，根据个人的主观评分、排序、描述、统计、分析、判断，对织物的风格特征作出评价，是评价织物手感风格的基础，也是织物手感风格评价最基本、最原始的方法，具有简便、快速的优点，但无法排除主观任意性，不能定量描述。

主观评定一般是选定一定数量有经验的检验人员，分成若干小组，在一定条件下，由检验人员分别对试样进行感官评定，根据个人的主观判定，进行评分、排序或给出判断描述，将结果进行统计分析，得出结论。评定结果通常采用分档评分或秩位法两种方式来评判。分档评分是对织物的某项特性，以人为选定的尺度进行分档评分，最后得出该批次织物中各个试样的某项风格值，具有较高的评定精度，但耗时耗力。秩位法是根据主观评定的优劣顺序，排列其秩位，不对织物评分，比较方便，节省劳动力和时间，适用于试样数量比较少的情况。

主观评定结果受试样状态、评定环境、评定人员素质、评定方法及风格评定用语是否标准化等因素的影响。评定人员的经验、经历、偏好及所处的地域、民族等心理、生理和社会因素都会对评定结果产生影响，使评定结果因人因地而异，不具有普遍性。主观评定法只是根据人的主观感觉，给出相应的风格评语或秩位数，缺乏理论指导和定量描述，使评定结果之间的可比性差，因而主观评定法不能满足纺织行业对织物风格表征与评价统一性的要求，也很难用于指导和改进纺织及服装的生产管理，不能根本解决织物风格的评价与表征问题。

2. 织物风格的客观评定

织物物理力学性能是评价织物风格最客观、最根本的依据。织物风格特征与某些力学性能密切相关，因此，客观评定是采用仪器测定织物的物理力学性能，并在感官评定的基础上，建立量化标准评价织物，从而对织物风格特征做出评价，克服了主观信息在计量、存储和转移上的困难，是目前织物手感风格评价的主要方法，但不能全面翔实地表征织物风格特征。

客观评定法可量化、标准化和预测织物的风格，可分析研究纺织生产过程中纱线、坯布、成品相关性能参数的变化对织物风格的影响，以利于改善织物的风格特征，也可对测试结果进行统计分析，有效表征织物风格。客观评定法是织物风格评价的发展趋势，渐渐趋近主观评定，比主观评定法在定量分析上具有优势，但还不能完全取代主观评定法。

使用织物基本力学指标表征织物风格始于20世纪30年代，由Pierce提出的悬臂梁法，以弯曲长度和弯曲刚度作为织物风格的度量。此后，相继出现多种单指标的风格测定方法，如心形法、挠度法、Gurley法和Clark法等。这些方法具有一定的局限性，仅依赖单一的物理力学指标来反映织物的风格，不可能完整、准确地表征织物风格特征。

20世纪90年代初，澳大利亚联邦科学与工业研究院（CSIRO）研制出FAST系统，使织物手感的客观评定达到新高度，大幅提高了织物风格客观评定水平和研究水平。FAST系统和KES系统两者相对应的力学性能和测试结果都具有良好的一致性，但KES系统和FAST系统价格高、效率低，KES系统是基于日本专家的主观评定结果，无法用于日本以外国家的面料评估，FAST系统基本是KES的简化版本，存在同样的问题。为解决KES系统和FAST系统的局限性，美国加州大学潘宁在2010年研制出PhabrOmeter织物手感风格评价系统，可直接得到织物的硬挺度、柔软度、光滑度、悬垂指数、折皱回复率及弹力指数六个与风格相关的指标，大大减少测试时间及数据的复杂性。目前，织物广义风格涉及织物触觉和视觉特性等方面，评价相对困难。

3. 生理评定

20世纪90年代开始，借助脑电波记录仪，记录人在触摸或穿着衣服时的生理或心理反应，以此判断织物或服装的舒适性能。生理评定的原理是不同风格的织物会引起人的生理变化，如皮肤温度、血流量、脑电位、肌电位等。

生理评定方法的原理与主观评定方法相似，都是用手或皮肤去感知织物来判断织物手感，不同之处在于生理评定方法用仪器检测手或皮肤在触摸织物时的生理指标变化来表征织物的风格，这种方法尚未形成标准，尚处于探索阶段。

四、KES织物风格评价系统

1972年，以川端季雄为首的日本织物风格评价和标准化委员会（Hand Evaluation and Standardization Committee，HESC）研制出一套织物风格评价系统KES－F（Kawabata Evaluation System－Fabric），也称川端评价系统。KES－F面世以来，主要经历二次升级换代，1978年，改进型号KES－FB面世，2000年，全自动测试系统KES－FB－AUTO－A研制成功，系统自动化程度更高、测试指标更完善、仪器误差更小、评价更便捷。

KES系统样本覆盖全日本，具有广泛的代表性，评定结果与主观评定结果一致，应用十分方便，可用于指导服装生产者合理选择织物，从而保证服装的服用性能，在新产品、新工艺研究开发中，用来测定织物各项物理力学指标，以优化各项参数。但因受地域限制、不同国家文化背景和生活环境的差别，对织物风格偏好不同，KES评价方程不适用于其他国家。此外，KES是以统计数学为基础建立转换式，要求样本容量大，并呈典型分布。KES系统价格较为昂贵、操作时间长、测试指标多、数据处理复杂，KES采用分别测量相关性能来预测织物手感，割裂了物理和机械性能在织物变形过程中的交互作用，无法给出科学合理的结果，因此，实际生产中应用较少，主要用于科学研究。

1. KES测试原理

KES评价系统将织物手感分为物理力学指标、基本手感值HV和综合手感值THV三个层次。

（1）物理力学指标。物理力学指标包括14个力学指标和2个物理指标，分别反映织物在低应力下的拉伸、剪切、弯曲、压缩、表面性能和织物的厚、重等方面的性能。

（2）基本手感值（Hand Value，HV）。对各种手感特征感觉进行统一定义，制定若干基本手感值，如硬挺度、滑糯度、爽脆度、蓬松度、丰满度、柔软度等，每一项分为0～10，共11个级别，10最强，0最弱。基本风格只有强弱之分，没有好坏之分。

（3）综合手感值（Total Hand Value，THV）。根据织物最终用途，对织物风格进行综合评价，反映织物制作所选服装类别的适用性和品质，分为0～5，共6个等级，0级表明织物无法用于某种用途,5 级说明织物非常适合用作某种用途,各级别的意义见表 6－31。

表 6－31　综合手感值

综合手感值 THV	评价
5	优秀
4	良好
3	一般
2	差
1	很差
0	无法作用

评价方法首先搜集一定数量的布样,由专家用感官评判法给出每块布样的 HV 值及 THV 值,然后,用风格仪测量布样的各个力学量指标,再用多元线性回归方法,建立力学量与 HV 值以及 HV 值与 THV 值之间的方程式。日本、中国、澳大利亚和印度联合进行仪器测定和专家手感评定对照,转换方程式较符合日本情况,其他国家对照的结果并不完全一致。

通过多元统计回归,对上述三个层次进行分析,建立从基本力学量到基本风格值和从基本风格值到综合风格值的多元线性回归转换式见式(6－30)和式(6－31)。

$$HV = C_0 + \sum_{i=1}^{16} C_i X_i = C_0 + \sum_{i=1}^{16} C_i \frac{x_i - \bar{x}_i}{\delta_i} \tag{6-30}$$

式中:HV——基本风格值;

C_0,C_i——回归常数,依织物种类不同,C_i反映第 i 项性能指标对基本风格的影响程度;

X_i——标准化处理后第 i 项性能指标;

x_i,$\bar{x}_i$——分别为试样第 i 项物理力学指标测量值和平均值;

δ_i——试样第 i 项物理力学指标测量值的标准差。

$$THV = C_0 + \sum_{i=1}^{k} Z_i \tag{6-31}$$

式中:THV——综合风格 THV。

$$Z_i = \frac{C_{i1}(HV_i - \overline{HV}_{i1})}{\delta_{i1}} + \frac{C_{i2}(HV_i^2 - \overline{HV}_{i2})}{\delta_{i2}} \tag{6-32}$$

式中:　HV_i——第 i 项基本风格的 HV 值;

$\overline{HV}_{i1}$,δ_{i1}——分别为第 i 项基本风格值 HV_i的平均值和标准差;

$\overline{HV}_{i2}$,δ_{i2}——分别为第 i 项基本风格值 HV_i平方的平均值和标准差;

k——对织物综合风格有影响的主要基本风格的项数;

C_0、C_{i1}、C_{i2}——回归常数。

根据可测量的织物基本力学量,通过转换式(6－30)和式(6－31),推算织物基本风格值和综合风格值,实现对织物手感风格的客观评价。将测试结果通过计算机软件计算,并将结果绘制在控制图形中,得到织物指纹图,如图 6－34 所示。

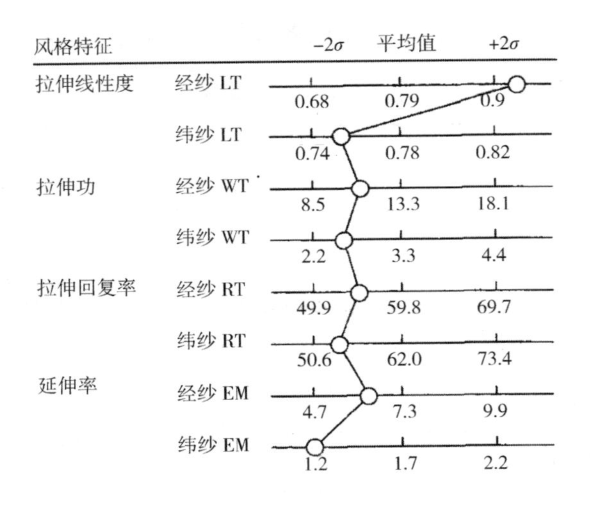

图 6－34　KES 织物指纹图

2. KES 测试系统的组成

KES－F 织物风格仪由 KES－FB1 拉伸和剪切性能测试仪、KES－FB2 弯曲性能测试仪、KES－FB3 压缩性能及厚度测试仪、KES－FB4 摩擦及表面粗糙度测试仪四台仪器组成。该测试系统可以测试织物的 16 项物理力学性能，从而对织物的触觉风格特征作出客观评价。

（1）KES－FB1 拉伸和剪切性能测试仪。用于测试织物在小应力作用下的拉伸与变形性能。拉伸测试时，试样有效尺寸为 20cm×5cm，将试样两端夹住，夹持器间距 5cm，施加外力对试样拉伸，得到织物拉伸特性曲线，仪器自动计算实验结果，获得拉伸功 WT、拉伸弹性 RT、拉伸线性度 LT。

织物剪切性能涉及织物纯剪切、纱线间的交织阻力和织物的斜向拉伸变形等方面。KES 系统测量织物的纯剪切时，试样预加张力 10cN/cm，与拉伸性能测试不同，两端夹头分别向试验台上下移动，使纱线与水平方向呈一定角度，剪切变形至最大剪切角后，夹持器自动返回，再进行反向剪切，从而测得织物剪切刚度 G、0.5°剪切变形角的剪切滞后矩 $2HG$ 和 5°剪切变形角的剪切滞后矩 $2HG5$ 剪切性能指标，最大剪切角为 ±8°。

（2）KES－FB2 弯曲性能测试仪。用于测试织物纯弯曲，试样有效尺寸 20cm×1cm，为消除重力影响，将试样竖直放置于夹持器中，夹持器距离为 1cm，夹持器可动端以一定曲率作圆弧摆动，先将织物正面弯曲，曲率 k 从 0 增加到 2.5cm^{-1}，而后变形回复到初始状态，再将试样反面弯曲，曲率 k 从 0 减小到 −2.5cm^{-1}，然后再回复到初始状态，整个过程中以 0.5cm^{-1} 的曲率匀速增减。固定夹持器上端与扭力传感器相连，夹持器可动端往返摆动一次后，可得弯曲滞后曲线，仪器自动计算，可获得弯曲刚度 B 和弯曲滞后矩 $2HB$ 的计算结果。

（3）KES－FB3 压缩性能及厚度测试仪。试验时，压头下降，对试样匀速压缩，最大压缩力为 50cN，试验结束后，获得压缩曲线，从压缩曲线上获得压缩力为 0.5cN/cm^2 和 50cN/cm^2 时的织物厚度，分别为织物表观厚度 T_0 和稳定厚度 T_m，并由仪器可显示试样压缩及回复时曲线下面积的积分值，由此计算试样压缩功 WC。

（4）KES－FB4 摩擦及表面粗糙度测试仪。用两个测试头可同时进行摩擦性能和表面粗糙度测试，如图6－35所示。试样初始张力为20cN/cm。第一测试头称作摩擦指，模仿人的指纹设计，由10根0.5mm细钢丝排成5mm×5mm的平面，测量时，测试头与织物表面在一定压力作用下相对滑动，得到动摩擦系数曲线。第二测试头为矩形环，粗糙度测试时，对矩形环施加10cN垂直压力与织物接触，并且沿着垂直矩形环平面方向与织物相对运动，由于织物表面高低不平，运动过程中，矩形环发生上下移动，位移量表征织物厚度变化，即可得到织物厚度随位移的变化曲线。

图6－35　摩擦指测试头和矩形环测试头

有关织物表面性能的测试方法也可参考FZ/T 01054—2012方法A。

3. 测试指标及含义

KES织物风格仪测试指标及含义见表6－32。

表6－32　KES系统测试指标及含义

<table>
<tr><th>力学性能</th><th>测试指标</th><th>公式</th><th>风格含义</th><th>说明</th><th>仪器</th></tr>
<tr><td rowspan="3">拉伸特性</td><td>拉伸功/
$(cN \cdot cm \cdot cm^{-2})$</td><td>$WT = \int_0^{\varepsilon} \vec{F} d\varepsilon$</td><td>抵抗变形能力</td><td>越大，织物越坚牢，不易变形</td><td rowspan="7">KES－FB1</td></tr>
<tr><td>拉伸回复率/%</td><td>$RT = \frac{\int_0^{\varepsilon} \vec{F}' d\varepsilon}{WT} \times 100\%$</td><td>变形回复能力</td><td>越大，弹性越好</td></tr>
<tr><td>拉伸线性度</td><td>$LT = \frac{WT}{0.5F_{max} \times \varepsilon}$</td><td>柔软感</td><td></td></tr>
<tr><td rowspan="4">剪切特性</td><td rowspan="2">剪切刚度/
$[cN \cdot cm^{-1} \cdot (°)^{-1}]$</td><td rowspan="2">$G = \frac{dFs}{d\phi}$
Fs——单位宽度试样上的剪切力，cN/cm；
ϕ——面料的剪切变形角度，(°)</td><td rowspan="2">抵抗变形能力</td><td>越大，越不活络，越挺括</td></tr>
<tr><td rowspan="3">越小，回复能力越好，悬垂飘逸感越强</td></tr>
<tr><td>0.5°剪切滞后矩/
$(cN \cdot cm^{-1})$</td><td>$2HG$</td><td>回复能力</td></tr>
<tr><td>5°剪切滞后矩/
$(cN \cdot cm^{-1})$</td><td>$2HG5$</td><td>回复能力</td></tr>
</table>

续表

力学性能	测试指标	公式	风格含义	说明	仪器
纯弯曲特性	弯曲刚度/($cN \cdot cm^2 \cdot cm^{-1}$)	$B = dM/dk$ M—单位宽度试样所受弯矩，$cN \cdot cm \cdot cm^{-1}$； k—试样曲率，$0.5 \sim 1.5cm^{-1}$	身骨(刚柔性)	越小，越柔软、活络；越大，越有身骨，越硬挺	KES-FB2
	弯曲滞后矩/($cN \cdot cm \cdot cm^{-1}$)	$2HB$	活络(弹跳性)	越小，回复能力越好，飘逸感越强	
压缩特性和轻负荷厚度	压缩功/($cN \cdot cm \cdot cm^{-2}$)	$WC = \int_{T_0}^{T_m} \vec{P} dt$ T_0，T_m—表观厚度和稳定厚度，$0.5cN/cm^2$和$50cN/cm^2$压力下织物厚度	蓬松感	越大，越蓬松	KES-FB3
	压缩回复率/%	$RC = \frac{\int_{T_0}^{T_m} \vec{P}' dt}{WC} \times 100\%$	丰满感	越大，弹性越好，越蓬松丰满	
	压缩线性度	$LC = \frac{WC}{0.5P_{max} \times (T_0 - T_m)}$	柔软感		
表面特性(摩擦和粗糙度)	平均摩擦系数	$MIU = \frac{1}{x}\int_0^X u dx$	光滑、粗糙感	越小，越光滑	KES-FB4
	摩擦系数均方差	$MMD = \frac{1}{x}\int_0^X \lvert u - \bar{u} \rvert dx$	爽脆、匀整性	越小越好，越大，织物越爽脆、越不匀整	
	表面粗糙度/μm	$SMD = \frac{1}{x}\int_0^X \lvert T - \bar{T} \rvert dx$	表面平整性	越小，越光滑	
纺织品结构	$0.5N/cm^2$下厚度/mm	T_0	厚实感		KES-FB3
	单位面积质量/($mg \cdot cm^{-2}$)	W	轻重感		天平

KES-FB-AUTO-A系统共有17个物理力学指标，增加织物在最大拉伸应力$4.9N \cdot cm$时的延伸率$EM(\%)$指标，弯曲滞后矩$2HB$，由曲率$k=0.5$和$k=-0.5$的弯曲滞后矩的平均值，改为在曲率$k=1$和$k=-1$的弯曲滞后矩的平均值。

五、FAST织物风格评价系统

FAST(Fabric Assurance by Simple Testing)织物风格评价系统是20世纪90年代初由澳大利亚联邦科学与工业研究院(Commonwealth Scientific and Industrial Research Organisation，CSIRO)研制的一套客观评定织物外观、手感和机械性能的简易测试系统，还可预测织物的可缝性、成形性，即织物成衣加工性能，相当于KES-FB简化版本，主要面向毛织物织造生产、染整加工和成衣制作的风格评价与质量控制。FAST 在英国、意大利等欧洲国家普及率高，FAST 测试精度一般，测试指标较少，操作简单，价格较低，以指纹图反映测试结果，直观、可参照性强，但 FAST 评价系统是根据澳大利亚当地面料加工和服装制造设备和条件建立，通用性差，而且 FAST 不能进行表面性能和弹性、回复性方面的检验，无法直接定量地反映织物手感弹性的优劣。

1. FAST 系统测试原理

FAST 系统属于分项式多机台型测试仪，包括三台简单的测试仪器和一套测试方法，通过测试小负荷、小变形下织物的压缩、弯曲、拉伸、剪切基本力学性能和尺寸稳定性，绘出织物指纹图，如图 6－36 所示，用来评价织物的外观、手感和预测织物可缝性、成形性。

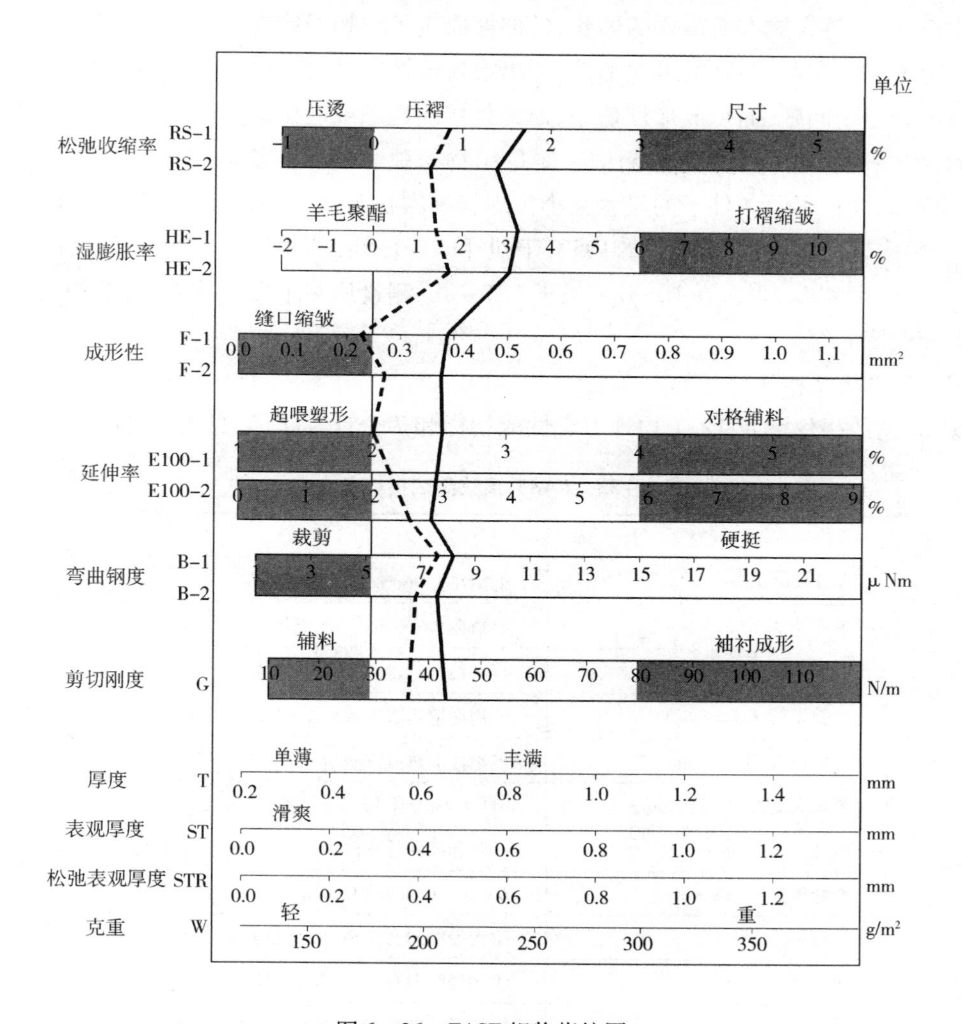

图 6－36　FAST 织物指纹图

2. FAST 系统组成

FAST 系统由三台测试仪器和一套测试方法组成，试样尺寸有两种规格，分别为 20cm × 20cm 的试样 4 块和 30cm × 30cm 试样 1 块。

（1）FAST－1 织物厚度测试仪。采用两组预加负荷测试织物厚度，并计算表观厚度、松弛表观厚度、可压缩性指标，用于确定布面经烧毛、剪毛、起毛、汽蒸等加工程度、稳定性和一致性。

(2) FAST－2 织物弯曲性能测试仪。测量织物经纬向弯曲长度，计算经纬向弯曲刚度。该测试采用光电管探测，操作简单，可消除人为误差，测试精度较高。试样弯曲长度的数值可在仪器显示屏上直接读取。

(3) FAST－3 织物低张力拉伸测试仪。测定在不同小负荷下织物的经纬向和斜向拉伸伸长，用于计算织物的剪切刚度。利用简单杠杆原理，通过调节平衡杠杆的重量，测试织物在三种不同负荷下的延伸率，模仿织物在服装加工与使用过程中的受力变形情况。通常，只测试试样经向、纬向及对角线方向上低载荷的伸长率。在制衣加工过程中，面料要承受拉伸和按各种平面及曲线弯曲，以符合成衣所需要的形状，延伸性决定了织物经纬向的延伸许可程度，综合该数据与弯曲刚度，可以判断织物的可成形性，测出沿接缝挤压时可能出现的褶裥。可成形性值大，在制衣时不会产生问题，而可成形性值小，通常是接缝起皱或起拱的原因。

(4) FAST－4 织物尺寸稳定性测试。测量织物松弛收缩和湿膨胀时尺寸稳定性的一套测试方法，反映织物在不同条件下的尺寸大小。织物暴露在蒸汽、水或高湿环境中，湿膨胀使织物尺寸变化，并出现松弛收缩。织物在105℃下烘干1～1.5h，测量干态尺寸 L_1，然后，浸入水中0.5h，测量松弛尺寸 L_2，再次在105℃下烘干1.5～2h，测量最终干燥尺寸 L_3，计算织物经纬向松弛收缩率和湿膨胀率。

3. FAST 织物风格评价指标

FAST 织物风格仪测定12个物理力学性能指标和7个计算指标，见表6－33。

表6－33 FAST 系统测试指标及含义

性能	测试指标	含义	仪器
压缩性能	厚度 T_2/mm	织物在1.96cN/cm^{2}下的厚度	FAST－1
	厚度 T_{100}/mm	织物在98cN/cm^{2}下的厚度	
	表观厚度 ST/mm	$ST=T_2-T_{100}$	
	松弛厚度 T_{2R}/mm	织物在湿热或汽蒸后1.96cN/cm^{2}下的厚度	
	松弛厚度 T_{100R}/mm	织物在湿热或汽蒸后98cN/cm^{2}下的厚度	
	松弛表观厚度 STR/mm	$STR=T_{2R}-T_{100R}$	
弯曲性能	弯曲长度 C/mm	经向和纬向的弯曲长度	FAST－2
	弯曲刚度 B/μN·m	$B=W\times C^3\times 9.807\times 10^{-6}$ (W:克重,g/m^2)	
拉伸性能	延伸率 E_5/%	织物经纬向在4.9cN/cm拉伸负荷下伸长率	FAST－3
	延伸率 E_{20}/%	织物经纬向在19.6cN/cm拉伸负荷下伸长率	
	延伸率 E_{100}/%	织物经纬向在98cN/cm拉伸负荷下伸长率	
	延伸率 E_{B5}/%	织物45°和135°对角线方向在4.9cN/cm拉伸负荷下的斜向伸长率	
剪切性能	剪切刚度 G/(N·m^{-1})	$G=123/E_{B5}$	
成形性	可成形性 F/mm^2	$F=(E_{20}-E_5)\times B/14.7$	FAST－2&3

续表

性能	测试指标	含义	仪器
尺寸稳定性	松弛收缩率 $RS/\%$	$RS=(L_1-L_3)/L_1\times100\%$	FAST－4
	湿膨胀率 $HE/\%$	$HE=(L_2-L_3)/L_3\times100\%$	
	干态长度 L_1/mm	未浸水前织物经纬向干燥长度	尺子
	湿态长度 L_2/mm	浸水后织物经纬向的浸湿长度	
	松弛后干态长度 L_3/mm	浸水再干燥后织物经纬向干燥长度	

六、PhabrOmeter 织物评价系统

PhabrOmeter 织物评价系统（www. phabrometer. com），丰宝仪或法宝仪，由美国欣赛宝科技公司与潘宁教授研发的一套用于模拟人手触摸织物时产生的感官性能评价，并给出量化数据的新型测量仪器系统，广泛用于新产品开发、专利申请、工艺改善、质量控制等方面，可测试的材料包括一般纤维片状制品，如机织物、针织物、非织造布、层压织物、纸张及皮革产品等，制样简单、应用范围广、测试速度快、效率高，一次测试可同时获得手感（柔软度、光滑度、刚韧度）、悬垂性、折皱回复性等多项指标，每块试样只需大约一分钟就可完成测试。若指定参考织物，PhabrOmeter 织物评价系统可给出相对手感值。2012 年，PhabrOmeter 织物评价系统成为美国 AATCC 202—2012 手感测试标准的指定测试仪器。

1. PhabrOmeter 织物评价系统测试原理

PhabrOmeter 织物评价系统利用抽出法进行测试，测试原理很简单，类似于选购面料时，将面料从戒指中穿过，并以穿拉过程中面料抵抗穿拉程度来评价面料。测试原理如图 6－37 所示，将试样水平放置在测试台上，由计算机发送信号，控制推杆向下移动，推动试样通过测试盘中心圆孔，试样经拉伸、剪切、弯曲及摩擦等复杂低应力变形过程，模拟人手进行手感评价时的变形过程，提取相关载荷—位移曲线，经过数据转换，计算出相应的手感风格指标，分别为硬挺度、柔软度、光滑度、悬垂系数、手感值和折皱回复率。

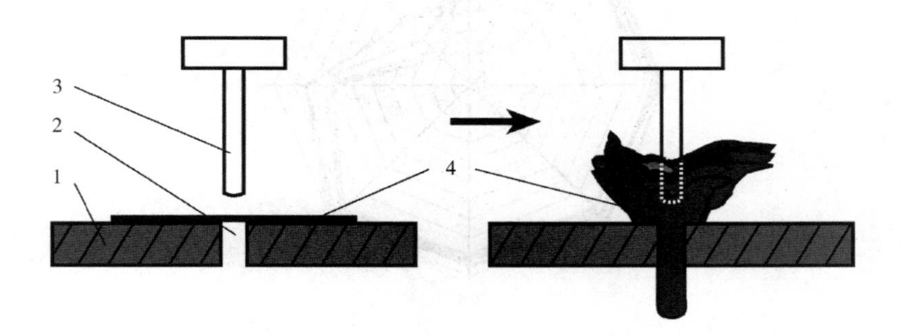

图 6－37　PhabrOmeter 测试原理示意图

1—测试盘　2—测试盘中心孔　3—推杆　4—试样

织物通过仪器测试环时，在对应的 110 个位移点处受到的各种小负荷力（如拉伸、弯曲、剪

切、摩擦等)与位移关系曲线如图6－38所示,该曲线包含所有与织物手感相关的信息。

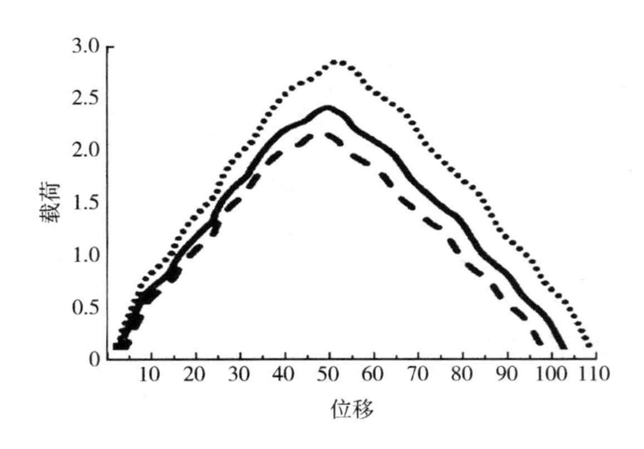

图6－38　载荷—位移曲线

将曲线上的点通过Karhunen－Loeve变换,降低数据维数,将110个具有一定相关性的数据集,转换成8个反映不同织物手感特征,且相互独立的数据集,以手感指纹图的形式直观显示出来,如图6－39所示。实际验证过程中,由于织物手感特征的复杂性,并缺乏较好的标准,无法完全明确地将这8个因子与8种不同手感特征一一对应。但研究发现,3个因子分别与3个手感特征相关性很好,且与KES系统中相应手感特征值也有较好的相关性,目前,PhabrOmeter系统定义了硬挺度(stiffness)、光滑度(smoothness)和柔软度(softness)这3个手感特征值,其余5种反映在织物手感综合特征中,随着织物风格研究的深入和实际需要,将对该系统的织物手感特征进行补充和完善。

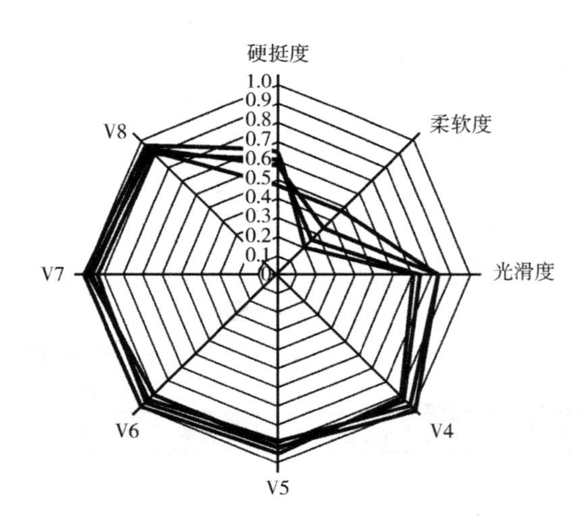

图6－39　PhabrOmeter系统手感指纹图

综合手感值由硬挺度、光滑度和柔软度等基本手感项组成,由于不同消费者、不同产品对各项基本手感权重不同,所以,综合手感属于主观偏好,很难实现理性数据的转化,因此,PhabrOmeter系统通过计算被测织物与参照织物8个手感特征值的加权欧式距离,得到被测织物相对手感值 RHV，计算如式(6－33)所示。

$$RHV = \sqrt{\sum_{i=1}^{8} W_i (Y_i - Y_{0i})^2} \quad (6-33)$$

式中：W_i——各特征手感值所占的权重；

Y_{0i}——参考织物的特征值集合，$Y_0 = (Y_{01}, Y_{02}, \cdots, Y_{08})$；

Y_i——被评价织物的特征值集合，$Y = (Y_1, Y_2, \cdots, Y_8)$。

相对手感值 RHV 是被测织物相对于预先选定的参照织物的一种整体感觉或舒适度的描述。RHV 值范围为 0～1，RHV＝0，表示被测织物的手感特征与参考织物的手感特征相同；RHV＝1，表示被测织物的手感特征与参考织物的手感特征完全不同；RHV 值越接近 0，表示被测织物与参考织物的手感特征越接近。

2. 测试步骤

测试时，可参考 AATCC 202—2014，圆形试样直径为(113±2)mm，试样放入测试平台上，计算机软件中建立文档，并设置参数。PhabrOmeter 织物手感风格评价系统根据所测面料的厚度和克重，将面料分成超轻织物 S(＜280μg/cm)、轻织物 L(280～1200μg/cm)、中等重织物 M(1200～3440μg/cm)和厚重织物 H(＞3440μg/cm)四大类，根据面料类型，选择压重盘数量。点击测试按钮，由计算机发送信号到测试仪，驱动推杆向下移动，推动试样通过喷嘴。测试结束，推杆自动上升，仪器自动停止，保存测试数据，从变形曲线中自动计算试样性能，如果有参考样，则自动生成相对手感值 RHV。

七、光泽评价

光泽是与物体反射光空间分布有关的一种客观属性。物理学上常用反射率来表征光泽，反射率大，光泽强；反之，光泽差。织物光泽是指织物在一定的背景与光照条件下，织物表面的光亮度以及与各方向的光亮度分布的对比关系和色散关系的综合表现，它是织物表面反射光、内部反射光综合作用的结果。织物光泽感是指在一定环境条件下，织物光泽对视觉刺激形成的视觉效果，是人对光泽的主观评价，与反射光的强弱、反射光的方向分布及反射光的组分结构有关。光泽是人们观看织物时产生光泽感的基础，光泽感是评价光泽的依据。光泽感不仅与织物图案、色彩、光泽和纹理有关，还与光照度、背景、偏光等自然环境有关，同时，还受人的经验、个人喜好等因素制约，所以，强光泽织物不一定光泽感好。

1. 织物光泽理论

人们能看到物体，是因为在光照射下，物体表面把光反射到眼睛，产生物体映像。物体表面反射光可分为镜面反射光和漫反射光。表面平滑的物体，反射属于镜面反射，表面比较粗糙的物体，表面反射除了镜面反射光外，还有各个方向的漫反射光，如图 6－40 所示。

对于织物，如图 6－41 所示，由于织物表面粗糙不平，当一束平行白色自然光 I_0 照射在折光率为 n_1 的纤维上时，一部分光被织物表面反射，形成镜面反射光 I_{S1} 和漫反射光 I_{S2}，并保持原入射光相同的光谱成分，即呈白色。由于组成织物的纤维、纱线有一定的规律性，所以，漫反射光 I_{S2} 的分布也有一定的规律性，近似服从余弦分布。另一部分光经过折射，进入纤维内部，一部分

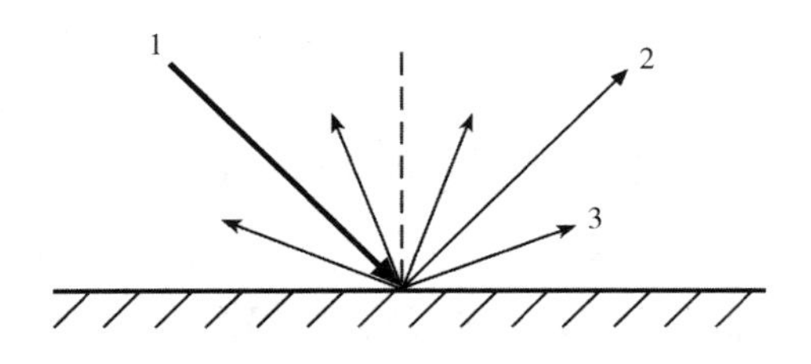

图 6-40　粗糙物体的表面反射

1—入射光　2—镜面反射光　3—漫反射沉

从纤维中透出，形成透射光 I_T，还有一部分与染料分子反复相遇，按不同波长有选择地吸收而不断减弱，在纤维内部经过多次折射、反射后，重新反射到纤维表面，其光谱成分会发生变化，由白光变成色光，而呈现出织物的颜色。纤维不是单一物质结构的均匀体，并且存在染料，所以，纤维内部反射光包含镜面反射光 I_{D1} 和漫反射光 I_{D2} 两部分，而以漫反射光为主。实际上，在光线照射的纺织品产生反射、吸收和透射的同时，也伴随着光的色散现象，这也是结构生色的理论基础。

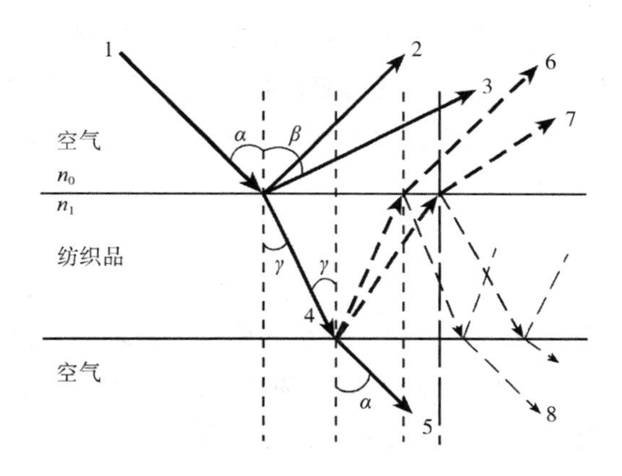

图 6-41　纺织品表面反射光的组成

1—入射光 I_0　2—表面镜面反射光 I_{S1}　3—表面漫反射光 I_{S2}　4—折射光 I_R　5,8—透射光 I_T

6—内部镜面反射光 I_{D1}　7—内部漫反射光 I_{D2}

因此，当织物表面白色反射光 I_{S1}、I_{S2} 和内部有色反射光 I_{D1}、I_{D2} 在织物面汇合，形成如图 6-42 所示的空间分布，引起人们对颜色和光泽的综合感觉，统称色泽。但颜色和光泽不同，颜色是反射光的光谱组成，光泽是反射光的空间分布。颜色反映不同波长可见光在织物内部被选择吸收的情况，而光泽是可见光在织物表面未经吸收而反射的情况。当然，两者相互影响，饱和度越高，光泽感越强。深色纺织品，由于吸收率高，光泽显得较弱。

由此可见，织物光泽实际上是表面反射光和内部反射光共同作用的结果，由于比例和方向、位置的差异，给人光泽感相差很大。对光泽感量化评价时，应同时考虑反射光量的大小与反射光的分布两个方面。如果反射光量很大，但分布不均匀，即很强的反射光集中分布在较小范围内，会形成极光的光泽感。如果反射光量较大，且分布比较均匀，总体明亮均匀，会形成肥光、膘

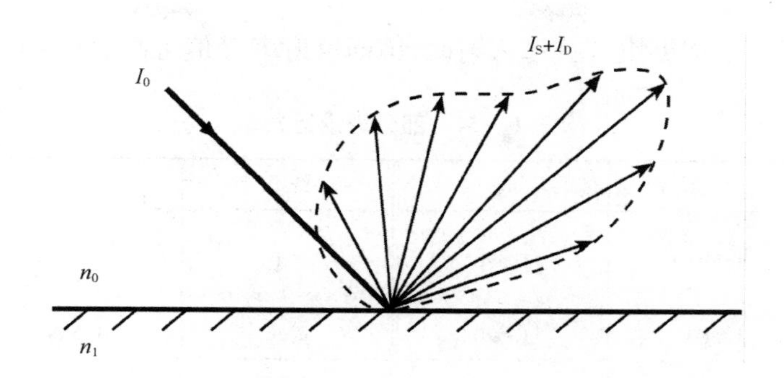

图 6－42　织物表面反射光空间分布示意图

光的光泽感。

透射光决定纤维的透明程度。当光照射一种物质，如果没有吸收和反射，全部透过，那么，这种物质看上去是无色透明；如果没有吸收，一部分光被反射，一部分光被透过，那么，看上去是白色半透明；如果全部被反射，没有吸收和透过，看上去是白色不透明；如果部分吸收，部分透过，无表面反射，看上去是透明有色；部分吸收，部分反射，无透过，则为有色不透明；如果透过、吸收、表面反射作用全存在，则看上去是有色的半透明。

有关织物光泽基本理论主要有方向差异和内外差异两种理论。方向差异理论认为，织物反射空间不同方向的反射光强度差异越大，则其光泽越强。内外差异理论认为，织物的反射光中，表面反射成分与内部反射成分的相对构成决定其光泽的质与量。

镜面反射光强度通常是通过测量镜面反射率来获得，如式(6－34)所示。反射率越大，表示织物对光反射能力越强；反之，则越弱。

$$R = \frac{I_S}{I_0} \times 100\% \tag{6-34}$$

式中：R——镜面反射率；

I_0，I_S——分别为入射光强度和镜面反射光强度。

理论上，镜面反射率 R 与材料折光率 n_1 及光线的入射角 α 服从菲涅耳(Fresnel)法则，当 $\alpha=0$，即光线垂直入射时，镜面反射率 R 可由式(6－35)计算。

$$R = \frac{(n_1 - n_0)^2}{(n_1 + n_0)^2} \times 100\% \tag{6-35}$$

式中：R——镜面反射率；

n_1——材料的折光率；

n_0——空气的折光率，$n_0=1$。

若 $\alpha \neq 0$，即入射光不垂直于物体表面照射，则镜面反射率 R 由式(6－36)计算。

$$R = \frac{1}{2}\left[\frac{\sin^2(\alpha-\gamma)}{\sin^2(\alpha+\gamma)} + \frac{\tan^2(\alpha-\gamma)}{\tan^2(\alpha+\gamma)}\right] \times 100\% \tag{6-36}$$

式中：α，γ——分别为光线入射角和折射角。

可见，折光率大的材料，镜面反射率高，光泽较强。一般材料折光率 n_1 每提高 0.1，镜面反射率 R 相应提高 1.5% 左右，表 6－34 是部分纤维的折光率。镜面反射率 R 随入射角 α 增大而增加,当α超过50°后增加更快,在80°入射时,镜面反射率R值可高达0.40左右。

表6-34 部分纤维折光率

纤维	$n_{平}$	$n_{垂}$	纤维	$n_{平}$	$n_{垂}$
涤纶	1.793	1.576	羊毛	1.553~1.510 1.555~1.559	1.542~1.546 1.545~1.549
锦纶66	1.580	1.520	蚕丝	1.598	1.543
锦纶6	1.568	1.515	苎麻	1.594	1.532
腈纶	1.500~1.510	1.500~1.510	黏胶纤维	1.550	1.514
铜氨纤维	1.552	1.520	三醋酯纤维	1.474	1.479

2. 织物光泽评价方法

织物光泽的评价模式有光泽和光泽感之分,即在评价织物光泽时,并非抽象或孤立地仅考虑光泽量的大小,而应结合光泽质感这一与心理因素有很大关系的概念,因此,织物光泽的评价是一个复杂问题。目前,常用的评价方法可分为感官评定法和仪器测试法。

(1)感官评定法。感官评定法是人的视觉对织物光泽感做出相对优劣的主观评定。通常,采用秩位法,由几名检验人员通过目视判断,对光泽排定优劣秩位。感官评定法简便、快速,目前,多被采用,但易受环境和人为因素影响,只能相对比较织物光泽感的好坏,不能得出定量数值。

(2)仪器测试法。仪器测试法是对织物光泽的客观评价,是用各种与反射光有关的物理量进行量化,即用相关仪器对光泽量进行测量。受织物光泽理论的影响,织物光泽仪器测量的物理量可通过织物光反射性能来表征。织物表面光泽强度可用镜面反射光强度、漫反射光强度、反射率、对比光泽度、二维对比光泽度评价;织物表面光泽分布(方向差异),可用变角光泽分布、三维对比光泽度、Jeffries对比光泽度评价;织物表面反射光、内部反射光构成(内外差异)可用偏光光泽度评价。

3. 织物光泽的测量方法

目前,对织物光泽的测量方法主要有分光光度计法、积分球法、光泽度测试法等。前两种方法通过测量反射率,可以精确地表征织物表面的光反射性能,但无法准确区分织物的镜面反射和漫反射,不能直观地表征织物的光泽度。光泽度测试法应用光学原理与数字测量技术相结合的方法,采用织物光泽度测试仪器对织物的镜面反射光强度和反射光强度进行测量,从而计算得到织物光泽度的一种测试方法,虽然测量结果不及分光光度计法精确,但可以直观地对织物的镜面反射光强度、漫反射光强度和光泽度进行测量与表征,操作方便、表达直观、计算简单、重现性好,可以迅速、直接、准确地测定织物的光泽度。实践中,较有代表性的测试方法主要包括镜面光泽度测试、对比光泽度测试、偏光光泽度测试等。

(1)镜面光泽度测试。镜面光泽度测试基于方向差异理论,主要针对织物反光光亮度,应用物体镜面反射光强度、反射率等来评价织物光泽。对于材质均匀、光滑的表面,一般只存在定向反射成分,多用于纸张、涂料、搪瓷等的光泽测定。织物光泽定向测试有时也采用该指标,如不同色调染色丝织物,光线沿织物经向入射,入射角为60°及45°时,测试结果与视觉评价有较好的相关性。对于光泽较强的平板试样,宜采用镜面光泽度,但对表面凹凸不平的织物有偏差。

镜面光泽度测试采用变角光度计,可选用0、20°、45°、60°、75°等角度。变角光度法有入射角变角、接收角变角、入射角和接收角同时对称变角及织物试样翻转等方法。其中,入射角固定、接收角变角的方法使用最多,因其光源和织物固定,与常规外观评定方法最为接近。纺织品的光泽较低,一般应采用较大的入射角,但由于表面凹凸不平,入射角不宜过大,否则会发生遮挡现象。

测定镜面光泽度标准 GB/T 11420—1989、GB/T 3295—1996 及 GB/T 8941—2013 规定,以折光率为1.567的黑玻璃作为光泽度基准,定义其表面光泽度为100。

(2)对比光泽度测试。对比光泽度测试基于方向差异理论,以两种不同条件的反射光束的比来表示。根据条件可选择对比光泽度、二维对比光泽度、三维对比光泽度、NF 对比光泽度、杰弗里斯(Jeffries)对比光泽度等。对比光泽度法是现行纺织行业标准 FZ/T 01097—2006 采用的方法,纺织品的光泽度多用对比光泽度来度量。该方法直观、易行,能很好地反映织物的镜面反射光和漫反射光强度,原理如图6-43所示,用60°入射平行光照射在试样上,在法线另一边60°和30°位置上,分别接收镜面反射光和漫反射光,光的强度经光电转换,用数字显示,应用式(6-37)计算两者的比值,得到织物的光泽度(也称对比光泽度)。

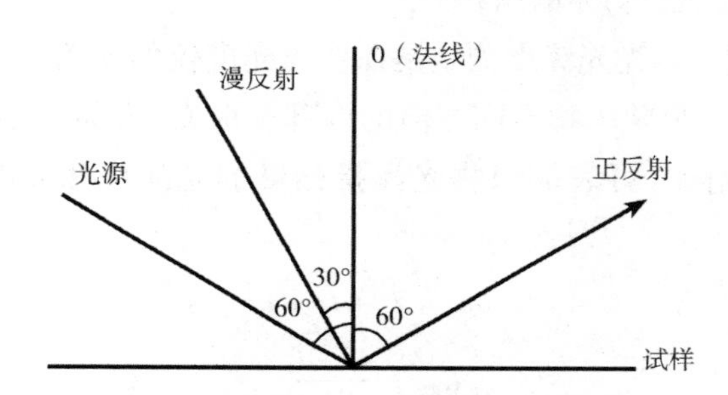

图6-43 织物光泽测试原理图(内外差异理论)

$$G_C = \frac{G_S}{\sqrt{G_S - G_R}} \tag{6-37}$$

式中:G_C——织物光泽度;

G_S,G_R——分别为织物镜面反射光和漫反射光光强度。

镜面反射光强度和漫反射光强度可由光泽度仪直接测出,试样尺寸为100mm×100mm,测试面向外平整绷在暗筒上,放在仪器测量口上,旋转试样台一周,读取镜面反射光最大值G_S和漫反射光最大值G_R。

镜面反射光强度体现光泽的亮度,主要与织物的平整度有关,织物越平整,镜面反射光强度值越大,光泽越亮。漫反射光强度反映织物的柔和度,一般织物平整度越低,漫反射光强度越大,光泽越柔和。

二维对比光泽度法可以选择合适的镜面反射角度进行光泽度测试，以获得与目测结果较为一致的效果。该方法以二维变角法应用最为广泛，最大特点是入射角及接受角均可独立改变，结果以二维变角光度曲线的形式呈现，如图 6－44 所示。变角光度曲线的形状、高低及峰的个数不同，反映出织物光泽性质上的差异。

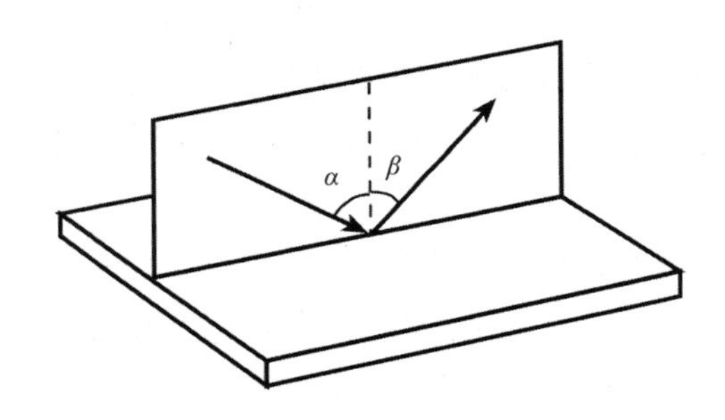

图 6－44　二维变色光度法示意图

三维对比光泽度反映了与入射面垂直方向的光强分布，与二维对比光泽度基本一致，适用于描述纤维制品的光泽度。其指标半高宽光泽度能很好地表示物体的平滑度，适用于测试织物光泽的量感。

杰弗里斯对比光泽度法是目前我国比较成熟的织物光泽测试方法，适用于波纹绸、缎等弱捻织物及一些经纬方向性比较明显的织物。

（3）偏光光泽度测试。偏光光泽度测试是在变角光度仪的光源和受光器前，加放偏光镜来测试织物漫反射曲线，获得反映织物不同方向的内部反射光、表面反射光强度的物理指标，多用于区分内部和外部反射光，可表征织物光泽指标量的光泽度和质的光泽度，见式（6－38）和式（6－39）。

$$G_{P1} = I_S + I_T + I_D \qquad (6-38)$$

$$G_{P2} = \frac{I_T + I_D}{I_S} \qquad (6-39)$$

式中：G_{P1}，G_{P2}——分别为量的光泽度和质的光泽度；

I_S，I_D——分别为表面反射光和内部反射光；

I_T——透射光。

此处，量的光泽度与二维对比光泽度有很好的相关性，内部反射与光的质感有关。质的光泽度特别适合评价棉与丝的光泽差异，其中，二维漫反射曲线下的漫射光泽度，不仅可以扩大以往对比光泽度难以区分织物光泽的差异，也能对总反射光量进行推测。

4. 织物光泽影响因素

（1）纤维形态特征及内部结构。纤维材料都有一定的折光率，折光率大小直接决定纤维的反射特性。一般情况下，折光率高，反射率也高，光泽值增加。一般纤维密度和折光率成正比关系，纤维取向度越大，折光率也增大。目前，常用纤维的折光率一般在 1.47 ~ 1.60，在光泽上无显著差异，影响不如纤维的透明度和断面形状的变化。

纤维表面状态差异较大,有些纤维表面很光滑,如蚕丝、有光涤纶等,而大部分纺织纤维的表面是不光滑的,如棉纤维表面的皱纹、沟槽和天然转曲,麻纤维表面的沟纹,羊毛表面的鳞片和天然卷曲,多数湿法纺丝的化学纤维及半光或无光化学纤维表面的凹凸不平等。纤维的表面状态会影响镜面反射光的强弱,纤维表面越光滑,镜面反射越强,光泽越好,同时,纤维的表面状态还会影响折射和透射光的分布。

纤维的截面形状也会影响织物的光泽。纤维的截面形状各异,天然纤维中,除羊毛纤维近似圆形外,多数纤维是非圆形截面。化学纤维的截面形状可以改变,更是多种多样。不同截面形状的纤维,光泽效应差异较大,其中,Y 形和三角形截面的纤维光泽感最强,而且具有闪光效果,当改变观察角度时,可以看到纤维的光泽会随之发生明暗程度的交替变换。圆形截面的纤维,给人的视觉效果是光泽耀眼,如丝光棉、圆形截面涤纶等。因此,截面可以采用三角形或以三角形为基础的纤维,获得类似蚕丝的光泽效应。

纤维截面的层状构造越多,织物的光泽越好,因为纤维层状结构产生多级内表面反射光,这些内表面反射光在纤维表面产生柔和、匀相、有层次、类似珍珠的光泽,提高织物光泽感。

(2)纱线结构。纱线捻向、捻度、表面毛羽、线密度、组成纱线的纤维长度、混纺比例等都会对织物的光泽造成影响。当平行光照射到纱线表面时,无捻纱中,纤维与纱线趋向平行,表面镜面反射光多,光线集中,光泽强。而有捻纱中,纤维发生倾斜,纤维内部反射光分布发生改变,导致织物表面漫反射光增加,且捻度越大,纤维倾斜程度越大,散射越厉害,织物光泽变差。股线织物,线与纱的捻向配置对织物的光泽会产生影响。如果股线捻系数接近单纱捻系数,则表面纤维与股线轴心线平行,纱线光泽好。织物中经纬纱捻向不同,则经纬纱间平行纤维较多,织物纹路清晰,手感松软,织物光泽感好。

纱线表面毛羽的方向通常是无规律的,会造成漫反射增强,从而使织物的光泽变差。短纤纱中纤维的平行程度不如长丝纤维纱,难以形成有序的层状结构,同时,纤维头端在纱线表面易形成毛羽,纱线光泽变差。长丝织物的光泽好于短纤维织物,长丝纤维纱中纤维的平行程度高,易形成有序的层状构造,而且纱线表面光滑匀直,能形成较高的镜面反射率。

(3)织物结构。经纬纱线的排列会使织物中纱线的屈曲状态发生改变,越接近织物表面的纱线,屈曲程度越大,漫反射光越强,光泽越差。

不同浮长的织物组织对织物表面光泽有很大影响。组织平均浮长越长,织物表面反光性能越好,织物表面光泽越强。在三原组织中,平纹组织光泽最小,斜纹组织次之,缎纹组织最大。八枚缎纹的浮长线比五枚缎纹的浮长线长,所以,光泽也较强。

织物结构相同、经纬纱相同时,机织物的光泽与紧度成正比例关系。由于织物的纬向紧度越小,织物的结构越疏松,纱线间的空隙越多,且织物布面不平整,漫反射较多,镜面反射较少,因而光泽比较低。随着织物紧度的增加,织物中纱线间的空隙减少,单位面积内的纱线根数增多,表面越来越平整,织物镜面反射光增加,漫反射光减少,光泽增强。

针织面料为线圈结构,纤维的弯曲使得漫反射光增加,降低面料的光泽,所以,针织面料的光泽一般较弱。

(4)染整加工。烧毛、剪毛、轧光和热定形可减少毛羽,使织物平整光滑,增加镜面反射,改善织物光泽。物体对光的吸收具有选择性，物体颜色是选择吸收的结果。染色织物，反射光强度减小，光泽下降。不同颜色对光泽影响较大，一般情况下，深色织物比浅色织物的光泽感要弱。

参考文献

[1]姚穆．纺织材料学[M].3版．北京:中国纺织出版社,2009.
[2]于伟东．纺织材料学[M]．北京:中国纺织出版社,2006.
[3]张萍．纺织材料学[M]．北京:中国轻工业出版,2008.
[4]李汝勤,宋钧才,黄新林．纤维和纺织品测试技术[M].4版．上海:东华大学出版社,2015.
[5]付成彦．纺织品检验实用手册[M]．北京:中国标准出版社,2008.
[6]张红霞．纺织品检测实务[M]．北京:中国纺织出版社,2007.
[7]张玉惕．纺织品服用性能与功能[M]．北京:中国纺织出版社,2008.
[8]张渭源．服装舒适性与功能(第)[M].2版．北京:中国纺织出版社,2011.
[9]翁毅．纺织品检测实务[M]．北京:中国纺织出版社,2012.
[10]翟亚丽．纺织品检验学[M]．北京:化学工业出版社,2009.
[11]万融,邢声远．服用纺织品质量分析与检测[M]．北京:中国纺织出版社,2006.
[12]马大力,张毅．服装材料检测技术与实务[M]．北京:化学工业出版社,2005.
[13]杨乐芳．纺织材料性能与检测技术[M]．上海:东华大学出版社,2010.
[14]张丽丽．出汗假人在服装热湿舒适性中的测试与评价[J]．中国个体防护装备,2014(5):44－49.
[15]尹思源,翟世瑾,张昭华．服装热湿舒适性评价方法研究[J]．国际纺织导报,2014(9):70－75.
[16]黄建华,李文斌．服装热湿舒适性标准的比较[J]．针织工业,2006(8):63－67.
[17]陆建平．服装热湿舒适性测试方法和评价指标[J]．南通工学院学报,1996,12(3):59－63.
[18]杨明英,薛金增,闵思佳,等．服装热湿舒适性的评价方法[J]．科技通报,2002,18(2):105－109.
[19]赵淑清．EDANA推荐试验方法:非织造布悬垂性试验方法[J]．非织造布,1996(2):43－44.
[20]PAN N. Quantification and evaluation of human tactile sense towards fabrics[J]. International Journal of Design & Nature,2007,1(1):48－60.
[21]毛佩隆．毛针织物风格表征与评价研究[D]．天津:天津工业大学,2011.
[22]黄瑞娇．基于PhabrOmeter的衬衫面料手感风格测试与评价[D]．上海:东华大学,2016.
[23]廖银琳,罗胜利,张宇群,等．PhabrOmeter织物评价系统简介及其应用探讨[J]．中国纤检,2015(13):85－87.
[24]刘晨．多组分纤维复合与机织物服用性能和风格的研究[D]．杭州:浙江理工大学,2011.
[25]许应春．机织物结构及服用因素与透气性关系的研究[D]．苏州:苏州大学,2008.
[26]俞月莉,张丽,周强,等．织物透气性测试方法标准之比较[C].2012全国服装及纺织面料质量控制论坛论文集,2012:90－94.
[27]雷中祥,钱晓明．出汗暖体假人的研究现状与发展趋势[J]．丝绸,2015,52(9):37－41.
[28]张华,刘维．防寒服保暖性能的测试和评价指标[J]．中国个体防护装备,2003(2):21－22,30.
[29]吴文宜,潘红琴．功能性纺织品的测试标准简介[J]．中国纤检,2016(7):108－112.

[30]黄建华．国内外暖体假人的研究现状[J]．建筑热能通风空调,2006,25(6):24－29.
[31]沈华,王茜,王府梅．国内外热阻测试方法标准研究[J]．中国纤检,2014(10):66－70.
[32]谌玉红,姜志华,曾长松．暖体假人测试技术研究现状与发展趋势[J]．北京纺织,2000,21(3):49－51.
[33]陈益松,徐军,范金土．暖体假人的出汗模拟方式与测量算法[J]．纺织学报,2008,29(8):137－141.
[34]陶俊,王府梅,聂凤明,等．新世纪国内外测试服装保温性的暖体假人比较[J]．成都纺织高等专科学校学报,2017,34(1):181－186.
[35]丁殷佳．风速与汗湿对运动服面料热湿舒适性的影响及综合评价[D]．杭州:浙江理工大学,2015.
[36]张文欢．服装局部与整体热阻、湿阻之间的关系研究[D]．天津:天津工业大学,2018.
[37]刘颖,戴晓群．服装热阻和湿阻的测量与计算[J]．中国个体防护装备,2014(1):32－36.
[38]徐丹阳．面料热阻湿阻测量方法的研究[D]．上海:东华大学,2011.
[39]张永波,顾振亚．防水透湿织物性能测试方法综述[J]．针织工业,1999(5):48－51,4.
[40]张微,郁崇文．纺织品透湿性的测量方法及其指标比较[J]．纺织科技进展,2007(6):66－68,72.
[41]邓燕．织物透湿测试方法比较[J]．印染,2004(23):38－41.
[42]陈益人,陈小燕．防水透湿织物耐静水压测试方法比较[J]．上海纺织科技,2005,33(8):7－10.
[43]李梅芳．织物的透水性及其检测方法[J]．纺织导报,2012(7):154－155.
[44]王建君．纺织纤维水分测试方法研究与应用[D]．长沙:湖南大学,2007.
[45]潘文丽．纺织品吸湿排汗性能的测试标准[J]．印染,2015(24):40－44.
[46]刘茜．从服装热湿舒适性的测试看主客观评判的关系[J]．中国纤检,2004(10):23－24,33.
[47]张云．服用纺织品热湿传递特性的测试评价方法探讨[D]．杭州:浙江理工大学,2007.
[48]傅吉全,陈天文,李秀艳．织物热湿传递性能及服装热湿舒适性评价的研究进展[J]．北京服装学院学报(自然科学版),2005,25(2):70－76.
[49]张文欢,钱晓明,牛丽．服装热阻、湿阻的测量方法及影响因素[J]．丝绸,2017,54(5):43－50.
[50]张昭华．热湿舒适性研究中暖体假人的应用[J]．中国个体防护装备,2008(1):24－26.
[51]潘宁．一套用于织物感官性能评价酏新型测量仪器系统一套用于织物感官性能评价的新型测量仪器系统[J]．纺织导报,2012(3):101－104.
[52]蔡岑岑．织物柔软感与感知模式间关系的研究[D]．上海:东华大学,2011.
[53]王亚．织物柔软性的表征与评价[D]．无锡:江南大学,2008.
[54]陈黎曦,曾秀茹．关于织物悬垂性评价方法及其指标的研究[J]．西北纺织工学院学报,1991(1):15－25.
[55]王海燕．基于面料悬垂性能的丝绸服装美感预测分析[J]．丝绸,2013,50(11):41－45,61.
[56]韩剑虹,周衡书,武世锋,等．基于三维人体形态的织物立体悬垂测试方法与表征[J]．纺织学报,2018,39(1):39－44.
[57]徐军,姚穆．静态伞式悬垂试验参数的研究[J]．纺织学报,1998,19(1):171－172.
[58]朱挺．数字图像法检测织物悬垂性及悬垂性影响因素分析[D]．上海:东华大学,2009.
[59]余序芬．应用微机图像处理技术测试织物悬垂性研究——悬垂性评价指标的分析与优化[J]．东华大学学报(自然科学版),1999,25(2):29－33.
[60]周玲玲．织物力学性能指标与悬垂形态关系研究[D]．杭州:浙江理工大学,2010.
[61]陈明,周华,杨兰君,等．织物三维悬垂形态测试指标与三维重建[J]．纺织学报,2008,29(9):51－55.
[62]齐红衢,沈毅．织物悬垂性能评价的主因子分析[J]．现代纺织技术,2010(4):55－58.

[63]刘成霞. 模拟实际着装的织物折皱测试及等级评价方法研究[D]. 杭州:浙江理工大学,2015.
[64]高晓晓,王进美,白娟. 织物抗折皱性的客观评价法[J]. 纺织科技进展,2011(4):57-58,76.
[65]王海娟. 织物尺寸变化率测试方法的探讨[J]. 现代丝绸科学与技术,2007,22(5):15-16.
[66]马腊梅. 织物尺寸稳定性的分析与测试[J]. 大众标准化,2002(8):45-46.
[67]李智,韩玉洁.《织物经家庭洗涤后尺寸变化的测定》标准解读[J]. 天津纺织科技,2018(4):42-44.
[68]郭川川,丁雪梅,吴雄英. 织物洗涤后尺寸变化率的测试标准比较[J]. 印染,2007(16):34-37.
[69]赵霞,李莹,吴雄英,等. 纺织品服装洗后外观标准的比较[J]. 纺织导报,2006(9):70-72,76.
[70]黎伟锋. 纺织品水洗的检测方法研究与洗涤后外观质量的评估[J]. 中国纤检,2016(8):87-89.
[71]杨栋操. 免烫整理的技术进步与现状(一)[J]. 印染,2009(24):44-47.
[72]张一帆. 织物洗后外观平整度等级的计算机视觉评定[D]. 上海:东华大学,2007.
[73]刘瑞鑫. 织物褶裥等级客观评估系统的研究[D]. 上海:东华大学,2012.
[74]李广利,冉雯. 解析针织产品水洗后扭曲率测试方法[J]. 中国纤检,2010(6):63-65.
[75]汝建华,徐红. 针织产品纬斜与扭曲变形产生的原因及控制[J]. 江苏丝绸,2010(3):9-11.
[76]梁素贞. 服装起拱研究初探[J]. 中原工学院学报,2010,21(5):38-41.
[77]杨斌,张之兰. 中厚精纺毛织物的耐拱性能[J]. 天津工业大学学报,1989(3):18-22.
[78]邱小英. 纺织品抗起球性能的评价及其解决方案[J]. 纺织导报,2007(3):86-88.
[79]孙学志,刘强,陈春义. 服装起毛起球标准及质量解析[J]. 江苏纺织,2012(3):47-50.
[80]李志刚. 起毛起球测试方法[J]. 印染,2004,30(24):39-40.
[81]徐文昉. 纱线性能对织物耐磨性和起毛起球性的影响及其预测研究[D]. 武汉:武汉纺织大学,2018.
[82]何晓娟,郭敏. 影响织物起毛起球的主要原因分析[J]. 山东纺织经济,2014(1):36-37.
[83]柯华. 织物抗起毛起球性能及测试等级的影响因素[J]. 针织工业,2015(11):40-42.
[84]刘雪霞,胡庭辉. 织物起毛起球的原因和改善措施[J]. 中国纤检,2014(24):80-82.
[85]李贤雯. 机织物勾丝性能研究及标准样照的研制[D]. 天津:天津工业大学,2016.
[86]何秀玲. 织物勾丝性能测试方法的比较[J]. 印染,2007,33(19):40-44.
[87]孙芳,赵霞. 浅析羽绒制品的防钻绒性试验方法[J]. 中国纤检,2016(9):74-75.
[88]周吟澄,沈静,胡敏芳,等. 羽绒服装钻绒机理及织物防钻绒性能研究[J]. 轻纺工业与技术,2012(3):127-130.
[89]王凤,胡力主. 羽绒服装钻绒性影响因素及测试方法[J]. 河南科技,2012(19):64-65.
[90]牛雪梅,潘文花,李东平. 羽绒服钻绒机理的研究[J]. 江苏纺织,2005(3):38-40.
[91]曾双穗. 羽绒制品防钻绒性测试标准比较与分析[J]. 中国纤检,2018(6):104-106.
[92]李小红,伍兆君,陈冰,等. 织物防钻绒性不同检测方法的比较研究[J]. 中国纤检,2014(9):40-43.
[93]窦明池,吴维媛,朱薇佳. 织物防钻绒性试验方法的分类与比较[J]. 毛纺科技,2011(12):56-60.
[94]张海泉. 服装面料的光泽[J]. 无锡轻工大学学报,2000,19(4):422-424.
[95]王晶晶. 机织物光泽的研究进展[J]. 轻纺工业与技术,2013(6):49-50.
[96]刘帅男. 机织物规格要素与其光泽性能的关系研究[D]. 杭州:浙江理工大学,2010.
[97]李静. 织物表面纹理特征与光泽对主观颜色的影响[D]. 杭州:浙江理工大学,2013.
[98]吕明哲,姚穆. 织物的光泽与光泽感[J]. 西北纺织工学院学报,2001,15(2):78-81.
[99]李南. FAST-织物性能快速测试系统[J]. 河南纺织高等专科学校学报,2001(4):3-5.
[100]周建萍,陈晟. KES织物风格仪测试指标的分析及应用[J]. 现代纺织技术,2005(6):37-40.

[101]崔传庆．纺织品风格评价体系的研究[D]．苏州:苏州大学,2002.
[102]马玲．服装面料风格物理评价模型的研究[D]．上海:上海工程技术大学,2011.
[103]赵振兴．两种织物风格测试系统的对比研究[J]．山东纺织科技,2013(3):55－59.
[104]夏兆鹏,马会英,徐梅．织物风格评定研究进展[J]．纺织科技进展,2005(5):64－66.
[105]陈东生,杨建忠．织物客观测试系统 FAST 及其应用[J]．纺织装饰织物,1997(1):36－38.
[106]孙晶晶,成玲,张代荣．织物手感风格客观评价方法的比较[J]．现代纺织技术,2010(2):55－60.

第七章　功能性检验

功能纺织品是指通过物理、化学或两者相结合以及生物方法等处理手段，使外观和内在品质获得提高，并被赋予某种特殊功能的纺织品。常见纺织品功能性有拒水拒油、阻燃、抗菌、防霉、除螨、防蛀、防蚊虫、防紫外线、抗静电、防辐射、负离子、远红外、蓄热调温、吸湿速干等。

第一节　拒水、拒油、防水、防污检验

拒水性，又称疏水性、憎水性，是指纺织品表面抵御水滴沾湿的性能，即抗沾湿性。拒油性是指纺织品抵抗吸收油类液体的特性。纺织品可以通过拒水拒油整理和涂层整理获得拒水拒油效果。拒水拒油整理是以低表面张力整理剂处理织物，改变纤维表面性能，增强纤维表面疏水性，降低织物表面能（表面张力），使织物表面不易被水或油润湿和铺展，从而达到拒水拒油的目的。拒水拒油整理的纺织品表面仍保留孔隙，仍然保持纺织品的透气透湿性能。拒水拒油纺织品可广泛应用于服装面料、厨房用布、餐桌用布、装饰用布、产业用布、军队用布和劳保用布等领域。

防水性是指纺织品抵抗水分子润湿和渗透的能力，能阻止一定压力或一定动能液态水渗透。传统的处理方式是在织物表面涂上一层不透水的涂层，即涂层整理，不仅防水，而且不透气，但穿着不舒适，手感较硬，不宜用于服用纺织品，主要用于风衣、雨衣、雨伞、遮盖布等。

一、拒水拒油机理

液态水在织物中的传输包括在织物表面润湿和在织物内部扩散两个过程。由于织物是一种多孔介质，内部的缝隙孔洞使得液态水迅速展开，通过孔隙孔洞渗入织物的内部及另一表面，把空气取代，将原先空气—纤维的接触界面代之以液态水—纤维的接触界面的过程，这个过程称为润湿。根据润湿程度的不同，可分为沾湿、浸湿及铺展三种。

当液态水在织物表面处于平衡状态时，会出现两种情况，第一种是液态水完全铺展在织物表面，且形成一层水膜，表示为液态水润湿织物；第二种是液态水呈水滴状作用于织物表面，且液态水在织物表面不能铺展。

液体与纤维制品接触时，如果没有润湿纤维制品表面，则可能在纤维制品表面形成圆球状、半圆球状等，通过液滴与纤维制品表面的接触角可以表征其对织物表面的润湿性能。接触角是

固液气三相交界处，液气界面切线与固液交界线之间的夹角，是纤维制品表面润湿程度的一种物理度量值，是液体与固体表面相互作用的直观表现。

润湿是在固体表面连接的气体置换为液体的现象，在润湿进行的过程中，如图 7－1 所示，固/气界面消失，形成新的固/液界面，自由能发生变化。在理想光滑表面上，当液滴达到平衡时，三相交界点的合力为零，润湿平衡符合式(7－1)所示的杨氏(Young)润湿方程。

$$\gamma_{SL} + \gamma_L \cos\theta = \gamma_S \tag{7-1}$$

式中：θ——气、固、液三相平衡时的接触角；

γ_{SL}——固体与液体界面的表面能，N/m；

γ_L——液体与气体界面的表面能(即液体表面能)，N/m；

γ_S——固体与气体界面的表面能(即固体表面能)，N/m。

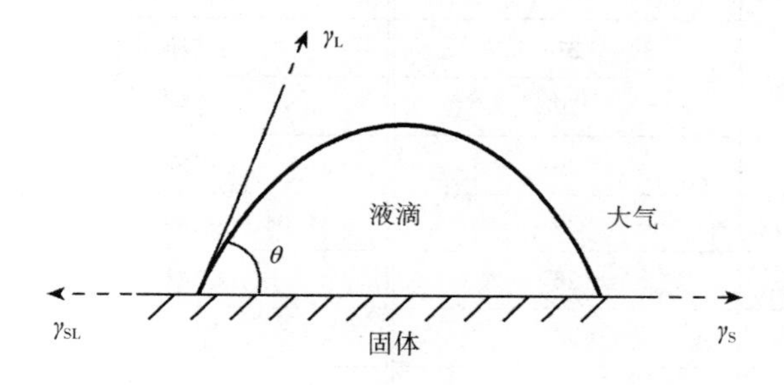

图 7－1　织物拒水拒油机理

由杨氏方程可以看出，接触角大小受织物和液滴的表面能以及液滴与织物间的界面能影响。当织物的表面能 γ_S 增大时，接触角 θ 减小，即织物表面能越高，液滴越容易将织物润湿，拒水拒油性越差；反之，织物的表面能 γ_S 减小，接触角 θ 越大，拒水拒油性能越好，表 7－1 为常用纤维接触角。

表 7－1　常用纤维接触角

纤维种类	棉	羊毛	黏胶	锦纶	涤纶	腈纶	丙纶
接触角/(°)	59	81	38	64	67	53	90

γ_S 一定时，γ_L 越小，θ 越小，液体越容易润湿固体。水的表面能约为 72mN/m，常见油类的表面能为 20～40mN/m，其他液体污物的表面能一般介于水与油之间，如酱油、食用醋、牛奶等，由此可知，油的润湿能力远大于水，酱油、食用醋、牛奶的润湿能力位居油、水之间，因此，在同样条件下拒油的织物一定拒水。目前，表面能最低的织物整理剂是氟碳化合物整理剂，用氟碳化合物整理的织物表面能可以降低到 10～15mN/m，经整理后，织物不仅拒水，而且拒油。表 7－2 列出常用纤维、固体的临界表面能和液体表面能。

表 7－2　常用纤维、固体的临界表面能和液体表面能（20℃）

分类	表面能/（mN·m⁻¹）	分类	表面能/（mN·m⁻¹）
纤维素纤维	200	水	72
锦纶	46	水（80℃）	62
羊毛	45	雨水	53
涤纶	43	红葡萄酒	45
氯纶	37	牛奶、可可	43
聚己二酸己二醇酯	43	花生油	40
聚二氯乙烯	40	液体石蜡	33
聚乙烯醇	37	橄榄油	32
聚苯乙烯	33	食用油	32～35
聚乙烯	31	汽油	26
聚丙烯	29	丙酮	23.7
石蜡	26	甲醇	22.6
石蜡类拒水整理品	29	乙醇	22.3
有机硅类拒水整理品	26	乙醚	20.1
聚氟乙烯	28	辛烷	22
聚二氟乙烯	25	庚烷	20
聚三氟乙烯	22	苯	28.9
聚四氟乙烯	18	甲苯	28.4
含氟类拒水整理品	10	四氯化碳	26.9
氟化脂肪酸单分子层	6	聚甲基丙烯酸甲酯	39

然而，织物表面能的测定比较困难，通过 γ_S 的大小判断织物润湿性能不太容易实现。一般情况下，通过确定比较容易测定的接触角 θ 和液滴表面张力 γ_L 来判断织物的润湿性能。

织物表面张力必须小于液体表面张力才能产生拒水拒油效果。将液体滴覆于不同织物表面时，由于织物表面能不同，可能会产生 4 种不同情况，见表 7－3。

表 7－3　织物润湿情况分类

润湿类型	接触角	说明
完全润湿	$\theta=0$	液滴完全平铺在织物表面，织物被液滴完全润湿，没有任何拒水拒油能力
部分润湿	$0<\theta\leqslant 90°$	润湿自发进行，织物被液滴部分润湿，具有一定的拒水拒油能力，液滴覆在织物表面并仍然保持水滴形态
不润湿	$90°<\theta<180°$	液滴几乎不能将织物润湿，液滴在织物表面呈珠状，织物具有一般拒水拒油能力。当接触角大于 150°时称为超疏水
完全不润湿	$\theta=180°$	织物表面完全不被液滴润湿，织物具有非常良好的拒水拒油能力

在光滑水平面上，处于平衡状态的液滴，增加或减少少量液体，则液滴周界的前沿向前拓展或向后收缩，但始终保持原来的接触角。如果表面粗糙或不均匀，向液滴加入少量液体，只会使液滴变高，周界不动，从而使接触角变大，此时的接触角称为前进接触角，用 θ_A 表示。若加入足够多的液体，液滴的周界会突然向前蠕动，运动刚要发生时的接触角称为最大前进角。若从液滴中取出少量液体，液滴在周界不移动的情况下变得更平坦，接触角变小，此时的接触角称为后退接触角，用 θ_R 表示，如图 7－2 所示。

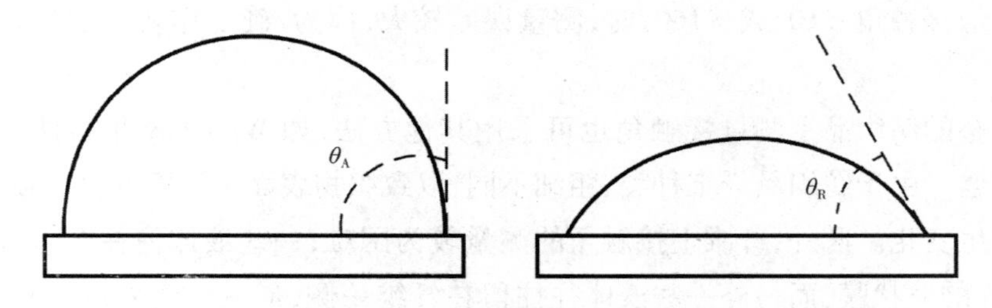

图 7－2　前进接触角（θ_A）和后退接触角（θ_R）

在倾斜面上可同时看到液体的前进角和后退角，如图 7－3 所示。前进接触角和后退接触角的差值叫接触角滞后。接触角滞后使液滴能稳定在斜面上，是由于液滴的前沿存在能垒，与表面黏性紧密相关。若没有接触角滞后，平面只要稍许倾斜，液滴就会滚动。当液滴整体刚开始发生滑动（或滚动）时的倾斜角 α 称为起始滑动（滚动）角。接触角滞后越小，液滴越易从表面滚落，防水性能越好。

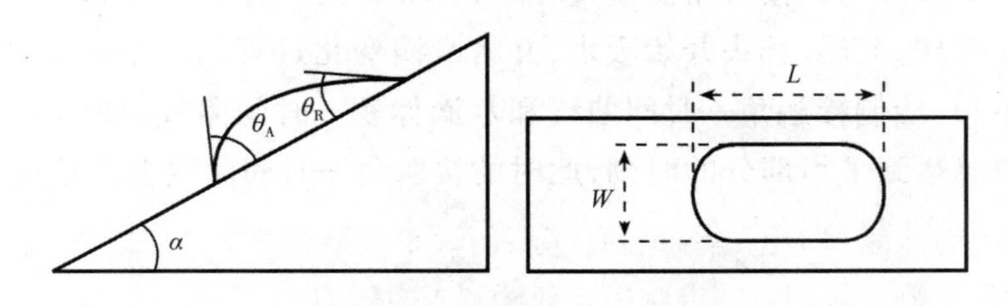

图 7－3　倾斜表面液滴前进角（θ_A）和后退角（θ_R）

若液滴的宽度很大，则接触角与倾斜角之间的关系满足式（7－2）。

$$mg\sin\alpha = L\gamma(\cos\theta_A - \cos\theta_R) \tag{7-2}$$

式中：g——重力加速度，m/s^2；

m——流滴的质量，g；

L——液滴水平长度，m；

γ——液体的表面张力，N/m；

α——倾斜角，（°）；

θ_A，θ_R——分别为液滴开始从倾斜面上滚动的最大前进角和最小后退角，（°）。

拒油整理的机理与拒水整理的机理完全相同，但两者的要求不同。拒水整理后，要求织物能抗拒一定压力水的透过，因此，水不能润湿织物，接触角应大于90°。而拒油整理仅要求织物在遇到油时油不铺展，此时，接触角大于零即可。

二、拒水性能测试方法

1. 接触角法

接触角是通过观察静置在固体表面上液滴的外形，测量固液接触点处液面的切线与固体表面之间的夹角而得到。接触角可通过测量投影或液滴轮廓照片测得，也可用带测角目镜的显微镜直接测量。但接触角 <10°或 >160°时，测量误差较大，因为，确定作切线的接触点位置比较困难。

在铺展平整的纺织品上测量接触角也可采用其他方法，如 Wilhelmy 吊板法、斜板法等，一般不会产生问题。由于纺织品纤维种类、粗细不同，以致织物表面平滑度等存在较大差异，会使平衡接触角发生变化。此外，纤维上接触角的测量较为困难，一些液体往往会包裹在单根纤维周围，形成对称的波状膜，而另外一些液体往往留在纤维一侧，形成蛤壳外形。有些情况下，接触角随液滴大小和纤维粗细而变化。有人提出，直径为 10μm 的纤维上的接触角最好用表面张力法（即 Wilhelmy 吊板法）测定，不宜用直接观察法，因为其在三相边界处液体弯月面的曲率半径小（与纤维直径相当），几乎不可能确定切线，无法进行测量，也有人认为，用斜板法或反射光法测量困难较小。

测量时，将试样平整固定在试验台上，调节高度，使针头距试样表面半个水滴左右，确保水滴与试样表面接触而脱离针头，接触 60s 后拍照，测量接触角。采用去离子水，静态接触角水滴大小为 3μL。前进接触角测量过程中，针头始终不能离开水滴，缓慢增加水滴体积，从 2μL 增加到 10μL 后，针头开始吸水，并将水滴变化过程以不小于 2 帧/s 拍照，计算每张照片的接触角，绘制接触角—时间曲线和水滴体积—时间曲线，如图 7－4 所示，在水滴体积—时间曲线达到平坦部分的时刻，此时的接触角—时间曲线上的角度即为试样的前进接触角。

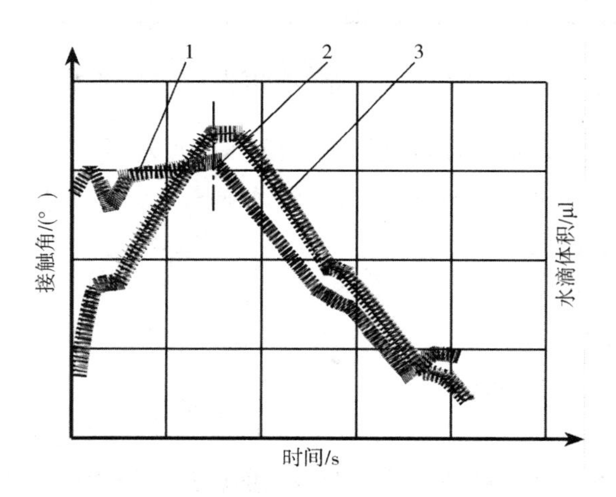

图 7－4　接触角—时间曲线和水滴体积—时间曲线

1—接触角—时间曲线　2—接触角　3—水滴体积—时间曲线

2. 液滴法

液滴法，通过采用一系列不同表面张力的水和酒精或异丙醇的标准试液，来评价纺织品抗表面沾湿性能和渗透性能，代表方法有 GB/T 24120—2009、AATCC 193—2012 和 3M－Ⅱ—1988。将标准试液滴在纺织品表面，在一定时间内，观察标准试液润湿和渗透情况，并以不润湿织物标准试液的最高级数，评定为试样的抗沾湿等级或者抗渗透等级。不同水和醇溶液标准试液的成分配比见表 7－4。

表 7－4　抗沾湿测试水和醇标准试液

拒水等级	GB/T 24120—2009	AATCC 193—2012	3M－Ⅱ—1988
	乙醇/去离子水（质量比）	异丙醇/去离子水（体积比）	异丙醇/去离子水（质量比）
0	0/100	无（未通过 98% 拒水实验）	—
1	10/90	2/98	2/98
2	20/80	5/95	5/95
3	30/70	10/90	10/90
4	40/60	20/80	20/80
5	50/50	30/70	30/70
6	60/40	40/60	40/60
7	70/30	50/50	50/50
8	80/20	60/40	60/40
9	90/10	—	70/30
10	100/0	—	80/20
11	—	—	90/10
12	—	—	100/0

三、防水性能测试

纺织品防水性测试，可分为人体穿着测试（实地测试）和试验仪器测试两大类。人体穿着测试是指人们在外界雨水环境穿着服用过程中，对纺织品的渗水情况进行观察、测试和评价，是最直接、准确的方法，但测试时间长、花费高。

织物防水性能的表征指标有沾水等级、抗静水压、水渗透量等。其中，沾水等级越高，静水压值越大，产品的抗渗水性和抗湿性越好，防水效果越佳。

1. 耐静水压测试法

静水压指水透过织物时所遇到的阻力，表示织物承受一定水压时的渗透能力，即抗渗水性。织物的静水压与纤维、纱线、织物结构及表面性能均有关系。织物能承受的静水压越大，表示织物的防水性或抗渗水性越好。对于防水性指标，针对不同的用途有不同的要求。当人跪倒在湿地上或坐在湿透的座位上时，在织物上产生的压力在 172.4～344.7kPa。

2000 年，美国戈尔公司(W. L. Gore&Associates)将织物防水性能分为三类，第一类为防水织物，耐静水压值大于 172. 35kPa，织物可以保证在所有风雨天气及坐、跪在湿表面上时对水的防护标准；第二类为高抗水织物，耐静水压值在 13. 79 ~ 172. 35kPa 之间，织物可以有效防止雨水的进入；第三类为拒水织物，耐静水压值低于 13. 79kPa。

美国军用织物的防水标准为牧林测试法的 275. 8kPa；而对于耐水压最低要求的规定，美国军用标准中，防水产品的耐水压最低要求为 13. 68kPa(1395mmH_2O)，日本自卫队雨衣设定为 13. 75kPa(1400mmH_2O)。我国公共安全行业标准 GA 10—1991 规定，防护服抗渗水内层耐静水压不得小于 3. 92kPa。欧洲客户对纺织品耐水压性能的要求普遍较高，一般最低要求在 5. 88kPa 以上，有的甚至要求在 9. 8kPa 以上。

耐静水压法是抗渗水性能测试中最常见的方法之一，主要用于致密织物，如帆布、帐篷布等，按加压方式不同，静水压试验可分为动态法和静态法两种。动态法是指在织物的一面不断增加水压，测定直到织物另一表面出现规定数量的 3 滴水珠为止，织物所能承受的静水压的大小。静态法是指在织物的一面维持恒定的水压，测定水从织物一面渗透到另一表面所需要的时间。其中，动态法采用较多。

目前，静水压测试仪按照能承受静水压的大小，分为静压头试验仪和牧林(Mullen)水压测试仪，能承受的最大压力分别为 99. 9kPa 和 1103. 0kPa。静压头测试仪一般用美国 SCHMID 公司 FX3000 静压透水性测试仪，是按照 ASTM D751 程序 B 要求制造，适合测试防水性稍低的织物，如高密织物等。牧林水压测试法因织物与水直接接触的面积比较小，能达到的压力值较高，一般用于测试能承受超过 10kPa 压力的织物，适用于涂层织物或具有较高防水性的层压织物。

目前，国内常用 YG812 型静水压测试仪，按照 GB/T 4744—2013 测试织物的静水压，试样夹持在试样夹中，受压面积为 100cm^2，承受(20 ±2)℃或(27 ±2)℃蒸馏水(或去离子水)持续上升的水压，水压上升速率为(6. 0 ±0. 3)kPa/min[(60 ±3)cmH_2O/min]，直到织物另一面出现 3 处渗水点为止，此时，测得的水的压力值就是静水压，以 kPa(cmH_2O)表示。耐静水压测试可参考第六章第三节“四、透水性”。

2. 喷淋试验法

喷淋试验模拟暴露于雨中织物的淋雨渗透，也称防雨性能试验、沾水试验，包括水平喷淋法、垂直喷淋法，用于测定织物的表面抗湿性和渗水性能，采用仪器如图 7 -5 邦迪斯门淋雨试验仪和图 7 -6 喷淋式沾水测试仪所示。从一定的高度和角度，将一定量的水喷淋到具有一定张力的待测织物表面，测定水从织物受淋面渗透到另一表面所需要的时间，或测定经过一定渗透时间后，织物吸收的水量或评定织物的水渍形态。

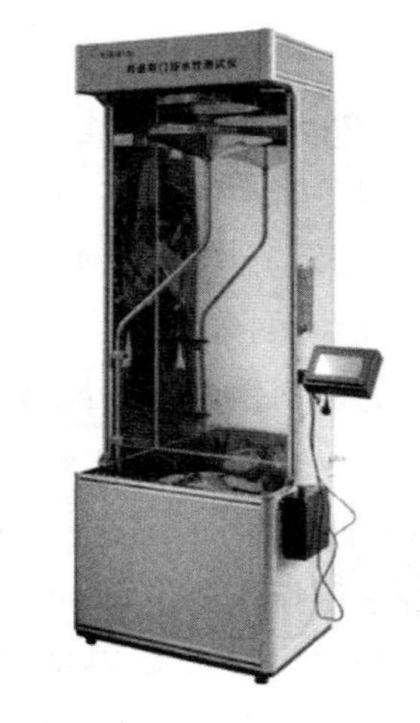
图 7 -5　邦迪斯门淋雨试验仪

根据 GB/T 4745—2012 的规定，如图 7 -6 所示，将大小为 180mm × 180mm 的试样紧绷于试样夹持器上，并与水平面呈 45°夹角放置，试样经向与水流方向平行，实验面中心在喷嘴下 150mm 处。将 250mL 温度为(20 ±2)℃或(27 ±2)℃蒸馏水或去离子水迅速倒入漏斗中，持续喷淋 25～30s。喷淋完毕，拿起夹持器，使织物正面向下呈水平，对着硬物轻敲两次。根据标准文字描述或标准样照，评定试样的沾水级别，共 5 级 10 档，5 级最佳，0 级最差。按照 AATCC 35—2018，如图 7－7 所示，试样受淋 5min，根据吸水纸增加的质量来评价样品的渗水性。

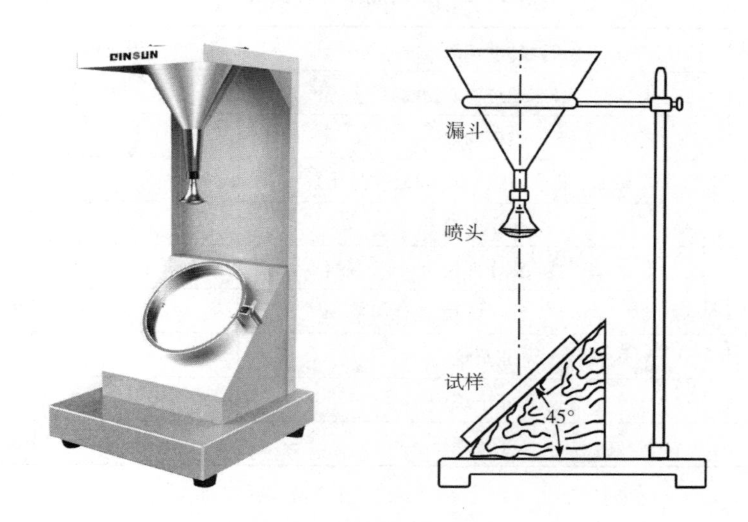

图 7－6　喷淋式沾水测试仪

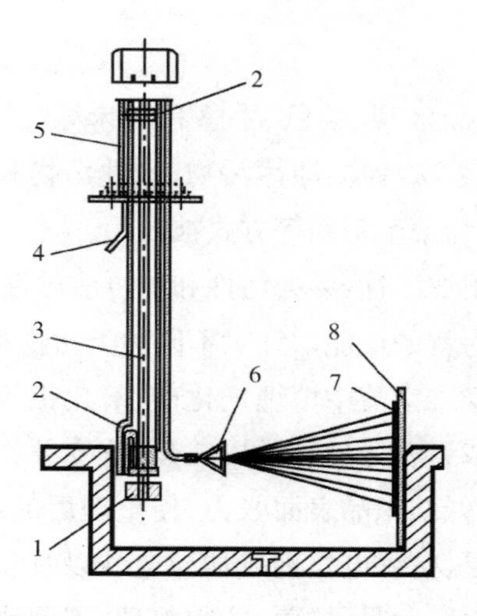

图 7－7　AATCC 35—2018 淋雨测试仪示意图

1—阀门调节　2—溢流　3—黄铜阀杆　4—入水口　5—玻璃管　6—喷嘴　7—试样　8—试样夹

四、拒油测试

该方法的代表性标准有 GB/T 19977—2014、ISO 14419：2010 和 AATCC 118—2013，测试原理基本相同。测试开始，先使用拒油级别为 1 的标准试液 0.05mL，滴于试样上，30s 内若无润湿和渗透现象发生，则继续使用较高级别标准试液进行实验，直至标准试液在 30s 内润湿试样为止。试样拒油等级为实验中不能润湿织物的最高拒油级别，等级分为0～8级，级数越高，试样的拒油性能就越好，一般有拒油性要求的产品，拒油等级不应小于4级。表7－5列出拒油级别测试中不同级别下的标准试液及其表面能大小。

表7－5　拒油测试标准试液

拒油等级	标准试液	表面张力/（mN/m，25℃）
0	无（未通过白矿物油）	
1	白矿物油	31.5
2	白矿油：正十六烷＝65：35（质量比）	29.6
3	正十六烷	27.3
4	正十四烷	26.4
5	正十二烷	24.7
6	正癸烷	23.5
7	正辛烷	21.4
8	正庚烷	19.8

五、防污测试

1. 纺织品防污性能机理

纺织品使用过程中，对纺织品外观、颜色、手感和气味等性能产生不良影响的任何外来物质，统称污物。污物一般分为颗粒状污物、油性污物、水性污物和微生物污物四类，纺织品一般通过力学作用、静电作用及微生物繁殖霉变等方式被沾污。

纺织品防污性能一般包含耐沾污性、易去污性和防再沾污性三个方面的内容。耐沾污性是指纺织品与污物接触不易黏附污物的性能。针对不同种类污物和粘污原因，可通过以下方法提高纺织品耐沾污性能：一是，在纤维空隙中填埋氧化硅、氧化铝等无机物固体微粒，占据污物位置；二是，在纤维表面镀膜，屏蔽污物不接触纤维；三是，改变纤维化学结构，增加或封闭某些基团，降低对污物亲和力；四是，降低纺织品表面张力，使整理后的纺织品临界表面张力低于污物表面张力，达到耐污的效果；五是，抗静电整理或加导电纱以及化学改性增加亲水基团等，达到抗静电作用，提高纺织品耐沾污性；六是，抗菌、防霉整理，抑制或杀灭微生物，或者不提供其生长环境，达到防微生物污物的作用。易去污性是指被沾污纺织品在正常洗涤条件下污物容易被去除的性能。纺织品沾污后，通过水洗、干洗或其他手段易于去除污物。水洗中加入洗涤液，在纺织品表面和污物表面渗入一层薄薄的洗涤剂溶液，从而使污物和纺织品表面溶剂化，使污物转移至洗涤液中。纺织品引进亲水基团或亲水性聚合物后，具有较高的亲水性能，纺织品易去污效果明显。防再沾污性是指纺织品在洗涤时，洗下的污物不再重新沾污织物。

2. 防污性能评价方法

纺织品防污性能的评定标准，主要分为耐沾污性和易去污性评定标准，虽然各国在污物种类、预处理和评价指标方面有所不同，但试验原理基本一致。

（1）耐沾污性。耐沾污性试验方法可参考 GB/T 30159.1—2013，分为液态沾污法和固态沾污法。液态沾污法是将试液加在水平放置的试样表面，观察液滴在试样表面的润湿、芯吸和接触角的情况，评定试样耐液态污物的沾污程度。试验时，选择一级压榨成品油或酱油作为污物，将试样平整放置在 2 层滤纸上，在试样 3 个部位滴 0.05mL 污物，30s 后，以 45°角度观察每个液滴，并评级。固态沾污法是将试样固定在装有规定的固态污物的试验筒中，翻转试验筒，使试样与污物充分接触，通过变色灰色样卡，比较试验沾污部位与未沾污部位的色差，以此来评定试样耐固态污物的沾污程度。试验所用污物为粉尘和高色素炭黑混合物，将试样平整放置在试样固定片上，固定片包合筒身，再将污物放置筒底，试验筒装入防护袋中，然后放入翻滚箱中，滚动 200 次，取出试样，用吹风机吹去试样污物后评级。

（2）易去污性。根据不同的去污方式，纺织品易去污性试验方法分为洗涤法和擦拭法。洗涤法是将一定量的污物施加在纺织品上，保留一定时间后，在规定的条件下洗涤后，评价去除污物的程度，目前，国内外有关纺织品去污性方法中，基本采用的是此类方式，最常用的是 AATCC 130—2018、AATCC 175—2013、FZ/T 01118—2012。擦拭法是将一定量的污物施加在纺织品上，保留一定时间后，在规定条件下使用干净布料擦拭织物表面污物，评价去除污物的程度。

第二节　阻燃性能检验

阻燃性是指材料所具有的减慢、终止或防止有焰燃烧的特性。阻燃纺织品指由阻燃纤维制成的纺织品或经阻燃整理，不同程度地降低可燃性，在燃烧过程中能显著延缓燃烧速率，不会起明焰燃烧，并在离开火焰后能迅速自熄，停止燃烧，无阴燃、续燃现象，具有不易燃烧性能的纺织品。目前，阻燃纤维品种主要有阻燃涤纶、阻燃腈氯纶、阻燃维纶、阻燃黏胶、芳砜纶、玻璃纤维、聚四氟乙烯纤维、聚酰亚胺纤维、聚苯并咪唑纤维、酚醛纤维等。

阻燃纺织品的阻燃性能包括两个方面，一是纺织品易点燃性，即着火点的高低，表示织物着火的难易；二是燃烧性能，即阻燃性。

一、阻燃机理

1821 年，Gay - Lussac 用氯化铵、磷酸铵和硼砂混合物对麻进行阻燃整理，指出，有效阻燃剂具有较低熔点，形成沉积物，覆盖纤维表面，或是自身裂解产生不可燃气体，从而稀释织物燃烧过程中释放的可燃性气体，这为纺织品阻燃整理研究提供最早的理论基础。

阻燃基本原理是减少热分解过程中可燃气体的生成和阻碍气相燃烧过程中的基本反应。其次，吸收燃烧区域中的热量、稀释和隔离空气对阻止燃烧也有一定作用。主要理论如下：

1. *表面覆盖阻燃*

有些物质（如硼砂、硼酸）在高温下，能形成玻璃状或稳定泡沫覆盖层，具有隔热、隔氧，阻止可燃气体向外逸出，起到阻燃作用。磷化物阻燃剂，在固相产生作用，促进炭化，阻止可燃性气体的释放。溴化物阻燃剂,在气相起作用,受热分解,产生不燃性气体,浮在纤维表面,隔离空气或稀释可燃性气体,从而产生阻燃效应。

2. 吸热作用

通过阻燃溶剂吸热脱水、相变、分解或其他吸热反应,降低纺织品表面和燃烧区域的温度,从而减慢高聚物热分解速度,抑制可燃性气体的生成。这类化合物包括 $Al_2O_3 \cdot 3H_2O$、TiO_2、TiO_3、ZnO 和 BaO 等。

3. 脱水理论

阻燃剂在高温下,作为路易斯酸与纤维素发生反应,减少可燃气体的产生。磷系阻燃剂在与火焰接触时,会生成偏聚磷酸,而偏聚磷酸有强大的脱水作用,使纤维脱水炭化,炭化膜起到隔绝空气的作用,这种作用和覆盖理论同时起作用。

4. 凝聚相阻燃

利用阻燃剂影响聚合物的分解过程,促使发生脱水、缩合、环化、交联等反应,直至炭化,以增加炭化残渣,减少可燃性气体的产生,使阻燃剂在凝聚相发挥阻燃作用,对纤维素材料特别有效。含磷阻燃剂是最典型的凝聚相阻燃整理剂之一,适用于棉等可燃烧成炭的纤维。

5. 气相阻燃

通常认为,材料燃烧过程中生成大量自由基,加快气相燃烧反应。气相阻燃剂能将高活泼性的自由基转化成稳定的自由基,抑制燃烧过程,达到阻燃目的。

6. 尘粒或壁面效应

当自由基与器壁或尘粒表面接触时,可能失去活性,在尘粒或容器壁面发生下述反应,

$$H\cdot + O_2 = HO_2\cdot$$

这样,由于在尘粒表面生成大量活性比 H·、HO·等低得多的自由基 $HO_2\cdot$,从而达到抑制燃烧,例如,将氧化锑与有机卤素阻燃剂并用,通过阻燃剂的协同效应来发挥阻燃效果,在燃烧过程中,氧化锑与卤化氢反应,生成卤化锑,它在燃烧区热分解,产生氧化锑微粒子,氧化锑阻燃效果的一部分就是依靠生成的尘粒或壁面效应所致。

7. 熔滴效应

某些热塑性纤维,如聚酰胺、阻燃涤纶等,加热时发生收缩熔融,减少与空气的接触面,甚至发生熔滴下落而离开火焰,使燃烧受到一定的阻碍。

二、测试方法

纺织品燃烧性能的试验方法很多,常用测试方法有氧指数法、垂直燃烧法、水平燃烧法、45°燃烧法、各类模型燃烧、锥形量热法、暖体假人系统测试法等。另外,还有专用于某些材料的试验方法,如香烟法、片剂燃烧法、辐射热源法等。各种方法使用的仪器、试样的放置状态、点火源的位置及点火时间各不相同。

1. 垂直燃烧法

垂直燃烧法是最完善的阻燃性能测试方法之一,因与大多数织物的使用状态比较接近,大部分国家采用此方法测试纺织品阻燃性能。将试样垂直放置在试样箱中,在试样下方用规定的

燃烧器点燃，火焰高度(40 ±2)mm，点火时间为12s，在规定的燃烧时间内，通过考核织物的燃烧状态、续燃时间、阴燃时间、损毁长度等指标来评价织物阻燃性能。该方法火焰是从织物的切割边缘点燃织物，而且，在火焰区，织物被火焰包围。

垂直法中试样垂直放置，火焰燃烧比倾斜法、水平法更剧烈，对试样的考验最严格。按测试方法不同，垂直法又分为垂直向损毁长度法、垂直向火焰蔓延性能测试法、垂直向试样易点燃性能测试法及表面燃烧性能测试法等，广泛用于服用、装饰等纺织品检验。

(1)垂直向损毁长度测试法。该法是测定织物阻燃性能的典型方法，测试织物经纬向续燃时间、阴燃时间和损毁长度，同时观察试样燃烧时碳化、熔融、收缩、卷曲、烧通、滴落物等情况，直观反映织物的阻燃性能，广泛用于机织物、针织物、涂层产品、层压产品等纺织品的阻燃性能测定。

(2)垂直向火焰蔓延性能测试法。利用燃烧试验测定各种织物火焰蔓延性能，用规定点火器产生火焰，对垂直方向的试样表面或底边点火，测定火焰在试样上蔓延至标记线所用的时间，该法简便、快速，对服装、窗帘帷幔、帐篷、门罩等纺织品的性能检验有重要意义。

(3)垂直向试样易点燃性测试法。在实验室控制条件下，测试纺织品与火焰接触时的性能，用规定的点火器产生火焰，对垂直方向的试样表面或底边点火，测定从火焰施加到试样上至试样被点燃所需的时间。点燃时间越长，试样阻燃性越好。这种方法能评估接缝对织物燃烧性能的影响，某些条件下，装饰件也作为织物组合件的一部分进行试验。

(4)表面燃烧性能测试法。表面具有绒毛的织物，可采用该法，将试样夹持于垂直板上，控制一定的试验条件，在接近顶部处点燃试样的起绒表面，测定火焰在织物表面向下蔓延至标记线的时间。这种测试方法由织物的燃烧特性决定，由于燃烧产物的覆盖作用，表面绒毛燃烧时不易向上蔓延，而是向下或向两边蔓延，因此，这种顶部点火的方式只适用于表面具有绒毛样品的测试。

2. 水平燃烧法

在规定试验条件下，对水平试样点火15s，测定火焰在试样上的蔓延距离和蔓延时间，以燃烧速率来衡量织物的阻燃效果，主要用于地毯类铺垫织物和汽车内饰织物。

3. 45°燃烧法

在规定条件下，将试样斜放呈45°，对试样点火一定时间，通过测得续燃和阴燃时间、损毁面积和损毁长度来衡量织物阻燃效果，一般用于飞机内饰物、地毯等织物燃烧性能测试。

(1)45°损毁长度测试。原理与垂直法相似，试样放入试样夹，与水平呈45°角放置在试验箱中，在规定试验条件下，试样下端施加规定的点火源，火焰高度(45 ±2)mm，点火时间30s，点火时间结束后，测量织物的续燃时间、阴燃时间、损毁面积及损毁长度。

(2)45°易点燃性能测试。适用于测定遇火熔融收缩的纺织品，通过测试接焰次数来表征试样的易点燃性。试样长100mm，质量1g，将试样卷成筒状，塞入试样支撑螺旋线圈中，螺旋线圈与水平呈45°角放置在燃烧箱中，用规定的点火器对试样下端点火，火焰高度为(45 ±2)mm。当试样熔融、燃烧停止时，重新调节试样至试样最下端与火焰接触，再次点火，反复操作至熔融燃烧距试样下端90mm处为止，记录在此期间试样接触火焰的次数。

（3）45°方向燃烧速率测定是服用纺织品易燃性的测定方法，将服用纺织品的易燃性分为三个等级，用于评估易燃纺织品穿着时，一旦点燃后燃烧的剧烈程度和速度。在规定试验条件下，将试样45°放置后点火，用试样有焰燃烧至一定距离的时间来评价纺织品燃烧剧烈程度。

4. 极限氧指数法

极限氧指数（Limiting Oxygen Index，LOI，简称氧指数）是指在规定实验条件下，在氧气和氮气混合气体中，材料刚好能保持燃烧状态所需最低氧浓度。极限氧指数越高，材料燃烧时需氧量越大，在空气中越难燃烧，见表7-6，具有阻燃性能织物的LOI值不小于28%。

表7-6　不同极限氧指数纤维分类

分类	LOI/%	燃烧特点	纤维
不燃纤维	>35	明火不能点燃	玻璃纤维、金属纤维、石棉纤维、碳纤维
难燃纤维	>26	遇火能燃烧或碳化，离火即灭	氯纶、芳纶、改性腈纶、聚氯乙烯、芳香族聚酰胺
可燃纤维	>20	遇火燃烧，离火续燃	涤纶、锦纶、蚕丝、羊毛
易燃纤维	<20	遇火迅速燃烧，离火续燃至烧尽	棉、麻、黏胶、腈纶、维纶、铜氨纤维、醋酯纤维、三醋酯纤维

极限氧指数法灵敏度高、数据准确、重现性好，对试验条件和操作人员要求较高，非常适合科研，一般不用于产品生产。试验时，将试样垂直放入透明燃烧筒中，筒内有向上流动的氧氮气流，点燃试样上端，观察燃烧特性，并与规定的极限值比较，测得持续燃烧时间或损毁长度。通过不同氧浓度中一系列实验，可测得最低氧浓度。

5. 燃烧假人测试法

燃烧假人测试是指对穿着防火服装的等比假人模型，施以实验室条件下、可控的高强度火焰，通过假人模型上分布的若干个热传感器，测量和计算透过被测服装传到假人表面各部位的热流量和温度值，根据烧伤模型，估算出人体可能遭受烧伤级别、烧伤总面积、构成二级和三级烧伤的时间等，用来评价服装对人体的热防护效果。

燃烧假人测试能更好地模拟在实际火焰中人体的烧伤程度，可以用来测试整套阻燃防护服在模拟的火焰状况下，阻燃防护服所能提供给身体的防护程度。燃烧假人测试能够从整体评估多层防护服的隔热性能，同时，还能估计当穿着者穿上防护服后，身体同服装之间的空气层厚度的变化对防火服隔热性能的影响，但设备技术要求高、成本高、操作复杂。

6. 锥形量热法

燃烧性能传统测试方法较多，但试验操作环境与真实火灾相差较大，试验获得的数据也只能用于一定试验条件下材料间燃烧性能的相对比较，不能作为评价材料在真实火灾中行为的依据。为客观评价真实火灾中材料的燃烧性能，1982年，Babrauskas等开发设计了锥形量热仪（Cone Calorimeter，简称CONE），如图7-8所示，工作原理是基于耗氧量原理，即每消耗1g氧，材料在燃烧中释放约13.1kJ热量。

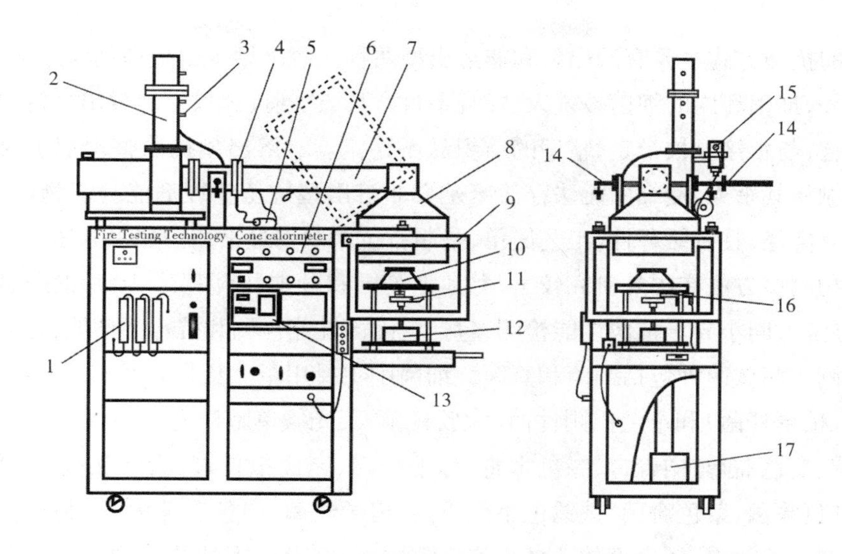

图7-8　标准型锥形量热仪(CONE)示意图

1—圆柱状过滤器　2—排烟管　3—测温热电偶　4—样品气取样环　5—烟尘过虑管　6—控制面板　7—吸烟管道　8—引风罩　9—防护罩　10—锥形电加热器　11—样品燃烧盒　12—称重传感器　13—氧气分析仪　14—激光测烟系统　15—样品气过滤系统　16—电子脉冲点火器　17—制冷装置

锥形量热仪能更好地模拟火灾现场,并集燃烧释热、失重、发烟及烟气组分研究为一体,可同时获得样品燃烧时有关热、烟、质量变化及烟气组分等多种重要信息,可得到燃烧试样多个性能参数,如热释放速率、质量损失速率、烟生成速率、有效燃烧热、点燃时间以及燃烧气体的毒性和腐蚀性等,广泛用于建材、家具、电缆、航空材料、塑料、木材等领域,但对于纺织材料,尤其是织物,因为是二维平面为主的材料,热量会迅速通过表面,渗透到下面材料里,在材料厚度维度上无法形成有效的温度梯度,锥形量热测试效果不理想。

第三节　抗菌卫生功能检验

纺织品抗菌卫生性能是指纺织品在使用过程中,抑制以汗和人体皮肤代谢产物为营养源的微生物繁殖,防止微生物产生臭味及各种疾病的传播,保证人体的安全健康和穿着舒适,降低公共环境的交叉感染率,同时,防止织物被微生物侵蚀发霉变质,降低使用价值,保护纺织品本身的性能,使织物获得清洁卫生的功能。抗菌卫生纺织品广泛用于医院、宾馆或家庭的床单、被套、毛毯、餐巾、毛巾、鞋里布、沙发布和窗帘布、医用职业装、食品和服务行业工作服、军队服装及绷带、纱布等。

抗菌纺织品按抗菌活性来源,可分为基质抗菌纺织品和后整理抗菌纺织品。基质抗菌纺织品是指通过抗菌纤维织制而成的织物。抗菌纤维通常是在纺丝过程中,将抗菌剂加入纺丝液纺丝,或将不具有抗菌性能的原料与含有抗菌剂的纤维复合纺丝获得。后整理抗菌纺织品是采用抗菌整理剂对织物进行后整理,将抗菌剂施加在织物上,使织物具有抗菌、抑菌、防霉、防臭、保持清洁卫生的效果。防霉整理的目的是抑制或杀死真菌。

抗菌剂的抗菌方式主要有溶出型和非溶出型两种。溶出型抗菌整理剂向周围扩散,在织物上形成抑菌环,抑菌环内的细菌被杀灭,并且不再生长,达到抗菌效果。溶出型抗菌整理剂不与织物化学结合,与水接触被带走,整理的纺织品不稳定。非溶出型抗菌整理剂主要靠抗菌剂与细菌直接接触将其杀灭,使细菌无法存活繁殖。非溶出型抗菌整理剂能与织物以化学键结合,耐穿着和反复洗涤,具有缓释性,工艺简单,是制备抗菌织物最常用的加工方法之一。

抗菌织物测试方法在国外研究较早,尤其是美国和日本,欧洲发达国家也提出一些测试方法,与美日方法大同小异。抗菌性能检测,包括抗细菌性能检测和抗霉菌性能检测,包括定性检测与定量检测。测试菌种包括细菌和真菌。细菌中主要用革兰氏阳性菌(金黄色葡萄球菌、巨大芽孢杆菌、枯草杆菌)和革兰氏阴性菌(大肠杆菌、荧光假单胞杆菌)。真菌中主要用霉菌(黑曲霉、黄曲霉、变色曲霉、橘青霉、绿色木霉、球毛壳霉、宛氏拟青霉、腊叶芽枝霉)和癣菌(石膏样毛癣菌、红色癣菌、紫色癣菌、铁锈色小孢子菌、孢子丝菌、白色念珠菌)。为考查抗菌纺织品是否具有广谱抗菌效果,较合理的选择是按一定比例,将有代表性的菌种配成混合菌种用于检测。目前,大部分抗菌产品的抗菌性能,往往选择金黄色葡萄球菌、大肠杆菌和白色念珠菌分别作为革兰氏阳性菌、革兰氏阴性菌和真菌的代表。

一、抗菌性能测试

纺织品抗菌性能检验方法很多,可分为定量测试和定性测试,定性测试方法只适用溶出性抗菌整理,不适用于耐洗涤的抗菌整理,目前,广泛采用定量测试方法进行抗菌检测。

1. 抗菌性能定性测试

定性测试有晕圈法和平行划线法两种,测试方法简单、时间短、费用较低,但测试相对粗略,重现性和稳定性相对较差。

(1)晕圈法。晕圈法,又称琼脂平板法、琼脂平皿扩散法、Halo 法,是最常见的定性测试方法,一般适于溶出性抗菌织物,不适用于耐洗涤的抗菌织物,代表性方法有 AATCC 90—2016、JIS L1902—2015、GB/T 20944.1—2007。在琼脂培养基上接种试验菌种,然后,紧贴于试样,在37℃下培养 24h,观察细菌生长情况和试样周围无菌区的晕圈大小,如图 7 - 9 所示,与标准对照样比较,判断样品是否具有抗菌性能。此法操作较简单,费用低、速度快。

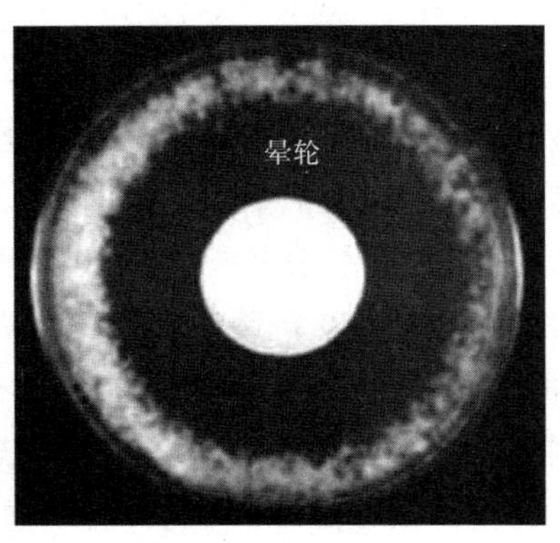

图 7 - 9　晕圈法测试结果

当有抑菌环或样品与培养基接触表面没有菌生长时，说明该样品具有抗菌性能。抑菌环越大，说明纺织品与抗菌剂结合的越不牢固，抗菌性能耐久性越差。当抑菌环的直径大于1mm时，抗菌纺织品的抗菌剂为溶出性，抑菌环的直径小于1mm为非溶出性。当没有抑菌环，但样品接触面没有菌生长，说明该纺织品也有抗菌活性，且抗菌性能具有较好的耐久性；当没有抑菌环，且接触面有大量微生物生长时，说明样品没有抗菌活性。

(2)平行划线法。平行划线法适用于溶出型抗菌剂纺织品的抗菌能力，代表性方法有AATCC 147—2016，将一定量培养液滴加于盛有营养琼脂平板的培养皿中，使其在琼脂表面形成5条平行条纹，然后，将样品垂直放于这些培养液条纹上，并轻轻挤压，使其与琼脂表面紧密接触，在一定温度下放置一定时间，用与样品接触的条纹周围抑菌带宽度表征织物的抗菌能力。也有人将平行划线法作为半定量方法应用。

2. 抗菌性能定量测试

定量测试方法包括试样(对照样)制备、消毒，接种测试菌，孵育培养、接触一定时间后，对接种菌进行回收并计数，适用于非溶出性和溶出性抗菌整理织物，该法准确、客观，但时间长、费用高。

根据测试菌液接种到试样上的方式不同，定量检测法可分为振荡法、吸收法(浸渍法)、转移法、奎因法等。根据回收菌检测方法不同，又可分为平板培养法和荧光分析法。

(1)振荡法。振荡法是非溶出性抗菌制品抗菌性能的一种评价方法，典型代表有FZ/T 73023—2006附录D8、GB/T 20944.3—2008、ASTM E2149—2013和GB 15979—2002附录C5，将试样与对照样分别装入一定浓度试验菌液的三角烧瓶中，在规定温度下振荡培养一定时间后，测定三角烧瓶内菌液在振荡前及振荡一定时间后的活菌浓度，计算抑菌率，以此评价试样的抗菌效果。此方法对试样的吸水性要求不高，对纤维状、粉末状、有毛羽的衣物、凹凸不平的织物等任意形状试样都能测试，但操作相对复杂。

(2)吸收法。吸收法，也称浸渍法，适用于溶出型抗菌织物，或吸水性较好且洗涤次数较少的非溶出型抗菌织物，试验条件与人体实际穿着情况较接近，是目前测试结果最准确的方法，但操作较复杂，用时长、费用高，典型代表有AATCC 100—2012、JIS L1902—2015、FZ/T 73023—2006附录D7、GB/T 20944.2—2007和ISO 20743:2013 8.1。将抗菌纺织品试样和不含抗菌剂的对照样均用试验菌液接种，分别进行立即洗脱和在规定条件下培养一定时间后洗脱，测定洗脱液中的细菌数，如图7-10所示，计算抗菌织物的杀菌率、抑菌率或抑菌值，以此评价试样的抗菌效果。

(3)转移法。转移法是评价低湿环境下抗菌纺织品抗菌活性的定量测试法，适用于抑菌纺织品检测，典型代表有ISO 20743:2013、L1902—2015。先将试验菌液接种在琼脂培养基上，再将试样和对照样放在接种琼脂表面，施加一定的力，将菌种转移到试样和对照样上，分别进行立即洗脱和培养后洗脱，测定洗脱液中的细菌数，计算抗菌活性值或细菌减少值。

(4)奎因法。奎因法产生于20世纪60年代初，后来，许多研究者对奎因法进行了改良，是一种比较简易和快速的测试方法，可用于细菌和部分真菌检测，适用于吸水性好且颜色较浅的

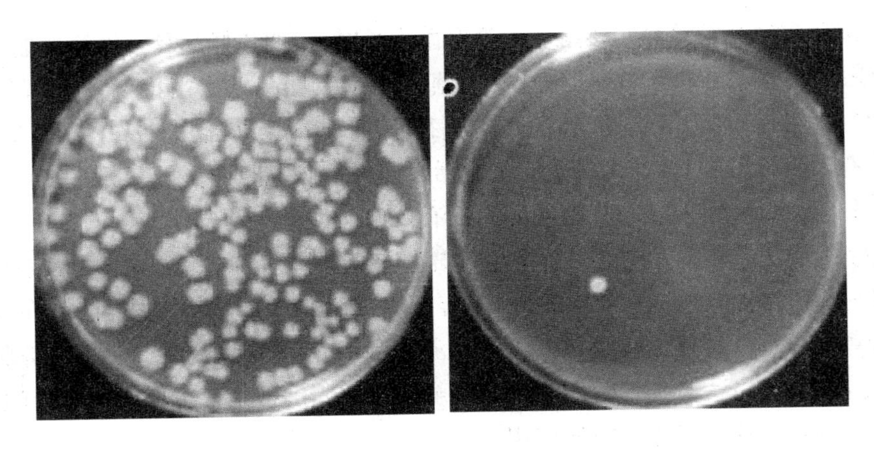

图 7－10 吸收法测试结果

溶出型或非溶出型抗菌织物，典型代表有 FZ/T 73023—2006 附录 D6。将菌液直接接种到织物试样上，置于生化培养箱中，37℃放置干燥 1～3h，然后，将试样贴在培养基上，覆盖半固体培养基，在一定温度下培养一段时间后，用低倍显微镜观察菌落数，计算试样抑菌率。奎因法操作简单、快速，但精确度稍差，现已较少使用。

3. 抗菌效果表示方法

抗菌效果主要有百分率和对数值两种表示方法。AATCC 100、FZ/T 73023—2006、GB/T 20944.3—2008 用百分率表示抗菌活性，JIS L1902、ISO 20743 用对数值表示抗菌活性，GB/T 20944.2—2007 采用百分率和对数值两种方法表示抗菌活性。

百分率表示抗菌活性便于理解，但由于菌液是以几何级数稀释，样品抗菌性能与百分率不呈平行的正比关系，只有在较高百分率（>90%）或极低时（接近 0）才有较好的重现性，检验结果容易被误解。采用对数值表示抗菌性能，消除了因几何级数稀释细菌带来的影响，并明确给出评价基准，评价结果更加可靠，但不能直观体现相对抗菌性能。

常用的抗菌效果的表示公式见式（7－3）～式（7－7）。

$$\text{抑菌率} = \frac{C_t - T_t}{C_t} \times 100\% \tag{7-3}$$

$$\text{抑菌值} = \lg C_t - \lg T_t \tag{7-4}$$

$$\text{杀菌率} = \frac{C_0 - T_t}{C_0} \times 100\% \tag{7-5}$$

$$\text{杀菌值} = \lg C_0 - \lg T_t \tag{7-6}$$

$$\text{抗菌值} = (\lg C_t - \lg C_0) - (\lg T_t - \lg T_0) = F - G \tag{7-7}$$

式中：C_0，C_t——分别为对照样接种后立即洗脱和培养一定时间后测得活菌数平均值；

T_0，T_t——分别为抗菌整理试样接种后立即洗脱和培养一定时间后测得的活菌数平均值；

F，G——分别为对照样和抗菌整理试样的细菌增长值。

二、防霉性能测试

防霉性能测试是人工模拟严酷环境的加速长霉试验，该方法模拟自然界霉菌的生长环境条件，按霉菌生长的生理特点设计，用于测定纺织品、塑料等材料在适合霉菌生长的环境下对霉菌的抑制效果，并根据长霉程度评价防霉性能。

在纺织品上生长的优势霉菌主要是曲霉、青霉、木霉和球毛壳霉，其次是短梗霉、根霉、毛霉和交链孢等。纺织品防霉检测主要为定性检测，测试原理是将经过防霉处理和未经防霉处理的样品分别接种一定量的测试霉菌，在测试条件下（温度、湿度、风速等）放置培养一段时间后，根据试验样品表面霉菌的生长情况来评价防霉性能，样品表面长霉面积越小，说明防霉性能越好。国际通用抗真菌测试标准有美国 AATCC 30 和日本 JIS Z2911。

根据接种后试样放置方式不同，分为培养皿法（湿式法）、悬挂培养法（干式法）和土埋法。测试时，根据样品厚度选择培养皿法或悬挂法应，户外使用的纺织品最好使用悬挂法。

1. 培养皿法（湿式法）

制备混合孢子悬浮液和无机盐培养基平皿后，将测试样品置于平皿中，并在样品和培养基表面喷涂孢子悬浮液，然后，置于一定的培养条件下培养一定时间后，观察试样表面霉菌的生长情况。适合小件样品且每个样品都相对独立、互不干扰，节省空间和试验设备，不适用于大件样品的整体试验，但培养湿度较难控制，平皿需要较多无机盐培养基，以保持充分的湿度，一旦测试时间较长，培养基干裂则湿度降低，从而影响试验。

2. 悬挂培养法（干式法）

先制备混合孢子悬浮液，再将测试样品悬挂于霉菌生长的环境中，一般是在密闭箱内盛一定量的水，样品悬挂于上方但不能接触水，培养一定时间后，观察试样表面霉菌生长情况。悬挂法适合大件或较厚样品，试验湿度较好控制，但样品需独立的密闭箱，占用大量空间。

3. 土埋法

土埋法主要测定土壤中微生物的代谢作用使试样发生颜色、生物分解等劣变，能同时观察织物对细菌和真菌的抑制效果，非常适用于对抗菌防霉性能要求较高的纺织品。将试样埋入含有大量能分解织物的土壤中，如马粪，30～90 天后取出，观察埋入土壤前后试样外观变化，测试断裂强力等参数，间接评价织物抗菌性能的优劣。该法属于破坏性试验，费时费力。

第四节　防螨检验

螨虫广泛分布在人们生活的居室环境，易引起过敏性哮喘、过敏性鼻炎和过敏性皮肤病等过敏性疾病。居家中，螨虫分布以地毯最多，其次为棉被，再次为床垫、枕头、地板、沙发等。对螨虫的防治方法有多种，包括环境控制、喷洒杀螨剂和使用防螨纺织品等。

一、防螨方法

根据防螨原理不同，纺织品的防螨分为化学防螨和物理防螨两大类。化学防螨是使用化学防螨剂杀死或驱避螨虫，包括杀螨法和驱螨法。物理防螨主要是阻止螨虫通过的阻螨法。

杀螨法最直接有效，可采用日晒、加热、电磁波及红外线等方法使织物干燥，破坏螨虫的生存条件，可从根源上减少螨虫危害，也可用杀虫剂通过触杀、胃毒的方法杀灭螨虫，缺点是被杀死的螨虫遗骸可能会再次引发人体过敏反应。驱螨法是使用带有特殊气味的驱避剂驱除螨虫，达到降低螨虫危害。阻螨法是采用高密织物阻止螨虫通过，起到防螨作用，但防螨效果不理想，可使用驱避剂进一步强化这种阻断效果。驱螨法和阻螨法不能从根本上降低起居环境中螨虫的密度。

防螨织物生产有两种方法，一种是将防螨整理剂通过后整理方式施加到织物上，使织物具有一定的防螨功能；另一种是将防螨整理剂添加到成纤聚合物中，经纺丝后制成防螨纤维，或者对纤维进行化学改性，使之具有防螨效果。

二、防螨性能测试方法

国内外防螨纺织品测试标准很多，采用的评价方法主要有螨虫死亡率评定法、驱避率评定法、抑制率评定法和通过率评定法四种，其中，螨虫死亡率评定法和驱避率评定法最多。螨虫死亡率评定法的试验方法有螨虫培殖法、夹持法和螺旋管法，驱避率评定法的试验方法有大阪府立公共卫生研究所法、阻止侵入法、地毯协会法、玻璃管法和诱引法。

防螨测试通常采用 AATCC 194—2013 与 GB/T 24253—2009，两者基本原理相同，均适用于室内纺织品，将试样与对照样分别放在培养皿内，在规定条件下同时与螨虫接触，培养一定时间后，计数试样和对照样培养皿内存活的螨虫数量。

第五节　驱蚊检验

雌性蚊虫需要吸食血液来产卵、育卵，且嗅觉灵敏，30m 外就能感知人体气息。目前，尚不十分清楚吸引蚊虫的化学物质，但已确定的有 L2 乳酪、醋酸和丙酸。蚊虫在叮咬时，会注入液体，防止血液凝固，容易传播疾病，危害大。

一、驱蚊机理

一般情况下，防蚊是指通过一定的方法使蚊虫不能叮咬被保护对象。驱蚊是指当蚊虫寻获叮咬对象时，通过物理或化学方法将之赶走。

纺织品防蚊功能可分为两大类，一类是穿着防护套装，蚊虫无法透过防护装叮咬；另一类是纤维生产或纺织品经驱蚊整理，使纺织品具有驱蚊效果，从而达到防蚊功能。

普遍认为，驱避剂具有蚊虫厌恶的气味，使蚊虫不愿在含有驱蚊剂的地方停留而离开，达到预防蚊虫叮咬和侵袭的作用。另一种观点认为，驱避剂分子阻塞蚊虫感受器的小孔，使蚊虫失去对气息的跟踪能力，不能正确找到目标，达到驱避蚊虫的作用。

蚊虫驱避剂按来源分为合成驱避剂和天然驱避剂。天然驱避剂一般以植物源驱避剂为主，来源于植物的根、茎、叶、花，多为萜类的酯类、醇类和酮类等。

二、防蚊测试方法

防蚊测试方法有驱避法和强迫接触法。驱避法是将白纹伊蚊和试样置于如图 7－11 所示的驱避测试器内，试样附于人体或供血器上，蚊虫数量分别为 30 只或 300 只，计数 2min 内在试样和对照样表面停落的蚊虫数，以驱避率评价织物的防蚊性能。

强迫接触法是将 20 只淡色库蚊和试样置于图 7－12 的强迫接触器内，迫使蚊虫接触试样，计数 30min 内被击倒和 24h 死亡的蚊虫数量，以击倒率和杀灭率评价织物的防蚊性能。

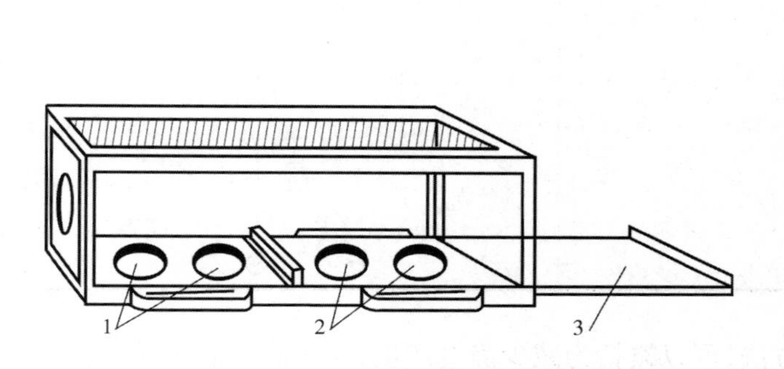

图 7－11　驱避测试器示意图

1—试样　2—对照样　3—滑板

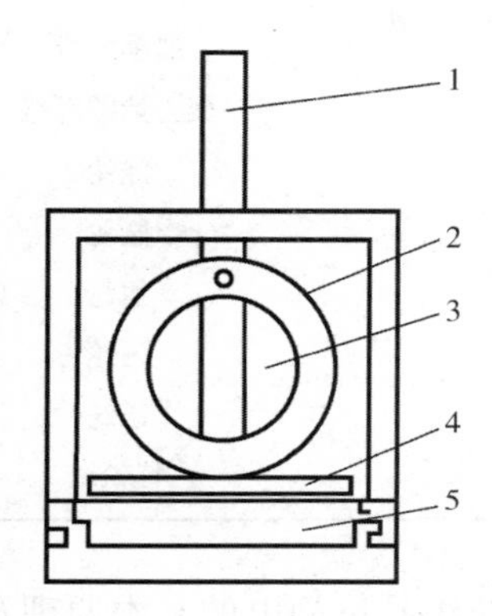

图 7－12　强迫接触器示意图

1—拉杆　2—放虫孔挡板

3—放虫孔　4—挡板　5—拉板

第六节　抗静电性能检验

对于一般纺织品，静电使纺织品吸附尘埃，影响美观，还会造成纺织品之间或纺织品与人体黏附，降低舒适性，甚至影响人体健康，干扰人的情绪。某些特殊环境，静电放电产生火花，容易引发重大事故。

一、静电产生的机理

静电的产生是复杂的物理过程，目前，静电产生机理尚不成熟，有各种假说。完全一致的观点认为，两个不同的物体接触、分离或摩擦后，就会产生静电。当两聚合物相互摩擦时，所带电荷的正负取决于聚合物的介电常数关系。一般认为，介电常数大者带正电荷，小者带负电荷。摩擦产生静电大小，与摩擦力和摩擦速度有关。1757 年，由实验所得各种纤维的静电电位序列，当两种纤维发生摩擦时，排在上面的纤维带正电荷，下面的带负电荷。此后，根据不同实验条件，公布许多不同纤维的静电电位序列。在空气相对湿度 60% 时，纺织材料的静电电位序列见表 7－7。

表 7-7 纺织材料静电序列表

纤维	静电
羊毛	⊕
锦纶	↑
黏胶	
棉	
丝	
麻	
醋酯纤维	
聚乙烯醇纤维	
涤纶	
腈纶	
氯纶	
丙纶	
乙纶	↓
特氟纶	⊖

纺织品抗静电的基本原理及方法,可以概括为减少静电产生、加快静电泄漏、创造静电中和的条件,传统方法有采用抗静电纤维或导电纤维,进行抗静电整理。

二、抗静电性能检验方法

纺织品抗静电性能检验方法有很多,代表性的方法有 GB/T 12703 系列标准、JIS L1094—2014、JIS T8118—2001 等。

1. 静电半衰期

此方法用于评价织物的静电衰减特性,测试方法简单,需要样品较小,受人为因素影响相对较小,应用较为广泛,但不适合含导电纤维织物和铺地织物,因其在接地金属平台上的接触状态无法控制,导电纤维与平台接触良好时,电荷快速泄漏,而接触不良时,其衰减速率与普通纺织品类似,同一试样在不同放置条件下得到的测试结果差异极大。采用如图 7-13 所示感应式静电测试仪,试样在 10kV 高压静电场中带电 30s 后,断开高压电源,使电压通过接地金属台自然衰减,测定静电压值及衰减至初始值一半所需时间,单位为 s,即半衰期。半衰期表示材料的静电衰减速度的快慢,半衰期越短,则静电散逸越快,静电危害越低。

2. 电荷面密度

电荷面密度法适合评价各种织物,包括含导电纤维织物经摩擦积聚静电的难易程度,但不适用于铺地织物。试样在规定条件下,以特定方式与锦纶标准布摩擦 5 次,然后迅速投入法拉第筒测得电荷量,根据式(7-8)计算试样电荷面密度。

$$\sigma = \frac{Q}{A} = \frac{C \cdot V}{A} \tag{7-8}$$

式中:σ——电荷面密度,$\mu C/m^2$;

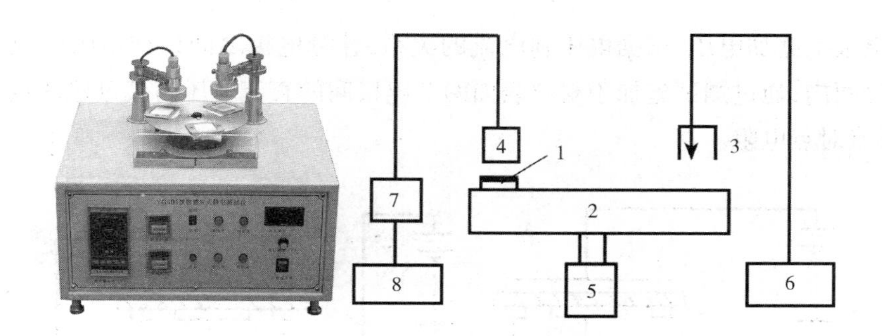

图 7-13 感应式静电测试仪及示意图

1—试样 2—转动平台 3—针电极 4—感应电极 5—电动机 6—高压直流电源 7—放大器 8—记录仪

Q——电荷量测定值，μC；

C——法拉第系统总电容量，F；

V——电压值，V；

A——试样摩擦面积，m^2。

3. 电荷量

电荷量的检测在我国是比较普遍的方法，除普通防静电服外，近些年，出现各种各样的防静电羊毛衫、防静电西服、防静电针织内衣、防静电羽绒服、防静电无菌服、防静电无尘服等种类繁多的服装，这些工作服除能满足防静电的共同要求外，还能满足不同的物理性能指标的要求。试样在模拟穿用状态下，放入如图 7-14 所示内衬锦纶标准摩擦布的摩擦装置中，运转 15min，模拟试样摩擦带电的情况，再将试样投入法拉第筒，测量带电电荷量。经摩擦产生的电荷越多，越容易产生静电。

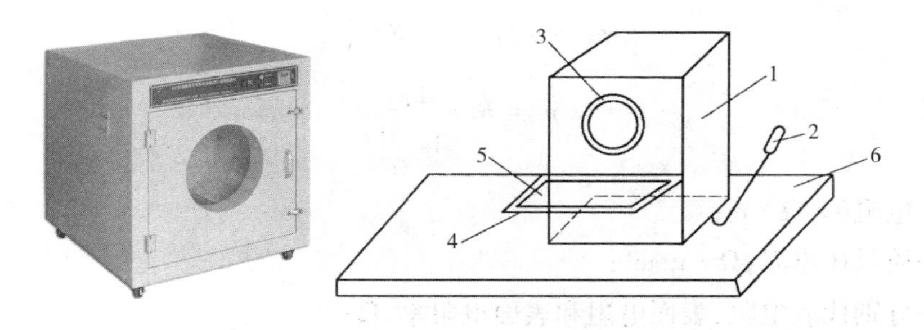

图 7-14 滚筒摩擦机及手动摩擦装置示意图

1—转鼓 2—手柄 3—绝缘胶带 4—盖子 5—标准布 6—底座

4. 电阻率

该法较为简单，数据稳定、重现性好，适合评价各种织物，但不适用于铺地织物，对静电性能均匀的静电泄漏型织物测试效果较好，对含导电纤维的非均匀物质，测试效果一般，特别对于含导电纤维、表面电阻较小的织物，使用通常的高阻计往往无法测出电阻值。

测量电阻率和表面电阻率时，采用如图 7-15 所示的保护电极线路，所有外来寄生电压产生的杂散电流被保护系统分流到测量电路以外，可大幅减小衰减概率。测试原理是通过在环形电极或方形电极上施加电压，根据电压和电流的关系，计算电极之间试样电阻情况。点对点电阻是在给定时间内，通过测试施加于材料表面两个电极间的直流电压与流过这两点间的直流电流，计算试样点对点电阻。

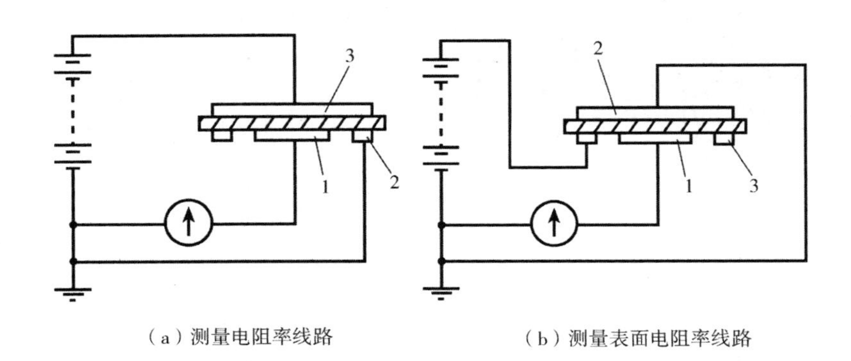

（a）测量电阻率线路　　（b）测量表面电阻率线路

图 7－15　使用保护电极测量电阻率和表面电阻率的基本线路

1—被保护电极　2—保护电极　3—不保护电极

电阻率（体积电阻率）是材料每单位体积对电流的阻抗，用来表征材料的电性质。电阻率越大，导电性能越差。通常所说的电阻率即为体积电阻率。对于纺织材料，由于横截面积或体积不易测量，表示材料的导电性能一般采用质量比电阻。当电流流经材料的表面时，表面比电阻是沿试样表面方向的直流场强与该处单位宽度的表面电流之比。电阻率、质量比电阻、表面比电阻计算公式分别见式（7－9）～式（7－11）。

$$\rho = R \cdot \frac{S}{h} \tag{7-9}$$

$$\rho_m = \gamma \cdot \rho = \gamma \cdot R \cdot \frac{S}{h} \tag{7-10}$$

$$\rho_s = R_s \cdot \frac{2\pi}{\ln \frac{r_2}{r_1}} \tag{7-11}$$

式中：ρ——电阻率，$\Omega \cdot m$；

ρ_m——质量比电阻，$\Omega \cdot g/m^2$；

R, R_s, ρ_s——分别代表电阻、表面电阻和表面电阻率，Ω；

S——导体横截面积，m^2；

h, γ——分别为材料厚度和材料密度，单位分别为 m 和 g/m^3；

r_1, r_2——分别为内外电极半径，m。

5. 摩擦带电电压

静电电压指材料经过摩擦之后的静电峰值电压，表示材料感应静电电压的大小，单位为伏（V）。摩擦带电电压测试适合评价各种织物，但不适用于铺地织物。此方法真实反应服装穿着过程中摩擦起电的情况，试验过程人为影响因素较小，且数据稳定、重现性较好，目前，使用较为普遍。但试样尺寸过小，对嵌织导电纤维织物，导电纤维的分布，会随取样位置不同而产生很大差异，不适合含导电纤维纺织品。测试时，如图 7 - 16 所示，试样夹置于转鼓上，以 400r/min 的转速与锦纶或丙纶标准布摩擦，测试 1min 内产生的最高电压。

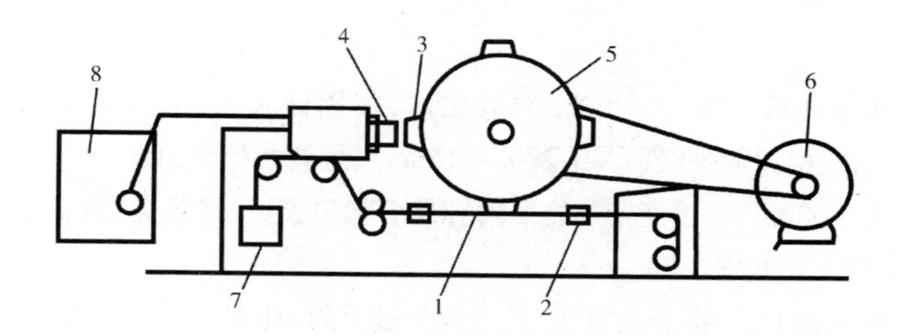

图 7 - 16　摩擦带电电压测试装置示意图

1—标准布　2—标准布夹头　3—试样及夹框　4—测量电极　5—金属转鼓　6—电动机　7—重锤　8—放大器和记录仪

6. 纤维泄漏电阻

利用阻容充放电原理，将 2g 纤维试样均匀放入试样筒内，压上 400g 压砣，如图 7 - 17 所示，使纤维电阻跨接于充电固定电容两端，记录指针从零点移到满刻度的时间，按式(7 - 12)计算泄漏电阻。

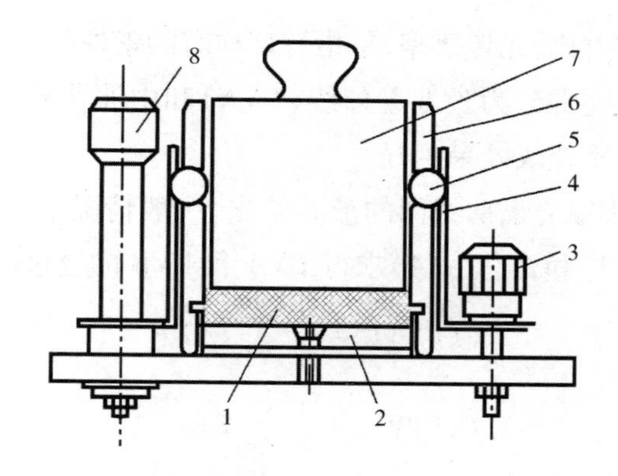

图 7 - 17　纤维泄漏电阻测试装置

1—纤维试样　2—电极　3—接线柱　4—弹簧片　5—钢球　6—试样筒　7—压砣　8—触点插头

$$R = t \times 10^n \qquad (7-12)$$

式中：R——泄漏电阻，Ω；

t——仪表指针从零点移到满刻度的时间，s；

10^n——预选电阻挡位，$10^6 \sim 10^{12}$Ω。

7. 动态静电压

利用静电感应原理，采用感应式静电测试仪测试纺织生产过程中的动态静电压，适用于纺织厂各道工序中，纺织材料和纺织器材静电性能的测定。

第七节　防紫外功能检验

紫外线是波长范围在100～400nm的电磁波，根据波长大小，紫外线分为长波紫外线（UVA，315～400nm）、中波紫外线（UVB，280～315nm）、短波紫外线（UVC，200～280nm）和真空紫外线（UVD，100～200nm）。过度紫外线照射容易引起角膜炎、结膜炎、皮肤晒伤老化、产生黑色素和色斑，甚至诱发皮肤癌。

紫外线照射到织物上，一部分被吸收，另一部分被反射，还有一部分被透过。透过的紫外线对皮肤产生影响，纺织品紫外线防护原理，就是通过增大纺织品的吸收率或反射率，减少透过率，来达到防紫外线伤害的目的。

目前，防紫外线纺织品主要有三种，一是采用大麻等具有天然防紫外线性能的纤维作原料的纺织品，二是采用紫外线屏蔽剂对织物进行后处理，三是通过共混或复合纺丝，在纺丝过程中加入紫外线屏蔽剂，制备防紫外线辐射纤维。

一、防紫外性能评价指标

1. 紫外线透过率

紫外线透过率，又称透射比、光传播率，是指有试样时的紫外线透射辐射通量与无试样时的紫外线透射辐射通量之比，通常分为长波紫外线（UVA）和中波紫外线（UVB）透过率。紫外线透过率越小，表明织物阻隔紫外线效果越好。

紫外线透过率以数据表或光谱曲线图的形式给出，一般情况下，给出的透过率波长间隔为5nm或10nm，可用式（7－13）和式（7－14）求得UVA和UVB的透过率。

$$T(\mathrm{UVA})_i = \frac{1}{m}\sum_{\lambda=315}^{400} T_i(\lambda) \tag{7-13}$$

$$T(\mathrm{UVB})_i = \frac{1}{n}\sum_{\lambda=280}^{315} T_i(\lambda) \tag{7-14}$$

式中：$T(\mathrm{UVA})_i$、$T(\mathrm{UVB})_i$——分别为试样在315～400nm和280～315nm区域的透过率；

$T_i(\lambda)$——试样i在波长λ时的光谱透过率；

m、n——分别为315～400nm和280～315nm区域内的测定次数。

紫外线透过率能直观比较织物防紫外线性能的优劣，还可评价织物紫外线透过率是否低于容许紫外透过率，从而判断在特定的条件下，织物是否可以避免紫外线对皮肤的伤害。

2. 紫外线遮挡率

紫外线遮挡率，又称阻断率、遮蔽率、屏蔽率，计算方法见式（7－15）。

$$遮挡率 = 1 - 透过率 \tag{7-15}$$

3. 紫外线防护系数

紫外线防护系数（Ultraviolet Protection Factor，UPF），也称紫外线遮挡因数或抗紫外指数，是指皮肤无防护时的紫外线辐射平均效应和有织物防护时的紫外线辐射平均效应的比值。紫外线防护系数意味着，在一定辐射强度下，有紫外防护情况下，达到与无防护时皮肤同等伤害程度，需要延长辐射时间的倍数。理论上，某一防护品有许多 UPF 值，但一般常以致红斑的 UPF 值作为代表。UPF 是目前国外采用较多的评价织物防紫外线性能的指标，UPF 值越高，紫外防护能力越强。UPF 计算方法见式(7－16)。

$$\mathrm{UPF}_i = \frac{\sum_{\lambda=280}^{400} E(\lambda) \times \varepsilon(\lambda) \times \Delta\lambda}{\sum_{\lambda=280}^{400} E(\lambda) \times T_i(\lambda) \times \varepsilon(\lambda) \times \Delta\lambda} \tag{7-16}$$

式中：UPF_i——紫外线防护系数；

$E(\lambda)$——日光光谱辐照度，$\mathrm{W \cdot m^{-2} \cdot nm^{-1}}$；

$\varepsilon(\lambda)$——相对红斑效应；

$T_i(\lambda)$——试样 i 在波长 λ 时的光谱透过率；

$\Delta\lambda$——波长间隔，nm。

4. 穿透率

穿透率是 UPF 值的倒数。

二、防紫外性能检验方法

目前，国内外纺织品防紫外性能测试方法主要有直接法和仪器法两种。

1. 直接法

直接法操作简单，但不够客观、准确率低、可重复性差，可用于试验初期，以较低成本，快速比较防紫外效果。

(1)人体直接照射法。在同一皮肤相近部位，分别覆盖防紫外线织物和非防紫外线织物，用紫外线直接照射，记录和比较出现红斑的时间，以此评价防紫外性能，出现红斑时间越长，说明防护性能越好。此方法属于主观测试，快速、简便、面广、量大，但受主观因素影响，并且对人体有害。

(2)变色褪色法。将试样覆盖在耐日晒牢度标准卡上，距试样 50cm 处，用紫外线灯照射，测定耐日晒色牢度标准卡变色达到一级时所用时间，时间越长，说明遮蔽效果越好。纺织品防紫外线效果可用整理产生遮蔽率之差表示，或用通过量的减少率表示，见式(7－17)。

$$A = \frac{B - C}{A} \times 100\% \tag{7-17}$$

式中：A——紫外线通过量减少率；

B，C——分别为未整理和整理后纺织品紫外线透过率。

2. 仪器法

采用紫外分光光度计测定紫外线某波长区域内或特定波长内试样紫外线透过率，是目前国际流行和通用的方法，评价指标主要有紫外线透过率、紫外线遮挡率、紫外线防护系数和穿透率，该法客观、便捷、重现性好。各国测试要求和判定都不相同，具体见表 7－8。

表 7-8　纺织品防紫外功能测试方法比较

项目		AATCC 183—2014	GB/T 18830—2009	EN 13758-1—2002	AS/NZS 4399—017	UV Standard 801
适用范围		所有纺织面料	所有纺织品	服装面料	紧贴皮肤防护纺织品，不包括帽子、防晒衣、遮阳伞用纺织面料	服装类及遮阳类纺织品，不适用化学品、助剂和染料
样品数量/个		2(1 干 1 湿)	4	4	2 经 2 纬	服装面料:6~8 遮阳纺织品:4 摩擦、洗涤、干湿态拉伸
样品尺寸/mm		边长或直径 50 的正方形或圆形	能充分覆盖住仪器孔眼	能充分覆盖住仪器孔眼	能充分覆盖住仪器孔眼	能充分覆盖住仪器孔眼
样品放置		每次旋转 45°，共测试 3 次	随机放置	随机放置	随机放置	随机放置
非匀质样品		每种颜色和结构至少 1 个样品	每种颜色和结构至少 2 个样品	每种颜色和结构至少 2 个样品	每种颜色和结构至少 1 个样品	每种颜色和结构至少 1 个样品
调湿		需要	需要	需要	不需要	不需要
试验环境	温度/℃	21±1	20±2	20±2	20±5	20±5
	相对湿度/%	65±2	65±4	65±4	50±2	50±2
参照日光光谱辐照度		美国新墨西哥州 Albuquerque 市 7 月 3 日夏季中午	美国新墨西哥州 Albuquerque 市 7 月 3 日夏季中午	美国新墨西哥州 Albuquerque 市 7 月 3 日夏季中午	澳大利亚墨尔本市 1 月 1 日冬季中午	澳大利亚墨尔本市 1 月 1 日冬季中午
测试波长/nm		280~400	290~400	290~400	280~400	290~400
最小波长间隔/nm		2	5	5	5	5
修正标准差		否	是	是	是	—
评价指标		UPF $T(UVA)_{AV}$ $T(UVB)_{AV}$ $100\% - T(UVB)_{AV}$	样品 UPF 值 UPF 单值 $T(UVA)_{AV}$ $T(UVB)_{AV}$	UPF 修正值 UPF 平均值	样品 UPF 值 UPF 单值 $T(UVA)_{AV}$ $T(UVB)_{AV}$	UPF 值
防紫外线要求		UPF≥15，分三类防护等级 良好:15~24 很好:25~39 极佳:≥40	UPF>40 UVA 平均透过率<5%	UPF>40 UVA 平均透过率<5%	UPF≥15，分三类防护等级 良好:15~24 很好:25~39 极佳:40~50,50+	未做明确要求

第八节　防电磁辐射检验

电磁辐射是指能量以电磁波形式在空间传播的现象，是继水、大气、噪声污染之后危害人们身体健康的第四大污染源。电磁辐射通过热效应、非热效应和累计效应危害人体，可以对人体神经系统、免疫系统、循环系统和生殖系统功能造成严重伤害，波长越短，频率越高，辐射的能量越大，危害越大。

一、电磁屏蔽原理

电磁辐射污染的防护，首先，抑制电磁辐射源，采用一定的技术手段，将电磁辐射限制在尽量低的水平，是主动防护手段，最有效、最合理、最经济。其次，采取被动屏蔽防护手段，将电磁波辐射屏蔽在外，减少电磁辐射污染。电磁波中，既存在电场，又存在磁场，因此，屏蔽需要考虑两者的屏蔽。

1. 电场屏蔽

电场的屏蔽包括静电场和交变电场的屏蔽，主要是利用金属屏蔽体进行屏蔽，通常采用良导体，并良好接地，通过地线中和导体表面上的感应电荷，把电场线封闭在屏蔽体内。

2. 磁场屏蔽

磁场的屏蔽包括静磁场、低频交变磁场、高频交变磁场的屏蔽。对于静磁场、低频交变磁场，主要利用磁导率大的材料，如铁、镍、钴、钢等，将磁力线封闭在屏蔽体内，起到磁屏蔽作用。对于高频交变磁场，可以利用银、铜、铝等良导体中，感应电流产生的反向磁场，抵消源磁场的作用，从而达到屏蔽效果。

一般认为，常规电子器材的电磁屏蔽材料，在30～1000MHz频率范围内，屏蔽效能（SE）达到35dB时，即具有效屏蔽作用。防电磁辐射纺织品屏蔽率一般要求达到95%以上，广泛应用于军事、通信、医学、工业和家庭等方面，如野外护理用品（帐篷、服装）、室内装饰布、孕妇服、工业防护服和工业防护包扎材料、防雷达侦察遮障布等。

对于防电磁辐射服装而言，防低频和防高频电磁辐射的要求是不相同的，理论上，防低频服装不一定防高频，但防高频的服装通常会防低频。

为了使织物具有一定的电磁波屏蔽性能，目前，主要通过两种方法来实现，一是将银、铜、碳等具有导电性能的材料直接涂在织物表面，形成电磁屏蔽织物；二是在织造过程中，加入防电磁辐射纤维，如导电腈纶、碳纤维、不锈钢纤维、多离子纤维等，形成电磁屏蔽织物，导电纤维在纱线中的状态、混纺比以及纤维电导率和磁导率对织物屏蔽效能影响显著。

二、电磁屏蔽效果的评价指标

防电磁辐射纺织品可以用反射率 R、透过率 T、吸收率 A 和屏蔽效能 SE、屏蔽率等指标表征，最普遍采用的是屏蔽效能。

屏蔽效能是指没有屏蔽时入射或发射电磁波与同一地点经屏蔽后反射或透射电磁波的比值,计算方法见式(7－18)。屏蔽效能越大,防电磁辐射性能越好。

$$SE = 20\lg\frac{E_0}{E_1} = 20\lg\frac{H_0}{H_1} = 10\lg\frac{W_0}{W_1} = 20\lg\frac{U_0}{U_1} \tag{7-18}$$

$$K = (1 - 10^{-\frac{SE}{10}}) \times 100\% \tag{7-19}$$

式中: SE——屏蔽效能,分贝(dB);

K——屏蔽率;

E_0, H_0, W_0, U_0——分别为没有电磁辐射防护时的电场强度、磁场强度、功率密度、输入电压值,单位分别为 μV/m、μA/m、W、μV;

E_1, H_1, W_1, U_1——分别为有电磁辐射防护时的电场强度、磁场强度、功率密度、电压值,单位分别为 μV/m、μA/m、W、μV。

一般结构件的屏蔽效能分为六个等级,各级屏蔽效能指标规定见表 7－9。

表 7－9　屏蔽效能等级划分标准

屏蔽级别		屏蔽效能/dB	
		30Hz～230MHz	230～1000MHz
低等级屏蔽效能	E 级	20	10
	D 级	30	20
中等级屏蔽效能	C 级	40	30
	B 级	50	40
高等级屏蔽效能	A 级	60	50
	T 级	比 A 级高 10dB 或以上,或对低频磁场、1GHz 以上平面波屏蔽效能有特殊需求	

对于防电磁辐射服装,其电磁屏蔽效能达到 15dB,才能满足普通家用电器的电磁辐射,如计算机、微波炉等,大于 60dB 后基本能够屏蔽手机信号辐射,对于其他具有特殊功能的军用纺织品,电磁屏蔽效能要求更高。

三、防电磁辐射屏蔽效能测试方法

电磁辐射由不同波长和频率的多种类型电磁波形成,频段范围为 $3 \sim 3 \times 10^{12}$ Hz。由于抗电磁辐射材料对不同频段的电磁辐射的反射和吸附能力不同,目前,抗电磁辐射性能测试方法有多种,需根据抗电磁辐射材料的性质和实际用途,对测试方法加以选择,目前,主要有远场法、近场法、屏蔽室测试法和着装假人法。

1. 远场法

远场法主要用于测试防电磁辐射织物对电磁波远场(平面波)的屏蔽效能,通过比较测试样品的参考试样屏蔽效能值与负载屏蔽效能值的差异,确定被测样品的屏蔽效应,包括同轴传输线法(ASTM－ES7)和法兰同轴法(GJB 6190—2008、QJ 2809—1996 和 SJ 20524—1995 等)。

其中,同轴传输线法的优点是快速、简便,测试过程中能量损失小,测试的动态范围较宽(可达80dB),适用的频率为30~1500MHz,测试样品的厚度可以从很薄至10mm的均匀织物,但由于受材料与同轴传输装置的接触阻抗的影响,测试重现性较差。

同轴传输线法根据电磁在同轴传输线内传播的主模是横电磁波的原理,模拟自由空间远场的传输过程,对防电磁辐射织物进行平面波的测定,测试装置如图7-18所示,分内外导体两部分,内导体为连续导体,两端呈锥状结构,外导体纵向有切口,可以拆卸,以便安装被测试样。该方法简便快速,测试过程中能量损失小,测试的动态范围较宽,无须建立昂贵的屏蔽室及其他辅助设备,适用频率范围为30MHz~1.5GHz,材料厚度可达10mm。

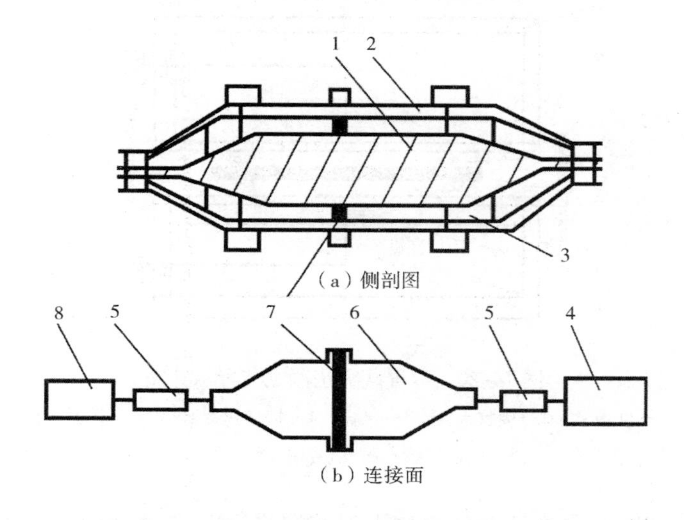

图7-18 同轴传输线法测试装置示意图

1—内导体 2—外导体 3—绝缘支架 4—干扰测量仪 5—衰减器 6—锥形同轴 7—试样 8—信号源

法兰同轴法原理与同轴传输线法相似,改进样品与同轴线的连接,内导体有两部分,试样放置在同轴小室中的法兰之间,法兰同轴小室不依赖试样的电接触,使接触阻抗更小,极大改善了测试结果的重现性,该法要求材料厚度不大于5mm,测试装置如图7-19所示。

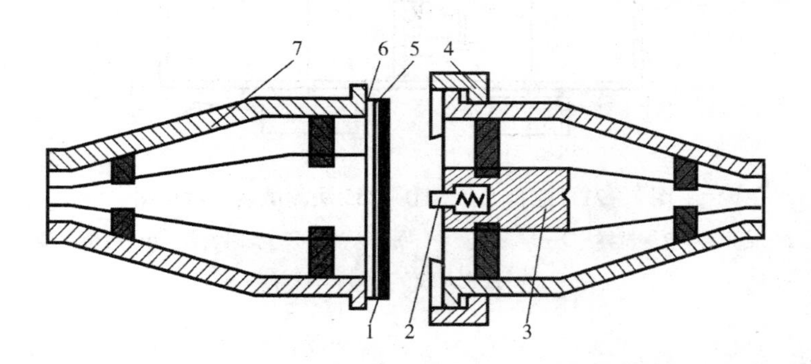

图7-19 法兰同轴法测试装置示意图

1—试样 2—栓舌 3—内导体 4—夹持螺母 5—导电面 6—导电衬垫 7—外导体

2. 近场法

近场法主要用来测试抗电磁辐射织物对电磁波近场(磁场为主)的屏蔽效能,分别测试没有防护和有防护时接收到的功率,根据式(7-18)计算屏蔽效能,代表方法有 ASTM ES7-83(1988 年撤销)双屏蔽盒法和改良 MIL STD-285 法两种。

双屏蔽盒法采用两个屏蔽盒,如图 7-20 所示,各内置一个小天线,发射和接收电磁辐射功率,测量有无试样时天线接收的功率,计算屏蔽效能。该法适用频率范围 1~30MHz,试样厚度不大于 4mm,设备简单,测试方便,但精度不够高,重现性不理想。

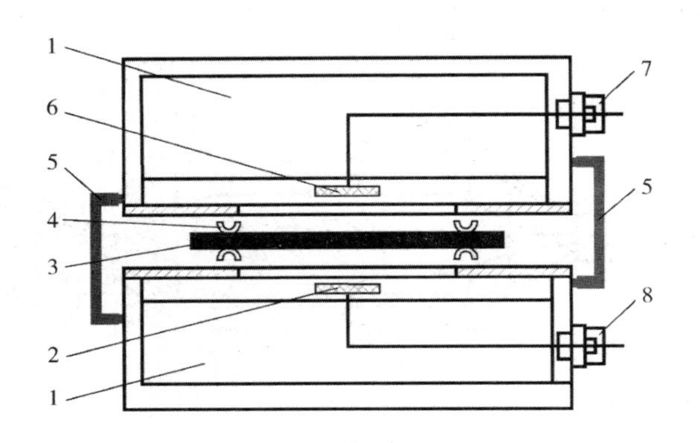

图 7-20 双屏蔽盒法测试装置示意图

1—屏蔽盒 2—接收天线 3—试样 4—指型弹簧衬垫 5—锁紧机构
6—发射天线 7—信号端 8—测试端

改良 MIL STD-285 法是在双盒法基础上对装置进行改进,如图 7-21 所示,使测试结果能较好地反映材料对近场的屏蔽效能,但测试操作精度要求较高,且对测试结果影响较大。

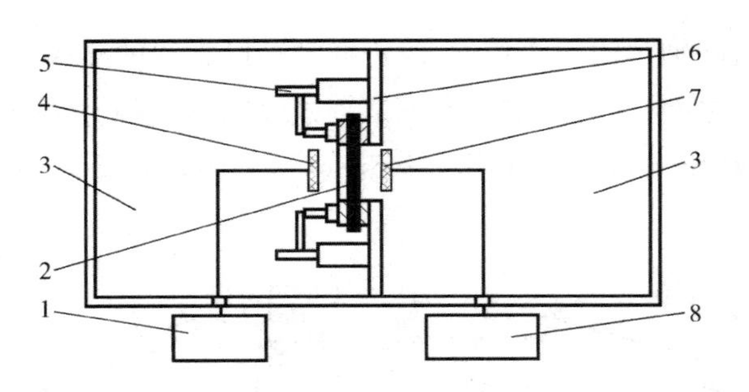

图 7-21 改良 MIL STD-285 法测试装置示意图

1—信号源 2—试样 3—屏蔽室 4—发射天线 5—坚固装置 6—屏蔽室墙壁
7—接收天线 8—频谱仪等

3. 屏蔽室法

屏蔽室法是介于远场和近场之间的测试方法,又称微波暗室法。通过调节收发天线间的距离,模拟人体处于近场与远场之间的电磁辐射环境,测得有无防护时试样的电场强度,计算电磁屏蔽效能，代表方法有 GJB 6190—2008 和 GB/T 12190—2006。此法测得结果比较准确，测试频率范围大于 30MHz，对试样厚度没有太大要求，但设备昂贵，结果受试样与屏蔽室连接处电磁泄漏影响，测试装置如图 7－22 所示。相对而言，人们日常生活中使用的抗电磁辐射纺织品的屏蔽效能评价，屏蔽室法更为合适。根据实用需要，大多数电子产品的屏蔽材料，在 30～1000MHz 频率范围内的屏蔽效能达到 35dB 以上，才有充分的屏蔽效果。

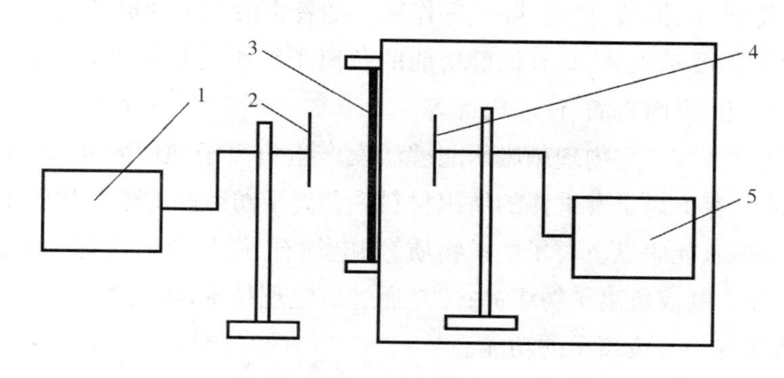

图 7－22　屏蔽室法测试装置示意图

1—射频信号源　2—发射天线　3—试样　4—接收天线　5—干扰测量仪

4. *着装假人法*

防电磁辐射织物是二维平面，服装是三维立体，服装的屏蔽效能不仅与织物的屏蔽效能有关，还受服装结构影响，如开缝、开口等会明显影响服装整体的屏蔽效能，因此，防辐射服装的屏蔽效能并不等于防电磁辐射织物的屏蔽效能。一般来说，防辐射服装的实际屏蔽效能低于防电磁辐射织物的屏蔽效能。即使同一件服装，不同部位所产生的电磁屏蔽效果也不同。因此，服装的屏蔽效能是相对的变量，应综合考虑服装的款式、测试部位等影响因素。

着装假人法是将防电磁辐射服装穿在假人体上，假人体上设计有密集的孔洞，在孔洞中嵌入辐射波微型接收器，如图 7－23 所示，在屏蔽室内规定的方向和距离，向假人发射电磁波，透过防电磁辐射服装传输到微型接收器上，微型接收器将接收到的电磁波信号传输到计算机上，通过软件进行数据处理分析，计算出人体穿着电磁防辐射服时各个关键部位的屏蔽效能。该方法使研究电磁波对人体的伤害更加符合实际环境，可研究电磁波在人体着装下不同部位的分布传导规律。但由于人体模型的姿势较为固定，测试条件受到限制。

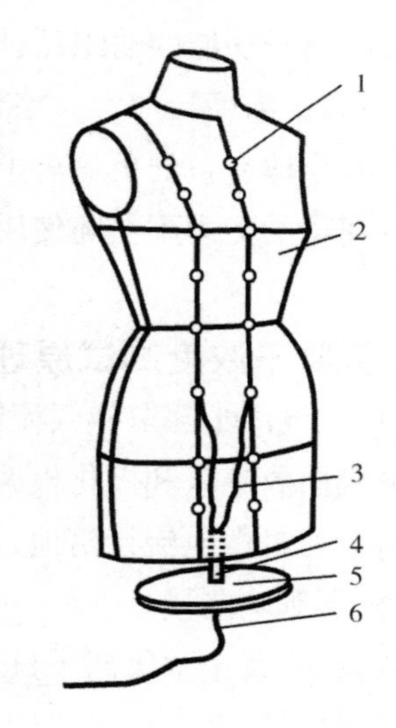

图 7－23　着装假人法结构示意图

1—微型接收器　2—空腔人台

3—导线　4—中空支撑杆

5—底座　6—导线束

第九节　负离子功能检验

负离子被誉为“空气维生素和长生素”，对呼吸系统、神经系统、血液系统及免疫系统均有良好作用，还有去除异味、抑菌、抗菌、除尘等作用。随着生活水平的提高，健康和环保理念深入人心，人们对纺织品的要求更高，具有保健功能的负离子纺织品日益受到关注，广泛用于内衣、服装、床单、被套、医用、室内装潢、汽车内饰等。

负离子纺织品是指在一定物理刺激下能够激发产生负离子的纺织品，包括通过物理、化学等方法加工得到的含有负离子发生体的纺织材料。负离子纺织品的生产加工主要有两种形式，一是在纺丝过程中加入能激发负离子的矿物质，如电气石、微量放射性稀土类矿石、陶瓷等，制得负离子纤维，再加工制成负离子纺织品；二是通过后整理技术，将负离子功能整理剂施加到纺织品上，使纺织品具有产生负离子的功能。

一、负离子激发原理

负离子纤维的核心是负离子发生体——奇冰石。奇冰石在一定条件下能产生热电效应和压电效应，温度和压力变化（即使微小变化）会造成奇冰石晶体间产生高达 100×10^4eV 的电压差，该能量可使空气电离，被击中的电子附着于邻近的分子上，并使它转化为空气负离子。

具有负离子功能的纺织品，周围空气中负离子浓度大于正常环境下的负离子浓度。在摩擦状态下，负离子浓度会加大。穿着负离子面料制成的服装时，由于人体运动的作用，可源源不断地散发出对人体有益的负氧离子。由于奇冰石是一种催离素，即天然的负离子发生器，所以，面料产生负离子的能力不会随使用时间的增加而变小。

二、负离子浓度测试原理

正、负空气离子随取样气流进入收集器后，在收集板与极化板之间的极化电场作用下，按不同极性分别向收集板和极化板偏转，把各自携带的电荷转移到收集板和极化板上。收集板上收集到的电荷通过微电流计落地，形成一股电流。极化板上的电荷通过极化电源（电池组）落地，被复合掉，不影响测量。

一般认为，每个空气离子只带一个电荷，所以，空气离子浓度可以从测得的电流及取样空气流量换算得出，计算方法见式（7－20）。

$$Q = \frac{I}{q \cdot v \cdot A} \tag{7-20}$$

式中：Q——负离子发生量，个/cm^3；

I——微电流计读数，A；

q——基本电荷电量，1.6×10^{-19}C；

v——取样空气流速，cm/s；

A——收集器有效横截面积，cm^2。

纺织品负离子发生量是在单位体积空间内，纺织品在恒定温湿度条件下，规定时间内释放出的负离子个数，即纺织品激发出的空气负离子浓度，是评价纺织品负离子功能的一个主要指标。由于纺织品在物理摩擦时，激发出的空气负离子浓度随时间的变化曲线是一条带有一系列峰值的曲线，且波动较大，甚至会出现特别大的峰值，故在测定纺织品负离子发生量时，不能直接取该段时间内的最大值或平均值，而应取稳定曲线段的 3 ~ 5 个峰值的平均值。

三、测试方法

空气离子测量仪是测量大气中气体离子的专用仪器，一般采用电容式收集器收集空气离子所携带的电荷，并通过一个微电流计测量这些电荷所形成的电流，测量仪主要包括极化电源、离子收集器、微电流放大器和直流供电电源。根据收集器的结构不同，可划分为圆筒式和平行板式，通过抽风设备使空气离子经过采集器，捕获空气中的离子，通过检测电流或电压来确定空气中的离子数。

目前，有多种纺织品负离子发生量测试方法，可归纳为两类，一类是开放式测试法，即在开放的环境中测试纺织品负离子发生量，包括静置法和手搓法；另一类是封闭式测试法，即在相对密闭且稳定的小环境中进行测试，包括测定室法、测试箱法、平摩式测试法、悬垂摆动式测试法和 FCL 织物负离子测试方法。

1. 手搓法

在一定温湿度下，用手握住试样，距空气离子测试仪端口 2cm 处，以 2 次/s 的频率搓动试样 10s，测试负离子含量。该法操作简单、方便，但由于手搓过程中摩擦的有效面积、摩擦力大小、测试人手的干湿程度对测试结果影响很大，同时，开放环境里的电气设备、周围电场、空气流动也给测试带来较大误差，因此，测试误差较大、重现性差。

2. 静置法

将试样裁成 A4 纸大小，粘在硬纸板上卷成长 290mm、直径 60mm 的圆筒状，套在空气离子测试仪端口上，测定 5min 内通过该纸桶的负离子浓度。由于试样未受任何形式的物理刺激，样品释放负离子的效果不明显，测试结果无法完全反映负离子纺织品的性能，纺织品在实际使用中，并非处于静止状态，而是不断受到各种外力的作用，如摩擦、挤压、摆动及人体的热辐射等，因此，静置法没有太大的实际意义。

3. 负离子测定室法

建立环境条件稳定、完全密闭的测定室，保证不受环境因素影响，在测定室内进行纺织品负离子发生量的测试。测定室加工要求高，成本高，且测试中不能排除人为影响。

4. 负离子测试箱法

将试样裁剪成 A4 纸大小，在绝缘的亚克力测试箱内，用手握住试样并小幅摆动，测试负离子发生量。人为因素使操作不能量化，测试结果不稳定。

5. 平摩式测试法

设计能往复运动的机械，借以产生水平摩擦的运动效果，模拟织物在摩擦受力情况下产生负离子。此法是一种动态测量方式,最接近实际,评价相对准确。

6. 悬垂摆动式

采用悬垂摆动式激发装置,模拟织物在实际使用过程中悬垂摆动的运动状态,试样在摆动过程中产生负离子,由负离子检测装置进行测量。此法可用于测试窗帘等悬挂式纺织品,但无法模拟测试服装等摩擦作用产生的负离子发生量。

第十节 远红外功能检验

远红外纺织品是将远红外物质与纺织品结合起来,当穿着和使用时,可吸收太阳光或环境中的电磁波,辐射出波长2.5~30μm的远红外线,同时,也可反射人体散发的远红外线,具备促进血液循环、调节新陈代谢、减小水分子缔合度和提高细胞活性、蓄热保温保健功能的纺织品。远红外纺织品主要有保暖功能和保健功能,适宜制作内衣、袜子、床上用品、护膝、护肘、护腕、运动服、风衣、防寒服等,此外,还可用于纱布、卫生用品等,利用远红外织物作为附加外敷料,用于伤口创面治疗,可显著降低伤口感染率,加快伤口愈合。

目前,远红外纺织品开发途径主要是提高发射率,将超细陶瓷粉加到纺丝液中制备远红外纤维,或采用陶瓷粉整理液进行整理。远红外陶瓷是具有远红外辐射性能的陶瓷粉体的总称,包括金属氧化物、金属碳化物、金属氮化物、石墨等非金属和云母等晶体。

一、远红外纺织品作用机理

红外线波长为0.75~1000μm,常把波长2.5μm以上的红外线称为远红外。根据维恩位移定律,黑体辐射曲线的峰值波长λ_m与黑体的绝对温度T的乘积是常数,即$\lambda_m \cdot T = 2898(\mu m \cdot K)$,即温度低于886.2℃的物体均向外辐射远红外线。人体是近似37℃的恒温体,并可近似看作黑体,发射的远红外辐射主波长在9.35μm左右。研究表明,在波长大于5.0μm的区域,人体皮肤的辐射如同黑体一般,即发射率接近100%,且与种族、肤色和个性无关。

根据基尔霍夫辐射定律与匹配吸收原理,物体辐射能力越大,吸收能力也越大,且波长分布相似度越高,吸收性能越好。人体既能辐射远红外线,又能吸收远红外辐射。人体中含有60%~80%的水分,远红外纺织品在吸收外界热量后,辐射出的远红外波长为2.5~30μm,与人体细胞中水分子的振动频率相同,引起细胞分子共振,产生热效应,并激活人体表面细胞,促进人体皮下组织血液的微循环,达到保暖、保健、促进新陈代谢、提高人体免疫力的功效。

远红外纺织品与普通纺织品均向外辐射出远红外线,不同的是,在相同的温度下,远红外纺织品的辐射功率更高,人体吸收性能更好。

二、远红外纺织品性能测试方法

远红外纺织品主要功能是保暖和保健,检验方法主要有发射率法、温升法和人体实验法。

1. 发射率法

发射率是指在一个波长间隔内，在某一温度下测试试样的辐射功率与黑体的辐射功率之比，是 0 ~ 1 之间的正数。一般发射率依赖于物质特性、环境因素及观测条件等。发射率可分为半球发射率和法向发射率。半球发射率又分为半球全发射率、半球积分发射率、半球光谱发射率。法向发射率又分为法向全发射率、法向光谱发射率。

发射率是影响远红外纺织品性能的重要因素，反映织物远红外辐射功率的大小，是衡量织物远红外辐射能力强弱的重要指标。但发射率检测方法尚不能完全排除纺织品表面结构、颜色、样品回潮率等客观因素的影响，因此，单纯根据纺织品发射率大小，不能完全说明远红外纺织品性能的好坏。而且，发射率测试法存在参照黑体选择问题，现实中不存在真正的黑体，因此，不同试验仪器中黑体的近似程度不同，造成发射率测试结果存在差异。

目前，国际上采用法向发射率来衡量产品的远红外性能，使用傅里叶红外光谱仪和黑体炉进行测定。将试样和对比样分别粘在铜片上，在 100℃ 烘箱内烘 2h 后，置于黑体炉中，升温至 100℃，分别测出试样和对比样的法向发射率曲线，对照黑体炉的法向发射率曲线，计算试样和对比样法向发射率，代表的方法有 FZ/T 64010—2000 与 CAS 115—2005。

2. 温升法

远红外纺织品吸收红外能力较强，温升比普通织物要强，可通过测定一定条件、一定时间内织物温度的变化来衡量远红外性能，代表方法有 GB/T 18319—2001 和 GB/T 30127—2013。温升法操作简单，在一定程度上反映远红外纺织品的热效应，但红外线辐射到织物上时，红外透射和反射会严重干扰红外测温仪的读数，另外，红外光源的均匀性较差，很难保证不同样品上的红外光源的强度一样，并且不能反映远红外织物的保健功能。温升法包括红外测温仪法和不锈钢锅法。

(1) 红外测温仪法。红外测温仪法是在 20℃、相对湿度 60% 的恒温室中，用 100W(250W) 红外灯照射同规格、同组织的普通织物和远红外织物，用红外仪记录下不同时间间隔下两种织物的温度，然后求差值。

(2) 不锈钢锅法。不锈钢锅法采用高 30cm、容积 250mL 的不锈钢圆筒，上下底采用泡沫塑料，温度计插在盖上，将织物包覆在不锈钢圆筒外，在红外灯照射下，分别测得两种织物的温度，再求差值。

3. 人体试验法

通过人体穿着远红外纺织品的感觉或升温幅度进行评价，受外界环境、人群个体差异及心理因素影响比较大，可分为以下三类。

(1) 血液流速测定法。远红外织物有改善微循环、促进血液循环的作用，通过测试人体试用远红外纺织品前后不同时间段血流速度的大小，确定血流速度是否增加。血流速度增加，说明人体对远红外有吸收，从而带来温升，有一定的保健效果。

(2) 皮肤温度测定法。分别用普通织物和远红外织物制成护腕，套在手腕上，室温 27℃ 下，分别测得一定时间内皮肤表面的温度，求出温度差。

(3) 实用统计法。用普通纤维和远红外纤维制成棉絮类制品，分别经过一组试用者试用，根据使用者感受对比，统计出两种织物的保暖性能。

第十一节　蓄热调温功能检验

纺织品蓄热性能是指纺织品具有储存能量的性能。蓄热调温纺织品是将相变材料与纤维和纺织品制造技术相结合的一种具有双向温度调节功能的新型智能纺织品，具有自动吸收、存储、分配和放出热量的功能，在外部环境温度剧烈变化时，营造舒适的衣内微气候环境。

相变材料（Phase Change Materials，PCM）是一种能够在特定温度下发生可逆相态转变的材料，在相转变过程中，可从周围环境吸收或释放大量的热量，并保持自身温度基本恒定。

相变材料种类很多，按化学类别分为无机相变材料、有机相变材料和复合相变材料，按相变形态分为固—液相变、固—固相变、固—气相变、液—气相变四种，按相变温度分为低温型（15～90℃）、中温型（90～150℃）和高温型（大于150℃）相变材料。纺织用调温材料通常选用低温固—液相变材料，温度一般在0～50℃。目前，纺织中使用的相变材料主要是石蜡类烷烃。石蜡具有不同的熔点和结晶点，改变相变材料中不同烷烃混合比例，可得到纺织品所需的相变温度范围。此外，石蜡无毒、无腐蚀、不吸湿，长期使用热性能保持稳定。

蓄热调温纺织品的生产主要有三种方法，第一种是整理法，将整理剂或微胶囊固着在纺织品上，使其具有蓄热调温功能；第二种是直接纺丝生产蓄热调温纤维；第三种是填充法，通过对纤维内孔进行化学或物理改性，增加对相变材料表面浸润性能，使相变材料填充到中空纤维里，使纤维具有蓄热调温功能。

蓄热调温纺织品可用于夹克、运动服、滑雪服、消防服、宇航服、室内装饰、床上用品、医用恒温绷带、汽车内衬、电池隔板等。

一、蓄热调温纺织品调温机理

物质一般是以固态、液态、气态三种形态存在，而且，可以从一种状态变到另一种状态，这种变化过程叫相变。相变过程伴有热量的吸收或释放，当外界环境温度变化时，相变材料发生相变，达到吸收、储存、再分配和释放热量的作用。

当环境温度或人体皮肤温度达到服装内相变材料熔点时，相变材料吸收热量，发生固—液相转变，从固态转为液态，在服装内层产生短暂的凉爽效果。一旦相变材料完全熔化，储能就结束。而当环境温度低于相变材料的相变温度时，发生液—固相转变，从液态转变为固态，转变过程中释放储存的热量，提供短暂的加热效果。相变过程中的吸热和放热对温度改变起到缓冲作用，减少穿着者皮肤温度的变化，使人体感觉舒适。

二、蓄热调温功能测试方法

目前，纺织品蓄热调温性能测试还没有统一的方法或标准，国际上主要采用热分析法、温度调节系数测试法、暖体假人法、微气候仪测试法和步冷曲线法进行测试，常用导热系数、相变温度与相变焓、热阻、自适应舒适定值（Adaptive Comfort Rating，ACR）等传统的热性能指标进行评价，用到的测试仪器有红外光谱仪、差示扫描量热仪、热重分析仪等。

1. 热分析法

热分析法是通过测量材料在相变过程中的相变点、相变焓、温度变化范围、能量损耗等参数，来研究在升温或降温过程中材料性质和状态的变化情况，具有连续、快速、简单等优点，但测试条件与纺织品实际使用情况不符，难以模拟纺织品在实际使用过程中的性能和效果。蓄热调温纺织品测试主要采用差示扫描量热法（DSC）、热重分析法（TG/TGA）和差热分析法（DTA），当温度变化发生相变时，升温曲线和降温曲线分别出现明显的吸热峰和放热峰，而普通纤维在此温度范围内没有吸放热效应，扫描曲线上没有吸热峰或放热峰。

2. 温度调节系数法

温度调节系数法（Temperature Regulating Factor，TRF）是 ASTM D7024—2004 评价蓄热调温纤维织物的方法，将试样夹在热板和冷板之间，保持控制冷板的温度不变，对热板施加随时间正弦变化的热流量，使热板温度在材料相变点附近变化，测量热板上温度和热流变化，根据式（7－21）计算温度调节系数，结果为 0～1 的数字，0 代表有蓄热性能、温度调节能力好，1 代表无蓄热性能、温度调节能力差。该标准于 2013 年被 ASTM 撤回。

$$TRF = \frac{1}{R} \cdot \frac{T_{max} - T_{min}}{Q_{max} - Q_{min}} \quad (7-21)$$

式中：TRF——温度调节系数，0～1；

R——织物热阻，℃ · m^2/W；

T_{max}，T_{min}——分别为热板上最高温度和最低温度，℃；

Q_{max}，Q_{min}——分别为热板上最大热流和最小热流，W/m^2。

3. 暖体假人法

暖体假人法模拟人体几何造型，可维持表面温度与人体皮肤温度接近，假人皮肤表面有多个独立温度控制和测量装置。测试时，将假人放置在温度可变环境中，通过温度传感器，测得假人表面的热量损失来评价纺织品的调温性能。该法考虑因素全面，试验结果稳定，测量精确合理，但设备结构复杂，检测成本较高。

4. 微气候仪法

采用微气候仪模拟外界环境，检测模拟皮肤与试样间的微气候变化及热湿传递状况，即检测人体热量和汗气通过织物内空气层、织物及织物外空气层与环境进行能量交换的全过程，并用温度和湿度梯度法测试织物能量交换和质量交换的状态变化，以此来反映织物对能量流和质量流的阻力。

5. 步冷曲线法

将含有相变材料的试样和对比试样分别放入保温仪中，同时升温到高于相变温度的某一温度，并稳定一定时间，然后取出，按一定时间间隔记录试样的温度，以时间为横坐标，温度为纵坐标，绘制步冷曲线，如图 7－24 所示。

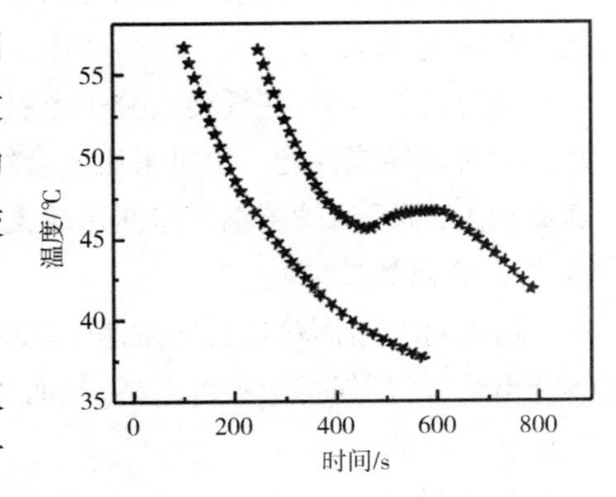

图 7－24　步冷曲线

随着温度均匀下降，在相变点前，两个试样温度下降趋势大体相同。当温度达到相变温度时，发生相变，释放相变潜热，相变材料温度变化趋于缓和，温度下降速度明显低于对比试样，甚至出现温度变化非常缓慢的平台。经过较长一段时间后，温度超出相变范围，相变潜热释放结束，温度继续均匀下降。

第十二节　吸湿速干功能检验

吸湿速干纺织品是指纺织品同时具有良好吸湿性能和快速传导排湿功能的纺织品，主要用于运动服、登山服、休闲服、内衣、外套、袜类、手套、文胸、护膝、帽子和毛巾等。

人体汗液中，有液态水，也有气态水。液态水可以通过毛细管效应吸入织物内层，进而扩散到织物表面，少部分气态水直接从织物孔隙中排出，大部分气态水被织物中的纤维吸附，再扩散到织物表面，通过蒸发进入大气。汗液的存在会使人感觉不适，吸湿速干纺织品能解决闷热和出汗黏身的问题，保持皮肤干爽，使人感觉舒适。

一、吸湿速干功能实现途径

吸湿速干过程包括吸湿、导湿和蒸发三个步骤，要获得良好的吸湿速干性能，纺织材料本身应具有吸湿性好、保湿性低、水分传导快、透湿性好、水分蒸发快等特点，而无论是天然纤维还是合成纤维，都很难同时具备这些性能。

纺织品要达到吸湿速干功能，大致可通过以下几种途径：

1. 物理改性

通过改变喷丝孔形状，获得异形截面纤维，如三叶形、十字形、Y 字形、W 形等，使纤维纵向产生沟槽，提高传递水气能力，如美国杜邦公司 Coolmax、中国台湾中兴公司 Coolplus 等产品。中空或多孔纤维，从纤维表面到中空部分有许多贯通的细孔，人体汗液会从纤维径向微孔不断流向中间空腔，通过中腔将汗液迅速沿纱线轴向和织物平面扩散，再通过织物外表面的毛细管将汗液输送到外部环境并蒸发，与人体接触的织物内层纤维保持相对干燥。

2. 化学改性

通过接枝共聚，在纤维大分子上引入羧基、酰胺基、羟基或氨基等亲水基团，增加亲水性，提高纤维吸湿导湿性能。也可采用复合纺丝法或共混纺丝法，制备超细纤维。由于纤维极细、比表面积大，开纤后的超细纤维间形成无数毛细管，提高芯吸效应和水分传递作用。

3. 功能整理

通过对普通面料进行吸湿速干功能整理，在织物纤维表面形成一层导水膜，能迅速转移人体排出的湿气，保持干爽舒适感，从而提高普通产品的附加值。对于棉涤织物，通过整理可实现吸湿快干功能。

4. 织物结构设计

通过织物设计，将亲水性的天然纤维，如棉、毛等，与疏水性的合成纤维，如聚酯、聚丙烯纤维等,织成双层或三层织物,利用天然纤维吸水性强的特性,将汗液吸到织物表面,而靠近皮肤侧,利用疏水性纤维不吸水特性,使皮肤干爽,达到吸湿速干功能。

二、纺织品吸湿速干原理

1. 水在纺织品中的存在形式

不同的纤维结构和化学组分使纺织品与水分子的作用力不同,吸水速度和吸水量存在很大差别。纺织品吸收的水分分为结合水、中间水和自由水三种。结合水是通过氢键或范德瓦尔斯力紧密结合在纤维分子上的水。结合水含量与纤维分子结构和化学组成密切相关,亲水基团多,则形成的结合水多。纤维中的大分子在结晶区中排列紧密,活性基团之间形成交联,如纤维素中的羧基间形成氢键、聚酰胺中的酰胺基间形成氢键,水分子不容易渗入结晶区,纤维吸湿主要发生在无定形区。纤维结晶度越低,吸湿能力越强。结合水与纤维结合紧密,当纺织品上只存在结合水时,人体不会有湿感。中间水是由于与结合水分子间存在氢键作用而被吸附在结合水之外的水。这部分水的特点是凝固点低于零摄氏度,沸点高于100℃。中间水要从皮肤吸取热量才能与结合水脱离蒸发,因此,如果有中间水存在时,皮肤会有凉感。除结合水和中间水之外被纺织品吸附的水称为自由水。自由水与纺织品的作用力非常微弱,在热力学上与普通水有相同的相变点。如果含有自由水的纺织品与皮肤接触,这些水则会迅速分配到皮肤表面,使人感到潮湿。

疏水性纤维缺少亲水基团,吸湿主要由表面能产生。固体表面能有吸附其他物质降低其表面能的倾向,当纤维置于大气中,纤维表面(包括内表面)会吸附一定量水汽和其他分子,纤维表层的化学组成和物理结构不同,对水汽的吸附能力也不同。表面能与物体表面大小(包括内表面)有关,表面积越大,表面上分子数越多,表面能越大,吸附水汽的能力也越强。异形截面纤维和超细纤维,由于内部孔隙多、纤维细,比表面积增大,吸湿能力也提高。

一般来说,结合水是纤维吸附较多气相水而形成的,当相对湿度逐步升高时,所增加的吸附量为中间水。不同纤维的结合水量是一定的,而中间水的含量则与环境湿度有关。自由水是织物吸附液相水而形成的,自由水一般存在于纤维之间的空隙或纤维自身的孔穴里。

2. 纺织品吸湿速干基本过程

水在纺织品中的传递大致可分为四个阶段:

(1)纺织品接触水,润湿及吸收。纺织品内表面与水接触,水将纺织品的内表面润湿或者纺织品将水分吸收。

(2)液态水的输送。存在于纺织品内侧的水将纺织品内部孔洞润湿,纺织品依靠内部纤维的毛细管作用,使水分从纺织品内侧移向纺织品外侧。

(3)储存。由于水分传递过程涉及相变,各个环节之间水分传递速率存在较大差异,水分很难快速蒸发出去,因此,吸入的水分会暂时存在纺织品中。

(4)蒸发散湿。因存在分压差,纺织品储存的水分蒸发、散发到外侧空间。

三、吸湿速干性能测试方法

目前,检测纺织品吸湿速干性能的方法主要有 GB/T 21655.1—2008、GB/T 21655.2—2009、AATCC 195—2017、中国台湾功能纺织品技术规范 FTTS-FA-004。GB/T 21655.1—2008 从实际使用效果出发,通过对纺织品吸湿速干整个过程的分析,综合评价纺织品的吸湿速干性能,见表 7-10,以吸水率、滴水扩散时间和芯吸高度来表征纺织品对液态水汗的吸附能力,并以织物在规定空气状态下的水分蒸发速率和透湿量来表征纺织品在液态汗状态下的速干性,具有一定的科学性和可操作性。但是,由于未涉及纤维材料本身的特性和织物组织结构对纺织品吸湿速干性能的相关性,采用单项组合试验方法考核纺织品整体吸湿速干性能,仍存在一定局限性。该法适用各类纺织品吸湿速干性能的评价,只有当产品洗涤前后的各项性能指标均达到表 7-11 规定的要求时,才能明示为吸湿速干产品,否则,不应称为吸湿速干产品。

表 7-10 GB/T 21655.1—2008 单项组合测试项目

项目	吸水率	滴水扩散时间	蒸发速度	蒸发时间	芯吸高度	透湿量
试样尺寸/cm	10×10	10×10	10×10	10×10	FZ/T 01071—2008	GB/T 12704.1—2009 方法 A 吸湿法
试样数量/块	5	5	5	5	6	
试样准备	按 GB/T 8629—2017 4N(GB/T 8629—2001 5A)程序洗涤 5 次				—	
评价指标	试样完全浸润至无滴水时所吸水分对试样原始质量的百分率	水滴完全扩散并渗透至试样内所需时间	标准大气中单位时间内试样中一定量的水自然蒸发量	试样中一定量的水在标准大气中全部自然蒸发所需时间	试验材料毛细效应的度量	单位时间通过单位面积试样的水蒸气质量

表 7-11 针织和机织类产品吸湿速干性技术要求

项目		指标要求	
		针织	机织
吸湿性	吸水率/%	≥200	≥100
	滴水扩散时间/s	≤3	≤5
	芯吸高度/mm	≥100	≥90
速干性	蒸发速率/($g \cdot h^{-1}$)	≥0.18	≥0.18
	透湿量/($g \cdot m^{-2} \cdot d^{-1}$)	≥10000	≥8000

GB/T 21655.2—2009 是综合评价纺织品吸湿速干性能的测试方法,在设备、技术条件、测试方法、评级标准与 AATCC 195 基本一致。将试样水平平整地放置在液态水分测试仪两个传感器之间,以贴近身体一面作为浸水面,在规定时间内向浸水面滴入(0.2±0.001)g 测试液,液态水沿织物的浸水面扩散,并从织物的浸水面向渗透面传递,同时,在织物的浸透面扩散,与试

样紧密接触的传感器记录液态水的动态传递状况,以浸湿时间、吸水速率、最大浸湿半径、液态水扩散速度、单向传递指数和液态水动态传递综合指数评价纺织品的吸湿速干性能。结果分为五个等级,5 级最好,1 级最差。该方法适用于各类纺织品,可按表 7-12 评定产品相应性能,达到相应技术要求的产品可在使用说明中明示为相应性能的产品。表 7-13 是 GB/T 21655.2—2009 织物吸湿速干性能要求。

表 7-12　GB/T 21655.2—2009 性能指标分级

性能指标	1 级	2 级	3 级	4 级	5 级
浸湿时间/s	>120.0	20.1~120.0	6.1~20.0	3.1~6.0	≤3.0
吸水速率/(%·s^{-1})	0~10.0	10.1~30.0	30.1~50.0	50.1~100.0	>100.0
最大浸湿半径/mm	0~7.0	7.1~12.0	12.1~17.0	17.1~22.0	>22.0
液态水扩散速度/(mm·s^{-1})	0~1.0	1.1~2.0	2.1~3.0	3.1~4.0	>4.0
单向传递指数	<-50.0	-50.0~100.0	100.1~200.0	200.1~300.0	>300.0
液态水动态传递综合指数	0~0.20	0.21~0.40	0.41~0.60	0.61~0.80	0.81~1.00

表 7-13　GB/T 21655.2—2009 织物吸湿速干性能要求

性能	项目	要求/级
吸湿性	浸湿时间	≥3
	吸水速度	≥3
速干性	浸透面最大润湿半径	≥3
	浸透面液态水扩散速度	≥3
	单向传递指数	≥3
排汗性	单向传递指数	≥3
综合速干性	单向传递指数	≥3
	液态水动态传递综合指数	≥2

参考文献

[1]曾林泉．纺织品贸易检测精讲[M]．北京:化学工业出版社,2012.

[2]付成彦．纺织品检验实用手册[M]．北京:中国标准出版社,2008.

[3]张玉惕．纺织品服用性能与功能[M]．北京:中国纺织出版社,2008.

[4]蒋耀兴．纺织品检验学[M]．2 版．北京:中国纺织出版社,2008.

[5]李汝勤,宋钧才,黄新林．纤维和纺织品测试技术[M]．4 版．上海:东华大学出版社,2015.

[6]陈益人,陈小燕．防水透湿织物耐静水压测试方法比较[J]．上海纺织科技,2005,33(8):7-10.

[7]朱国权,亓兴华,倪冰选．纺织品抵抗液体性能标准及测试方法概述[J]．纺织科技进展,2019(2):37-39,58.

[8]郭子山,李娟．纺织品防污性能概述及测试方法研究[J]．中国纤检,2015(4):79－81.
[9]贺志鹏．纺织品服装的功能性及其检测标准[J]．成都纺织高等专科学校学报,2015,32(4):115－119.
[10]袁彬兰,钟菊祥,李红英．纺织品静水压测试标准比较分析[J]．中国纤检,2017(8):105－107.
[11]潘文丽,苏宇．纺织品三防功能性整理测试标准分析[J]．针织工业,2017(3):72－76.
[12]杨栋樑．纺织品疏水化技术的进展(一)[J]．印染,2011(24):46－49.
[13]顾振亚．纺织品易去污整理机理[J]．天津纺织工学院学报,1987(3):109－116.
[14]倪冰选,张鹏．纺织纤维制品抗表面润湿及渗透性的测试[J]．印染,2014(17):35－39.
[15]高铭．拒水拒油和易去污整理产品性能要求和评价[J]．印染,2007(15):33－37.
[16]李静,方雪丽．织物防水透湿性能测试方法及在我国产品标准中的应用[J]．中国纤检,2017(7):100－103.
[17]狄剑锋．织物拒水拒油整理及其性能检测．上海纺织科技,2003,31(4):52－54.
[18]杨栋梁．织物整理之六:防污和易去污整理(一)[J]．印染,1987,13(4):47－51.
[19]姜逊,徐桂龙．常见纺织品阻燃性能的国内外标准要求与选用方案[J]．产业用纺织品,2011(4):41－45.
[20]陈蕾,吴利,董激文．窗帘幕布类公共纺织品燃烧性能检测标准分析[J]．纺织科技进展,2015(2):58－60,67.
[21]韩晨晨,郑振荣,张楠楠．纺织材料的热性能测试分析[J]．成都纺织高等专科学校学报,2017,34(3):185－189.
[22]赵磊．纺织品的阻燃整理原理及其性能测试方法探讨[J]．染整技术,2010,32(10):6－8.
[23]宗小燕,贺江平．纺织品的阻燃综述[J]．染整技术,2006,28(10):15－17.
[24]王鹏翔．纺织品快速阻燃测试技术及纤维混配中阻燃协效的研究[D]．北京:北京理工大学,2015.
[25]潘红琴,吴文宜．纺织品燃烧性能测试方法概述[J]．中国纤检,2015(22):42－44.
[26]王悦中．纺织品燃烧性能技术法规、标准和测试方法[J]．中外缝制设备,2009(9):78－81.
[27]金美菊,洪武勇．纺织品燃烧性能技术法规与标准研究[J]．上海纺织科技,2009(9):49－51.
[28]刘晓艳,徐鹏．纺织品阻燃性能的测试[J]．中国纤检,2004(5):19－21.
[29]胡玉珍．浅析我国与美国纺织品燃烧性能标准差异[J]．中国纤检,2012(22):41－44.
[30]谌玉红,陈强,蒋毅．燃烧假人测试系统及其应用前景[J]．中国个体防护装备,2007(1):40－42.
[31]王晶晶,王春红,李津．中美纺织品燃烧性能标准差异性研究[J]．中国纤检,2012(14):48－52.
[32]赵雪,朱平,展义臻,等．阻燃纺织品的性能测试方法及发展动态[J]．染整技术,2007,29(5):38－41,51.
[33]王康建,刘才容,孙近．阻燃纺织品及其检测[J]．中国纤检,2014(22):62－64.
[34]陈锡勇．阻燃纺织品与阻燃法规[J]．产业用纺织品,2011(12):1－6.
[35]陈红梅,杨文杰,朱春华．3 种 AATCC 纺织品抗菌测试标准比较[J]．上海纺织科技,2010,38(10):54－56.
[36]周晓芳．防霉性能试验标准的比较分析[J]．中国纤检,2016(11):101－105.
[37]袁英姿,谢小保,李素娟,等．纺织品抗菌防霉检测技术研究进展[J]．针织工业,2013(7):81－86.
[38]王俊起,王友斌,薛金荣,等．纺织品抗菌功能测试方法研究[J]．中国卫生工程学,2003,2(3):129－132.

[39]卢胜权. 纺织品抗菌活性方法标准概述[J]. 轻纺工业与技术,2013(5):110-112,115.

[40]商成杰. 纺织品抗菌检测方法的发展现状[J]. 针织工业,2006(7):61-62.

[41]赵晓伟. 纺织品抗菌性能的测试标准[J]. 纺织装饰科技,2017(3):6-11.

[42]顾平,李焰. 纺织品抗菌性能测试方法的比较研究[J]. 南通纺织职业技术学院学报(综合版),2009,9(1):1-3.

[43]高春朋,高铭,刘雁雁,等. 纺织品抗菌性能测试方法及标准[J]. 染整技术,2017,29(2):38-42.

[44]赵婷,林云周. 纺织品抗菌性能评价方法比较[J]. 纺织科技进展,2010(1):79-82.

[45]罗利玲,吴剑云,杨芳芳. 抗菌纺织品测试标准的比较[J]. 中国纤检,2013(20):27-30.

[46]计芬芬,刘晨. 两种纺织品抗菌测试标准的比较[J]. 合成纤维,2007(17):34-36.

[47]王来力. 纺织品防螨技术现状及其检测标准分析[J]. 中国纤检,2009(11):76-77.

[48]商成杰,方锡江. 纺织品防螨性能试验和评定标准的研究[J]. 纺织标准与质量,2008(1):31-35.

[49]黄蓉,刘若华. 两种防螨织物测试标准比较探讨[J]. 中国纤检,2012(20):44-46.

[50]潘文丽,赵晓伟. 纺织品抗静电性能的测试标准[J]. 染整技术,2017,39(10):40-44,47.

[51]吴军玲,崔淑玲. 防紫外纺织品的性能检测[J]. 印染,2005(5):42-44.

[52]陈红梅,朱春华,张晓红. 防紫外线标准 UV Standard801 解读[J]. 纺织导报,2011(9):141-142.

[53]袁彬兰,李皖霞,李红英. 纺织品防紫外线性能标准和测试结果差异[J]. 中国纤检,2012(8):52-54.

[54]滕万红. 纺织品防紫外线性能测试标准的比较[J]. 中国纤检,2010(6):35-37.

[55]高铭,汤晓蓉. 纺织品防紫外线性能的检测标准近况[J]. 印染,2009(3):40-43.

[56]李储林,林珊,张硕. 纺织品防紫外线性能检测标准比较与分析[J]. 中国纤检,2016(6):114-116.

[57]张晓红,周婷,史凯宁. 纺织品抗紫外线性能不同标准方法应用研究[J]. 印染助剂,2017,34(1):56-60.

[58]何秀玲. 纺织品抗紫外线性能检测标准比较[J]. 印染,2009(11):38-42.

[59]朱航艳,于伟东. 纺织品抗紫外线性能与评价[J]. 纺织导报,2003(5):142-145.

[60]吴颖,王建平. 功能性纺织品的功能评价方法与标准化现状(二)[J]. 印染,2007(9):43-48.

[61]郝秀阳,云高杰. 防电磁辐射纺织品的种类及其产品标准[J]. 轻纺工业与技术,2013(42):42-43,65.

[62]倪冰选,张鹏. 防电磁辐射纺织品功能评价标准[J]. 印染,2011(23):36-38.

[63]苏宇,胡淞月. 防电磁辐射纺织品及测试标准和方法的探讨[J]. 天津纺织科技,2018(2):21-24.

[64]薛露云,杨昆. 防电磁屏蔽织物性能评价方法[J]. 针织工业,2013(1):70-73.

[65]严春,张卫卫,顾虎. 防辐射纺织品屏蔽性能测试与评价[J]. 纺织科技进展,2013(6):10-11,16.

[66]张小霞,吴虹晓,李云,等. 纺织品负离子发生量测试方法研究[J]. 丝绸,2016,53(10):17-22.

[67]杨金纯,贺志鹏,杨萍,等. 纺织品负离子释放浓度测定方法研究[J]. 中国个体防护装备,2013(5):36-39.

[68]莫世清,陈衍夏,施亦东,等. 负离子纺织品的检测方法及应用[J]. 染整技术,2010,32(5):42-47.

[69]漆东岳,王向钦,袁彬兰,等. 纺织品远红外性能测试方法研究[J]. 中国纤检,2016(6):90-93.

[70]贺志鹏,杨萍,伏广伟. 纺织品远红外性能测试方法研究与探讨[J]. 中国个体防护装备,2017(2):9-11.

[71]倪冰选,张鹏,杨瑞斌,等. 纺织品远红外性能及其测试研究[J]. 中国纤检,2011(22):38-40.

[72]戴自怡. 远红外纺织品的研究及其测试评价[J]. 上海毛麻科技,2016(1):43-45.
[73]贺志鹏,杨萍. 远红外纺织品及其测试与评价[J]. 染整技术,2014(6):50-52.
[74]廖声海,陈旭炜,李毓陵. 远红外织物功能的测试与评价[J]. 产业用纺织品,2003,21(10):32-35.
[75]韩娜,张荣,张兴祥. 储热调温纤维的研究进展(二)[J]. 产业用纺织品,2011(6):9-11,28.
[76]刘树英. 国际相变智能调温纤维发展趋势[J]. 中国纤检,2017(2):126-128.
[77]展义臻,韩文忠,赵雪,等. 相变调温纺织品的热性能测试方法与指标[J]. 印染助剂,2006,23(10):43-46.
[78]张鹏,余弘,李卫东,等. 新型保温调温纺织品及其检测方法[J]. 纺织检测与标准,2018(1):6-9.
[79]何天虹. 纯纤维素纤维吸湿排汗快干织物的设计开发与研究[D]. 天津:天津工业大学,2007.
[80]潘文丽. 纺织品吸湿排汗性能的测试标准[J]. 印染,2015(24):40-44.
[81]金美菊,邝湘宁. 纺织品吸湿速干性能及其测试方法[J]. 印染,2013(16):41-43.
[82]李金秀,周佩蓉,金敏. 吸湿速干纺织品的测试评价[J]. 印染,2011,37(15):36-40.
[83]姜利利,孙运. 吸湿速干纺织品的性能及测试方法[J]. 中国纤检,2016(4):98-100.

第八章　生态纺织品及安全性检验

随着社会发展和生活水平的提高，人们越来越重视纺织品的生态性和安全性，要求纺织品安全、舒适、时尚、环保、健康。生态纺织品符合人民日益增长的美好生活需要，代表人们崇尚自然、绿色消费的新风尚，也是国际纺织品贸易的主流导向，成为经济发达国家利用绿色壁垒限制进口的主要手段。

第一节　生态纺织品

生态纺织品是指那些采用对周围环境无害或少害的原料和生产过程所生产的对人体健康无害的纺织品。生态纺织品的含义有广义和狭义两种。

广义生态纺织品，又称全生态纺织品、环保纺织品或绿色纺织品，是指纺织品从纤维种植、制造或动物养殖到产品生产、消费、回收利用和废弃处理的整个生命周期都要符合生态性，既对人体健康无害，又不破坏生态平衡。全生态纺织品以欧盟 Eco - label 生态标准为代表，生态性包含生产生态性、消费生态性和处理生态性三方面。生产生态性是指纺织品从纤维种植、养殖、生产到产品加工的全过程，对环境不会造成有害的影响，产品自身也不受污染，而且，符合不污染空气、不污染水、废弃物处理及减轻噪声等条件。消费生态性是指纺织品使用中对人体健康和环境产生不良影响的有害物质含量应减至最低。处理生态性是指纺织品处理时资源可再生和可重复利用，废弃后能在环境中自然降解，不污染环境。

狭义生态纺织品，又称部分生态纺织品、有限生态纺织品、半生态纺织品，是指在现有的科学知识水平下，采用对周围环境无害或少害的原料制成的对人体健康无害或达到某个国际性生态纺织品标准的产品，主要侧重生产、使用或处理等某一方面生态性的纺织品。部分生态纺织品以国际环保纺织协会推行的 Oeko - Tex Standard 100 标准为代表，认为生态纺织品主要目标是在使用时不会对人体健康造成危害，没有涉及纺织品原料的种植、纺织品生产环节和生态环境保护，基于现阶段经济和科学技术的发展水平，主张对纺织品的有害物质进行有限的限定，并建立相应的品质监控体系。

从可持续发展角度看，Eco - label 是极具发展潜力、更理想的生态标准，并将逐渐成为市场的主导，而且，Eco - label 标准是以法律形式推出，在欧盟范围内具有法律地位，影响力也会进一步扩大。Oeko - Tex Standard 100 标准虽然只关注纺织品在使用过程中的生态安全问题，但更符合现阶段经济、技术和社会发展现状，可操作性强，且已具有相当影响力。

目前，生态纺织品主要指从生产和消费生态要求出发，经检验或认证，符合特定标准要求的产品。由于各国生产力水平的差异、相关法律制度等一系列问题的存在,国际生态纺织品标准及认证在一定时期内不可能实现统一性、强制性。随着科技发展及市场对生态纺织品要求的提高,生态纺织品标准也在变化。生态纺织品会因采用标准的不同或通过认证标志的不同而存在差异,因此,目前,生态纺织品的重点是控制有害染料、甲醛、重金属、整理剂、异味等有害物质,不存在国际统一标准,世界各国制定了各种生态纺织品标准。

一、Oeko – Tex Standard 100

1990 年,奥地利纺织研究院和德国海恩斯坦纺织研究院(Hohenstein Institute)创立国际环保纺织协会(Oeko – Tex Association)。目前,由欧洲和日本 18 家独立研究和检验机构组成,专注纺织品和皮革生态领域,60 多个国家设联络处,中国唯一正式代表机构是 TESTEX 瑞士纺织检定有限公司上海代表处。

1992 年,Oeko – Tex 制定并颁布 Oeko – Tex Standard 100,用于检测纺织品、皮革、床垫、羽毛羽绒、泡棉、室内装饰材料及相关辅料中有害物质,并对通过测试的产品颁发证书,授权使用 Oeko – Tex Standard 100 标签,是目前最有影响、使用最广泛、最具权威性的生态纺织品标准之一。1997 年 2 月 1 日,Oeko – Tex Standard 100 首次修订,同年 10 月 2 日第二次修订,此后,基本每年根据国际相关法规的最新变化和研究成果进行修订,修订时充分吸纳和参考其他关于有害物质的法律法规要求,尤其是欧盟 REACH 法规,同时,也考虑某些禁用物质的特殊用途,体现对标准科学性和适用性全面考虑,既具有很强的现实性,又具有较好的前瞻性。2016 年 10 月底,Oeko – Tex Standard 100 正式更名为 STANDARD 100 by OEKO – TEX,证书和标签模板开始启用全新设计图,如图 8 – 1 所示。

图 8 – 1　STANDARD 100 by OEKO – TEX 认证标签

1. Oeko – Tex Standard 100 纺织品分类

Oeko – Tex Standard 100 按纺织品最终用途,分为四个类别,见表 8 – 1。

表 8 – 1　Oeko – Tex Standard 100 纺织品分类

纺织品类别	定义	示例
Ⅰ婴幼儿用品	指生产 36 个月及以下的婴幼儿使用的所有物品、原材料和配件	内衣、连衫裤、床单被套、被褥、毛绒动物玩具等,皮类服装除外
Ⅱ直接接触皮肤产品	指穿着时大部分面积与皮肤直接接触的物品	衬衣、T 恤衫、内衣等

续表

纺织品类别	定义	示例
Ⅲ非直接接触皮肤产品	是指穿着时小部分面积与皮肤直接接触的物品	填充物、衬里等
Ⅳ装饰材料	所有用于装饰的产品和配件	桌布、墙布、家具装饰布、窗帘、装饰用布料和地毯等

2. 对有害物质限量要求

Oeko－Tex Standard 100 标准依据纺织品的用途，设定有害物质限量值，原则上，纺织品与皮肤接触越紧密，则该纺织品中的有害物质限量值越低、人类生态学要求越高。列入 Oeko－Tex Standard 100—2019 有害化学物质和限制使用化学物质的考核内容多达 150 余项，表 8－2 是 2019 版列出的部分物质限量值。

表 8－2 STANDARD 100 by OEKO－TEX—2019 部分物质限量值

产品级别		Ⅰ 婴幼儿	Ⅱ直接接触皮肤	Ⅲ非直接接触皮肤	Ⅳ装饰材料
pH		4.0～7.5	4.0～7.5	4.0～9.0	4.0～9.0
游离和可部分释放甲醛/($mg \cdot kg^{-1}$)		不得检出	<75	<150	<300
可萃取重金属/($mg \cdot kg^{-1}$)	锑	<30.0	<30.0	<30.0	—
	砷	<0.2	<1.0	<1.0	<1.0
	铅	<0.2	<1.0	<1.0	<1.0
	镉	<0.1			
	铬	<1.0	<2.0	<2.0	<2.0
	铬(六价)	<0.5			
	钴	<1.0	<4.0	<4.0	<4.0
	铜	<25.0	<50.0	<50.0	<50.0
	镍	<1.0	<4.0	<4.0	<4.0
	汞	<0.02			
	钡	<1000			
	硒	<100			
染料/($mg \cdot kg^{-1}$)	可裂解致癌芳香胺	<20			
	可裂解苯胺	<20	<50	<50	<50
	致癌物	<50			
	致敏物	<50			
	其他	<50			
	海军蓝	不得使用			

续表

产品级别		Ⅰ 婴幼儿	Ⅱ直接 接触皮肤	Ⅲ非直接 接触皮肤	Ⅳ 装饰材料
杀虫剂/(mg·kg^{-1})	总计	<0.5	<1.0	<1.0	<1.0
氯化苯酚/(mg·kg^{-1})	五氯苯酚	<0.05	<0.5	<0.5	<0.5
	四氯苯酚	<0.05	<0.5	<0.5	<0.5
	三氯苯酚	<0.2	<2.0	<2.0	<2.0
	二氯苯酚	<0.5	<3.0	<3.0	<3.0
	一氯苯酚	<0.5	<3.0	<3.0	<3.0
阻燃产品/(mg·kg^{-1})	总体	无(认可的阻燃产品<10mg/kg,总量<50mg/kg)			
紫外线稳定剂/%	UV320	<0.1			
	UV327	<0.1			
	UV328	<0.1			
	UV350	<0.1			
色牢度(沾色)/级	耐水	3-4	3	3	3
	耐汗渍	3-4			
	干摩擦	4			
	耐唾液	牢固	—	—	—

Oeko-Tex Standard 200 是与 Oeko-Tex Standard 100 配套使用的测试方法标准,每年新版本与 Oeko-Tex Standard 100 新版本同时发布,自 2013 版开始,该标准编号已不再出现,仅出现该标准名称《检测程序》,自 2014 年开始,Oeko-Tex Standard 200 没有出版新版本。该文件并不给出每一相关测试的具体程序和技术条件,仅给出相关项目检测的指南性提示,因此,并无实际指导意义和可操作性。

Oeko-Tex Standard 1000 侧重于工厂审核,关注产品生产过程中的环境生态安全性。2013 年 7 月,STeP 完全取代 Oeko-Tex Standard 1000,与旧的认证体系相比,STeP 对企业评估更加全面,STeP 的核心是覆盖全部企业领域的模块分析,包括质量管理、化学品的使用、环境保护、环境管理、社会责任及卫生安全。

二、我国生态纺织品标准

我国生态纺织品标准研究起步较晚,1993 年,确定中国环境标志图案,1994 年,中国环境标志产品认证委员会成立,是代表国家对环境标志产品实施认证的唯一机构。

为了适应日益增长的生态纺织品需求,借鉴国外生态纺织品标准发展的经验,同时,根据我国纺织服装产业现状,建立了较为齐全的生态纺织品检测标准体系,主要包括有害物质限量标准、有害物质检测方法标准两类。其中,有害物质限量标准按性质可分为强制性通用技术要求标准和推荐性产品技术要求标准。

1. 强制性通用技术要求标准

2003 年,我国发布 GB 18401—2003《国家纺织产品基本安全技术规范》,是我国对纺织品基本安全做出科学合理规定的一部新技术法规，对纺织品甲醛含量、pH、禁用偶氮染料、色牢度的安全指标做出明确限制规定，2011 年，发布修改后的新版本，有关该标准请参考本章“第二节　纺织品安全性”。

2. 推荐性产品技术要求标准

该类标准涉及的有害物质限量内容较多，指标水平较高，起着鼓励企业向更高水平努力的引导作用。2006 年，国家环保总局发布 HJ/T 307—2006《环境标志产品技术要求　生态纺织品》，规定生态纺织品类环境标志产品的定义、分类、基本要求、技术内容和检验方法，适用于除防蛀整理毛及其混纺产品外的所有纺织品，测试项目包括 pH、甲醛含量、可萃取重金属、杀虫剂总量、含氯酚及邻苯基苯酚、增塑剂总量、有机锡化合物、染料、有机氯染色载体总量、抗菌整理、常规阻燃整理、阻燃剂、色牢度、挥发性物质、气味，共 15 项。

2002 年，发布 GB/T 18885—2002《生态纺织品技术要求》，是我国第一个生态纺织品国家标准，规定了生态纺织品的术语和定义、产品分类、要求、试验方法、取样和判定规则，按最终用途将产品分为婴幼儿用品、直接接触皮肤用品、非直接接触皮肤用品和装饰材料四类。最新版 GB/T 18885—2009 对不同种类产品的技术要求和检验项目参照 Oeko - Tex Standard 100—2008，规定纺织品、服装及辅料可能存在的已知有害物质及限量要求，详见表 8 - 3，检测方法主要采用我国现行的检测标准。

表 8 - 3　GB/T 18885—2009 生态纺织品技术要求

项目		婴幼儿用品	直接接触皮肤用品	非直接接触皮肤用品	装饰材料
pH		4.0 ~ 7.5	4.0 ~ 7.5	4.0 ~ 9.0	4.0 ~ 9.0
甲醛/(mg · kg^{-1}) ≤	游离	20	75	300	300
可萃取重金属/(mg · kg^{-1}) ≤	锑(Sb)	30.0	30.0	30.0	—
	砷(As)	0.2	1.0	1.0	1.0
	铅(Pb)	0.2	1.0	1.0	1.0
	镉(Cd)	0.1	0.1	0.1	0.1
	铬(Cr)	1.0	2.0	2.0	2.0
	铬(六价)(Cr^{6+})	低于检出限			
	钴(Co)	1.0	4.0	4.0	4.0
	铜(Cu)	25.0	50.0	50.0	50.0
	镍(Ni)	1.0	4.0	4.0	4.0
	汞(Hg)	0.02	0.02	0.02	0.02
杀虫剂/(mg · kg^{-1}) ≤	总量(包括 PCP/TeCP)	0.5	1.0	1.0	1.0
苯酚化合物/(mg · kg^{-1}) ≤	五氯苯酚(PCP)	0.05	0.5	0.5	0.5
	四氯苯酚(TeCP，总量)	0.05	0.5	0.5	0.5
	邻苯基苯酚(OPP)	50	100	100	100

续表

项目		婴幼儿用品	直接接触皮肤用品	非直接接触皮肤用品	装饰材料
氯苯和氯化甲苯/(mg·kg^{-1})≤		1.0	1.0	1.0	1.0
邻苯二甲酸酯/%≤	DLNP、DNOP、DEHP、DIDP、BBP、DBP(总量)	0.1	—	—	—
	DEHP、BBP、DBP(总量)	—	0.1	—	—
有机锡化合物/(mg·kg^{-1})≤	三丁基锡(TBT)	0.5	1.0	1.0	1.0
	二丁基锡(DBT)	1.0	2.0	2.0	2.0
	三苯基锡(TPhT)	0.5	1.0	1.0	1.0
有害染料≤	可分解芳香胺染料	禁用,24种			
	致癌染料	禁用,9种			
	致敏染料	禁用,20种			
	其他染料	禁用,2种			
抗菌整理剂		无			
阻燃整理剂	普通	无			
	PBB、TRIS、TEPA、pentaBDE、octaBDE	禁用			
色牢度(沾色)/级≥	耐水	3	3	3	3
	耐酸汗液	3-4	3-4	3-4	3-4
	耐碱汗液	3-4	3-4	3-4	3-4
	耐干摩擦	4	4	4	4
	耐唾液	4	—	—	—
挥发性物质/(mg·m^{-3})≤	甲醛	0.1	0.1	0.1	0.1
	甲苯	0.1	0.1	0.1	0.1
	苯乙烯	0.005	0.005	0.005	0.005
	乙烯基环己烷	0.002	0.002	0.002	0.002
	4-苯基环己烷	0.03	0.03	0.03	0.03
	丁二烯	0.002	0.002	0.002	0.002
	氯乙烯	0.002	0.002	0.002	0.002
	芳香化合物	0.3	0.3	0.3	0.3
	挥发性有机物	0.5	0.5	0.5	0.5
异常气味		无			
石棉纤维		禁用			

2008年,发布GB/T 22282—2008《纺织纤维中有毒有害物质的限量》,该标准参照欧盟指令2002/371/EC Eco-Label有关条款制定,主要涉及2002/371/EC指令中第一部分纺织纤维

标准,目的是促进在纺织生产加工全过程关键工序中,减少有毒有害物质的产生和排放,从纺织工业的源头控制有害物质的产生,为提高最终产品的安全健康性奠定基础,检测方法主要采用我国现行的检测方法。

2005 年,发布 SN/T 1662—2005《进出口生态纺织品检测技术要求》,规定进出口生态纺织品的分类、技术要求及检测方法要求,适用各类纺织品,不包括服装配件及附件,皮革制品等可参照执行,不适用化学品、助剂和染料,检验项目包括 pH、甲醛、可萃取重金属、杀虫剂、含氯酚、含氯苯和甲苯、有害染料、色牢度、挥发性物质、异常气味等,共 12 项。

2017 年,我国发布 GB/T 35611—2017《绿色产品评价　纺织产品》,适用范围包括纤维原料、辅料、染化料、助剂、加工工艺、成品等。该标准为纺织行业转型发展指明了方向,有助于促进企业生产方式的转型升级,并通过市场调节作用,实现生态文明建设,同时,对纺织行业实现可持续健康发展、满足消费升级需求和规避国际绿色壁垒等具有重要意义。

3. 检测方法标准

我国从 1998 年起陆续发布多项纺织品有害物质含量分析的方法标准,包括甲醛、pH、禁用偶氮染料、重金属、农药残留量、含氯苯酚、有机锡化合物等检验方法。

三、其他生态纺织品标准

1. 欧盟

欧盟通常是以条例、指令、决定、建议和意见等形式推出,很多指令性标准强制要求各成员国必须转换成国家标准,构筑了欧盟最完善的生态纺织品技术法规和标准体系。欧盟技术法规和标准主要是指欧盟理事会和委员会根据《欧洲共同体条约》等基础条约制定,并按照规定,在《欧洲共同体公报上》发布的各种指令、条例等法律性文件。指令内容涉及范围最广,由 40 多个分指标体系构成。

欧盟在 1976 年发布关于限制销售和使用某些危害物质和制剂 76/769/EEC 指令,通常称为有害物质限制指令。该指令发布至今,经过多次修订和补充,形成比较完善的限制有害物质法规体系,几乎涉及所有行业。在纺织服装领域,该限制指令涉及的有害物质主要包括偶氮染料、镍镉含量、多氯联苯、阻燃剂、蓝色染料、五氯苯酚及其化合物、邻苯二甲酸酯、全氟辛烷磺酸和有机锡化合物等。

1999 年 4 月 17 日,欧盟委员会根据 1999/178/EC 号指令制定欧盟纺织品生态标签 Eco - Label,涉及纺织服装、家电、办公用品共 19 类产品,倡导的是全生态,对整个生产链的危害物质对环境,尤其是对水环境的污染,规定禁用和限量要求,比 Oeko - Tex Standard 100 范围广和严格,是要求最高的生态标准。2002 年 5 月 15 日,欧盟委员会通过 2002/371/EC 决议,对原有生态纺织品标准进行修订,并发布新的 Eco - Label 标准,一般每 3 年修订 1 次。

2. 美国

美国有着世界上完善和健全的生态纺织品技术贸易措施体系,由联邦法规及标准认可组成,涉及安全的测试方法来源于美国消费品安全委员会(CPSC)制定的相关标准,涉及纤维标识的标准来源于美国联邦贸易委员会(FTC)制定的强制性标准。

美国几乎没有统一的纺织品国家标准，产品质量标准由各大采购商根据最终客户的需求自行制定，大部分美国纺织产品质量标准引用的测试方法来源于 AATCC 和 ASTM 标准。

与欧盟相比，美国对纺织产品安全性能要求，更加关注纺织品燃烧性能，有关生态安全性的立法相对滞后，2008 年 1 月提出的《2008 消费品改进法案》(CPSIA)中，才针对 12 岁以下儿童用品(包括纺织产品与服装)提出铅和邻苯二甲酸盐两项有害物质的限量要求。

3. 日本

日本对纺织品质量要求略高于欧美，纺织品生态安全要求市场准入体系主要分两类，一是政府为保护环境、消费者健康和安全颁布的强制性法规要求；二是以消费者需求为市场主导，纺织品进口商顺应消费者绿色消费需求而制定的非政府强制性市场需求，如生态纺织品标签认证、生态指标检验等。

1989 年，日本环境协会在日本推行生态标签 Eco - Mark，是亚洲地区建立最早的生态标签体系，目的是提倡产品生产应注重环境保护，制定具有环境保护意识的生产方法，尽量减少对环境造成的负面影响，奖励生产容易回收利用的产品，全面推广和普及环保型产品。Eco - Mark 涉及的生态纺织品有服装、家用纺织品和工业用纺织品三大类，包括原材料的使用、产品中含有的有害物质、产品生产过程中对环境产生的危害等几方面因素。标准除了禁用和限用纺织品中有毒有害物质以外，还注重纺织品、纤维可回收和再利用，以便减少服装产品废弃物。

目前，日本纺织品中有毒有害物质等生态性安全要求受控于日本法规 112 法《家用产品中有害物质控制法》和《关于日用品中有害物质含量法规的实施规则》(第 34 号令)，112 法是日本厚生劳动省 1973 年颁布，防止家用产品中化学物质对人体健康的危害。根据该法，从健康和卫生角度出发，建立必要的标准限制家用产品有害物质含量等各项指标，其中，与纺织品有关的物质涉及阻燃剂、杀虫剂、甲醛、有机锡化合物、有机汞化合物、含磷和含溴阻燃剂、狄氏剂等，并规定这些化学物质的用途、适用产品范围、标准限量等技术指标要求。

4. Eco - tex

Eco - tex 是国际生态纺织品协议推出的基于生产过程的生态标志，内容很多，如纤维、纺织品和服装的生产过程，清洁空气、纯净水、废弃物处理及噪声控制，生产辅料、染料的毒性学性能及能量、水和辅料等用量，产品运输与包装等，目前，有 400 个成员。

5. 北欧白天鹅标签 The Nordic Swan Ecolabel

1989 年，由丹麦、芬兰、挪威、瑞典、冰岛五国联合推出白天鹅标签(The Nordic Swan Ecolabel)，是世界第一个获得多国认可的环境标准，也是目前欧洲公认顶级的环境标签，白天鹅标签在北欧国家具有很高的知名度。

北欧白天鹅标签评估产品整个生命周期对环境的影响，对纺织品使用的原材料没有限制，只对原材料加工过程中使用的化学品对环境的释放，原材料中含有可能对人体造成危害的物质以及原材料的质量有明确的规定，实际操作性强。

6. 德国蓝天使标签 Blue Angel

德国蓝天使标签 Blue Angel 是世界上最古老的环保标签之一，在国际上具有颇高的市场认知度，1977 年，由德国联邦内政部创立，并于 1978 年，由环保标志评审委员会批准授予，目的是为保护人类和环境。

蓝天使标签是世界上涉及产品种类最多的生态标签，包含四大类（空气、水、环境与卫生、资源）七大项（家居生活、电子设备、建筑材料、办公用品、能源与采暖、花园与休闲、贸易）。目前，有1500多家企业的12000多个环保产品和服务被授予蓝天使标签。

7. 荷兰生态标签 Wilieukeur

荷兰生态标签 Wilieukeur 是荷兰环境检查基金会（Stichting Milieukeur，SMK）在1992年创立，环境检查基金会成员由政府、消费者、生产商、零售商、贸易及环境组织代表组成。荷兰生态标签涵盖食品、汽车用品、化学品、建筑材料、办公用品、鞋类、窗帘、麻纺织品等，评价标准主要强调纺织品的生产过程。

8. 德国生态纺织品标签 Toxproof

该标签由德国 TUV Rheinland 建立，规定的有害物质限量比 Oeko－Tex Standard 100 更严格，代表产品不含毒素或毒素含量在相关规定限制之内，不会对人体健康造成危害，是欧洲消费者购买各类纺织品时参考的重要标志。

Toxproof 把纺织品分为三大类，第一类是不与皮肤长期接触的纺织品，第二类是可与皮肤长期接触的纺织品，第三类是三岁以下婴幼儿所使用的纺织品。依据不同的类别，对生态参数的极限值做不同的定义与规范。

四、正确理解和应对生态纺织品标签

1. 正确认识生态纺织品技术贸易壁垒

绿色纺织品对国际纺织品贸易和生态纺织品研究产生一定影响，也存在争议，一种观点认为，环境标志是一种变相的贸易壁垒，即所谓的绿色贸易壁垒，环境标志产品的标准较高，尤其对于技术水平和管理水平比较低的发展中国家更是如此，高额的申请费用也给发展中国家的企业带来额外的经济负担；另一种观点则认为，环境标志是实现可持续发展战略的必经之路，应该倡导，环境标志作为一种新型的环境管理手段，对引导和促进纺织业向有利于环境和人类健康的方向发展，起着积极的作用，环境标志产品是一种以保护环境和人类健康为主题的新型生产方式。

上述观点有合理的一面，但都不全面。环境标志制度作为一种新兴的环境管理手段，在促进企业改进生产工艺，以及采用清洁生产方式中所起的作用是其他管理手段无法比拟的，这也是环境标志制度在世界风行的原因之一，但由于种种原因，纺织品环境标志确实还存在一些问题，尚有待于今后进一步研究和发展。

2. 我国发展生态纺织品的意义

纺织业是我国出口创汇的主要产业，要想在国际市场上占有一席之地，必须顺应国际潮流，满足最终消费者的需求。纺织业是污染严重的行业，发展纺织业必须解决环境污染和产品安全性问题。

（1）发展生态纺织品，有助于扩大对外贸易，提升国际市场竞争力。我国已成为世界最大的纺织品生产国和出口国，但欧美一些发达国家，利用标准、认证制度，构筑许多技术性贸易壁垒，限制我国纺织品出口。生态纺织品满足消费者绿色安全的要求，在国际贸易中的地位越来越重要，同时，又满足国际市场上的竞争需要。积极发展生态纺织，进行生态纺织品认证，及时获取纺织品国际贸易的通行证，有利于我国纺织业冲破技术壁垒的束缚，提高我国产品在国际市场的竞争力，扩大我国对外贸易规模，抢占广阔的国际市场。

（2）发展生态纺织品，有助于纺织产业结构升级，推动二次创业。发展绿色产业，一方面能改变传统的高消耗、高污染的生产模式，减少能源消耗和环境污染，有利于资源优化配置；另一方面又能促进企业加大对高新技术的研发力度，提高纺织品市场的加工水平，采用节能、高效、无污染的技术，生产出满足绿色需求的产品，从而推动产业结构的升级。

（3）发展生态纺织品，促进我国经济可持续发展。纺织业是污染较严重的行业，发展纺织业必须解决环境污染和产品安全问题。经济要健康发展，必须合理配置资源，避免工业发展对环境造成破坏。合理利用资源，积极推广生态加工技术，从事清洁生产，有利于纺织工业的健康发展。

（4）发展生态纺织品，有利于提高我国人民的生活质量。党的十九大报告指出，中国特色社会主义进入了新时代，我国社会主要矛盾已经转化为人民日益增长的美好生活需要和不平衡不充分的发展之间的矛盾。随着人民生活水平的提高，环保意识的增强和注重健康安全，人们对纺织品安全性的认识不断提高，消费者在购买商品时，会考虑健康环保问题。生态纺织品要求严格，客观上对人们的生活健康起到保障作用，要满足人们对美好生活的需求，必须大力发展生态纺织，给消费者提供更多安全保障，提高整体环保水平。

3. 我国应对生态纺织品技术性贸易壁垒的措施

（1）政府高度重视，建立技术性贸易壁垒预警系统。建立部门协调、行业主导、企业参与、科技支撑的技术性贸易壁垒预警系统，包括技术预警、技术标准研制、检验检测技术和环保技术等多方面工作。

（2）加强环保意识和绿色消费宣传，使企业和消费者真正具有环保意识。

企业应注重在生产经营中强化对消费者权益、生态纺织和环境的保护意识，并积极体现在产品的技术标准之中，努力研制和开发生态纺织品。政府应制定并完善有关环保法，从法律上强制促使纺织企业改进技术，从事绿色清洁生产，同时，要注重国际技术标准和法规的变更，对各种与技术贸易壁垒有关的信息保持高度敏感性，及时采取相应措施，减少不必要的贸易损失。

（3）整合科研院所和标准制定部门资源，建立更加完善生态纺织品标准体系，设立专业权威的国家检验机构。我国生态纺织品中有毒有害物质的限定大多参考欧盟相关要求，缺乏对物质的初始研究资料，要组织专业技术力量，加强生态纺织品检验方法的研究，并注重借鉴国外的研究成果，加快我国纺织标准版本升级步伐，以对我国纺织品的生产和出口真正起到指导作用。

（4）提高我国标准体系的更新速度，促进我国生态纺织品标准体系与国际接轨。Oeko－Tex Standard 100 基本每年更新一次，我国生态纺织品标准更新较慢，2002 年制定后仅更新一次，不能满足国际贸易的需求。我国标准研究机构要跟踪国际标准研究的最新动态，并适时加快标准的更新速度，制定适合我国国情并与国际接轨的纺织品标准。

我国已经基本建立生态纺织品的系统标准，但在国际纺织品贸易中采标率较低，国外买家对我国生态纺织品法规缺乏足够的认可程度，因此，加大我国生态纺织品标准的宣传力度，提高我国生态纺织品标准在国际贸易中的应用，是标准化管理部门亟待解决的问题。

（5）积极申请合格认证。积极申请 ISO 9000、ISO 14000、OHSAS 18000 等体系认证，保证产品质量，体现社会责任和重视人身健康安全，并申请出口国的产品认证，可帮助和促进企业实现从产品设计、生产、使用和处理等过程符合环境保护要求，生产符合国际标准、顺应市场潮流的生态纺织品，提高我国纺织品在国际市场的综合竞争力。

五、生态纺织品的认证

目前，生态纺织品认证无统一国际标准，一般有以下四种方式：

一是，对产品及其生产系统的认证，即如果产品及其生产体系均能满足认证的要求，认证机构会发给证书，并允许使用认证标识，如 Intertek 生态产品认证。

二是，单纯的标签认证，即认证机构在对申请人所提供的产品，按认证方的标准进行检测通过的基础上，加上申请人的自我声明，允许申请人在其产品上使用某种认证标签，如欧盟 Eco - label 和 Oeko - Tex Standard 100 认证。

三是，买家本身无特殊要求，生产商或供应商只需根据进口国的法规要求，提供权威的第三方检测报告即可。

四是，生产或供应商必须按买家的要求，提供买家指定的第三方检测报告，证明其产品符合买家的生态安全要求。

六、生态纺织品检测技术

在生态纺织品检测技术中，色谱技术、分子光谱技术和原子光谱技术三项技术独占鳌头，其中，色谱分析技术的运用最为广泛。

1. 色谱技术

色谱分析是指按物质在固定相与流动相间分配系数的差别而进行分离、分析的方法。色谱分析，按流动相分子聚集状态，分为液相色谱、气相色谱和超临界流体色谱法；按分离原理，分为吸附、分配、空间排斥、离子交换、亲合及手性色谱法等诸多类别；按操作原理，分为柱色谱法及平板色谱法等。目前，常用色谱分析仪有气相色谱仪和液相色谱仪两大类。

色谱分析技术已有几十年发展历史，现在已相当成熟。色谱仪构造复杂，最关键部件是色谱柱和检测器。色谱柱直接决定色谱分离效果的好坏，目前，应用最普遍的是石英毛细管色谱柱。检测器是色谱仪的眼睛，没有检测器，就看不到分离的结果，所以，高灵敏、高选择性的检测器是色谱仪的关键技术。紫外/可见吸收检测器是液相色谱中应用最广泛的检测器，灵敏度高，对环境温度、流动相组成及流速的波动不敏感，但选择性高，只适用于对紫外/可见光有吸收的物质的分析检测。二极管阵列分光光度检测器在 1s 内完成一次 200 ~ 800nm 波长的扫描，一次进样，可测得波长范围内所有有吸收的组分，在药物和有害物质残留量检测方面发挥着重要的作用。

2. 原子光谱技术

(1)等离子体原子发射光谱分析技术。等离子体原子发射光谱(ICP)分析技术是实验室常用的一种元素分析手段,是以等离子体放电方式作为发射光谱的激发光源,节省时间、简化样品预处理。

(2)原子吸收分光光度分析技术。原子吸收分光光度(AAS)分析技术是金属元素定量分析的常规手段。原理是将试样加热至高温,使分子化学键断裂,产生许多以自由漂浮形式(原子云)存在的单个原子。在这种情况下,自由漂浮的原子云能吸收特定波长的紫外光或可见光,在相对原子基态共振分析线的位置,测量紫外或可见光被吸收的程度。由于光的吸收与试样金属离子浓度之间存在定量的线性关系,因而,通过对照标样,可测定出试样金属浓度。目前,比较理想的是采用石墨炉技术的原子吸收分光光度仪,灵敏度较高。

3. 分子光谱技术

分子光谱法中,分子结构信息最丰富、应用最广泛的是红外光谱法。红外光谱分析是利用物质分子对红外光的吸收特性进行分析鉴定。物质分子中不同的化学基团,由于化学键类型、振动方式和数量不同,而对不同波长的红外光产生吸收,从而加剧热运动。从红外光谱吸收曲线的吸收峰位置、形状和强度等,可以获得丰富的分子结构信息,十分适合有机化合物的结构分析,因此,有机化合物的红外光谱也称指纹谱。红外光谱技术适用范围广,提供的结构成分信息丰富,仪器使用和维护方便,但对样品纯度要求较高,对图谱准确分析和解释比较困难,难以区分结构相近的化合物,主要用于化学物质大类的定性、有机化合物的剖析过程或某些精细化学品的确认等。

第二节　纺织品安全性

纺织品安全性是指纺织品在穿着和使用过程中对消费者健康可能造成损害的安全问题,主要包括所用面料是否含有害物质,所用材料是否卫生,产品结构和附件是否安全和牢固等。

为了适应全球竞争,并与国际接轨,使纺织品在生产、流通和消费过程中能够保障人体健康和人身安全,我国于2003年发布GB 18401—2003《国家纺织产品基本安全技术规范》,2011年修改发布2010版。GB 18401—2003的实施,标志着我国在控制有害物质的使用、规范与人民群众日常生活密切相关的纺织品生产、倡导绿色消费方面迈出法律意义上具有实质性步伐,是我国纺织工业发展史上的重要里程碑。该标准的实施,标志着我国政府不仅对食品和药品直接入口类产品的安全性严格监控,也开始关注危险性较小的纺织品和服装的安全性,确保我国广大消费者免受有害物质的侵害,提供有效的法律保障;该标准的实施,可以提高我国纺织行业的生态生产意识,为企业生产绿色纺织品指出了努力方向;该标准的实施,有助于推进我国纺织产品技术创新和整体水平提升,有效提升我国纺织产品在国际市场的竞争能力。

2015年5月,我国发布强制性国家标准GB 31701—2015《婴幼儿及儿童纺织产品安全技术规范》,这是我国首个专门针对婴幼儿及儿童纺织产品安全发布的强制性国家标准,对婴幼儿及儿童纺织产品安全性能进行全面规范，针对化学安全及纺织品机械安全性能提出更严格的要求，是新时期我国对婴幼儿及儿童健康成长的重要保障。

一、GB 18401—2010 主要内容

1. 适用范围

此标准适用于在我国境内生产、销售的服用、装饰用和家用纺织产品，出口产品可依据合同的约定执行。适用范围仅限纺织产品，没有涉及原材料和生产工艺等。此外，标准的附录 A 和国家另有规定的产品也不属于本标准的范畴，这些产品大多属于产业用和特种用纺织品，在使用过程中一般不涉及与人体皮肤长期接触。医用类产品、毛绒类玩具和一次性使用卫生用品需执行相应的强制性标准，故也不列入，相应的要求可参考 GB 15979—2002《一次性使用卫生用品卫生标准》。

2. 产品分类

产品按最终用途分为婴幼儿纺织产品、直接接触皮肤的纺织产品、非直接接触皮肤的纺织产品三种类型。婴幼儿纺织产品是指年龄在 36 个月及以下的婴幼儿穿着或使用的纺织产品。适用于身高 100cm 及以下婴幼儿使用的产品通常可作为婴幼儿纺织产品。直接接触皮肤的纺织产品是指在穿着或使用时，产品的大部分面积直接与人体皮肤接触的纺织产品。非直接接触皮肤的纺织产品是指在穿着或使用时，产品不直接与人体皮肤接触，或仅有小部分面积直接与人体皮肤接触的纺织产品。

2010 版标准直接采用文字描述进行分类，可以使消费者更为直观地看到不同种类的描述，很好地起到指导消费的作用，同时，避免混淆产品分类与技术类别的概念，允许低要求类别的产品达到并标注较高质量级别。

由于产品最终用途不同，对人体的危害程度也会有很大差异，因而，根据用途对产品进行分类，并作不同的规定是必需的。目前，国际上一些法规、标准或标签标准，都按产品用途进行分类，并规定不同的控制标准。通常按产品与人体皮肤接触程度不同分类，且把婴幼儿产品单独列出，并规定更严格的控制标准。

2010 版标准提高了婴幼儿纺织产品的使用年龄，能够扩展对婴幼儿的保护范围。婴幼儿皮肤细嫩，自主意识能力较弱，行为自控能力较差，易受外界不良因素侵害，故对其使用的相关纺织品基本安全性能要求更严格，范围更广，能更好地保护婴幼儿身体健康。

为便于准确把握产品分类，该标准以附录的方式给出纺织产品的分类示例，见表 8－4，对表中没有列出的产品，应按照产品最终用途确定类型。

表 8－4　纺织产品分类示例

类型	典型示例
婴幼儿纺织产品	尿布、内衣、围嘴儿、睡衣、手套、袜子、外衣、帽子、床上用品
直接接触皮肤的纺织产品	内衣、衬衣、裙子、裤子、袜子、床单、被套、毛巾、泳衣、帽子
非直接接触皮肤的纺织产品	外衣、裙子、裤子、窗帘、床罩、墙布

该标准不是按原材料、生产工艺、产品规格等分类，而是按产品最终与皮肤接触的程度划分。婴幼儿皮肤细嫩，行为无意识控制，即使是外套也会经常摩擦皮肤，所以，婴幼儿服及用品单独作为一类。装饰用品没有单独作为一类，可根据与皮肤接触的程度归类。装饰类产品包括室内装饰用品及汽车、火车、飞机等内饰。需再加工后方可使用的中间产品，如纱线、面料、辅料等，应根据其最终用途归类。同样是面料，用作婴幼儿产品和用作成人用品的考核指标不同。标出符合的技术类别要求，用户和消费者可根据类别考虑选用。

3. 产品基本安全技术类别

纺织产品基本安全技术类别根据指标要求程度分为A类、B类和C类，详见表8－5。婴幼儿纺织产品应符合A类要求，直接接触皮肤的纺织产品至少应符合B类要求，非直接接触皮肤的纺织产品至少应符合C类要求。此外，窗帘等悬挂类装饰品不考核耐汗渍色牢度，产品必须按件标注一种类别。婴幼儿纺织品必须在使用说明上标明“婴幼儿用品”中文字样，便于消费者和监控方识别。

GB 18401—2010《国家纺织产品基本安全技术规范》中对人体有害的甲醛、pH、染色牢度、异味、可分解芳香胺五项指标做了严格规定，见表8－5。人们比较关注的萃取重金属、杀虫剂、含氯酚、有机氯载体、PVC增塑剂、有害染料中的致癌染料、致敏染料、抗菌整理剂、阻燃整理剂、可挥发性物质等10类对人体有害的化学物质没有列入，对此进行规范的是GB/T 18885—2002《生态纺织品技术要求》和GB/T 35611—2017《绿色产品评价　纺织产品》。

表8－5　纺织产品基本安全技术类别

项目		A类	B类	C类
甲醛含量/(mg·kg^{-1})		≤20	≤75	≤300
pH		4.0～7.5	4.0～8.5	4.0～9.0
色牢度/级	耐水(变色、沾色)	≥3－4	≥3	≥3
	耐酸汗渍(变色、沾色)	≥3－4	≥3	≥3
	耐碱汗渍(变色、沾色)	≥3－4	≥3	≥3
	耐干摩擦	≥4	≥3	≥3
	耐唾液(变色、沾色)	≥4	—	—
异味		无		
可分解芳香胺染料/(mg·kg^{-1})		禁用		

(1)考核项目确定原则。由于GB 18401—2010是具有法规性质的强制性国家标准，考核内容既要考虑对人体最基本的安全要求，又必须考虑我国纺织业目前实际技术水平、我国现阶段的经济发展水平和人民群众的实际消费水平，确定选择考核项目的原则如下：

①考虑我国现阶段纺织技术和经济发展水平，反映产品安全性能基本要求。

②尽可能与国际接轨，能包含国外法规或标准中的强制性内容。

③考核项目会对产品质量产生重大影响。

④可操作性强，考核项目有可靠的检验手段或方法。

(2)pH。2010版B类pH有所放宽，但仍属于弱碱性范围，不会给人体皮肤造成不良反应。由于我国地域辽阔，南北地质构造和气候条件差异大，北方水质碱性较高，该地域加工的纺织品，pH容易超出旧标准上限。毛巾类纺织品在使用时与皮肤接触时间较短，不可能完全改变皮肤的自然环境，导致皮肤受到伤害。后继加工工艺中必须要经过湿处理的非最终产品，pH可放宽至4.0~10.5。所以，综合考虑人体最基本的安全要求，产品使用时间、使用环境，同时，考虑到我国的水质、节能环保等问题，结合我国纺织业目前实际的技术水平、国际纺织品进出口贸易现状等因素，在不影响消费者身体健康的前提下，将B类pH放宽，有利于减轻生产企业的压力。

(3)色牢度。需经洗涤褪色工艺的非最终产品、本色及漂白产品、扎染、蜡染等传统手工着色产品不考核色牢度。耐唾液色牢度仅考核婴幼儿纺织产品。

本色是指物质本身所拥有的自然色，如彩棉、黑羊毛、驼毛、灰兔毛等，本色产品色彩来自天然色素，未经过染色，不存在染料转移问题，天然色素对人体健康造成危害尚无报道。本白是指未做漂染工艺处理，物质本身具有的接近白色的外观，如棉绸、龙头细布等。

洗涤褪色产品是指还需要后续湿加工，而且在加工中有褪色要求的产品，如牛仔布、水洗布及砂洗布等，一般加工成服装后，要经水洗、砂洗等处理，获得所需颜色和外观效果，但由这些原料制作的最终产品应考核色牢度。

传统手工着色产品主要是手工艺产品，如扎染、蜡染、手绘等，采用天然染料和传统手工技艺制作而成，有别于其他染织物产品。为保护和传承此类具有民族特色的非物质文化遗产，故不考核染色牢度。

(4)异味。异味包括霉味、高沸程石油味、煤油味、鱼腥味、芳香烃气味。为了提高异味检测准确率，2010版规定，如果两名检验员得出不同的检验结果，则需增加第三名检验员独立参加检测，最终检验结果以两名检验员一致的检验结果为准。

(5)产品分类与技术类别的区别。产品分类与技术类别是不同的概念，不是一一对应的关系，将产品分类和安全技术级别分开，便于不同类别产品可以追求更高的安全技术类别，允许低要求类别的产品达到并标注较高质量级别，例如，非直接接触皮肤的纺织产品，按照旧标准只能标注为C类，实行新标准后，如果该产品达到B类指标考核要求，就可以标注B类安全技术级别。新标准有助于促进生产企业生产非直接接触皮肤和直接接触皮肤的纺织产品时，提高安全技术要求，获得更好质量，有助于提高纺织品市场整体质量水平，从而更好地保护消费者权益和身体健康。

4. *产品安全类别的标识*

产品类别与安全技术类别并非一一对应，不能混淆，即婴幼儿纺织产品≠A类，直接接触皮肤的纺织产品≠B类，非直接接触皮肤的纺织产品≠C类。产品类别与安全技术类别存在一定的关系，即婴幼儿类产品必须达到A类安全技术要求；直接接触皮肤的纺织产品达到A类、B类指标均可，但不能低于B类；非直接接触皮肤类产品达到A、B、C类指标均可，但不能低于C类。

婴幼儿纺织产品必须在使用说明上标明“婴幼儿用品”字样，其他产品标明所符合的基本安全技术要求类别（A类、B类或C类），不能只标直接接触皮肤的纺织产品、非直接接触皮肤的纺织产品，此项内容属于产品类别，可以不标注。

产品使用说明中是否要标注标准编号或年号，如GB 18401—2010或者GB 18401，不是强制要求，只要标明“婴幼儿用品、A类、B类、C类”，即可认为符合标准要求，例如，直接接触皮肤的纺织产品可直接标注“安全技术类别：B类”。

标注类别一定要根据产品的实际使用情况确定，如果产品声明的类别与实际使用情况明显不符，则考核时，应按标准的分类原则重新划分，不以生产商的自我声明为准，如婴幼儿用毛毯标注为B类，浴巾标注为C类，明显与实际使用情况不符，准确的分类应标注为A类和B类，抽查考核时应按A类与B类检测。值得注意的是，标注为A类的非婴幼儿产品，不考核耐唾液色牢度。此外，标注还要注意以下两点：

（1）面料与辅料的标注。用途明确的面料和辅料，根据最终用途标注类别；用途不明确的面料和辅料，标注达到的安全技术类别；多种用途的面料和辅料，标注安全技术要求高的类别，有利于提高产品档次，扩大使用范围；用于儿童，但也可用于婴幼儿的面料和辅料，标明所达到的安全技术要求类别，否则，按婴幼儿用品考核。

（2）套装的标注。某些套装在实际穿着过程中，与人体皮肤接触的状态是不同的，如女套装上衣可能不直接接触皮肤，而裙子直接接触皮肤，由于套装是作为完整的产品出售，因此，必须以高的安全技术要求类别标注。由于流行时尚的变化具有不确定性，外衣内穿、内衣外穿的情况经常发生，从实际情况出发，从严标注有利于保护消费者利益，减少风险和扩大产品的适用性。

二、GB 31701—2015主要内容

目前，我国童装市场还存在一定的安全隐患，不时出现有害物质超标或安全性能不合格的现象。GB 31701—2015《婴幼儿及儿童纺织产品安全技术规范》颁布前，GB 18401起着指导婴幼儿及儿童纺织产品生产的作用。但随着对婴幼儿及儿童健康的重视，GB 18401已无法满足婴幼儿及儿童纺织产品对质量及安全的更高要求。为此，2015年5月我国发布强制性国家标准GB 31701—2015《婴幼儿及儿童纺织产品安全技术规范》，2016年6月1日正式实施。该标准是我国首个专门针对婴幼儿及儿童纺织产品安全发布的强制性国家标准，对婴幼儿及儿童纺织产品安全性能进行全面规范，针对化学安全及纺织品机械安全性能提出更严格的要求，是新时期我国对婴幼儿及儿童健康成长的重要保障。

1. 适用范围

适用于在我国境内销售的婴幼儿及儿童纺织产品，包括商场销售、网络销售、团体购买、搭赠和捐赠的产品。对于布艺毛绒玩具、布艺工艺品、一次性使用卫生用品、箱包、背提包、伞、地毯、专业运动服等产品不属于该标准的范围，这与GB 1840—2010《国家纺织产品基本安全技术规范》相统一。

2. 纺织品分类

根据年龄，将纺织产品分为婴幼儿纺织产品和儿童纺织产品两类，前者适用于年龄在 36 个月及以下婴幼儿（身高 100cm 及以下）穿着或使用的纺织产品，后者适用于 3 岁以上、14 岁及以下儿童（身高 100～155cm 女童或 160cm 及以下男童）穿着或使用的纺织产品。

该规定不仅对儿童纺织产品的适穿年龄做了分类，还对身高做了划分，见表 8－6，纺织产品分类更细，为其他相关产品标准的产品分类和企业生产童装的对象划分提供依据。但应注意，婴幼儿、儿童产品分类是以年龄为主，身高为辅。

表 8－6　GB 31701—2015 产品分类

产品类别	年龄/岁	适用身高/cm
婴幼儿纺织产品	0 < 年龄≤3	身高≤100
儿童纺织产品	3 < 年龄≤7	100 < 身高≤130
	7 < 年龄≤14	130 < 男童身高≤160
		130 < 女童身高≤155

3. 安全技术类别

GB 31701—2015 安全技术类别的分类和要求与 GB 18401—2010 的安全技术类别一一对应，将儿童纺织产品安全技术类别分为 A 类、B 类、C 类。婴幼儿纺织产品应符合 A 类要求，直接接触皮肤的儿童纺织产品至少应符合 B 类要求，非直接接触皮肤的儿童纺织产品至少应符合 C 类要求。

GB 31701—2015 安全类别标注方式与 GB 18401—2010 不同，具体见表 8－7，婴幼儿纺织产品在使用说明上标注标准编号和“婴幼儿用品”，儿童纺织产品标注标准编号及符合的安全技术类别（GB 31701 A 类、GB 31701 B 类或 GB 31701 C 类）。

表 8－7　GB 31701—2015 与 GB 18401—2010 安全类别标注

产品类别	最低要求	安全类别标注方式	
		GB 31701—2015	GB 18401—2010
婴幼儿纺织产品	A 类	GB 31701 婴幼儿用品	婴幼儿用品
直接接触皮肤的儿童纺织产品	B 类	GB 31701 B 类	B 类
非直接接触皮肤的儿童纺织产品	C 类	GB 31701 C 类	C 类

GB 31701—2015 的安全技术要求包含并严于 GB 18401—2010，符合 GB 31701—2015 的婴幼儿及儿童纺织产品一定符合 GB 18401—2010，反之，则不一定，因此，标注 GB 31701—2015 安全技术类别的婴幼儿及儿童纺织产品可不必标注 GB 18401—2010 的安全技术类别。

4. 安全性能要求

由于婴幼儿和儿童群体的特殊性，GB 31701—2015 在 GB 18401—2010 的基础上新增考核项目及技术要求，详见表 8－8，进一步提高婴幼儿及儿童纺织产品的各项安全要求，积极与国外标准接轨，安全要求全面升级，主要体现在以下几方面。

表 8－8　GB 31701—2015 新增考核项目及技术要求

项目	A 类	B 类	C 类
耐湿摩擦色牢度/级	≥3（深色 2－3）	≥2－3	—
铅/(mg·kg⁻¹)	≤90	—	—
镉/(mg·kg⁻¹)	≤100	—	—
邻苯二甲酸酯/%	≤0.1	—	—
燃烧性能/级	1（正常可燃性）		

（1）化学安全要求。增加 6 种邻苯二甲酸酯和总铅、总镉两种重金属的限量要求。邻苯二甲酸酯是增塑剂，能破坏人体内分泌系统，会危害肝脏和肾脏，并引起性早熟等危害。铅能长期蓄积于人体，严重危害神经、造血系统及消化系统，对儿童智力和身体发育影响尤其严重。镉会伤害骨骼，破坏人体消化、呼吸系统，出现肝、肾衰竭，导致人体免疫力下降。由于婴幼儿和儿童处在生长发育初期，儿童纺织产品中有毒有害物质的限量要求，可大大降低化学成分的危害性。

（2）附件和绳带安全性。附件是指纺织产品中起连接、装饰、标识或其他作用的部件。附件抗拉强力考核主要针对婴幼儿产品，儿童产品不考核，要求附件具有一定的抗拉强力，见表 8－9。婴幼儿纺织产品不宜使用≤3mm 的附件，附件不应存在锐利尖端和边缘，以免存在安全隐患。

表 8－9　附件抗拉强力技术要求

附件的最大尺寸/mm	抗拉强力/N
>6	≥70
3～6	≥50
≤3	—

绳带是指以各种纺织或非纺织材料制成、带有或不带有装饰物的绳索、拉带、带襻等，通常长宽比大小 2∶1 的附件即为绳带。根据年龄大小，对服装头部、颈部、肩部、腰部、长短袖口处等不同部位及不同形式的绳带做出详细规定，详见表 8－10，有利于降低因绳带设计不合理对婴幼儿和儿童造成的伤害。

表 8－10　婴幼儿及儿童纺织产品绳带要求

序号	婴幼儿及 7 岁以下儿童服装	7 岁及以上儿童服装
1	头部和颈部不应有任何绳带	头部和颈部绳带无自由端，其他绳带自由端不超过 75mm。头部和颈部，服装平摊至最大尺寸时无突出绳圈，当平摊至穿着尺寸时，突出的绳圈周长不超过 150mm，除肩带和颈带外，其他绳带不使用弹性绳带

续表

序号	婴幼儿及 7 岁以下儿童服装	7 岁及以上儿童服装
2	肩带是固定、连续、无自由端；肩带上装饰绳带自由端不超过 75mm 或周长不超过 75mm	—
3	腰部绳带伸出长度不超过 360mm，且不超出服装底边	在腰部的绳带，从固着点伸出的长度不应超过 360mm
4	短袖平摊时，袖口处绳带伸出长度不超过 75mm	短袖袖子平摊至最大尺寸时，袖口处绳带的伸出长度不应超过 140mm
5	除腰带外，背部不应有绳带伸出或系着	
6	长袖袖口处的绳带扣紧时应完全置于服装内	
7	长至臀围线以下的服装，底边处的绳带不应超出服装下边缘，长至脚踝处的服装，底边处的绳带应该完全置于服装内	
8	除 1 ~7 项外，服装平摊至最大尺寸时，伸出的绳带长度不应超过 140mm	
9	绳带的自由末端不允许打结或使用立体装饰物	
10	两端固定且突出的绳圈的周长不应超过 75mm，平贴在服装上的绳圈（例如串带），其两固定端的长度不应超过 75mm	

（3）其他安全性能要求。A 类和 B 类安全技术类别增加湿摩擦色牢度要求。婴幼儿和儿童的皮肤比较娇嫩，抵抗有害物质的能力较弱，如果湿摩擦牢度较差，脱落的染料易被皮肤吸收，对人体产生危害。

增强燃烧性能要求。婴幼儿纺织产品一般不进行阻燃整理，因此，对燃烧性能做出一定要求。燃烧性能仅考核产品的外层面料，但不考核羊毛、腈纶、改性腈纶、锦纶、丙纶和聚酯纤维纯纺及这些纤维之间的混纺织物，单位面积质量大于 $90g/m^2$ 的织物也不考核。此项实际是考核以棉、麻、黏胶和桑蚕丝等纤维为原料的轻薄性面料。

婴幼儿及儿童纺织产品包装中不应使用金属针等锐利物，并且，产品上不允许残留金属针等锐利物。贴身穿婴幼儿服装上的耐久性标签，应置于不与皮肤直接接触的位置，避免因摩擦造成皮肤损伤。

婴幼儿及儿童纺织品的安全要求方面，美国偏重于燃烧和机械安全要求，受限的化学物质较少，欧盟则偏重于产品的化学安全性能，机械、燃烧性能要求多以欧盟协调标准和各成员国法规、标准的形式出现，相比之下，GB 31701—2015 覆盖婴幼儿及儿童纺织产品的化学安全、燃烧性能和机械安全要求，与美国较接近，同时，借鉴欧洲生态纺织品标准对不同用途纺织品进行分类管理的科学方法。

第三节　pH 检验

pH 是指纺织品中酸碱含量，一般要求在中性范围。纺织品 pH 对纺织品和人体健康都有重要影响。pH 超出一定范围，可导致纺织品发黄、产生色斑、褪色、储存中易造成损坏，影响纺织品的使用性能。人体汗腺分泌物呈弱酸性（pH 5.2～5.8），如果纺织品 pH 与人体皮肤相差太大，会对皮肤产生刺激。人体皮肤的表面呈弱酸性，有利于防止病菌侵入，如果与皮肤直接接触的纺织品酸碱度超标，不仅对人体的皮肤造成刺激和腐蚀，还会破坏皮肤表面的酸环境，皮肤容易受到其他病菌的侵害，甚至引发皮炎等症状。

一、纺织品 pH 测定原理

pH，也称氢离子浓度指数、酸碱值，是溶液中氢离子活度的一种标度，在稀溶液中，氢离子活度约等于氢离子浓度，可用氢离子浓度近似计算，见式（8－1）。

$$pH = -\lg[H^+] \tag{8-1}$$

式中：氢离子浓度单位为 mol/L。

pH 的测定是基于电位分析法原理，利用电极电位和离子浓度之间的关系，确定物质含量的分析方法。电位分析法测量构成电池两个电极之间的电位差，一个电极的电位，随待测离子浓度的变化而变化，能指示待测离子浓度，称为 pH 指示电极，又称 pH 测量电极，它对溶液中氢离子活度有响应，电极电位是随之变化的；另一个电极的电位，则不受试液组成变化的影响，称为参比电极。指示电极和参比电极共同浸入试液中，构成一个原电池，通过测定电位差，便可求得待测离子浓度，即可得到 pH 的检验结果。

纺织品水萃取液离子强度小，电导率低，配制纺织品水萃取液的实验室三级水的电导率一般不超过 2μS/cm，水萃取液的电阻很高，与测量回路的其他电阻相比已不可忽略，同时，由于液接电势不稳定，引起 pH 变化，尤其 pH 在 5～9 之间漂移更大，测量结果重现性差。

在测试液中加入中性离子强度调节剂氯化钾溶液，可以增加离子强度，提高电导率，提升 pH 测定示值的稳定性，同时，氯化钾溶液是典型的中性溶液，为强酸强碱盐，不会干扰试液 pH。

二、测试方法

目前，纺织品 pH 测试方法主要是用带玻璃电极的 pH 计测定纺织品水萃取液 pH，代表性测试方法有 GB/T 7573—2009、ISO 3071：2020、AATCC 81－2016、JIS L1096—2010 8.37、SN/T 1523—2005，表 8－11 列出几种测试方法的比较。

表 8－11　纺织品 pH 测试方法

内容	GB/T 7573—2009 ISO 3071：2020	AATCC 81—2016	JIS L1096—2010 8.37、附录 P
适用范围	各种纺织品	洗涤或漂洗过的纺织品	任何纺织品
试样质量/g	2.00±0.05	10.0±0.1	5.0±0.1
尺寸/mm	5×5	剪成小块	10×10
试样数量/块	3	未要求	2
调湿处理	否	否	是

续表

内容	GB/T 7573—2009 ISO 3071:2020	AATCC 81—2016	JIS L1096—2010 8.37、附录 P
萃取液体积/mL	100	250	50
萃取液要求	pH=5.0~7.5三级水，非三级水煮沸10min冷却；0.1mol/L氯化钾溶液	蒸馏水煮沸10min	蒸馏水煮沸2min
萃取方式	室温振荡	100℃	100℃振荡
萃取时间/min	120±5	10	30
标准缓冲液 pH	4.0、6.9、9.2	4.0、7.0、10.0	4.0、7.0
测定要求	以第二、三份水萃取液pH平均值作为最终结果。如两份pH的差异>0.2，则重新测定	加盖冷却至室温，测定pH	将萃取液调至25℃测定，取2份萃取液pH平均值。pH低于3或高于9时，要求测定差异指数
pH结果修正	精确到0.1	保留1位小数	保留1位小数

测试样品，特别是毛绒类产品，剪碎后，在振荡过程中会产生很多细小绒毛，脱落在萃取液中，测试时，萃取液中的绒毛会使示值产生漂移，影响测试时间及检验结果的真实性，因此，对溶液中绒毛过滤，使检测的数据更加真实可靠。

三、pH计校准

电极在使用前，必须先在水中浸泡24h，使电极表面有良好的水化层，只有这样电极才有良好的响应性能。

电极经长期使用后，如发现斜率略有降低，则可把电极下端浸泡在4%氢氟酸中3~5s，用蒸馏水洗净，然后，在0.1mol/L盐酸溶液中浸泡，使之复新。不应将玻璃电极长时间浸在强碱或含高浓度F^-的溶液中进行测量，以免腐蚀电极。

标定pH计时，应选择与待测试液pH相近的标准缓冲溶液。标定的缓冲溶液一般第一次用pH=6.865的溶液进行定位，第二次用接近被测溶液pH的缓冲液进行斜率标定，如被测溶液为酸性时，定斜率的缓冲溶液应选用pH=4.005，被测溶液为碱性时，定斜率的缓冲溶液应选用pH=9.180的溶液。不同温度标准缓冲溶液pH见表8-12。

表8-12　标准缓冲溶液pH

温度/℃	0.05mol/L 邻苯二甲酸氢钾	0.025mol/L 混合磷酸盐	0.01mol/L 硼砂
10	4.00	6.92	9.33
15	4.00	6.90	9.28
20	4.00	6.88	9.23

续表

温度/℃	0.05mol/L 邻苯二甲酸氢钾	0.025mol/L 混合磷酸盐	0.01mol/L 硼砂
25	4.00	6.86	9.18
30	4.01	6.85	9.14
35	4.02	6.84	9.10
40	4.03	6.84	9.07
45	4.04	6.83	9.04
50	4.06	6.83	9.02

第四节　甲醛检验

甲醛是一种无色、具有强烈刺激性气味，且易溶于水的有机物，具有较高毒性。含过量甲醛的纺织品，在人们穿着的过程中甲醛会逐渐释放出来，对呼吸道黏膜和皮肤产生强烈刺激，引发呼吸道炎症和皮肤炎症，还会对眼睛产生刺激，甚至可能诱发癌症。

一、纺织品中甲醛来源

1. 纺织纤维生产过程中甲醛的来源

纺织纤维生产过程中进行醛化处理或增白处理后残余的甲醛，纤维生产中使用醛化剂，甲醛不可避免会有少量残留在纤维上。

聚乙烯醇缩甲醛纤维商品名称为维纶，主要通过聚醋酸乙烯经醇解后生成聚乙烯醇，再与甲醛进行缩醛化得到，所以，成品维纶中不可避免地残留少量甲醛。

大豆蛋白纤维是一种新型蛋白质纤维，是以大豆糟粕为原料，利用生物工程技术，生产过程中经过醛化处理，也残留微量游离甲醛。

2. 纺织品后整理中甲醛的来源

为了使纺织品具有一定的特殊性能，如防皱、防水、阻燃、柔软等性能，对纺织品进行特殊整理，整理剂中大部分含有甲醛或在一定条件下释放甲醛，从而造成织物上甲醛残留。

3. 纺织品印染过程中甲醛的来源

纺织品在染色、印花过程，所用的染料、涂料、浆料、固色剂、分散剂、稳定剂、防腐剂、黏合剂等印染助剂本身含有甲醛，或在使用过程中生成甲醛，造成纺织品中残留甲醛。

二、世界各国对甲醛限定要求

由于甲醛对人体健康危害巨大，世界许多国家、行业协会、检验认证机构对纺织品中甲醛提出严格限量要求，详见表 8－13，甲醛含量已经是衡量纺织品安全性能的一个重要指标，例如，GB 18401—2010 对婴幼儿纺织产品、直接接触皮肤的纺织产品、非直接接触皮肤的纺织产品甲醛含量分别不能超过 20mg/kg、75mg/kg、300mg/kg，Oeko - Tex Standard 100—2014 中婴幼儿用品不得检出甲醛。

表 8 - 13 世界各国对纺织品中甲醛含量的限定值

国家	规定	限量/(mg · kg⁻¹)
中国	GB 18401—2010	婴幼儿纺织产品 <20；直接接触皮肤纺织产品 <75；不直接接触皮肤的纺织产品 <300
欧盟	Eco - label 欧盟生态产品标签 2002/371/EC	婴幼儿纺织品、内衣及床上用品≤30；外衣≤100；窗帘、家具纺织品、地毯：≤300
	欧盟标签	婴儿服装≤30；成人服装≤75
荷兰	日用品法案—甲醛含量限定纺织品规则(2000 年 7 月)	禁止含过量甲醛(120mg/kg)的商品进出口。但并未完全禁止，直接接触皮肤及甲醛含量超过 120mg/kg 须标明“第一次穿着前水洗”，水洗后甲醛含量禁止超过 120mg/kg
	荷兰环境评论基金会标志 Milieukeur	与人体皮肤接触的纺织品和服装≤75
挪威	挪威皇家环境部纺织品中化学物质法规 T 1307(1999 年)	2 岁以下婴幼儿产品 <30；直接接触皮肤的产品 <100；不直接接触皮肤的产品 <300
法国	法兰西共和国公报 97/0141/F	36 个月以下婴幼儿纺织用品 <20；直接接触皮肤的纺织品 <200；不直接接触皮肤的纺织品 <400
芬兰	Degree on Maximum Amount of Formaldehyde in Certain Textiles(工商业专署纺织品中甲醛限量法令 210/1988)	2 岁以下婴幼儿用品≤30；直接接触皮肤纺织品≤100；不直接接触皮肤纺织品：≤300
德国	危险品法附录 3 第 9 款规定(1993 年)	与皮肤直接接触游离甲醛超过 1500mg/kg 的纺织品必须用德文及英文标明“含有甲醛。第一次使用前要洗涤，以免对皮肤有害”
	MUT MST 德国纺织业签发标签	内衣和 2 岁以下儿童服装 <75；上衣 <300
	Steilmann 德国服装生产者标签	2 岁以下儿童服装 <50；内衣 <300；上衣 <500
	环保纺织品要求	2 岁以下婴幼儿纺织品 <20；直接接触皮肤纺织品 <75；不直接接触皮肤纺织品 <300
奥地利	BGBL Nr. 194/1990 甲醛条例(1990 年)	甲醛≥1500 必须标明
日本	*Law on Control of Household Products Containing Harmful Substances* (Law No. 112，1973)112 法规《关于日用品中有害物质含量法规》	24 个月以内婴儿用品 <20；儿童及成人内衣 <75；成人中衣 <300；成人外衣 <1000
	厚生省 1974 年 34 号令《关于日用品中有害物质含量法规的实施规则》	2 岁以内婴儿用品，吸光度 <0.05(相当于 15 ~ 20)；其他产品 <75
	纺织检查协会标准	2 岁以下婴幼儿服装，吸光度 <0.05；内衣 <75；男女衬衣 <300；机织外衣 <1000
	通产省	内衣和 2 岁以下儿童 <75；上衣 <300

续表

国家	规定	限量/(mg·kg^{-1})
美国	健康和公共事业部及公共卫生局致癌物质报告(2005年)	所有纺织品和服装<500
澳大利亚	澳大利亚研究机构标准 Eco-Tex	内衣<75;2岁以下儿童服装上衣<300
北欧	白天鹅标志 White Swan	Swan-A,B≤30;Swan-C为100
英国	BS EN ISO 14184-1:2011	织物中游离甲醛700,释放甲醛1000

三、纺织品中甲醛含量测定方法

甲醛的测定方法很多,主要有滴定法、重量法、比色法、气相色谱法和液相色谱法。滴定法和重量法适用于高浓度甲醛的定量分析,比色法、气相色谱法和液相色谱法适用于微量甲醛的定量分析。

纺织品中的甲醛包括甲醛、游离甲醛和水解甲醛。释放甲醛是指在一定温湿度下水解甲醛和游离甲醛的总和。纺织品中甲醛是微量的,需要先提取,然后,通过化学方法或仪器方法测定甲醛含量。

根据纺织品中甲醛提取方法的不同可分为水萃取法和蒸汽吸收法。水萃取法,又称液相法或A法,模拟人体穿着过程中织物释放甲醛的定量测定方法,适合纺织品使用者用于任何状态纺织品甲醛含量测定,检测方法易于掌握,检测过程简单。该法通过水解作用萃取游离甲醛总量,将试样在40℃水溶液中萃取一定时间,然后,将萃取液用乙酰丙酮显色,用分光光度计测定显色液在波长412nm的吸光度,通过参照甲醛标准工作曲线求得甲醛含量。蒸汽吸收法,又称气相法或B法,模拟织物在仓储和压烫过程中释放甲醛的定量测定方法,适用于生产和储存过程中甲醛含量的测定。

1. 比色法

纺织品中甲醛含量的测定常采用比色法,准确度高、操作方便、所需设备简单,但测定时对显色及环境要求都比较高。先将纺织品中的甲醛萃取出来,然后,用显色剂显色,甲醛含量不同,液体颜色不同,再用分光光度计在特定波长或一定波长范围内测定吸光度,通过参照甲醛标准工作曲线求得甲醛含量。

比色法测定纺织品中甲醛含量,要选择合适的显色剂,显色剂不同,测定结果会有差异。根据显色剂的不同可分为乙酰丙酮法、酚试剂法、AHMT法、铬变酸法、品红—亚硫酸法、间苯三酚法、催化光度法等。

(1)乙酰丙酮法。乙酰丙酮法是在过量铵盐存在下,甲醛与乙酰丙酮在45~60℃水浴反应30min或25℃室温下反应2.5h,生成黄色2,6-二甲基-3,5-二乙酰吡啶,在最大吸收波长412~415nm处进行比色测定。该法精度高、重现性好、显色液稳定、干扰少,操作简便、应用广泛,被许多国家采用,检出限达到0.25mg/L,适合高含量甲醛的检测,缺点是生成的黄色物质稳定需要约60min的诱导期。

（2）品红—亚硫酸法。品红在酸性亚硫酸氢钠溶液中与甲醛反应，生成品红酸式亚硫酸盐，呈玫瑰红色，最大吸收波长550～554nm。醛类均能与品红亚硫酸反应，但在硫酸存在下只有甲醛所产生的颜色不退。该法操作简单，但灵敏度偏低，显色液不稳定，重现性较差，适用于较高甲醛含量的定量分析，测定甲醛含量较低的样品时，差异较大，精确度不如乙酰丙酮法，而且，品红—亚硫酸法受温度影响较大，检测过程还需使用浓硫酸。

（3）间苯三酚法。间苯三酚法利用甲醛在碱性条件下与间苯三酚发生缩合反应生成橘红色化合物的特性，进行比色定量检测甲醛含量，最大吸收波长460nm。此法操作简便、干扰物影响小，检出限为0.1mg/L。甲醛与间苯三酚生成物的颜色不稳定，测定结果偏差较大，适用甲醛定性分析。

（4）铬变酸法。铬变酸法是甲醛在浓硫酸溶液中与铬变酸（1,8－二羟基萘－3,6－二磺酸）作用，生成紫红色化合物，最大吸收波长568～570nm。此法灵敏度较高、显色液稳定，适用于测定低甲醛含量的织物，但易受干扰，适用于气相法萃取的样品处理方法。样品溶液中甲醛含量较高时，溶液遇酸极易产生聚合物，不适用甲醛含量较高的样品。美国甲醛检测一般均采用该法。

（5）苯肼法。苯肼或盐酸苯肼与高价铁离子在酸性或碱性介质下，能与甲醛产生红色至橙红色反应，最大吸收波长550nm。

（6）酚试剂法。酚试剂法是甲醛与酚试剂（3－甲基－2－苯并噻唑腙盐酸盐，MBTH）反应生成嗪，嗪在酸性溶液中被铁离子氧化成蓝色，室温下经15min显色，然后，比色定量。该法操作简便、灵敏度高，检出限为0.02mg/L，较适合测定微量甲醛测定。但脂肪族醛类和二氧化硫对测定有一定干扰，使结果偏低。酚试剂的稳定性较差，显色剂MBTH在4℃冰箱内仅可以保存三天，显色后吸光度的稳定性也不如乙酰丙酮法，显色受时间与温度等限制。

（7）AHMT法。AHMT法是甲醛与AHMT（4－氨基－3－联氨－5－巯基－1,2,4－三氮杂茂）在碱性条件下缩合，经高碘酸钾氧化成紫红色化合物。此法特异性和选择性均较好，显色稳定、操作简便，在大量乙醛、丙醛、丁醛、苯乙醛等醛类物质共存时不干扰测定，检出限为0.04mg/L。但显色随时间逐渐加深，标准溶液和样品溶液显色反应时间必须严格统一，重现性较差、不易操作。

（8）催化光度法。催化光度法指水浴条件下，在磷酸介质中甲醛催化溴酸钾—溴甲酚紫、金莲橙或甲基红等进行氧化还原反应，使反应体系褪色。此法是最新研究的方法，操作简便，检出限为0.04～0.2mg/L，反应速度受温度影响较大。

2. 色谱法

色谱法主要可分为薄层色谱法、柱色谱法、气相色谱法和高效液相色谱法等，是目前比较普及的纺织品甲醛分析测定方法，灵敏度高、准确度高、分析难度低、耗时短、成本相对较低，且易于自动化。但色谱法定性分析能力不强，要与其他定性分析方法相结合使用。

色谱法具有强大的分离效能，不易受样品基质和试剂颜色干扰，对复杂样品的检测灵敏、准确，可直接用于甲醛分析检测，也可将样品中的甲醛进行衍生化处理后，再进行测定，常用的衍生剂有2,4－二硝基苯肼（DNPH）、咪唑、乙硫醇、硫酸肼等。色谱法对设备要求较高，衍生化时间长,萃取等步骤、操作过程烦琐。

我国纺织品中甲醛含量的测定标准是 GB/T 2912 系列标准,有水萃取法、蒸汽吸收法和高效液相色谱法三种方法,详见表 8-14。水萃取法使用较多,但由于检验人员对测试标准理解的不同,使得在实际操作过程中产生偏差,最终,影响检验结果的准确性和稳定性。蒸汽吸收法和高效液相色谱法由于受到产品或条件限制,使用较少。

表 8-14　我国三种甲醛含量测定标准内容

项目		GB/T 2912.1—2009	GB/T 2912.2—2009	GB/T 2912.3—2009
含量范围/(mg·kg^{-1})		20~3500	20~3500	5~1000
检出限/(mg·kg^{-1})		20	20	5
甲醛状态		游离水解甲醛	释放甲醛	游离水解和释放甲醛
适用纺织品		服装及人体直接接触纺织品	家具及装饰用纺织品	极低含量纺织品
试样质量/g		1/2.5±0.01	1±0.01	同 GB/T 2912.1 或 GB/T 2912.2
萃取	萃取用水/mL	100	50	
	保温装置	水浴	烘箱	
	温度/℃	40±2	49±2	
	时间/min	60±5	20h+15	
显色	显色剂	乙酰丙酮	乙酰丙酮	2,4-二硝基苯肼
	显色剂用量/mL	5	5	2
	萃取注用量/mL	5	5	1
	温度/℃	40±2	40±2	60±2
	时间/min	30±5	30±5	30±5
	冷却时间/min	30±5	30±5	无规定
测量波长/nm		412	412	—
测量仪器		分光光度计	分光光度计	HPLC/UVD 或 HPLC/DAD

第五节　重金属检验

化学上根据金属的密度把金属分成重金属和轻金属,常把密度大于 5g/cm^3 的金属称为重金属,如金、银、铜、铅、锌、镍、钴、铬、汞、镉等约 45 种。环境污染所指重金属是指汞、镉、铅、铬以及类金属砷等生物毒性显著的重金属。

某些重金属是维持生命不可缺少的物质,但浓度过高对人体有害,例如,铁可诱发癌症,镉可导致肺疾病,镍导致肺癌,钴导致皮肤和心脏病,锑可导致慢性中毒,铬导致血液疾病等。纺织品上残留的重金属一旦被人体吸收,则会倾向于在肝脏、骨骼、肾脏、心及大脑蓄积,当受影响的器官中重金属积累到一定程度时，便会对健康造成巨大损害。

事实上，纺织品上可能含有的重金属绝大部分并非处于游离状态，对人体不会造成损害，而可萃取重金属会通过人体汗液进入皮肤里面，从而对健康造成危害，因此，很多标准都是考核纺织品中可萃取重金属的含量。这些重金属包括锑（Sb）、砷（As）、铅（Pb）、镉（Cd）、汞（Hg）、铜（Cu）、铬（Cr）、六价铬（CrVI）、钴（Co）、镍（Ni）。

一、纺织品中重金属的来源

在纺织原料、纺织品生产或使用过程中的任一环节都可能引入重金属，其中，仅少量由天然纤维从土壤中吸收或食物中吸收引入，大部分来源于纺织品后加工，尤其织物加工过程中使用的某些染料和助剂，如各种金属络合染料、媒介染料、酞菁结构染料、固色剂、催化剂、阻燃剂、后整理剂等以及用于软化硬水、退浆精练、漂白、印花等工序的各种金属络合剂等，部分防霉抗菌防臭织物用 Hg、Cr 和 Cu 等处理也会带来重金属污染，详见表 8－15。

表 8－15　纺织品中限定重金属来源

重金属	限定重金属来源
锑（Sb）	阻燃剂
砷（As）	植物纤维生长过程
铅（Pb）	涂料、植物纤维生长过程、服装辅料
镉（Cd）	涂料、植物纤维生长过程、服装辅料
铬（Cr）	染料、氧化剂、防霉抗菌剂、媒染剂
钴（Co）	催化剂、染料、抗菌剂
铜（Cu）	染料、抗菌剂、固色剂、媒染剂、服装辅料；动物纤维生长过程
镍（Ni）	服装辅料、媒染剂
汞（Hg）	植物纤维生长过程、定位剂
锌（Zn）	抗菌剂

二、纺织品中可萃取重金属限量要求

GB/T 18885—2009、Eco－Tex 和 2019 版 STANDARD 100 by Oeko－Tex 所限定的可萃取重金属见表 8－16。

表 8－16　纺织品中可萃取重金属限量要求（mg/kg，≤）

重金属	GB/T 18885—2009、Eco－Tex STANDARD 100 by Oeko－Tex（2019）			
	婴幼儿用品	直接接触皮肤用品	非直接接触皮肤用品	装饰材料*
锑（Sb）*	30.0	30.0	30.0	—
砷（As）	0.2	1.0	1.0	1.0

续表

重金属	GB/T 18885—2009、Eco – Tex STANDARD 100 by Oeko – Tex(2019)			
	婴幼儿用品	直接接触皮肤用品	非直接接触皮肤用品	装饰材料*
铅(Pb)	0.2	1.0	1.0	1.0
镉(Cd)	0.1	0.1	0.1	0.1
铬(Cr)	1.0	2.0	2.0	2.0
六价铬(CrVI)	GB/T 18885—2009:0.5/20/50;Eco – Tex:不许检出;STANDARD 100 by Oeko – Tex:0.5			
钴(Co)	1.0	4.0	4.0	4.0
铜(Cu)	25.0	50.0	50.0	50.0
镍(Ni)	1.0	4.0	4.0	4.0
汞(Hg)	0.02	0.02	0.02	0.02

* Eco – Tex 没有装饰材料这一分类,也没有锑要求。

三、纺织品中重金属检测方法

纺织品中重金属残留分析,经历由重金属总量测定,拓展到可溶态重金属(通过盐酸浸提出来的重金属)、可萃取重金属(通过人工酸性汗液萃取的重金属)分析的过程,学界普遍认为,从健康、安全角度考虑,通过使用人工酸性汗液浸泡,提取纺织品中可萃取重金属,来评价纺织品安全性更具有实际意义。目前,采用人工酸性汗液或0.07mol/L的盐酸溶液浸泡,提取纺织品中可萃取重金属,分别测定模拟人体穿着出汗情况和儿童口含、吞咽情况可能溶出的重金属,检测主要采用光谱法和质谱法,包括原子吸收光谱法(FAAS、GFAAS)、原子荧光光谱法(AFS)、电感耦合等离子体发射光谱法(ICP—AES)、电感耦合等离子体质谱法(ICP—MS)等。

1. 原子吸收分光光度法

GB/T 17593.1—2006 规定了用石墨炉或火焰原子吸收分光光度计测定纺织品中可萃取重金属锑(Sb)、锌(Zn)、铅(Pb)、镉(Cd)、铜(Cu)、铬(Cr)、钴(Co)、镍(Ni)8 种元素的方法。取试样4g,剪碎至5×5mm,连同50mL酸性汗液放入三角烧瓶中,盖上瓶塞,放入恒温水浴振荡器中,在37℃萃取60min,静置冷却至室温,用石墨炉原子吸收分光光度计分别测量萃取液中镉(228.8nm)、钴(240.7nm)、铬(357.9nm)、铜(324.7nm)、镍(232.0nm)、铅(283.3nm)、锑(217.6nm)、锌(213.9nm)的吸光度,用火焰原子吸收分光光度计测量萃取液中的铜、锑、锌的吸光度,对照标准工作曲线,确定相应重金属离子的含量,计算出纺织品中酸性汗液可萃取重金属含量。

2. 电感耦合等离子体原子发射光谱法

GB/T 17593.2—2007 规定了采用电感耦合等离子体原子发射光谱仪测定纺织品中可萃取

重金属砷(As)、镉(Cd)、钴(Co)、铬(Cr)、铜(Cu)、镍(Ni)、铅(Pb)、锑(Sb)8种元素的方法。试样4g，剪碎至5mm×5mm，连同80mL酸性汗液放入三角烧瓶中，盖上瓶塞，放入恒温水浴振荡器中，在37℃萃取60min，静置冷却至室温，用电感耦合等离子体原子发射光谱仪，在相应的波长下测量萃取液中砷、镉、钴、铬、铜、镍、铅、锑的光谱强度，通过标准工作曲线，确定相应重金属离子含量，计算纺织品中酸性汗液可萃取重金属含量。

3. 六价铬分光光度法

GB/T 17593.3—2006规定采用分光光度计测定纺织品萃取液中六价铬含量的方法。萃取方法同GB/T 17593.2—2007，用二苯基碳酰二肼显色，在波长540nm下，用分光光度计测显色后萃取液的吸光度，计算纺织品中六价铬的含量。

4. 砷、汞原子荧光分光光度法

GB/T 17593.4—2006规定了用原子荧光分光光度仪(AFS)测定纺织品中可萃取砷(As)、汞(Hg)含量的方法，萃取方法同GB/T 17593.2—2007。

(1)砷显色和测定。吸取5.00mL萃取液，加入5.00mL硫脲—抗坏血酸混合液，将五价砷转化为三价砷，再加入硼氢化钾，使其还原成砷化氢，由载气带入原子化器中，并在高温下分解为原子态砷。在193.7nm荧光波长下，对照标准曲线确定砷含量。

(2)汞显色和测定。吸取5.00mL萃取液，加入0.5mL硝酸，再加入1.00mL高锰酸钾溶液将汞转化为二价汞，再加入硼氢化钾，使其还原成原子态汞，用酸性汗液定容至10.00mL，摇匀后静置1h，由载气带入原子化器中，在253.7nm荧光波长下，对照标准曲线确定汞含量

第六节　禁用偶氮染料检验

偶氮染料是指分子结构中含有偶氮基(—N═N—)的染料，广泛用于纺织品、皮革和造纸工业等。纺织品上的偶氮染料一般情况下不会对人体产生不良影响，但含有致癌芳香胺结构的偶氮染料在与人体表面皮肤长期接触中，特别是染色牢度不佳时，有一部分附着在皮肤表面，在人体新陈代谢产生分泌物的生物催化作用下，会导致偶氮键被还原而断裂，从而重新释放出致癌的芳香胺化合物。这些芳香胺化合物被人体吸收后，会使人体细胞脱氧核糖核酸(DNA)结构和功能发生变化，增加人体患癌风险。芳香胺能够导致癌症等问题，是由德国Rehn在1895年研究化学染料与膀胱癌之间的关系时发现，后经流行病学研究证实。

市场上流通的合成染料约2000种，其中，70%是以偶氮为基础，涉嫌可还原出致癌芳香胺的染料品种约210种。此外，还有一些染料从化学结构看不出存在致癌芳香胺，但合成过程中间体残余或杂质副产物分离不完全，使其可能存在致癌芳香胺。

禁用偶氮染料危害极大，1994年，德国政府颁布法令，禁止使用能够产生20种有害芳香胺的118种偶氮染料。欧盟于1997年发布67/648/EC指令，是欧盟国家禁止纺织品和皮革制品中使用可裂解并释放出某些致癌芳香胺偶氮染料的法令，共有22个致癌芳香胺。欧盟于2001年3月27日发布2001/C96E/18指令，进一步明确规定列入控制范围的纺织产品，还规定3个

禁用染料的检测方法，以及致癌芳香胺的检出量不得超出30mg/kg。2002年7月19日，欧盟公布第2002/61号令，指出凡是在还原条件下释放出致癌芳香胺的偶氮染料都被禁用。2003年1月6日，欧盟进一步发出2003年第3号指令，规定在欧盟纺织品、服装和皮革制品市场上禁用和销售含铬偶氮染料，并于2004年6月30日生效。

欧盟国家生态标志 Eco－Label 标志、Oeko－Tex Standard 100 标志对禁用偶氮染料也提出了要求，倡导一种生态环保的理念。

我国于2005年1月1日正式实施的国家强制性标准 GB 18401—2003《国家纺织产品基本安全技术规范》中，也将可分解芳香胺的检测作为重要检测项目。

一、部分标准禁用芳香胺要求

部分标准禁用芳香胺的要求见表8－17。

二、禁用偶氮染料的检测

纺织品禁用偶氮染料的检测原理，是用不同的方法把织物上的染料还原、萃取，再进行分离和检测，检测时间长、过程繁琐复杂、检测效率和灵敏度低。色谱法是现在禁用偶氮染料的主流分析法，一般包括样品采集、样品预处理、禁用偶氮染料的还原与裂解、芳香胺的富集浓缩及定性和定量检测，典型代表方法有 GB/T 17592—2011、GB/T 23344—2009、ISO 14362－1：2017、ISO 14362－3：2017。

1. 试样预处理

试样预处理是为了增加样品反应时的表面积，使试样能够充分反应，将样品切成小块甚至完全粉碎。预处理时常用氯苯或二甲苯，从纺织品中将染料萃取下来，因为氯苯或二甲苯毒性很强，对身体有很大伤害，2012年，我国取消了这种萃取方式。

2. 还原

还原实验时，通常使用强酸性或强碱性化学物质，但反应过程太剧烈，产生很多副反应，使后续实验及分析变得非常困难。我国取消强酸性或强碱性物质，利用柠檬酸盐溶液做还原实验，反应温和，副反应较少。

非涤纶试样不用萃取染料，直接在试样表面进行染料还原分解反应。试样浸入17mL浓度为0.06mol/L柠檬酸缓冲溶液中，70℃保温30min，添加3mL保险粉溶液，还原分解染料，继续保温30min，反应液冷却至室温。

涤纶纺织品无法在纺织品表面进行染料还原分解，必须先剥色，再进行还原分解反应，采用GB/T 17592—2011附录B中的处理方法，剥色剂有氯苯和二甲苯。

3. 萃取和浓缩

目前，萃取方法主要有分液漏斗法和提取柱法两种。分液漏斗法是利用乙醚多次抽取。提取柱法是在提取柱中填满硅藻土，倒入反应液，水分慢慢被硅藻土吸收，然后，用80mL乙醚分四次把芳香胺全部洗脱，收集洗脱液，旋转蒸发，浓缩至近干，用合适溶剂定容至1mL。提取柱法萃取效率高，检测结果精确。

表 8-17 致癌芳香胺清单及限量值

序号	芳香胺名称	英文名称	化学文摘编号（CAS NO.）	特征离子/amu	限量/（mg·kg^{-1}）
1	4-氨基联苯	4-Aminodiphenyl	92-67-1	169	GB 18401—2010：≤20 GB/T 18885—2009：≤20 STANDARD 100 by Oeko-Tex 2019：<20 ISO 14362-1:2017：≤30 EN ISO 14362-1:2017：≤30 Eco-label：<30
2	联苯胺	Benzidine	92-87-5	184	
3	4-氯邻甲基苯胺	4-Chloro-*o*-toluidine	95-69-2	141	
4	2-萘胺	2-Naphthylamine	91-59-8	143	
5	邻氨基偶氮甲苯	*o*-Aminoazotoluene	97-56-3	225	
6	2-氨基-4-硝基甲苯/5-硝基-邻甲苯胺	2-Amino-4-nitrotoluene/5-Nitro-o-toluidine	99-55-8	152	
7	对氯苯胺	*p*-Chloroaniline	106-47-8	127	
8	2,4-二氨基苯甲醚	2,4-Diaminoanisole	615-05-4	138	
9	4,4′-二氨基二苯甲烷	4,4′-Diaminobiphenylmethane	101-77-9	198	
10	3,3′-二氯联苯胺	3,3′-Dichlorobenzidine	91-94-1	252	
11	3,3′-二甲氧基联苯胺	3,3′-Dimethoxybenzidine	119-90-4	244	
12	3,3′-二甲基联苯胺	3,3′-Dimethylbenzidine	119-93-7	212	
13	3,3′-二甲基-4,4′-二氨基二苯甲烷	3,3′-dimethyl-4,4′-diaminodiphenylmethane	838-88-0	226	
14	2-甲氧基-5-甲基苯胺	*p*-Cresidine	120-71-8	137	
15	4,4′-亚甲基二(2-氯苯胺)	4,4′-Methylen-bis-(2-chloraniline)	101-14-4	266	
16	4,4′-二氨基二苯醚	4,4′-Oxydianiline	101-80-4	200	
17	4,4′-二氨基二苯硫醚	4,4′-Thiodianiline	139-65-1	216	
18	邻甲苯胺	*o*-Toluidine	95-53-4	107	
19	2,4-二氨基甲苯	2,4-Toluylendiamine	95-80-7	122	
20	2,4,5-三甲基苯胺	2,4,5-Trimethylaniline	137-17-7	135	
21	邻氨基苯甲醚/2-氨基苯甲醚	*o*-Anisidine/2-Methoxyanilin	90-04-0	123	
22	2,4-二甲基苯胺	2,4-Xylidine	95-68-1	121	
23	2,6-二甲基苯胺	2,6-Xylidine	87-62-7	121	
24	4-氨基偶氮苯/对苯基偶氮苯胺	4-Aminoazobenzene	60-09-3	197	

4. 仪器分析

目前,禁用偶氮染料检测方法最常用有气相色谱法(GC)、液相色谱法(LC)、气质联用法(GC/MS)、液质联用法(LC/MS)等。气相色谱和液相色谱具有定性能力差和灵敏度低等缺点,在测定过程中可能发现假阳性结果。液质联用法在测定时会出现基线过高,对定性分析存在影响。气质联用法中,每种禁用偶氮染料的母离子和子离子之间存在一一对应关系,可以更有效地避免复杂基质造成的测定干扰,具有灵敏度高、分析速度快、选择性好、检测结果准确、成本低等优点,使用频率最高。

(1)气相色谱法(GC)。气相色谱法是利用气体作流动相的色层分离分析方法。汽化的试样被载气(流动相)带入色谱柱中,柱中固定相与试样中各组分分子作用力不同,各组分从色谱柱中流出时间不同,组分彼此分离。采用适当的鉴别和记录系统,制作标出各组分流出色谱柱的时间和浓度的色谱图。根据图中表明的出峰时间和顺序,对化合物进行定性分析;根据峰的高低和面积大小,对化合物进行定量分析。具有效能高、灵敏度高、选择性强、分析速度快、应用广泛、操作简便等特点。

(2)液相色谱法(LC)。液相色谱法是用液体作为流动相,分离机理是基于混合物中各组分对两相亲和力的差别。根据固定相的不同,液相色谱可分为液固色谱、液液色谱和键合相色谱。应用最广的是以硅胶为填料的液固色谱和以微硅胶为基质的键合相色谱。根据固定相的形式,液相色谱法可以分为柱色谱法、纸色谱法及薄层色谱法。按吸附力可分为吸附色谱、分配色谱、离子交换色谱和凝胶渗透色谱。

(3)高效液相色谱法(High Performance Liquid Chromatography,HPLC)。高效液相色谱法,又称高压液相色谱、高速液相色谱、高分离度液相色谱、近代柱色谱等,是以液体为流动相,采用高压输液系统,将具有不同极性的单一溶剂或不同比例的混合溶剂、缓冲液等流动相泵入装有固定相的色谱柱,在柱内各成分被分离后,进入检测器进行检测,从而实现对试样的分析。高效液相色谱法分离效能高、灵敏度高、应用范围广、分析速度快、载液流速快的特点。高效液相色谱仪可分为高压输液泵、色谱柱、进样器、检测器、馏分收集器和数据获取和处理系统等部分。

(4)超高效液相色谱(Ultra Performance Liquid Chromatography,UPLC)。超高效液相色谱借助高效液相色谱的理论及原理,采用 1.8μm 小粒径填料,提高色谱峰容量和灵敏度,增强分析通量,实现被测物的快速分离和分析检测。测定纺织品中禁用偶氮染料时,用连二亚硫酸钠在 pH 为 6 的柠檬酸盐缓冲溶液中加热,将禁用偶氮染料还原成相应的芳香胺,芳香胺化合物通过硅藻土提取柱进行液固萃取,萃取液经浓缩后,用甲醇定容,再进行超高效液相色谱分析。该方法简便、准确、快捷。

(5)气质联用法(GC/MS)。气质联用法是将气相色谱仪和质谱仪联合起来使用。气相色谱法具有很高的分离效能,定量分析简便,但定性能力差,而质谱仪具有灵敏度高、定性能力强的特点,但进样样品要求纯度高,因此,将这两种仪器联在一起使用,可以取长补短。气相色谱仪可以作为质谱仪的进样器,试样经色谱分离后以纯物质形式进入质谱仪,从而充分发挥质谱仪的特点。质谱仪是气相色谱仪的理想检测器,几乎能检测出全部化合物,灵敏度也很高。

（6）液质联用法（LC/MS）。液质联用是以液相色谱作为分离系统，质谱为检测系统。样品在质谱部分和流动相分离，被离子化后，经质谱的质量分析器将离子碎片按质量数分开，经检测器得到质谱图。液质联用体现了色谱和质谱优势的互补，将色谱对复杂样品的高分离能力，与质谱具有高选择性、高灵敏度及能够提供相对分子质量与结构信息的优点结合起来。

参考文献

[1]曾林泉．纺织品贸易检测精讲[M]．北京：化学工业出版社，2012.

[2]张红霞．纺织品检测实务[M]．北京：中国纺织出版社，2007.

[3]李廷．检验检疫概论与进出口纺织品检验[M]．2 版．上海：东华大学出版社，2005.

[4]郭晓玲．进出口纺织品检验检疫实务[M]．北京：中国纺织出版社，2007.

[5]翁毅．纺织品检测实务[M]．北京：中国纺织出版社，2012.

[6]施亦东．生态纺织品与环保染化助剂[M]．北京：中国纺织出版社，2014.

[7]陈美君．国内外生态纺织品标准主要指标的差异性研究[D]．苏州：苏州大学，2014.

[8]王显方．生态纺织品的国际标准[J]．中国纺织，2008(3)：104－106.

[9]窦明池，姚琦华，殷祥刚．我国生态纺织品标准体系的内容研究[J]．印染助剂，2010，27(11)：51－55.

[10]王建平．《国家纺织产品基本安全技术规范》解读[J]．印染，2004(19)：33－36.

[11]冯宪．《国家纺织产品基本安全技术规范》解读[J]．产业用纺织品，2006(3)：36－40.

[12]魏金玉，王宝建．GB 18401—2003《国家纺织产品基本安全技术规范》实施的重要性[J]．中国纤检，2006(1)：14－15.

[13]杨闯．GB 18401—2010《国家纺织产品基本安全技术规范》解读[J]．中国纤检，2011(14)：48－51.

[14]王永芬．GB 31701—2015《婴幼儿及儿童纺织产品安全技术规范》的解读与思考[J]．中国纤检，2016(9)：100－101.

[15]刘优娜．GB 31701—2015《婴幼儿及儿童纺织产品安全技术规范》标准解读[J]．中国纤检，2016(6)：108－111.

[16]丁若垚，雷建萍，张永立，等．GB 31701 标准的实施对牛仔面料耐湿摩擦色牢度的影响[J]．中国纤检，2016(3)：104－107.

[17]高铭，鲍萍．功能纺织品的安全性、耐久性和适用性[J]．印染，2011(12)：39－45.

[18]魏孟媛，和杉杉，段冀渊，等．功能性纺织品的安全性评估及其功能因子的分析[J]．产业用纺织品，2014(7)：39－43.

[19]李典英，章辉．国内外纺织品标准、法规生态安全要求差异[J]．上海纺织科技，2012，40(5)：1－7.

[20]章杰．国内外纺织品的安全性和生态性要求[J]．印染，2006(23)：40－45.

[21]成嫣，裘惠敏．我国婴幼儿与儿童纺织品标准现状研究[J]．质量与标准化，2018(5)：47－49.

[22]包冬女，保琦蓓，严国荣，等．婴幼儿针织服饰与机织婴幼儿服装标准比较[J]．纺织检测与标准，2017(5)：29－33.

[23]刘优娜，吕卫民，石东亮．中美欧婴童纺织产品质量安全要求的差异分析[J]．针织工业，2016(6)：66－68.

[24]张雅莉，吴雄英，丁雪梅．中欧纺织品服装技术法规与标准比较：基本安全性与消费品使用说明[J].

上海纺织科技,2009,37(8):49-53.
[25]何秀玲,梁国斌．纺织品 pH 值不同测定方法的比较和探讨[J]．印染助剂,2005,22(10):42-44.
[26]范秋玲．纺织品 pH 值测定标准比较[J]．印染,2009(18):43-46.
[27]李培才,申晓萍,洪华,等．纺织品水萃取液 pH 值测定标准的差异分析[J]．印染,2011(10):41-43.
[28]刘妍,姜少华,于璐,等．纺织品甲醛含量测试方法比较[J]．印染,2008(9):34-36.
[29]朱桂秀．纺织品中甲醛含量测试方法之比较[J]．上海丝绸,2010(4):15-19.
[30]秦书琴,谭巧娣,刘家友,等．纺织品中甲醛限量及其测定方法[J]．印染,1996,22(1):35-40.
[31]李桂景,周利英,常云芝,等．国内外对纺织品中甲醛的限量要求和测定方法[J]．理化检验(化学分册),2019,55(3):368-372.
[32]郝明燕．国内外甲醛测试方法标准比较[J]．中国纤检,2013(24):77-79.
[33]李昊菁,李天宝,易碧华,等．纺织品中可萃取重金属安全评价与检测技术分析[J]．中国纤检,2013(16):82-85.
[34]陈荣圻．纺织品中重金属残留的生态环保问题[J]．上海染料,2000,28(6):1-15.
[35]卫敏．纺织品中重金属残留及其检测标准[J]．中国纤检,2011(4):41-44.
[36]钱微君,阮勇,张卫娣,等．GC/MS 联用快速检测纺织品中禁用偶氮染料[J]．上海纺织科技,2010,38(5):55-57.
[37]王建平．纺织品上 4-氨基偶氮苯问题的由来及其检测[J]．染整技术,2013,35(5):5-9.
[38]崔庆华,赵桂安,王学利．禁用偶氮染料及其检测标准[J]．中国纤检,2011(12):35-38.
[39]王建平．新版欧盟标准 EN 14362-1:2012 解读(一)[J]．印染,2012,38(20):38-41.